성능위주 설계를 위한

화재열전달

이동명

도서출판 동화기술

Head

소방공학을 공부하는 사람들이 왜 화재열전달을 배워야 하는가? 화재는 넓고 다양한 상황에서 일어나 성장되고, 화재가 언제 발생할 것인가와 화재의 발단과 파괴범위의 정확한 예측은 사실상 불가능하기 때문에 공학적인 규명이 절대 필요하다.

공학의 기능을 인간과 사회가 원하는 바를 찾아내고 그에 대한 해답을 제공하는 것이라고 생각하면, 화재열전달이 소방공학에서의 역할과 의미는 화재로부터 발생되는 제반현상과 이들 현상으로부터 유발되는 열에너지의 이동이 또 다른 화재양상으로 어떻게 확대되는지를 규명하는 것이다. 따라서 화재를 발생시키는 제반인자들과 화재로부터 유발되는 제반인자들을 화재열전달이라는 과학적인 지식으로부터 화재를 규명하고 화재의 위험성을 예측·통제하는 효과적 방법을 결정할 수 있도록 하는 것이다. 이러한 화재열전달을 바탕으로 실질적인 성능위주의 방화설계 및 화재 위험성 평가 등을 하게 되며, 이를 위해서는 열물리·화학, 열역학에 대한 지식을 필요로 한다. 따라서 화재열전달은 화재유동학 및 화재역학 등 모든 소방공학의 기초가 되는 학문이다.

본 교재는 필자가 20여년의 강의와 개정판에 이르기까지 많은 자료를 바탕으로 소방공학과 관련된 내용을 화재열전달에 맞도록 일목요연(一目瞭然)하게 재구성한 것이다. 본 교재가 출판되기까지 화재열전달에 대한 서적이 전무한 상태였지만, 본 교재의 출판으로 화재열전달의 공학적 기초를 마련하였고 소방분야의 기술자나 학생들에게 많은 도움이 되었으며, 소방공학의 기술 지식에 많은 보탬이 되었다.

아울러 앞으로 급속하게 변해가는 소방분야의 첨단기술과 공학적인 지식을 지속적으로 추가하여 화재열전달의 지식을 쌓는데 조금도 손색이 없도록 할 것이다. 또한 본 교재의 미약한 부분을 계속 보완하고 덧붙여 보다 나은 화재열전달의 참된 서적이 되도록 노력할 것이다.

저 자

contents

제 1부 화재열역학

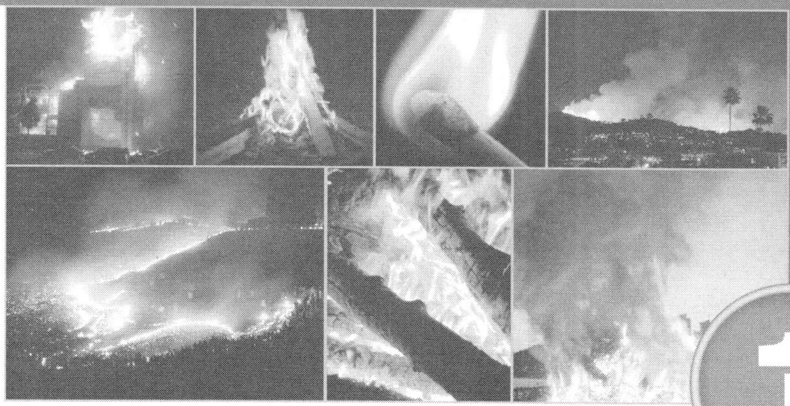

제1부 화재열역학
(Thermo dynamics for Fire Induced)

제1장 연소(Combustion)

1.1 불과 화재

인류가 불을 최초로 발견하게 된 것은 화산에서 비롯된 것으로 알려지고 있으며, 역사적으로는 구석기 시대부터 인간이 불을 사용하였다고 한다. 초기에는 음식을 만들거나 난방 등에 사용하였으며, 그 후 불을 사용하는 방법을 알게 되면서 이를 이용하여 점차 문명의 꽃을 피우기 시작하였다. 불이란 빛과 열을 발사하는 물체 또는 그 현상으로 인류발전에 큰 영향을 미치는 에너지원이 된다. 석기(石器)의 사용과 함께 불의 사용은 원시시대의 인류를 다른 영장류로부터 구별되게 하였으며, 불의 사용에 의해서 인류는 자연적인 거주 지역이었던 열대지역을 떠날 수가 있게 되었고, 또 여러 상태의 환경을 만들어내어 진화와 발전을 촉진시켰다.

그러나 불은 인간에게 유용한 것인 동시에 무서운 재앙을 부르기도 하여 한 시대가 쌓은 문명을 싹 쓸어버린 예도 있다. 따라서 인간은 원치 않은 상황에서 발생하는 불과 투쟁을 해야만 했고, 그에 따라 불을 소화(消火)하는 기술도 상대적으로 그만큼 발전하게 되었다. 이것은 어쩌면 불이 우리에게 주는 양면적인 교훈이라 할 수 있다.

불은 인간에 의해 제어가 되는지 여부에 따라 그 의미가 크게 달라진다. 즉, 제어되는 불(controlled fire)에서 인간은 온난함과 조명(照明)을 취하였고, 음식물을 조리하고 도구를 만들어냈으며 금속에 대한 지식도 가질 수 있게 되었다. 또한 인간은 불의 덕택으로 자연의 준엄한 제약으로부터 비로소 해방되었고, 부분적이나마 자연을 지배하기 시작하면서 오늘에 이르기까지의 문명사회를 구축할 수가 있었다. 그러나 제어되지 않는 불(uncontro-

그림 1.1 원시인의 모닥불

lled fire)은 인류가 짊어진 커다란 사회문제이기도 하며, 이러한 불을 가리켜 화재(fire)라 한다.

화재란 「사람의 의도에 반하거나 고의에 의해 발생하는 연소현상으로서 소화시설 등을 사용하여 소화할 필요성이 있는 것」으로 소방에서 말하는 화재의 정의가 된다. 그러나 과학적으로 화재, 즉 연소현상은 「빛과 열을 발생하는 산화현상」으로 정의되고, 형법상으로 화재(방화)는 불을 놓아 매개물에 독립하여 연소되는 것(독립 연소)으로 정의되며, 민사상으로는 고의 또는 중과실로 인하여 타인에게 손실을 입히는 화재를 불법행위의 요건에 해당하는 화재로 보고 있다(일반의 불법행위 요건보다 엄격). 이렇게 각 사회과학분야에서 다르게 정의되고 있으나, 우리 소방에서는 위와 같이 불을 소화하기 위하여 소화시설 또는 이와 동등한 효과가 있는 물건을 이용할 필요가 있는 불을 화재라고 한다.

1

1.2 연소

화재란 제어되지 않는 연소과정을 말하며, 연소(combustion)란 로(爐)나 엔진에서와 같이 제어된 화재를 의미한다. 또 연소란 화학반응의 일종으로 가연물이 산소 중에서 산화반응을 하여 열과 빛을 발산하는 현상이다. 이것은 반응열이 커서 그 열에 의해 피산화물이 발화하는 현상이라고도 한다.

연소과정의 화학반응을 한마디로 화재라 부르는데 모든 화학반응에서는 질량보존법칙이 성립된다. 그러나 화학반응에서는 어떤 분자가 보존되지는 않고, 이들의 파괴 작용이 화학반응의 핵심이 되고 새로운 분자로 변화되는 것이다. 연소 또는 화재에서 연료와 산소가 반응하여 새로운 분자가 형성될 때 순 에너지를 방출하는데 이러한 에너지는 분자들을 서로 잡고 있는 결합력이 해제될 때 나오는 것이다.

이와 같은 연소는 물질의 연소가 진행되는 과정에서 산소의 공급이 충분히 이루어지는 '완전연소'와 산소의 공급이 불충분한 상태에서 진행되는 '불완전연소'의 두 가지 경우로 생각할 수 있다.

$$CH_4 + 2O_2 \rightarrow CO_2 + 2H_2O \text{(완전연소)}$$

$$CH_4 + O_2 \rightarrow CO \text{(또는 미분의 C)} + H_2O \text{(불완전연소)}$$

물질이 연소한다는 것은 화학반응으로 발열과 발광을 수반하는 산화반응을 말한다. 즉, 어떤 물질에서 다른 물질로의 변화를 말하며, 이것은 일정크기의 점화에너지 이상의 열에너지가 필요하다. 반응물이 외부로부터 열에너지를 얻어 활성화 상태가 되면 열에너지를 방출하여 생성물로 이동한다. 이 열을 반응열이라고 하는데, 열은 흡수될 때보다는 발산될 때 더 큰 반응열과 발광을 수반한다. 이 발열로 온도가 증가하면 그 온도에 맞게 열 복사선을 방출하는데, 다시 온도가 상승하여 고온으로 되었을 때의 열 복사선이 가시광선 대역으로 들어오는 파장으로 되어 돌아오는 것이 발광의 발생 이론이다. 이것이 연소 시에 수반되는 발광이다. 온도가 상승하면 열 복사선의 파장은 점점 짧아져서 [그림 1.2]와 같이 가시광선의 파장에 도달하게 되어 육안으로 빛이 발하는 현상을 관찰할 수 있다.

이때 연소에 의한 빛은 온도가 높아짐으로써 생기는데 보통 500℃ 부근에서는 적열상태(赤熱狀態)가 되고 1000℃ 이상에서는 백열상태(白熱狀態)가 된다. 온도에 따른 불꽃의 색상은 [표 1.1]과 같다.

이와 같이 연소가 되기 위해서는 연료(가연물), 산소, 열(점화원)의 3조건이 만족되어야 하며 이들을 연소(화재)의 3요소라고 한다. [그림 1.3]의 연소(화재)의 3요소는 화재과정을 설명하기 위해 이용되는 기본개념으로서 연소의 각 요소들은 화재가 발생하기 위해서는 필수적인 요건이 된다. 이 3요소에서 연료는 산소와 결합하여 연쇄(화학)반응에 의해 에너

그림 1.2 태양 광선의 스펙트럼

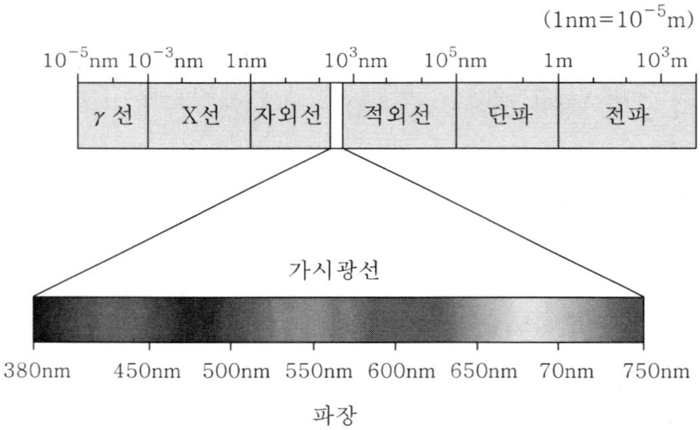

표 1.1 온도에 따른 불꽃의 색상

불꽃의 온도	불꽃의 색상	불꽃의 온도	불꽃의 색상
500℃	적열색	1000℃	황적색
700℃	암적색	1300℃	백적색
850℃	적 색	1500℃	휘백색
950℃	휘적색		

그림 1.3 연소(화재)의 3요소 및 4요소

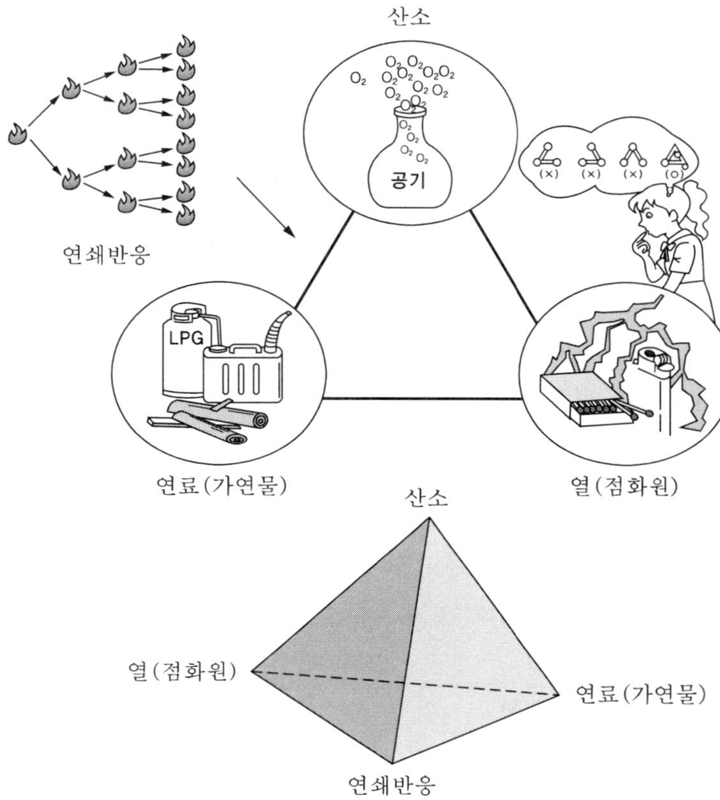

[연소의 4요소]

지 또는 다른 생성물을 방출하게 되고, 연소의 3요소에 연쇄반응을 합하여 연소의 4요소라고도 한다. 에너지는 고체나 액체연료로 전달되어 기화를 지속시키거나 기체연료의 화학반응이 지속될 수 있는 온도로 유지되도록 하는데 이용된다. 만약 연료나 산소를 제거하거나 소화 작용 또는 억제재에 의해 에너지를 감소시키면 화재는 유지되지 못하고 소멸하게 된다.

연료와 산소가 결합하여 연쇄반응에 의하여 에너지 또는 다른 연소 생성물을 방출하는 것을 나타내며, 에너지는 열이 고체 또는 액체연료에 전달되어 기상연료로의 증발을 지속하거나 연료온도를 화학반응이 지속되는 온도로 유지하는데 이용된다. 화재가 화학반응의 현상이기는 하나 연소는 화학적 성질보다는 물질의 상태나 연료의 분포 또는 주변 환경에 더 의존한다.

1.3 연소과정

연료는 가스 상태의 탄화수소에서부터 분자량이 크고, 화학적 복잡성이 큰 셀룰로오스와 같이 자연에서 나는 것부터 폴리우레탄이나 폴리에틸렌같이 인간이 만든 모든 고체까지 그 범위가 매우 넓다. 이 모든 연료가 적절한 조건하에서 타게 되며, 공기 중의 산소와 반응하여 연소생성물을 만들고 열을 방출한다.

고체, 액체, 기체 연료는 반드시 기체상태가 되어야 비로소 연소가 시작된다. 즉, [그림 1.4]에 나타낸 것처럼 고체는 열분해를 통해 가연성 액체가 되고 가연성 액체는 증발(화학분해)을 통해 기체가 되어 산소와 결합하여 연소가 이루어진다. 하지만, 기체는 열이 가해지면 직접 연소가 이루어지게 된다. 모든 연소는 복사열에 의해 발화가 지속적으로 이루어지게 된다.

화염이란 가연성 또는 인화성 액체나 고체가 화염으로부터 복사 및 대류 열전달에 의해 받은 열로 인해 증발한 가스(기체)가 산소와 만나 연소하는 것을 말하며 다양한 색깔을 띠고 나풀거리면서 빛을 발한다. 화염은 반드시 기체 상태에서 일어나며 미립자 연소생물에 의해 발광하며 가시상태로 된다.

합성고분자 연료에는 열경화성 수지와 열가소성 수지의 두 종류가 있는데, 열경화성 수지는 교차결합구조여서 가열했을 때 용융되지 않고 충분히 높은 온도에서 분해되어 고체

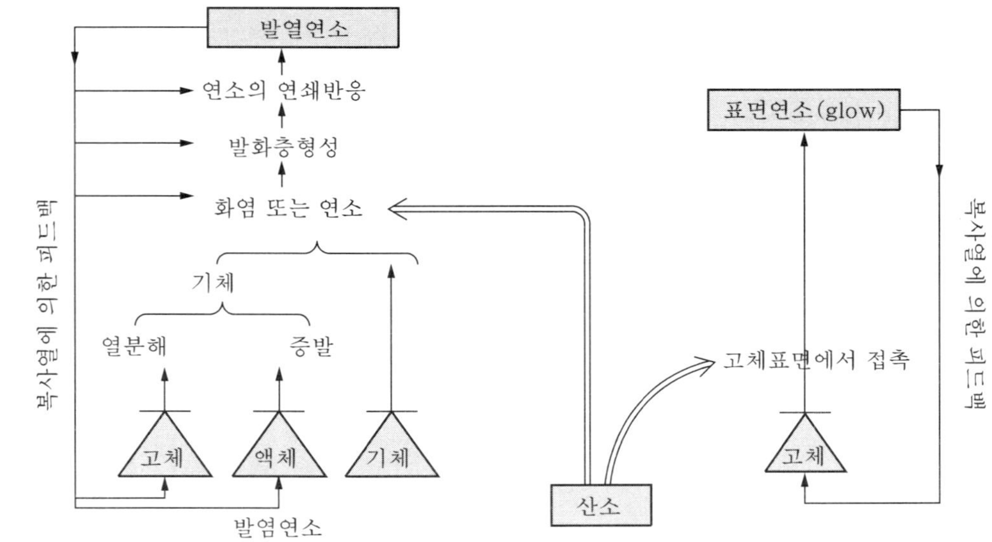

그림 1.4 연료의 연소과정

로부터 직접 휘발분을 생성하여 탄화(숯 생성)한다. 열가소성 수지는 열을 가했을 때 연화되어 용융되며 화재조건하에서는 그 모양이 변화되고, 떨어지는 액적이나 연소되는 용융 고분자의 액면이 넓어지며 화재의 확산이 빨라진다.

1.4 연소속도

개방공간에서 독립된 가연물이 연소하는 경우 연소에 의해 발생한 화염 열 중 일부(약 30%)는 전도, 대류, 복사에 의해 주위공간으로 확산되어 버리고 나머지가 가연물 표면에 전달되며, 그 중의 또 일부가 주위공간으로 확산되고 나머지가 가연물을 분해 또는 기화시켜 연소가 계속된다.

실내화재의 경우 화재가 어느 정도 확대되면 실내의 가연물이 화염으로부터 직접 받는 열 이외에 화재에 의해 발생한 연기와 같은 고온의 기체로부터 복사열과 공간화재인 경우 주위공간으로 확산되어 버리는 열이 실내에서 그냥 없어지는 것이 아니라 실내 주위환경에 흡수되어 다시 복사에 의해 가연물 표면으로 열이 전달된다.

기체연료가 연소될 때 ① 연료가 연소 전에 산소와 미리 혼합되어 있는 경우와 ② 연료와 산소가 각각 분리되어 있다가 반응영역에서 혼합되어 연소하는 경우가 있다. 이들을 각기 예혼합연소(예혼합화염)와 확산연소(확산화염)라 한다. 일반적으로 가스 제트의 연소와 가연성 액체와 고체의 연소는 확산연소이고, 분사식 버너에서의 연소는 예혼합연소이다.

확산화염에서의 연소속도는 가스 제트 화염에서 연소과정과 독립적인 가스연료의 공급속도와 같게 된다. 가연성 고체나 액체에서는 서로 다른 상황이 되고, 연료표면으로부터 휘발성 물질의 공급 속도는 [그림 1.5]와 같이 화염으로부터 연료까지 전달되는 열전달 속도에 직접적인 관련이 있다. 기체의 확산화염의 연소속도는 가스연료의 공급 속도가 된다. 즉, 연소속도란 연소 시 화염이 미연소 혼합가스에 대하여 수직으로 이동하는 속도, 단위시간에 단위면적당 연소하는 혼합 가스량을 말하며 이는 가스의 성분, 공기와의 혼합비율, 혼합가스의 온도 및 압력에 따라 달라진다.

$$\text{연소속도 : 연료가 단위 시간당 소모되는 질량} = \frac{\text{손실질량}}{\text{시간}} \tag{1.1}$$

$$\text{단위 면적당 연소속도 } V_C = \frac{q_F - q_L}{L_v}\ [\mathrm{g/m^2 \cdot s}] \tag{1.2}$$

여기서, q_F : 화염으로부터 공급되는 열유속(kw/m²)

q_L : 연료표면에서 손실되는 열유속(kw/m²)

L_v : 휘발분 생성에 필요한 열량(kJ/g), 기화열(액체의 기화 잠열)

그림 1.5 화재표면에서 열과 질량의 전달과정

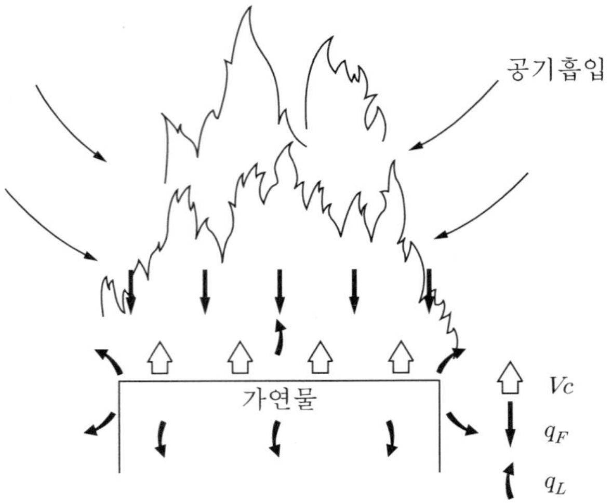

1.5 연소온도

1.5.1 연소온도(연소실 온도)

실제 연소 시 온도는 다음 식에 의해 계산된다.

$$t = \frac{(\eta \times H_l) + Q - Q'}{G \times C_p} \tag{1.3}$$

여기서, t : 연소온도(℃)

η : 연소효율(%)

H_l : 연료의 저 발열량(kcal/kg)

Q : 연소 및 연소용 공기의 현열(kcal/kg)

Q' : 전도, 대류, 복사에 따른 손실열(kcal/Ncm³ · ℃)

G : 연료의 중량(kg)

C_p : 연료가스의 정압비열 평균(kcal/Ncm³ · ℃)

연소실 온도를 높이고 연소를 효과적으로 하기 위해서 연소 및 연소용공기의 현열(Q)을 크게 하고 전도, 대류, 복사에 따른 손실열(Q') 및 연료의 중량(G)을 작게 해야 한다.

1.5.2 이론 연소온도

이론 연소온도란 연료의 저 발열량에 의해 이론적으로 결정되는 온도로서 계산식은 다음과 같다.

$$t' = \frac{H_l + Q}{G \times C} \tag{1.4}$$

여기서, t' : 이론 연소온도(℃)

H_l : 연료의 저 발열량(kcal/kg)

Q : 연소 및 연소용 공기의 현열(kcal/kg)

G : 연료의 중량(kg)

1.5.3 공기비

공기비(m)는 실제공기량($A°$)과 이론공기량(A)의 비를 나타낸 것이다.

$$\text{공기비(m)} = \frac{\text{실제공기량(A°)}}{\text{이론공기량(A)}} \tag{1.5}$$

통상, 기체연료의 공기비는 1.1~1.3, 액체연료의 공기비는 1.2~1.4, 고체연료의 공기비는 1.4~2.0 정도이다.

① 이론공기량(A) : 이론 산소량을 함유하는 공기량, 즉 어느 연료를 이론적으로 완전 연소시키는데 소요되는 최소한의 공기량을 말한다.

② 실제공기량($A°$) : 연료를 완전 연소하려면 이론공기량(A)으로는 불가능하므로 추가적으로 공기를 공급하여야 하는데 이때의 공기량을 말한다. 즉, 이론공기량 + 추가 공기량이다.

1.6 연소열

1.6.1 화학반응 및 화학량론(Stoichiometry)

화학반응이 일어날 때는 일반적으로 열의 방출이나 흡수가 동반된다. 열화학은 이와 관련된 에너지 변화의 정량화를 다룬다. 이를 위해서는 초기와 최종 상태를 정의해야 하며 이는 적당한 화학반응식으로 표현된다. 예를 들면,

$$C_3H_8 + 5O_2 \rightarrow 3CO_2 + 4H_2O \tag{R1}$$

이 식에는 반응물(프로판 및 산소)과 생성물(이산화탄소와 물)이 명시되어 있다. 이와 같이 균형을 이루고 있는 화학반응식은 한편으로 반응의 화학량론을 정의하고 있다. 화학량론이란 생성물로 완전히 전환(반응물이 남지 않음)되기 위한 2개 반응물(프로판 및 산소)의 정확한 비율을 의미한다. 주목해야 할 점은 반응물 및 생성물의 물리적 상태를 명시해야 한다는 사실이다. 반응물 상태에 대한 의문의 여지를 제거하기 위해 초기 상태는 대기상태(즉, 25℃의 대기압)에 해당하도록 하는 경우가 많다. 이 경우에는 양쪽이 모두 기체상태이지만 화재의 경우에는 '가연물'이 응축된 상태(액체나 고체)인 경우가 보다 일반적이다. 예를 들어, *n*-핵산의 산화는 다음과 같이 표현할 수 있다.

$$C_6H_{14} + 9.5O_2 \rightarrow 6CO_2 + 7H_2O \quad \text{(R2)}$$

하지만 가연물의 상태가 액체나 증기일 수도 있다. 그에 따른 결과와 의미는 뒷부분에서 논하도록 한다. 식 (R1)을 이용해 주어진 질량의 프로판을 완전히 산화시키는데 필요한 산소 또는 공기의 질량을 계산할 수 있다. 따라서 1몰의 프로판(44g)이 5몰의 산소(5 × 32 = 160g)와 완전히 반응한다는 추론을 할 수 있다(즉, 1g의 프로판이 3.64g의 산소와 반응). 프로판이 공기 중에서 연소한다면 화학변화에 대한 참여 정도는 미미하지만 질소의 존재를 고려대상에 포함시켜야 할 것이다. 공기 중에 산소 대 질소의 비는 대략 21 : 79(즉, 1 : 3.76)이므로 식 (R1)은 다음과 같이 다시 쓸 수 있다.

$$C_3H_8 + 5O_2 + 18.8N_2 \rightarrow 3CO_2 + 4H_2O + 18.8N_2 \quad \text{(R3)}$$

여기서, 18.8 = 5 × 3.76이고, 이 식으로부터 알 수 있듯이 완전연소를 위해서는 160 + 18.8 × 28 = 686.4g의 '공기'(즉, 프로판 1g당 15.6g의 공기)가 필요하다. 이런 유형의 계산은 화재에 필요한 공기의 양을 평가하는데 있어서 큰 의미를 갖고 있다.

따라서 목재의 경험적 조성이 $CH_{1.5}O_{0.75}$라는 가정과 목재가 완전 연소하여 CO_2와 H_2O가 된다는 가정을 전제로 가연물 1g당 필요한 공기의 질량이 5.38g이라는 사실을 알 수 있다. 이 계산에서는 목재의 화염연소는 목재의 열분해로 인해 발생하는 휘발성 기체 및 증기의 산화와 관계있는 반면, 잔류 탄화물의 연소는 표면산화에 의해 훨씬 천천히 일어난다는 사실을 구분하지 않았다.

1.6.2 연소열

연소열이란 단위량의 가연물이 완전히 산화해 안정된 최종 생성물이 발생할 때 방출되는 열량으로 정의한다. 여기서 엔탈피 변화에 초점을 맞추기 위해 관련 연소과정이 등압조건 하에서 일어난다고 가정한다. 또한 기억해야 할 점은 산화반응이 발열 특성을 갖고 있을 경우 관례상 ΔH_c는 음(−) 값을 갖는 것으로 한다는 것이다.

연소열은 연소봄베 열량측정방식(온도를 엄격하게 감시하는 압력용기 안에서 정확한 양의 가연물을 순수 산소에서 연소시키는 방식)을 통해 측정한다. 연소봄베 열량측정 장치는 열손실을 최소화 하도록 설계되어 있어 해당 계의 총 열용량 및 온도상승으로부터 방출된 열량을 계산할 수 있도록 했다(잔류 열손실에 대해서는 보정 조치를 할 수 있음). 연소봄베 열량측정방식은 열화학과 관련된 풍부한 정보를 제공했기 때문에 물리화학분야에서 큰 관심을 불러 일으켰다. 그러나 실험을 통해 일정체적 하에서 방출되는 열[내부에너지 변화 ΔU : 식 (1.8)]을 구한다. 엔탈피 변화는 다음 식과 같이 주어진다.

$$\Delta H = \Delta U + \Delta (PV) \tag{1.6}$$

여기서, $\Delta (PV)$는 이상기체 상태방정식을 이용해 구한다.

$$\Delta (PV) = \Delta (nRT) \tag{1.7}$$

이 방식을 활용하면 총 연소열을 구할 수 있다. '총 연소열'이란 반응물과 생성물이 표준상태인 경우에 발생하는 연소열을 의미한다. 반면에 '순 연소열'이란 생성물 중 물이 증기상태일 때의 연소율을 의미한다. 즉, 순 연소열은 총 열소열에서 물의 잠열에 해당하는 양(2.26kJ/g)을 뺀 값으로 화재 계산에서 사용해야 할 개념이다. 기억해야 할 점은 응결상태의 가연물(액체나 고체)에 대해서는 기화열이 관련되어 있다는 것이다(가연물 증기에 대한 연소열이 필요할 경우에는 보정과정을 거쳐야 함).

[표 1.2]에는 여러 종류의 기체, 액체, 그리고 고체에 대한 연소열(ΔH_c)이 kJ/mole(가연물), kJ/g(가연물), kJ/g(산소), 그리고 kJ/g(공기) 등 여러 가지 방식으로 제시하였다. 이 방식들 중 첫 번째는 화학 관련문헌과 참고서적에서 보게 되는 방식인 반면에, 두 번째는 화학공학과 연료기술 분야에서 보다 일반적으로 발견되는 형태로서 소방기술자 입장에서는 보다 유용한 방식이다. 하지만 그 나머지(특히, 네 번째)는 화재문제와 관련해 매우 구체적인 용도를 갖고 있다. [표 1.2]에서 분명히 알 수 있는 바와 같이 제시된 대부분의 가연물에 대해 $\Delta H_c(O_2)$와 ΔH_c(공기)는 각각 13.1kJ/g 및 3kJ/g로 거의 일정한 값을 갖는다('화재의 열방출률' 관련 항 참조).

[표 1.2]에 인용된 데이터는 상온(25℃)에서 측정한 연소열을 의미한다. 해당 데이터는 거의 모든 화재 문제에 대해 만족스러운 결과를 제공하지만 고온에서 연소가 일어날 경우에는 때에 따라서 방출되는 열을 고려해야 할 수도 있다. 해당 경우에는 열역학 제1법칙을 적용하기만 하면 된다. 온도가 T_0인 반응물이 반응해 최종 온도가 T_F인 생성물이 발생할 경우에는 그 과정을 두 가지 방식으로 해석할 수 있다.

표 1.2 25℃(298K)에서 특정 가연물의 연소열

Fuel	ΔH_c (kJ/mol)	ΔH_c (kJ/g)	ΔH_c [c] [kJ/g(O_2)]	ΔH_c [kJ/g(air)]
Carbon monoxide(CO)	283	10.10	17.69	4.10
Methane(CH_4)	800	50.00	12.54	2.91
Ethane(C_2H_6)	1423	47.45	11.21	2.96
Ethene(C_2H_4)	1411	50.53	14.74	3.42
Ethyne(C_2H_2)	1253	48.20	15.73	3.65
Propane(C_3H_8)	2044	46.45	12.80	2.97
n-Butane(*n*-C_4H_{10})	2650	45.69	12.80	2.97
n-Pentane(*n*-C_5H_{12})	3259	45.27	12.80	2.97
n-Octane(*n*-C_8H_{18})	5104	44.77	12.80	2.97
c-Hexane(*c*-C_6H_{12})	3680	43.81	12.80	2.97
Benzene(C_6H_6)	3120	40.00	13.06	3.03
Methanol(CH_3OH)	635	19.83	13.22	3.07
Ethanol(C_2H_5OH)	1232	26.78	12.88	2.99
Acetone(CH_3COCH_3)	1786	30.79	14.00	3.25
D-glucose($C_5H_{12}O_6$)	2772	15.40	13.27	3.08
Cellulose[b]	-	16.09	13.59	3.15
Polyethylene	-	43.28	12.65	2.93
Polypropylene	-	43.31	12.66	2.94
Polystyrene	-	39.85	12.97	3.01
Polyvinylchloride	-	16.43	12.84	2.98
Polymethylmethacrylate	-	24.89	12.98	3.01
Polyacrylonitrile	-	30.80	13.61	3.16
Polyoxymethylene	-	15.46	14.50	3.36
Polyethyleneterephthalate	-	22.00	13.21	3.06
Polycarbonate	-	29.72	13.12	3.04
Nylon 6.6	-	29.58	12.67	2.94
Polyester	-	23.8	-	-
Wool	-	20.5	-	-
Wood(European Beech)	-	19.5	-	-
Wood volatiles(European Beech)	-	16.6	-	-
Wood char(European Beech)	-	34.3	-	-
Wood(Ponderosa Pine)	-	19.4	-	-

a 고체(*D*-glucose 등) 이외에는 가연물 및 모든 생성물의 초기 상태를 기체로 간주한다.
b 면과 레이온은 거의 순수한 셀룰로오스로 동일한 연소열을 갖고 있다고 가정할 수 있다.
c 열방출률을 계산할 때는 산소 소비방식에서 $\Delta H_c(O_2) = 13.1\,kJ/g$값을 사용한다.

① 생성물은 T_0에서 생성된 뒤 연소열을 흡수하면서 최종 온도 T_F로 가열됨.

② 연소열이 반응물을 T_F로 가열한 뒤 반응이 계속되어 완료되면서 더 이상 추가적인 온도 상승이 발생하지 않음.

열역학 제1법칙으로부터 다음과 같은 관계식을 구할 수 있다.

$$(\Delta H_c)^{T_0} + C_p^{\text{Pr}} \cdot (T_F - T_0) = (\Delta H_c)^{T_F} + C_p^R \cdot (T_F - T_0) \tag{1.8}$$

여기서, C_p^{Pr} 및 C_p^R : 각각 생성물과 반응물의 정압 비열

이 식을 다시 정리하면

$$\frac{(\Delta H_c)^{T_F} - (\Delta H_c)^{T_0}}{T_F - T_0} = \Delta C_p \tag{1.9}$$

또는 미분 형식으로 다음과 같은 키르히호프 식으로 표현할 수 있다.

$$\frac{d(\Delta H_c)}{dT} = \Delta C_p \tag{1.10}$$

여기서, $\Delta C_p = C_p^{\text{Pr}} - C_p^R$

온도 T_1에 대한 ΔH_c를 알고 있고 반응물 및 생성물의 열용량을 알고 있다면, 이 식을 적분 형태로 정리해 온도 T_2에 대한 연소열을 계산할 수 있다.

$$(\Delta H_c)^{T_2} = (\Delta H_c)^{T_1} + \int_{T_1}^{T_2} \Delta C_p \cdot dT \tag{1.11}$$

$$\Delta C_p = \Sigma C_p(products) - \Sigma C_p(reactants) \tag{1.12}$$

여기서, C_p는 온도의 함수로서 보통 T에 대한 멱급수로 표현할 수 있다. 예를 들어,

$$C_p = a + bT + cT^2 + \cdots \tag{1.13}$$

여러 종류의 물질에 대한 열용량 및 온도에 따른 변화에 대한 데이터는 참고문헌에 제시되어있다.

1.6.3 생성열

열역학 제1법칙은 계의 내부에너지(엔탈피) 변화가 계의 초기와 최종 상태에 따라서만 결정되므로 해당 계의 최종 상태는 중간 상태에 대해 독립적임을 의미한다. 이는 화학반응에 직접 적용되는 헤스의 법칙을 통해 열화학에 반영되어 있다. 이를 통해 생성열의 개념

을 도출해 낼 수 있다. 생성열은 다양한 화학적 화합물의 상대적 안정성을 비교하는 수단을 제공할 뿐 아니라 직접 측정할 수 없는 화학반응열을 계산하는데 사용할 수 있다.

화합물의 생성열은 표준상태(1기압, 298K)의 구성 요소로부터 1몰의 화합물이 생성될 때 일어나는 엔탈피 변화로 정의한다. 따라서 물의 생성열은 해당 반응(온도 298K)의 엔탈피 변화를 의미한다.

$$H_2(g) + 0.5O_2(g) \rightarrow H_2O(l) \qquad \Delta H_f = -285.8\text{kJ/mol} \tag{R4}$$

따라서 25℃에서 $\Delta H_f(H_2O)(l) = -285.8$kJ/mole이다. 이 값은 수증기에 대한 생성열[$\Delta H_f(H_2O) = -241.84$kJ/mol]에 비해 25℃의 증발잠열(43.96kJ/mol)만큼 차이가 난다.

관련 정의에 따라 모든 구성 요소의 생성열은 온도에 상관없이 편의상 0으로 설정한다. 그러면 반응물과 생성물의 생성열로부터 반응열을 계산할 수 있다. 즉,

$$\Delta H = \Delta H_f(\text{생성물}) - \Delta H_f(\text{반응물}) \tag{1.14}$$

여기서, ΔH : 해당 반응의 열(엔탈피)

그러나 대부분의 생성열은 연소열만큼 구하기가 쉽지 않다. 제시된 예제는 물의 생성열이 우연히 수소의 연소열과 일치하는 특별한 경우이다. 마찬가지로, 대기조건 하에서 가장 안정된 형태를 갖는 탄소(흑연)의 연소열은 이산화탄소의 생성열을 의미한다. 다행스럽게도 연소열량측정을 이용해 간접적으로 생성열을 계산할 수 있다.

$$2C(\text{흑연}) + H_2 \rightarrow C_2H_2 \tag{R5}$$

위 반응의 엔탈피 변화를 의미하는 에틴(Ethyne : 아세틸렌)의 생성열은 다음과 같이 추론할 수 있다. 즉, 25℃(298K)에서 봄베 열량계를 통해 구한 에틴의 연소열이 −1,255.5 kJ/mol이었다. 이는 다음 반응의 반응열을 의미한다.

$$C_2H_2 + 2.5O_2 \rightarrow 2CO_2 + H_2O \tag{R6}$$

여기서, 헤스의 법칙에 따라 다음 등식이 성립한다.

$$\begin{aligned}(\Delta H_c)^{298}(C_2H_2) = {} & 2(\Delta H_f)^{298}(CO_2) + (\Delta H_f)^{298}(H_2O) \\ & - (\Delta H_f)^{298}(C_2H_2) - 2.5(\Delta H_f)^{298}(O_2)\end{aligned} \tag{1.15}$$

앞서 설명한 바와 같이,

$$(\Delta H_c)^{298}(C_2H_2) = -1{,}255.5 \text{ kJ/mol}$$

$$(\Delta H_f)^{298}(CO_2) = -393.5 \text{ kJ/mol}$$

$$(\Delta H_f)^{298}(H_2O) = -241.8\ kJ/mol$$
$$(\Delta H_f)^{298}(O_2) = 0.0\ kJ/mol(\text{정의에 의해})$$

따라서 식 (1.15)를 다시 정리하면,

$$(\Delta H_f)^{298}(C_2H_2) = +226.7\ kJ/mol$$

이 화합물은 CO_2 및 H_2O와는 달리 생성열이 양수이다. 이를 통해 알 수 있듯이 해당 화합물은 흡열 특성을 갖고 있으며, 그에 따라 원래 구성 요소에 비해 덜 안정적이다. 적절한 조건 하에서 에틴은 격렬하게 분해되어 보다 안정한 물질이 될 수 있다.

다양한 화합물이 갖고 있는 생성열을 [표 1.3]에 제시하였다. 안정한 화합물(CO_2 및 H_2O)일수록 더 큰 음의 값을 갖는 반면, 양의 값은 원래 상태의 구성 요소에 비해 불안정한 상태를 의미하는 경향이 있다. 이러한 특성이 높은 화학 반응성을 의미할 수는 있지만, 화학변화가 일어날 수 있는 속도에 대한 정보는 전혀 제공해주지 않는다(역학적 요소는 무시). 그러나 화학 산업에 적용되는 새로운 공정과 관련된 리스크의 표시를 위한 목적으로 생성열이 예비위험사정에서 사용되기도 했다. 주목해야 할 점은 흡열성 화합물의 연소열이 관련 반응성에 대한 암시를 제공해 주지는 못한다는 것이다(표 1.2와 표 1.3 참조).

연소열(ΔH_c)은 모든 연소반응은 에너지 방출을 수반한다고 앞서 설명하였다. 연소열은 단위 질량의 연료(25℃, 대기압)가 완전히 산화되었을 때 방출하는 전체 열량으로 정의하

표 1.3 25℃(298K)에 대한 생성열

Compound	$(\Delta H_f)^{298}$(kJ/mol)	Compound	$(\Delta H_f)^{298}$(kJ/mol)
Hydrogen(atomic)	+218.00	Nitrogen Dioxide	+33.85
Oxygen(atomic)	+249.17	Ammonia	−45.90
Hydroxyl(OH)	+38.99	Methane	−74.87
Chlorine(atomic)	+121.29	Ethane	−84.5
Carbon Monoxide	−110.53	Ethene	+52.6
Carbon Dioxide	−393.52	Ethyne(Acetylene)	+226.9
Water(liquid)	−285.8	Propane	−103.6
Water(vapor)	−241.83	*n*-Butane	−124.3
Hydrogen Chloride	−92.31	iso-Butane	−131.2
Hydrogen Cyanide(gas)	+135.14	Methanol	−242.1
Nitric Oxide	+90.29		

였다. 이때 연소열은 총발열량(고 발열량)과 진발열량(저 발열량)으로 구분할 수 있다. 총발열량(고 발열량)은 연소생성물인 H_2O가 액체 상태인 경우 발생하는 총 열량이고, 진발열량(저 발열량)은 연소생성물인 H_2O가 수증기(기체) 상태인 경우 발생하는 총 열량으로 고 발열량에서 증발잠열(44kJ/mol, 25℃)을 뺀 값이 된다. 물의 증발 잠열은 539kcal/kg (100℃)가 되고, 1kcal는 4.186kJ/kg이 된다. 예를 들어,

$$C_3H_8 + 5O_2 \rightarrow 3CO_2 + 4H_2O$$

여기서, H_2O가 액체 상태인 경우 ΔH_c : −2088kJ/mol

H_2O가 기체 상태인 경우 ΔH_c : −2044kJ/mol

화재에서는 불완전 연소가 많기 때문에 다른 방법으로 연소열을 계산한다. 대부분 보통 연료에서는 연소열이 소모된 산소 또는 공기로 표시하면 거의 일정하다. 연소열을 소모된 공기로 표시하면 $C_3H_8 + 5O_2 \rightarrow 3CO_2 + 4H_2O$이다.

이 식을 공기 중 질소가 포함된 것으로 표시하면,

$$C_3H_8 + 5O_2 + (5 \times 3.76)N_2 \rightarrow 3CO_2 + 4H_2O + (5 \times 3.76)N_2$$

위 식에서 공기의 양은 5 + 18.8 = 23.8mol이고, 1mol의 공기는 28.95g이므로

2044kJ/23.8mol공기 = 85.88kJ/mol공기

85.88kJ/mol공기 × 1mol 공기/28.95 g 공기 = 2.97kJ/g 공기

이는 완전 성장단계의 환기지배에서 공기의 인입속도가 알려져 있거나 계산이 가능하고, 모든 산소가 구획경계 내에서 소모된다고 가정하면 열 방출량을 계산할 수 있다.

1.6.4 열(에너지)방출량

열화학은 가연물이 완전히 연소될 때, 방출되는 에너지 총량에 대한 정보를 제공해 줄 수 있지만 연소열을 직접 이용해 '실제' 화재에서 방출되는 열을 계산할 수 있는 경우는 거의 없다. 그럼에도 불구하고 논쟁의 여지가 있는 부분은 총 유효열량보다는 열방출량이 더 중요하다는 점이다. 단일 품목이 고립상태에서 연소할 경우에는 화염에 대한 연소율과 열방출량이 서로 연계되어 있다. 열방출량 Q_c(kJ/s)은 손실질량 m(kg/s)으로 표현되는 연소열로 표시하는 것이 편리하다.

$$Q_c = m \cdot \Delta H_c \tag{1.16}$$

여기서, ΔH_c : 해당 가연물의 순 연소열(kJ/kg)

그러나 이는 완전연소(실제 화재에서는 절대 있을 수 없는 일)를 가정한 것이다. 무제한 환기조건 하에서도 연소 생성물은 부분 산화하는 물질(예를 들면 일산화탄소, 알데히드류, 케톤류, 그리고 그을음이나 연기의 형태를 갖고 있는 입자 물질)이 포함되어 있기 마련이다. 이러한 물질이 존재한다는 사실을 통해 모든 유효에너지가 방출되지 않았다는 사실을 알 수 있다. '연소 효율'은 0.3~0.4(난연성 물질일 경우)에서 0.9 이상(폴리옥시메틸렌과 같이 산소를 포함하고 있는 생성물)까지 변화할 수 있다.

방호구역에서 연소하는 화재는 완전히 다른 문제를 발생시킨다. 우선 각자 다른 화학량론적 공기 요구사항을 갖고 있는 매우 다양한 가연물이 존재할 수 있다. 이러한 가연물이 갖고 있는 고유의 연소율은 해당 가연물의 특성뿐 아니라 화재가 진행되는 동안 구획실 내에 존재하는 복사열의 정도에 의해서도 달라진다. Pettersson 연구팀이 개발한 방식에서처럼 플래시오버 후의 온도-시간 이력을 계산해 구조물 구성 요소의 화재노출 정도를 추정하기 위해서는 구획실 화재가 완전히 성장한 상태에서 나타나는 열전달률이 필요하다. 이때 열전달률의 계산을 복잡하게 하는 가장 확실한 원인은 구획실 내에서 가연물 중 일부가 연소되지 않을 수도 있다는 것이다. 즉, 휘발성 가연물 중 일부가 밖으로 빠져 나와 신선한 공기와 혼합되면서 연소될 수 있는 것이다. 이런 식으로 손실되는 연소열의 분량을 쉽게 추정할 수 없다.

그러나 화재가 환기에 의해 제어되고 구획실 내로 유입되는 공기 전량이 구획실 내에서 '연소'된다고 가정한다면, 식(1.17)로부터 구획실 내의 열방출량을 계산할 수 있다.

$$Q_c = m_{\text{air}} \cdot \Delta H_c(\text{air}) \tag{1.17}$$

여기서, m_{air} : 구획실 내부로 유입되는 공기의 질량유량(kg/s)

$\Delta H_c(\text{air})$: 단위 소모 질량에 대한 연소열(3kJ/g, 표 1.2 참조)

공기의 질량유량은 다음 관계식을 이용해 근사할 수 있다.

$$m_{\text{air}} = 0.52\, A_w h^{1/2}\ (\text{kg/s}) \tag{1.18}$$

여기서, A_w : 유효환기면적(m^2)

h : 환기구 높이(m)

여기서는 연소과정이 화학량론적이라는 묵시적 가정이 전제되고 있다. 그러나 실제로는 구획실 내의 가연물 증기를 전소시키기에는 급기속도가 충분하지 않을 수도 있다. 실제로 당량비 m_{air}/m가 화학량론적 비보다 작다면 과잉 가연물이 구획실로부터 빠져나가 공기와 혼합되어, 특히 당량비에 따라 길이가 달라지는 외부 화염을 발생시킬 것이다. 아울러 식 (1.18)을 이용해 화재의 온도-시간 경로를 계산할 경우에는 화재가 해당 기간 동안 최대 연소율을 유지한다는 묵시적 가정을 전제로 하게 된다. 이때 최대 연소율은 가연물의 양(화재하중)에 따라 달라진다. 이 방식은 환기구가 큰 연료지배형 화재의 강도를 과대 평가하는 경향이 있다.

'산소 소비 열량측정' 기법을 이용해 가연성 물질의 화재 거동에 대한 상당량의 데이터를 구할 수 있다. 이 기법은 산소 소비율을 측정해 작은 물질 표본으로부터 나오는 열방출률을 결정하는 '원추형 열량계'의 근거를 제공하고 있다. 산소 소비율은 환산계수 13.1kJ/g을 이용해 열방출률로 환산할 수 있다(불완전연소에 대해서는 CO의 수율에 따라 약간의 보정과정을 거쳐야 함). 이 기법은 가구, 벽 내장재, 그리고 기타 품목에서 나오는 열방출률을 측정하기 위해 보다 대규모로 사용될 수 있으며, 이제는 화재연구뿐만 아니라 화재시험설비에서도 일상적으로 사용되고 있다.

1.6.5 화염온도

앞 단원에서는 연소반응에 의해 방출된 에너지에 대해서는 전혀 주의를 기울이지 않았다. 방출된 에너지는 일단 반응계 내에서 ① 반응하지 않은 반응물, ② 연소생성물, ③ 희석물에 의해 흡수되지만, 궁극적으로는 다양한 열전달과정을 거쳐 계의 외부로 손실된다. 이는 특히 밀폐 공간 내에서 발생하는 자연 화재의 경우에 발생하는 현상이다. 그러나 예혼합 반응계(예를 들면, 인화성 증기/공기 혼합기체)에 대해 단열조건(즉, 해당 계를 출입하는 열전달이 존재하지 않음)을 가정한다면 이론적인 최대 온도인 단열화염온도를 계산할 수 있다.

화학량론적 초기 온도가 25℃이고, 무한한 범위의 프로판/공기 혼합기체(즉, 열이 전달될 수 있는 표면이 존재하지 않음)를 통과하는 화염을 생각해 보자. 이 경우에 해당하는 식을 (R7)에 제시하였다.

$$C_3H_8 + 5O_2 + 18.8N_2 \rightarrow 3CO_2 + 4H_2O + 18.8N_2 \tag{R7}$$

이 반응은 소모되는 프로판 1몰 당 2,044kJ의 열을 방출한다. 이 에너지양은 반응생성물[즉, 프로판 1몰이 연소될 때마다 3몰의 이산화탄소, 4몰의 물(수증기), 그리고 18.8몰의 질소]을 가열하는 방향으로 움직인다. 이 혼합 기체의 열용량은 개별 기체의 열용량(JANAF와 같은 관련문헌 참조)으로부터 계산할 수 있다. 해당 온도 범위에 대해 각 기체에 대해 C_p의 평균값을 적용하면 관련 절차는 간단해진다(표 1.4 참조).

표 1.4 화학량론적 프로판/공기 혼합기체의 연소 생성물이 가지고 있는 열용량

No. of Moles		Thermal Capacity at 1000K (J/mol·K)	(J/K)
CO_2	3	54.3	162.9
H_2O	4	41.2	164.8
N_2	18.8	32.7	614.8
Total thermal capacity(per mole of propane) =			942.5J/K

이러한 종류의 기체가 생성됨과 동시에 2,044kJ의 열이 방출되므로 최대 온도 상승은

$$\Delta T = \frac{2044000}{942.5} = 2,169K$$

따라서 최종(단열) 온도는 2,169 + 298 = 2,467K이다. 사실 이 값은 다음과 같은 이유로 인해 근사값에 지나지 않는다.

① 열용량은 온도에 따라 변화하며, 해당 문제에 대한 온도 범위에 대한 평균값이 사용되었음.

② 고온 기체(CO_2 및 H_2O)로부터 나오는 복사에 의한 열손실이 존재하므로 해당 계는 단열상태일 수 없음.

③ 고온에서는 생성물의 분해가 일어나는데 이는 흡열과정이므로 최종 온도가 떨어짐.

이 중에서 2항과 3항으로 인해 실제 화염온도가 예측한 것보다 훨씬 더 낮아진다. 이러한 효과를 고려대상에 포함시킬 수 있다. 따라서 공기 중에서 프로판이 연소할 경우, 최종 온도는 2,000K을 초과하지 않을 것이다.

만약 프로판이 순수한 산소 중에서 화학량론적 혼합기체로 연소하고 있다면 '히트 싱크'(heat sink) 역할을 하는 질소가 없기 때문에 보다 높은 온도에 도달하게 된다. 총 열용량은 (942.5 − 614.8) = 327.7J/K이지만 방출되는 열량(2,044kJ)은 변하지 않으므로 온도 상승의 최대값은 다음과 같다.

$$\Delta T = \frac{2044000}{327.7} = 6,238\mathrm{K}$$

따라서 최종 온도는 6,263℃로 예측된다. 분해는 지배적인자로 작용하므로 이 온도에 도달하는 것은 불가능하면 결국 온도는 3,500K 정도를 넘지 않을 것이다.

2,000K 이상의 온도 범위에서 해리가 발생할 경우, 분해를 고려 대상에 포함시켜야 한다. 그러나 온도가 현저히 낮고 분해효과를 무시할 수 있을 경우에는 상기에 기술되어 있

는 간단한 계산 방식을 이용해서 한계에서의 화염의 온도를 추정할 수 있다. 이미 알려져 있는 바와 같이 프로판의 연소 하한계는 2.2%이다. 이 혼합기체에서 발생하는 산화반응은 다음 식으로부터 설명할 수 있다.

$$0.022\,C_3H_8 + 0.978(0.21O_2 + 0.79N_2) \rightarrow \text{생성물}$$

이 식을 0.022로 나누면,

$$C_3H_8 + 9.34O_2 + 35.12N_2 \rightarrow 3CO_2 + 4H_2O + 4.34O_2 + 35.12N_2 \quad \text{(R8)}$$

이 식으로부터 알 수 있듯이 1몰의 프로판을 산화시켜 방출되는 열은 이제 과잉산소(4.34몰)와 질소 증가량에 의해 흡수될 수 있다. 전과 동일한 계산을 수행함으로써 알 수 있듯이 이 한계 혼합기체(limiting mixture)에 대한 단열화염온도는 1,281℃(1,554K)이다. 다른 탄화수소 기체에 대해 동일한 계산을 수행하면 단열한계화염온도는 1,600 ± 100K(표 1.5 참조)의 매우 좁은 범위 내에 존재함도 알 수 있다. 열손실(화염으로부터 나오는 복사에 의한 손실)이 화염 내부의 열 생성률을 초과하기 때문에 한계가 존재한다는 가정을 바탕으로 이를 해석할 수 있으며, 결과적으로 화염은 지속될 수 없다. 이러한 개념은 연소 하한계와 관련된 구체적인 실제 문제에 적용될 수 있다.

표 1.5 하한계 탄화수소/공기 혼합기체의 단열 화염온도

Gas	(K)
Methane	1,446
Ethane	1,502
Propane	1,554
n-Butane	1,612
n-Pentane	1,564
n-Heptane	1,692
n-Octane	1,632

예제 1.1 스파크 플러그의 성능 연구를 위해 6기통 내연기관이 사용되었다. 사용 연료는 메탄(CH_4)이고, 연료/공기 혼합기체는 임의대로 조정할 수 있다. 20m 길이의 30cm 정방형 덕트를 통해 배기 집합관으로부터 연소생성물을 추출해낸다. 발견된 바에 따르면, 3개의 실린더만 점화할 경우 해당 엔진은 화학량론적 혼합기체로 작동을 계속한다. 이 조건 하에서 집합관으로부터 덕트에 유입되는 기체의 평균온도가 700K라면 덕트 내에서 폭발이 일어날 위험이 존재하는가?

해설 공기 중에 있는 메탄의 화학량론적 반응은 다음과 같다.

$$CH_4 + 2O_2 + 7.52N_2 \rightarrow CO_2 + 2H_2O + 7.52N_2 \quad \text{(R9)}$$

1몰의 연료가 6개 실린더 각각을 통과하지만 6몰 중 3몰만 연소한다고 가정하면, 전체적으로 다음과 같은 반응식이 성립한다.

$$6CH_4 + 12O_2 + 45.12N_2 \rightarrow 3cH_4 + 3CO_2 + 6H_2O + 6O_2 + 45.12N_2 \quad \text{(R10)}$$

양 변을 3으로 나누면,

$$2CH_4 + 4O_2 + 15.04N_2 \rightarrow CH_4 + 2O_2 + CO_2 + 2H_2O + 15.04N_2 \quad \text{(R11)}$$

배기 집합관으로 배출되는 혼합기체는 (R11)의 우변에 의해 주어지는 조성을 갖고 있다. 이 혼합기체가 700K에서 '연소'하면 최종 단열화염온도는 다음과 같은 반응을 바탕으로 계산할 수 있을 것이다.

$$CH_4 + 2O_2 + CO_2 + 2H_2O + 15.04N_2 \rightarrow 2CO_2 + 4H_2O + 15.04N_2 \quad \text{(R12)}$$

생성물 기체($2CO_2 + 4H_2O + 15.04N_2$)(1,000K)의 총 열용량은 메탄 연소량 1몰 당 765.3J이라는 사실을 알 수 있다. 키르히호프 식 (1.8)을 이용해 계산하면 700K에서 ΔH_c (CH_4)는 802.8kJ/mol이고, 이때 $\Delta T =$ 802,800/765.3 =1,049K이다. 이를 통해 최종 온도는 1,749K이라는 사실을 알 수 있다. 이 온도는 상기에서 논의한 한계화염온도 1,600K보다 현저히 높다. 이를 통해 알 수 있는 바와 같이 폭발 위험성이 존재하면 이 혼합기체가 덕트로 배출되지 않도록 아래 위해 적절한 조치를 취해야 한다.

주목해야 할 점은 700K에서 메탄과 산소 간에 '느린' 반응이 존재하면 이로 인해 (R10)의 우변에 제시된 혼합 기체로 덕트가 가득 차리라는 묵시적 가정이 무효화 된다는 사실이다. 그러나 메탄의 느린 산화는 혼합 기체의 인화성을 떨어뜨리는 경향이 있으므로 계산 결과 보수적인 답이 나오게 된다.

1.7 화재 발열량

건축물의 화재안전설계는 화재의 온도와 화재지속시간 등의 화재특성에 의해 좌우되고, 이 같은 화재특성을 평가하기 위해 결정해야할 인자가 화재로부터 발생되는 발열량이다. 화재 발열량(Q)의 결정은 ① 식(1.16)의 연소에 의한 열방출량, ② NFPA 92B에서 제시한 t^2 화재의 발열량 및 ③ 화재하중에 의해 결정하는 방법 등이 있다. 연소에 의한 열방출량 식(1.16)에서 $m(kg/s)$은 연소에 의한 기체의 손실 질량으로 화재실의 환기조건에 따라 다르고 화재실로 유입되는 공기의 연소조건에 따라 다르기 때문에 식(1.16)을 이용하여 화재 발열량을 결정하기란 그다지 쉽지 않기 때문에 NFPA 92B에서 제시한 방법과 화재하중에 의한 방법을 많이 사용하고 있다.

일반적으로 화재안전설계에서 이용하는 화재 발열량은 시간 t(s)의 2승에 비례하여 증가하는 t^2 화재인 식(1.19)가 이용되고, 화재 성장률 α(kw/s^2)는 가연물 및 마감재에 따라 결정된다. 화재 성장률은 화재 성장이 매우 빠름(ultra-fast)인 경우 α=0.2, 느린(slow) 경우 α=0.001 정도이고, 대부분 가연물의 화재성장률 0.001<α<0.2의 범위에 들어간다.

$$Q = \alpha t^2 \tag{1.19}$$

NFPA 92B(2005)에서는 각종 가연물의 연소 성장속도에 따라 4단계에 대한 발열량을 [그림 1.6]과 같이 제시하고 단계별 발열량은 식(1.19)에 의해 결정하며, 성장 시간을 다음과 같이 분류하고 있다.

Slow	:	t=600s ,	Medium	:	t=300s
Fast	:	t=150s ,	Ultra-fast	:	t=75s

그림 1.6 t^2 화재의 발열량

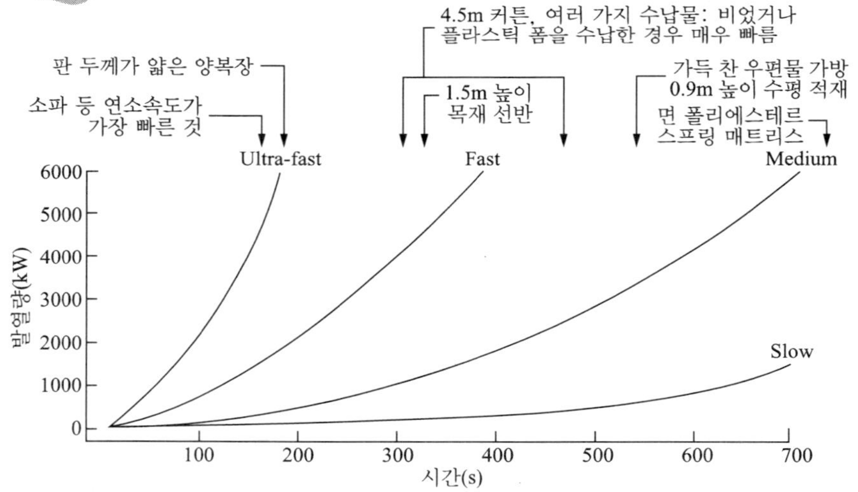

건축물 화재에서 화재의 온도와 화재지속시간을 지배하는 가장 큰 요인은 그 건축물 내에 포함되는 가연물의 양과 개구부의 크기이다. 가연물의 양을 화재실의 바닥면적으로 나눈 값을 화재하중이라고 한다. 따라서 건축물의 화재안전설계를 할 때 설계하고자 하는 건축물 내의 가연물의 양을 정확하게 파악하는 것이 필요하다. 건축물 내의 가연물을 크게 나누면 고정 가연물과 적재 가연물 두 가지로 나눌 수 있으며 고정 가연물은 바닥, 벽, 천정과 내장재료 등의 건축 시에 축조된 가연물이며, 적재 가연물은 가구, 서적, 의류, 침구 등의 건축 후에 사용되는 가연물이다. 이들 가연물에는 다양한 종류의 재료가 있기 때문에 연소될 때 발열량도 재질에 따라 각각 다르다.

고정 가연물은 건축설계 단계에서 결정될 수 있기 때문에 구조계산을 할 때 고정하중의 평가와 마찬가지로 쉽고 정확하게 구할 수 있다. 표 1.6은 일본건축학회에서 제시한 사무실의 고정 가연물량을 나타낸 것이다.

1

표 1.6 사무실의 고정 가연물량(일본건축학회, 1986)

건축명칭	가연물량 (kg/m²)	건축명칭	가연물량 (kg/m²)
A	19.0	G	13.0
B	15.5	H	16.5
C	19.0	I	24.0
D	15.0	J	23.0
E	25.5	K	14.0
F	20.0	L	14.0

적재 가연물량은 가연물이 적재되어 있는 가구 등의 재질과 수납량(밀도)에 따라 연소율이 달라지기 때문에 정확한 적재 가연물량의 평가가 곤란하고 아직까지 정확하게 파악되지 않고 있다. 그러나 최근 생활양식의 변화와 철재가구 등의 보급에 의해 사무실의 적재 가연물량이 대폭 감소하고 있는 경향이 있다. 표 1.7은 일본건축학회에서 제시한 용도별 적재 가연물량을 나타낸 것이다.

화재 발열량을 동일 발열량의 목재 중량으로 환산한 값을 등가 가연물량이라고 하며, 화재안전설계를 실시할 때 등가 가연물량을 사용하면 편리하다. 식(1.20)에 나타낸 등가 가연물량의 값을 화재하중(q)이라고 하 고, 화재성상을 규명할 때에 기본적인 요소로 사용된다.

$$q = \frac{\sum(G_i \times H_i)}{H_o \times A} = \frac{\sum Q_i}{H_o \times A} \tag{1.20}$$

여기서, q : 화재하중(kg/m²)

G_i : 가연물의 중량(kg)

H_i : 가연물의 단위 발열량(MJ/kg)

H_o : 목재의 단위 발열량(17.4~18.2MJ/kg)

A : 화재구획의 바닥면적(m²)

Q_i : 화재구획 내 가연물의 전체 발열량(MJ)

표 1.7 용도별 적재 가연물량(일본건축센터, 1989)

건물용도	실용도	적재가연물량(kg/m^2)			조사수	
		범위	평균치	표준편차	동수	실수
사무실	사무계사무실	14.4~34.9 (14.4~54.2)	25.7 (30.1)	6.5 (11.3)	7 (8)	8 (10)
	기술계사무실	30.8~42.4	35.6	5.0	5	6
	행정사무실	68.3~78.6	74.9	4.2	1	5
	설계실	44.5~61.4	55.4	6.6	4	5
	대기실 회의실 응접실 고용원실	2.5~15.5	7.8	4.6	6	13
	자료실 도서실	66.8~185.8	115.8	38.3	7	10
	창고	209.5~369.0	285.2	80.1	2	3
	로비	4.2~19.4	12.3	6.6	4	4
호텔	객실	7.9~13.3	10.5	1.5	2	15
	연회실	2.9~6.8	4.4	1.5	1	6
	로비		2.8		1	1
체육관	구기장		0.2		1	1
	유도장		4.8		1	1
	기구고	13.0~42.3	26.8	14.7	1	3
	탈의실	1.8~3.3	2.6		1	2
	현관홀		5.8		1	1
	클럽실	6.2~10.0	8.8	1.5	1	4
극장	대도구제작실		43.6		1	1
	대도구창고	56.9~75.3	66.1		1	2
	밑바닥		10.2		1	1
	무 대		4.5		1	1
	무대	20.6~21.1	20.9		1	2
창고	종이창고	844.6~1,261.0	1,061.4	142.6	1	6
백화점	매장	9.3~31.0	19.2	8.6	1	6

주) ( ) 내는 광보관계의 2실을 포함하였을 때

예제 1.2 A 호텔의 면적 520m² 연회장에서 화재가 발생한다고 가정할 때, 화재로 인해 연회장에서 발생하는 화재 발열량은 어느 정도가 되겠는가?

해설 표 **1.7**에서 화재하중은 평균 q=**4.1kg/m²**이므로, 식**(1.20)**으로부터

$$\sum Q_i = H_o \times q \times A = 17.8\frac{\mathrm{MJ}}{\mathrm{kg}} \times 4.1\mathrm{kg} \times 520\mathrm{m}^2 = 37,949.6\mathrm{MJ}$$

이때 H_o는 **17.4~18.2MJ/kg**의 평균값인 **17.8MJ/kg**으로 하였다.

제 2장 열물리 · 화학

(Physics and Chemistries of Heat)

2.1 화재와 열화학

열화학은 화학변화(반응)가 일어날 때 방출되거나 흡수되는 열에너지의 양과 관련된 물리화학의 한 분야이다. 화재도 기본적으로는 일종의 화학반응(연소)이므로 열화학은 다양한 과학과 기술문헌의 데이터로부터 화재과정에서 방출되고 전달되는 열에너지를 계산할 수 있는 다양한 방법들을 제공한다.

다시 말해 열화학은 에너지보존의 원칙을 설명하고 있는 열역학 제1법칙의 주요 파생물이라고 할 수 있으며, 반면에 열역학은 화학변화와 관련되어 있으면서도 변화속도나 변환 메커니즘에 대해서는 아무런 언급도 하지 않는다. 이러한 특성으로 인해 열역학과 열전달이 제시하는 정보는 다른 데이터와 함께 예를 들면, 연소율로부터 열방출률을 계산할 수 있도록 하기 위해 사용되는 경우가 많다.

화재는 발화, 연소, 열전달, 화재확산, 연기의 이동 등을 포함한 복잡한 현상이다. 연소는 연소 체적으로부터 나오는 열귀환이나 인화성 가스의 가압방출 때문에 일어나는 고체물질의 열분해나 액체의 기화로부터 발생할 수 있다. 아울러 화재는 연소로부터 고온가스의 팽창을 유발시키는 상당히 많은 양의 열을 방출한다. 방출된 열은 또 다른 가연물로 전달되어 화재확산을 유발시킨다.

화재연구는 이러한 복잡한 현상을 과학적 원리를 이용하여 예측하고 평가하는 것이다. 또한 화재연구는 독립적 원리들의 조합으로 구성되는 복합된 과제이며, 정량적 표현으로 주제들을 통합하고 널리 인정된 과학적 원리를 이용하여 화재에 대한 예측이나 평가가 가능하다. 이러한 예측과 평가는 대용량의 컴퓨터를 이용한 화재시뮬레이션으로 해석하거나 소방공학의 지적 통찰력과 관련 식들에 의하여 해석된다.

2.2 물질의 상태, 상태식, 상태변화

2.2.1 물성

물질의 성질은 '어떤 물질이 어떻다고 규정지을 수 있는 모든 측정 가능한 양'이라고 정의하기도 한다. 물질이 어떻다 이것이 어떤 상태에 있다고 이야기해 줄 수 있는 근거가 되는 측정 가능한 값을 물성(property)이라고 한다. 즉, '물질이 가지고 있는 고유한 성질을 물성'이라고 한다. 물질의 무게, 부피 또는 용기 안에서의 압력 혹은 온도 등이 물질의 성질이다. 이외에도 열 및 전기 전도도, 탄성계수, 점성, 열팽창 계수, 또는 질량시스템의 속도, 높이 등도 물질의 성질이다. 한 예로 어떤 물질의 색깔도 물성일까? 만약 어떤 물질이 밤색을 띠고 있으면 물질의 색깔은 밤색이다. 밤색은 이 물질이 어떻다고 이야기해줄 수 있는 값이므로 이 물질의 성질일 것 같은데, 측정이 가능한 양인가 의심을 가질 수 있다. 즉, 색깔은 측정이 가능하냐하는 것이 문제가 된다. 그러나 색깔도 측정이 가능하다. 이 물질을 통해서 반사되어 나온 빛의 파장사이의 강도차이를 가지고서 이 색깔은 어떤 색깔이라는 것을 수치적으로 이야기해줄 수 있다.

2.2.2 상태와 상태량

계(system)의 상태와 물질의 거동을 설명하려면 물질의 성질과 이들 사이의 관계를 알아야 한다. 물체의 성질 또는 상태량이란 계의 경로에 무관하고 어느 시간에 특정 값으로 주어지는 압력, 온도, 에너지, 체적, 질량 등과 같이 계의 거시적 특성만으로 주어지는 성질이다. 그러므로 어느 순간에서 물체의 상태는 그 순간에 물체가 가지는 온도, 압력, 체적 등의 물체의 상태량으로부터 결정된다. 이와 같이 물질의 성질에 의하여 주어지는 계의 조건을 상태라 한다.

물질의 성질, 즉 물성은 그 물질이 놓여 있는 상태를 규정지을 수 있는 상태를 나타내는 수치 값, 즉 상태량이라 한다. 예를 들어, 우리가 물을 생각할 때 조건에 따라 여러 가지의 형태로 존재할 수 있음을 알 수 있다. 용기내의 액체인 물을 가열하면 온도가 상승하고 더욱 가열하면 결국 기체상태인 증기로 변한다. 또한 액체인 물을 냉각시키면 온도가 낮아지고 더욱 냉각시키면 고체인 얼음으로 변한다. 한 물질에 대하여 여러 가지의 상(phase)이 존재하며 각 상에서 압력과 온도 등에 따라 여러 가지의 상태로 존재하게 된다. 어느 순간에서의 물질 또는 계의 상태는 그 순간에서의 물질 또는 계가 갖는 온도, 압력, 비체적, 내부에너지, 엔탈피, 엔트로피 등과 같이 물리량으로 나타낼 수 있다. 이와 같이 물질의 상태를 기술하는 물리량을 상태량(quantity of state) 또는 상태변수(state variable)라 하고 이들 상태량은 그 물질이 어떻게 그 상태에 도달하였는가에 관계없이 주어진 상태에서는 동일한 값을 갖는다. 계가 한 상태에서 다른 상태로 변화하는 과정, 즉 경로와는 무관한 양으로 상태함수 또는 점함수이다. 이에 대해 일이나 열은 동작물질이 어떠한 경로로 그 상태에 도달하였는가에 따라 값이 다르기 때문에 상태량으로 볼 수 없으며, 이러한 양은 경로함수 또는 과정함수이다. 점함수의 미분은 완전미분형태로서 한 상태에서 다른 상태로 변화할 때 경로에 관계없이 일정하게 된다.

상태변수는 2가지로 나누어진다. 그 하나는 평형에 있는 고립계를 외부의 영향 없이 몇 개의 부분으로 나누어주는 것으로 부피에 무관한 성질, 즉 온도와 압력과 같이 물질의 질량(양)과 관계없는 상태량을 강성적 성질(剛性的 性質, intensive properties)이라 하고, 반면에 질량, 체적, 총 에너지, 엔탈피, 엔트로피와 같이 물질의 양에 비례하여 크기가 변하는, 즉 질량(양)의 크기에 따라서 바뀌는 상태량을 종량적 성질(從量的 性質, extensive properties)이라 한다. 영어로 extensive라는 것은 크기에 따라서 커진다는 의미를 가지고 있고, intensive라는 것은 내부적으로 그대로 존재한다는 의미를 가지고 있다.

표 1.8 물질의 강성적 및 종량적 성질

성 질	강성적 성질	종량적 성질
기계적 상태성질	압력 P	부피 V
열적 상태성질	온도 t	엔트로피 S
전기적 상태성질	포텐셜 ψ	전하 c

2.2.3 상태식

순수물질(pure substance)의 밀폐계에서는 많은 상태량 중에서 독립하여 변화할 수 있는 것은 임의의 2개뿐이고, 이것이 결정되면 다른 제3, 제4의 상태량도 결정되므로 결국 물질의 상태가 결정된다. 따라서 2개의 독립된 상태량으로 압력 P와 온도 T를 취하면 다른 상태량, 예를 들어 비체적 v는 압력과 온도의 함수로서 다음과 같이 표시할 수 있다.

$$
\begin{aligned}
& v = f(P, T) \\
& F(P,\ v,\ T) = 0
\end{aligned}
\tag{2.1}
$$

모든 물질에 대하여도 P, v, T 사이에는 앞의 식과 같은 관계식이 성립한다. 이 P, v, T 관계식을 그 물질의 상태식(equation of state) 또는 특성식이라 한다. 하나의 예를 들면, 이상기체(완전가스)의 경우 $Pv = RT$란 간단한 상태식으로 표시되며, 여기서 R은 가스상수이다.

2.2.4 상태변화

임의 계 내에 작동물질의 상태량 중 하나 또는 그 이상이 변화하여 한 상태에서 다른 상태로 변화되는 것을 상태변화(change of state)라 하고 그 경로를 과정(process)이라고 한다. 하나의 계가 어떤 임의의 과정을 거쳐 상태변화 할 때 경로의 모든 점에서 열역학적인 평형상태, 즉 역학적 평형, 열적 평형, 화학적 평형이 유지된다. 그러나 실제의 경우는 과정 중에 연속적으로 변화하여 평형이 존재하지 않을 때에만 발생한다. 이러한 과정중의 계의 상태는 준 평형과정(quasi-equilibrium process)이라 하는 이상적인 과정을 정의함으로써 얻을 수 있다. 다시 말하면 준 평형과정은 열역학적으로 벗어남이 무한히 작은 과정으로 계가 준 평형과정 중에 이루어지는 모든 상태는 평형상태로 생각할 수 있는 과정을 말한다. 대부분의 물질들은 4가지 상태로 존재한다. 예를 들어, 얼음은 H_2O의 고체상태이다. 만약 에너지를 더하여 분자의 운동이 증가하면 H_2O의 상태는 액체상태로 바뀐다. 더 많은 에너지를 더하면 액체는 기체상태로 바뀐다. 보다 많은 에너지를 다시 더하면 분자들이 이온과 전자로 분리되어 플라즈마 상태에 이르게 된다. 결국 주어진 온도와 압력에 따라 물질의 상태가 변하게 된다. 물질의 상태가 변하기 위해서는 온도나 압력이 변하거나 또는 둘 다 변해야 된다. 즉, 에너지의 변화에 따라 상태변화가 일어난다.

만약 고체나 액체에 계속해서 열을 가하면 나중에는 고체나 액체의 상태가 변하게 된다. 고체는 액화되고 기체는 기화된다. [그림 1.7]과 같이 고체를 액화시키거나 액체를 기화시키기 위해서는 에너지가 필요하다. 반대로 기체를 액체상태로 또는 액체를 고체상태로 바꾸기 위해서는 에너지를 뺏어야만 된다. 냉장고는 [그림 1.7]에 나타낸 방식으로 작동한다.

그림 1.7 에너지의 가감에 따른 상태변화

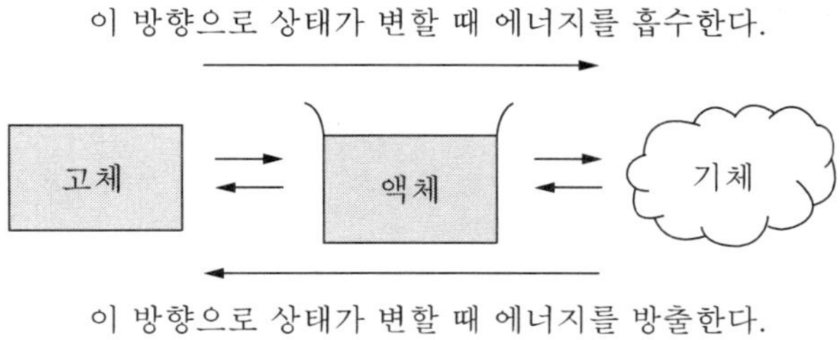

끓는점이 낮은 액체(프레온)를 저압의 냉각장치에 넣으면 기체로 바뀌면서 에너지를 빼앗게 된다. 빼앗은 에너지를 지닌 기체를 냉장고 뒤쪽의 응축코일을 통과시키면 열이 외부로 발산되면서 기체는 다시 압축되어 액화된다. 액화된 액체를 냉각장치로 다시 흘려보내면 증발과 응축과정이 순환 반복된다. 냉장고 뒤쪽의 응축코일에 손을 가까이 대보면 냉장고 내부에서 빼앗아 방출하는 열기를 느낄 것이다. 냉방장치 또한 위와 같은 원리로 동작된다. 즉, 실내에서 열에너지를 빼앗아 바깥으로 내보내는 역할을 담당한다. 열의 흐름방향을 반대로 하면 난방장치로 사용할 수 있다. 따라서 고체가 녹거나 액체가 증발하기 위해서는 에너지를 흡수해야만 된다. 반대로 기체가 액화되거나 액체가 고체화되기 위해서는 에너지를 방출해야만 된다.

상태변화에는 가역변화와 비가역변화로 구분한다. 한 계가 임의의 과정을 거쳐서 한 상태로부터 다른 상태로 변화하는 경우, 그 변화과정을 반대방향으로 하여도 계나 주위에 아무런 변화를 남기지 않고 원래의 상태로 되돌아갈 수 있는 과정을 가역변화(reversible change)라 하며, 이와는 달리 위의 조건을 만족하지 않는 변화를 비가역변화(irreversible change)라 한다. 가역변화는 열손실이나 마찰손실 등이 존재하지 않는 이상적인 변화이므로 물체의 영구변형, 마찰을 수반하는 에너지 변환, 고온 물체로부터 저온 물체로 열의 이동 등 자연계에서의 상태변화는 비가역변화로 취급한다. 에너지를 가하거나 제거함으로써 발생되는 동작물질의 상태변화는 여러 가지 종류가 있으며, 열역학에서 중요하게 다루는 상태변화는 다음과 같이 분류한다.

- 등압변화(isobaric change) 또는 정압변화(constant pressure change) : 압력의 변화가 일정한 상태변화
- 등적변화(isometnc change) 또는 정적변화(constant volume change) : 체적의 변화가 일정한 상태변화
- 등온변화(isothermal change) 또는 정온변화(constant temperature change) : 온도의 변화가 일정한 상태변화

그림 1.8 커피포트의 상태변화

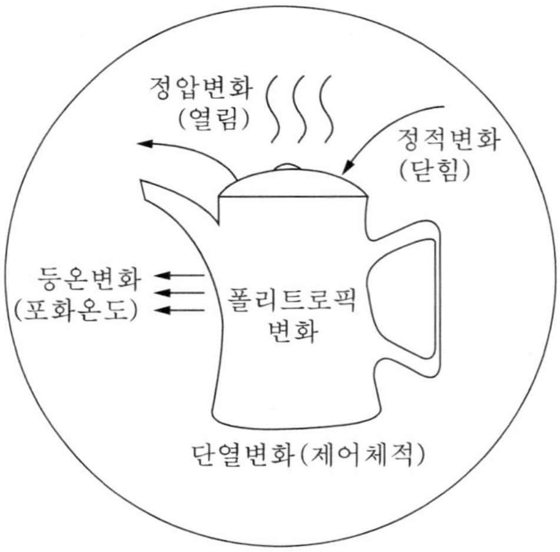

- 단열변화(adibatic change) : 계의 경계를 통하여 열의 출입이 없는 상태변화

- 폴리트로픽 변화(polytropic change) : $PV^n = C$ 로 일정하게 유지되는 상태변화로서 모든 변화를 포함한 일반적인 상태변화

[그림 1.8]에 나타낸 커피포트의 한 예를 들어 보면, 커피포트의 뚜껑을 열면 정압변화, 포화된 상태의 온도는 등온변화, 뚜껑을 닫은 밀폐를 가정하면 정적변화이지만 전체적으로는 실제변화는 폴리트로픽 변화라고 생각할 수 있다.

2.3 과정과 열역학 사이클

2.3.1 과정

물질이 어떤 상태에 있다고 하는 것은 그 시스템이 시간에 따라서 변하지 않고 있다는 것을 전제로 하고 있다. 즉, 평형상태에 있다는 것을 의미한다. 우리가 어떤 시스템의 상태가 바뀌어서 이루어진 시스템의 또 다른 한 상태를 정확하게 안다고 하자. 이때 처음 상태에서 다음 상태로 바뀌어 가는 것을 과정(process)이라고 한다. 열역학에서는 물질이 한 상태에서 다른 상태로 옮겨가는 과정을 대상으로 하고 있다.

[그림 1.9]에서 시스템의 체적이 큰 상태를 상태 1이라 하고, 줄어든 상태를 상태 2라고 하고, 이때 체적이 줄어드는 과정을 명확하게 알려면 변화하는 도중의 상태를 모두 알아야 한다. 다시 말하면, 상태 1과 상태 2 사이에 99가지 중간상태가 존재한다고 가정하자. 상태 1.01, 1.02, 1.03 … 1.99까지의 중간상태 모든 값을 알아야만 이 시스템이 상태 1에서 상태 2로 어떻게 변해갔는지를 알 수 있다. 상태변화의 중간과정을 안다는 것은 그 중간상태가 모두 평형에 있다는 것을 의미한다. 과정 도중 매 순간순간 모든 중간상태가 평형상태에 있는 것처럼 옮겨간 과정을 준평형 과정(quasi-equilibrium process)이라고 한다.

그림 1.9 준평형 과정

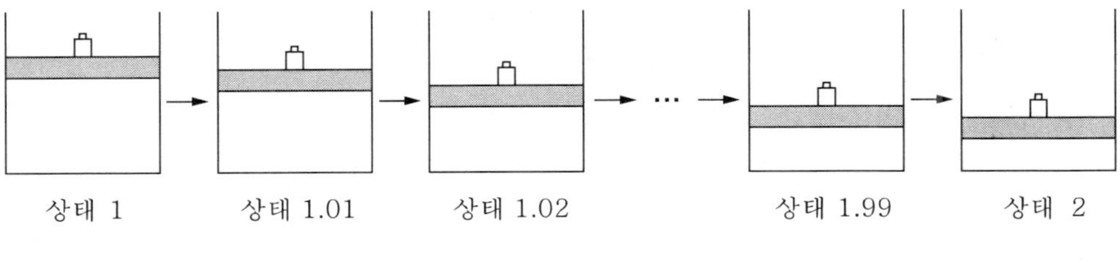

열역학적 과정을 열역학적 변수 값을 좌표축으로 하는 평면상에 나타내는 것을 과정선도(process diagram)라고 한다. [그림 1.10]은 피스톤 · 실린더 내에 들어있는 기체 시스템

의 압력과 체적의 관계를 초기 조건 1의 위치에서 마지막 조건 2의 위치까지 옮겨가는 과정을 나타낸 것이다.

[그림 1.10]의 시스템은 매순간 열역학적으로 의미있는 물성을 나타내야 하므로 과정의 매 순간순간 준 평형상태에 있는 준 평형과정이다. 과정선도는 압력, 온도, 체적 또는 에너지, 엔트로피 등의 값을 좌표축으로 할 수 있으며, 이들 과정선도에 특별히 어떤 값들이 일정한 등온과정, 등압과정 또는 등엔트로피 과정 등의 단순화과정으로 나타내는 경우가 흔히 있다.

그림 1.10 피스톤 · 실린더 내 기체 시스템의 과정선도

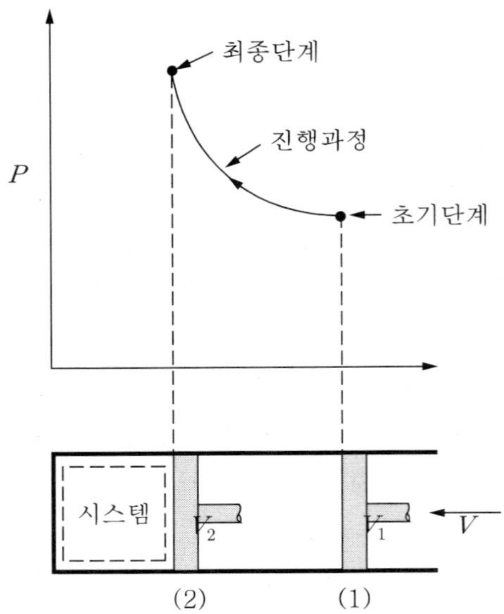

2.3.2 열역학 사이클

시스템 내의 동작유체가 최초 어떤 상태로부터 시작하여 여러 가지 과정을 거친 후 다시 원래의 상태로 되돌아가는 동안 열역학적 상태량이 규칙적으로 변화하는 경우, 이 연속적이고 주기적인 순환과정을 사이클(cycle)라 하며 폐곡선으로 표시된다. 과정선도에서 볼 때 사이클을 이루는 과정은 폐곡선으로 그 사이에 지목할 수 있는 상태점을 표시하여 번호를 붙이기도 한다. 상태번호는 흔히 등온, 등압, 등엔트로피 등 특정한 과정의 조건이 부여되는 과정의 시작과 끝 상태점에 부여한다. 사이클은 이와 같이 몇 개의 단순화 과정의 조합으로 구성되는 경우가 흔히 있다. 사이클에는 가역사이클과 비가역사이클로 나누어지며 사이클을 구성하는 모든 변화가 가역이면 가역사이클이고, 한 변화라도 비가역이면 비

가역사이클이 된다. 따라서 실제적으로 가역사이클은 가역변화와 마찬가지로 자연계에서는 불가능하지만 준 평형과정을 결합함으로써 가역사이클을 생각할 수 있다.

그림 1.11 사이클을 이루는 과정선도 예

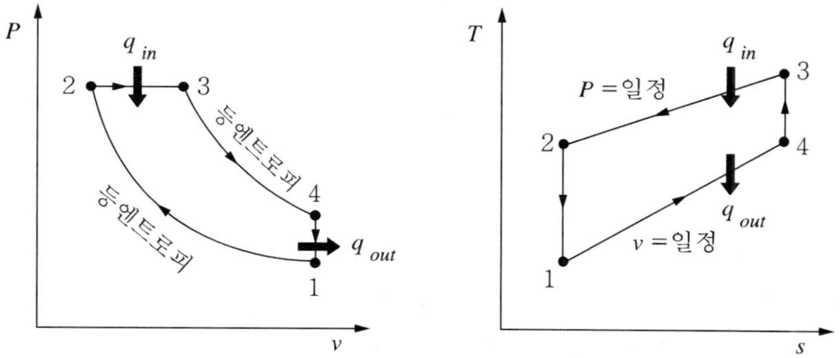

2.4 물질의 계와 검사체적

2.4.1 고립계, 밀폐계, 개방계

계(system)의 정의는 학문분야 또는 관심대상에 따라서 다르다. 하지만 우리의 고려대상인 시스템은 질량을 가지고 있는 물질일 수도 있고, 일정 공간을 차지하는 영역일 수도 있다. 열역학에서 대상으로 하는 것을 물질(substance) 또는 물체(matter)라 하고, 물체의 집합체(collection of matter) 또는 벽(wall)이나 폐쇄경계로 주어진 공간의 영역을 계(system)라고 한다. 계는 경계(boundary) 또는 환경(environment)으로 둘러싸인 영역 내에 존재하고, 그 경계의 바깥쪽에 있는 모든 물체를 주위(surroundings) 또는 외계라고 한다. 계와 계에 영향을 미칠 수 있는 주위를 합하여 열역학적 우주 또는 열역학적 계(thermodynamic universe or thermodynamics system)라고도 한다. 열역학에서는 열역학적 계를 단순히 계, 열역학적 우주를 단순히 우주라고 표시하기도 한다. 즉,

우주 = 계 + 주위(또는 외계)

어떤 대상을 열역학적으로 분석하려고 할 때 [그림 1.12]와 같이 계, 주위 그리고 경계로 구분해서 생각한다. 계와 주위 사이에 경계가 있으며 이들 사이의 관계에 따라 계의 종류가 나누어진다.

그림 1.12 계, 주위, 경계

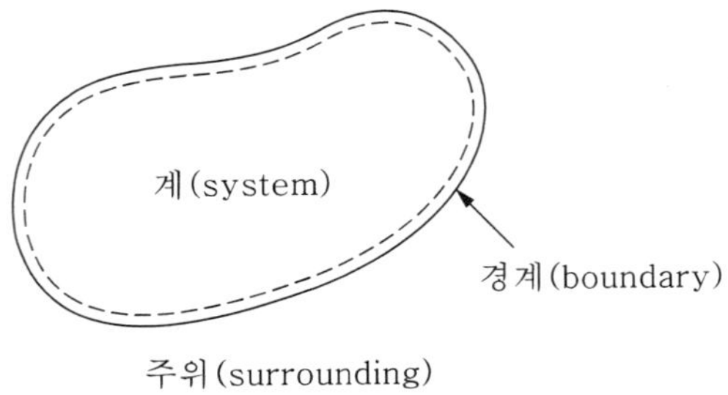

[그림 1.13]에서와 같이 경계를 통해서 주위와 일과 열, 즉 에너지를 주고받음이 없고, 또한 물질의 주고받음이 없는 계를 고립계(isolated system 또는 절연계), 경계를 통하여 주위와 에너지가 서로 영향이 있고 물질간에는 영향이 없는 계를 밀폐계(closed system), 경계를 통하여 서로 에너지 및 물질이 서로 영향을 주는 계를 개방계(open system)라고 한다. 펌프, 터빈 등과 같은 물질의 출입이 있는 산업장치와 화재가 발생한 건물들은 개방계로 취급한다.

그림 1.13 고립계, 밀폐계, 개방계

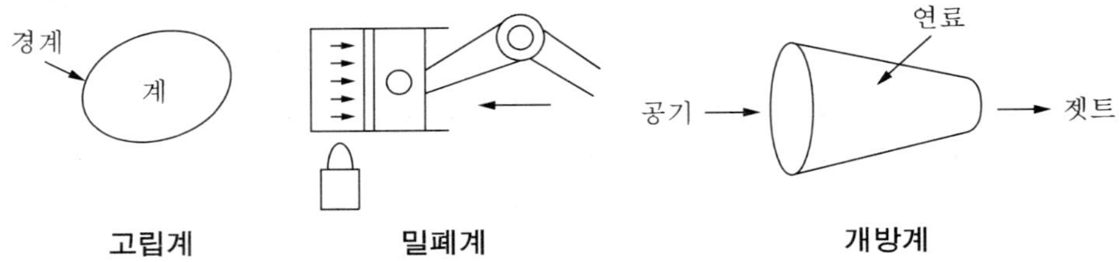

경계를 통과하는	질 량	에너지/열 · 일
고립계	No	No
밀폐계	No	Yes
개방계	Yes	Yes

또 경계를 통하여 물질이 투과되는 경계(permeable boundary)와 투과되지 않는 경계(impermeable boundary)로 구분되고, 열의 상호작용이 허용되는 계(diathermal boundary)와 완전 단열계(adiabatic boundary)로도 구분된다. 또한 일이 주위와 교환하는 일의 상호작용을 역학적 에너지(mechanical energy)라 하고, 열이 주위와 교환하는 열의 상호

작용을 열에너지(thermal energy)라고 한다. 그리고 앞서 설명하였듯이 열역학적 계와 성질사이의 변화에서 기계적, 열적, 화학적 평형을 이루는 상태를 열역학적 평형상태(thermodynamic equilibrium state)라 하고, 이 성질이 평형을 이루지 못하면 비평형 상태(non-equilibrium state)라 한다.

2.4.2 검사체적

열역학적 해석의 대상을 시스템이라 부르면서 지금까지 물질 시스템에 대하여 생각해 보았다. 구체적으로는 물 또는 공기가 피스톤 · 실린더 안에 갇혀 있는 시스템을 단순화된 개념적 대상으로 삼았다. 대상으로 잡았던 시스템 물질의 질량은 없어지거나 새로 생겨나지 않는 경우였다. 피스톤 · 실린더의 내부체적이 작아지거나 커지더라도 대상으로 하고 있는 물 또는 증기라는 물질은 그 안에 그대로 남아있어야 한다. 이와 같이 물질 자체의 질량은 변화하지 않는 시스템을 검사질량(control mass)이라 부른다. 그리고 어떤 공간상의 체적을 생각하고 그 체적의 경계면을 통해서 물질이 들어오고 또 나갈 수도 있는 시스템을 생각한다. 이런 임의의 공간을 검사체적(control volumes)이라고 부른다.

그림 1.14 계의 검사질량과 검사체적

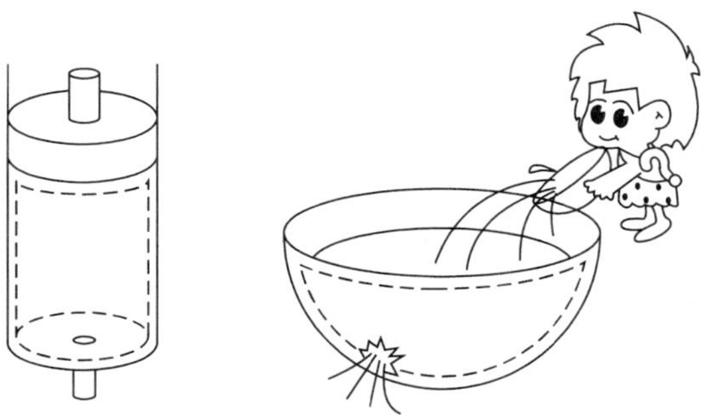

검사질량은 밀폐계라고도 부르며, 물질이 나오고 들어올 수 있는 검사체적은 개방계라고 부른다. 개방 또는 밀폐라는 말은 질량에 대해서 열려 있거나 닫혀 있음을 말한다. 질량이 들어오고 나갈 가능성이 없는 것은 밀폐계이고, 물질이 들어오고 나갈 수 있으면 개방계이다. 개방계를 생각하는 방법으로서 검사체적의 개념을 도입한다.

검사체적이란 공간상 어느 경계내부의 임의로 정해진 영역이며, 지정된 경계면(공간면)을 검사표면(control surface)이라 하고 이 면은 크기와 모양이 바뀔 수 있다. 또 화재가 발생한 건물을 검사체적과 검사면으로 나타내면 [그림 1.16]과 같다.

그림 1.15 검사체적과 검사면

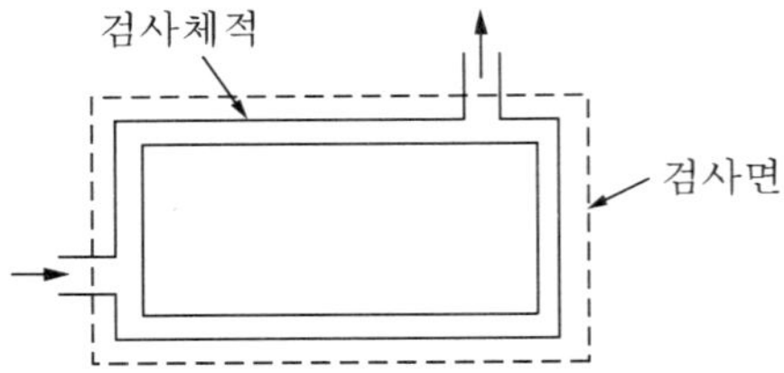

그림 1.16 화재가 발생한 건물의 검사체적과 검사면

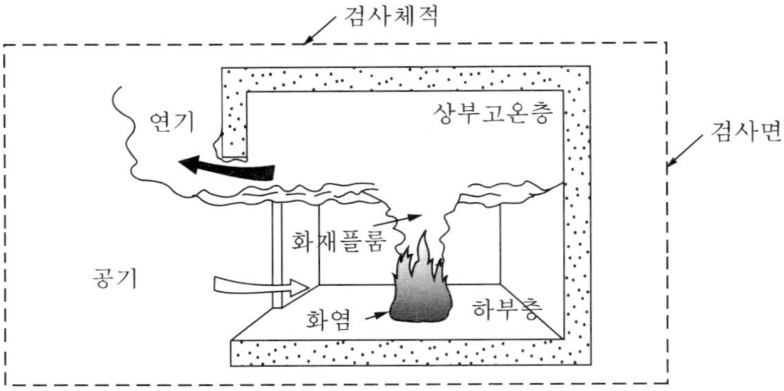

2.5 일과 에너지

열역학은 에너지를 공부하는 학문으로서 에너지의 과학, 즉 열역학에 대해 구체적으로 배우기 위해 일, 에너지가 무엇인지를 알아보기로 한다. 구체적인 설명에 들어가기 전에 우선 만화에 등장하는 우주를 지키는 로봇과 에너지에 대해서 한 번 생각을 해보자.

그림 1.17 로봇과 에너지

에너지라는 개념을 정확히 파악하고 있는 사람이 드물긴 하지만 에너지라는 말을 낯설게 듣는 사람도 아주 드물다. 어린 시절에 흥미롭게 보았던 만화의 한 장면을 돌이켜 보도록 하자. 만화를 보고 즐길 수 있는 정도 나이의 어린이라면 에너지를 거의 소모한 로봇(태권 브이, 마징가, 건담 또는 울트라맨)이 궁지에 몰려 있다가 에너지를 재충전 받음으로써 다시 힘을 내어 용감히 싸우는 장면을 쉽게 상상할 것이다.

즉, 인간이나 동물 모두가 아무것도 먹지 않고 활동을 계속할 수는 없으며 자동차나 비행기도 연료가 없으면 움직일 수가 없다. 움직이는 어떤 물체도 일을 하기 위해서는 에너지가 필요하다. 인간이 살아가면서 활동하는데 에너지를 필요로 하며 필요한 에너지는 우리가 섭취하는 음식물로부터 얻을 수 있다. 그리고 생활을 편리하게 하기 위해 석탄, 석유 등을 이용하여 교통기관을 움직여서 물자를 운송하거나 여행을 하는 등 여러 가지로 에너지를 이용하고 있다. 이와 같이 우리가 필요한 에너지를 얻을 수 있는 자원을 에너지 자원이라 한다. 태양 에너지는 무한한 양을 거의 영구적으로 공급받을 수 있으며 가장 청결한 에너지 자원이다. 태양에서 가장 손쉽게 이용할 수 있는 것은 빛과 열에너지로, 우리가 이용하는 연료나 먹는 음식의 에너지는 태양이 지구의 모든 생물에게 제공한 에너지인 것이다.

이와 같이 어릴 때부터 에너지란 말을 듣고 써왔지만, 과연 '에너지란 무엇일까?'라고 질문을 하거나 의문을 가지지 않고 지금까지 살아온 경우가 대부분일 것이다. 에너지란 일상생활에 너무 가까이 있는 개념이기 때문에 에너지가 무엇인지 생각해 볼 필요도 없었다. 그러면 에너지란 무엇일까? 이 물음에 대해 우리가 막연히 알고 있는 개념으로는 쉽사리 정의를 내릴 수 없음을 알게 될 것이다. 에너지에 대한 상식적인 개념을 보다 정확하고 공학적으로 정리할 필요가 있다.

화재의 경우를 공학적으로 정리해보자. 화재는 어떻게 일어나는가? 튜브 박사(Dr. Richard L. Tuve)는 '화재는 빠르고, 여러 세기의 열과 빛을 수반하는 자기 산화 작용'이라고 정의했듯이 화재가 나려면 연료, 열(에너지), 산소 3요소가 있어야 한다. 즉 탈 것(연료), 발화원(열)과 산소이다. 가장 일반적인 발화원은 화학반응(성냥을 그어 불이 생기는 것과 같은), 기계적 에너지(마찰) 또는 전기적 에너지(아크와 같은 것)로 생기는 열(에너지)이다. 3번째 요소인 산화는 보통 공기에서 공급된다. [그림 1.3]에서와 같이 이 3가지 요소가 사슬모양으로 지속되어 화재가 발생하게 된다.

화재가 발생될 때 3요소 중 열(에너지)이란 도대체 무엇인가? 열이 무엇이고 에너지가 무엇인지 공학적으로 정리해보자.

2.5.1 일

모든 과학에서 가장 중심이 되는 개념은 에너지이다. 물질과 에너지가 결합된 것이 우주이다. 물질은 실체이고 에너지는 실체를 움직이게 하는 것이다. 물질에 대한 개념을 이해하기는 어렵지 않다. 물질은 느낄 수 있고 냄새 맡을 수 있고 볼 수 있는 실체적인 것으로서 질량을 가지고 공간을 점유한다. 물질에 반해서 에너지는 추상적인 개념이다. 다양한 에너지 중 대부분은 볼 수도 냄새를 맡을 수도 느낄 수도 없는 것이다. 놀랍게도 에너지에 대한 개념은 Newton 시대에 조차 알려지지 않았다. 에너지에 대해서 잘 알고 있다 하더라도 에너지가 추상적 실체일뿐만 아니라 일종의 물리적 과정이기 때문에 정의하기 매우 어렵다. 사람, 장소 및 물체는 에너지를 가지고 있지만 에너지의 형태가 전환될 때에만 에너지를 관측할 수 있다. 태양으로부터 얻는 에너지는 전자기파로 전달되지만 우리가 느끼는 것은 열의 형태로 전환된 에너지이다. 식물은 에너지를 흡수하여 분자를 생성하고 물질을 만든다. 우리는 섭취한 음식물을 소화하여 에너지를 얻게 된다. 에너지와 밀접한 관계가 있는 '일(work)'이라는 개념을 통해서 에너지를 조사해보자.

그러면 일은 무엇인가? 물리에서 배운 개념을 상기하면 일은 '힘과 물체가 움직인 거리의 곱'으로 정의하고, 에너지는 '물질이 일을 할 수 있는 능력'을 에너지라 한다. 즉, 물체를 들어올리거나 밀려면 물체에 힘을 주어야 하며, 이때 일을 한다고 말한다. [그림 1.18]의 (a)와 같이 어머니가 다리미질을 하기 위해서는 물체(다리미)에 힘 F를 가해서 물체가 힘의 방향으로 이동하게 될 때 어머니는 일을 한 것이 된다. 이를 다시 수학적인 형태로 표시하면 그림 (b)와 같고, 이때 어머니가 한 일의 크기 W는 작용력(힘)을 F(N), 이동한 거리를 s (m)라 하면

$$\text{일} = \text{힘} \times \text{거리} \quad \text{또는} \quad W = F \cdot s \ (\text{N} \cdot \text{m} \ \text{또는} \ \text{kgf} \cdot \text{m}) \tag{2.2}$$

일의 단위는 SI단위로는 1(N · m) = 1(J, Joul)이고, 공학단위로는 kgf · m를 사용하고 있다. 1J은 1N의 힘으로 물체를 1m 이동시켰을 때 한 일의 양으로 1N · m이다. 예를 들어, 2N의 힘으로 물체를 3m 이동했을 때 한 일은 6J이다. 하지만 물체가 이동하지 않았다면 거리 $s = 0$이므로 한 일은 0이 되는 것이다. 공학단위 kgf · m는 1kgf의 힘으로 물체를 1m 이동시켰을 때 하는 일이다. 즉, 1kgf · m = 9.8N · m = 9.8J이다.

그림 1.18 힘과 일

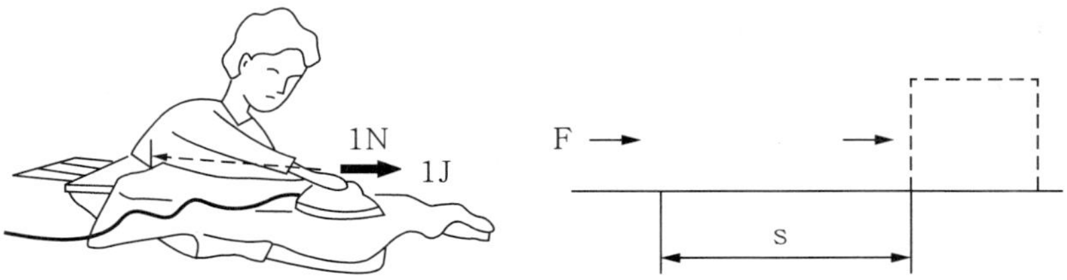

(a) (b)

[그림 1.19]에서 역도선수가 역기를 들어 올릴 때, 들어 올리는 순간은 일을 하는 것이지만 들고 서있는 순간은 일이 아니다. 이렇게 들고 있으면 역도선수는 피곤해지고 힘들겠지만 역도선수가 역기를 이동하지 않았기 때문에 역기에 대해서 아무런 일을 하지 않은 것이다. [그림 1.19]는 역도선수가 머리 위로 역도를 들어올렸다 내렸을 때의 에너지 전환과정을 나타낸 것으로서 이러한 단계로 에너지의 형태가 변하지만 에너지의 총량은 변함이 없다. 이것이 에너지 보존 법칙의 한 가지 사례인 것이다. 즉, 에너지는 한 형태에서 다른 형태로 전환되지만 전환과정에서 에너지가 발생하거나 소멸되지 않고 그 합은 일정하게 되며, 이것을 에너지 보존 법칙이라고 한다.

대부분의 에너지 전환에서 에너지의 일부는 열로 손실된다. 예를 들어, [그림 1.19]에서와 같이 역도 선수가 역도를 들 때 4,000J이 필요하다면 역도선수는 자신이 먹은 음식으로 저장한 에너지의 25,000J을 소비한다. 나머지 에너지의 일부인 21,000J은 역도선수를 덥도록 하여 선수를 땀에 젖게 한다. 그리고 물체가 움직일 때 공기저항이나 마찰로 에너지가 손실된다.

그림 1.19 일과 에너지(1)

[그림 1.20]과 같이 벽을 밀 때 에너지는 소비하지만 벽이 움직이지 않는다면 벽에 한 일은 없다. 또 일을 일상생활에서의 일과 비교해보자. 생활에서의 일은 무거운 돌멩이 또

는 무거운 짐을 들어올리거나 삽으로 흙을 퍼 올리면 일을 하였다고 말한다. 이것은 중력을 받고 있는 지표상에서 중력의 역방향으로 물체를 이동시켰기 때문에 일을 한 것이다. 그리고 무엇인가를 돌게 만들었을 때 일을 하고 있다고 말한다. 토크를 받고 있는 상황에서 일정한 각 변위량을 만드는 것을 일을 한다고 말한다. 우리가 사용하는 거의 모든 기계장치들, 즉 자동차, 모터, 심지어 비행기도 그 안에 있는 많은 부분이 돌아가는 장치이며 이들을 회전하도록 만드는 것이 일이다. 일을 할 수 있는 능력이 에너지이며 이러한 능력을 물질이 갖고 있으면 그 크기는 물질의 상태에 따라 결정되는 고유한 값이다.

그림 1.20 **일과 에너지(2)**

2.5.2 에너지

에너지는 입자의 상태를 나타내는 상태량으로서 입자가 얼마나 빨리 또는 천천히 움직이는가를 나타내는 척도이다. 이와 같은 단일 질량입자에 대한 에너지의 개념을 기체분자와 같이 무수히 많은 입자군에 대하여서도 적용할 수 있다. 에너지는 질량입자를 움직이게 하는 잠재적인 원동력이라고 할 수 있다. 현재로서는 움직이지 않지만 그 움직임의 속도가 작더라도 에너지를 받아들일 수 있다면 움직임을 더 크게 할 수 있다. 즉, 에너지는 잠재적인 원동력의 성질을 갖고 있다.

어떤 물체가 보유하는 총에너지는 외적 에너지와 내적 에너지로 대별된다. 전자인 외적 에너지는 운동에너지와 위치에너지와 같은 역학적 에너지와 전장이나 자장 등에서의 전기·자기에너지와 같은 외계와의 관계에 의해 좌우되는 분자에너지를 말하며, 후자인 내적 에너지는 물체의 온도나 압력 등과 같은 내적인 조건에 따라 좌우되는 그 자신의 내부에 갖는 열에너지를 말한다.

물체가 보유하는 총에너지 = 외적 에너지 + 내적 에너지
= 역학에너지 + 분자에너지 + 열에너지

(1) 역학적 에너지

역학에너지에는 위치에너지와 운동에너지가 있다. 역학적 에너지 중에서 어느 높이에 있는 물체가 가지고 있는 에너지를 위치에너지(potential energy, PE)라 하고, 운동하는 물체가 가지고 있는 에너지를 운동에너지(kinetic energy, KE)라고 한다.

$$\mathrm{PE} = \text{무게} \times \text{높이} = mgz\,(\mathrm{kJ}) \tag{2.3}$$

$$\mathrm{KE} = \frac{1}{2}\text{질량} \times (\text{속력})^2 = \frac{1}{2}mV^2\,(\mathrm{kJ}) \tag{2.4}$$

[그림 1.21]은 높이 올라간 해머에 위치에너지가 작용하고 해머를 놓으면 운동에너지로 전환되는 것을 나타낸 것이다.

그림 1.21 **해머의 에너지 전환과정**

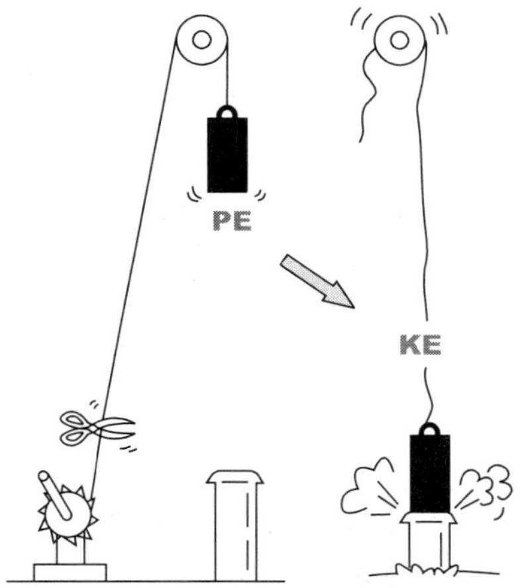

[그림 1.22]는 단진자의 운동에서 역학적 에너지의 전환과정을 나타낸 것으로서 단지자의 위치에 따라 위치에너지와 운동에너지가 반복하여 생긴다.

그림 1.22 **단진자운동에서 에너지의 전환과정**

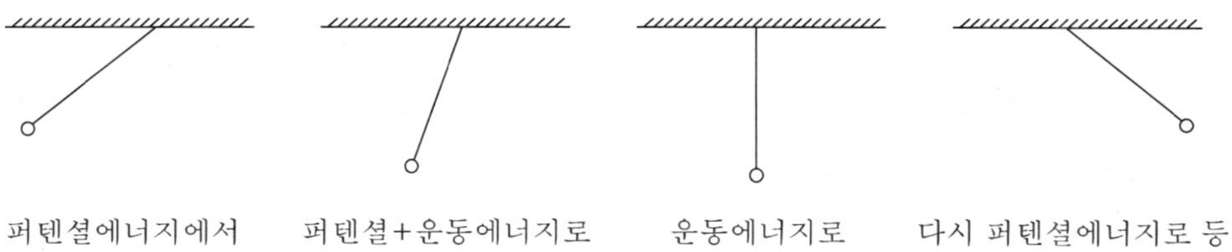

(2) 분자에너지

기체를 구성하는 작은 알맹이의 움직임을 우리 눈으로 볼 수는 없지만 우리는 분자, 원자, 전자에너지가 존재하는 것을 알고 있다. 분자가 임의의 속력을 가지고 움직이는 운동에너지에 해당하는 전위(translational)에너지, 분자가 자신의 중심을 기준으로 회전운동하면서 갖는 회전(rotational)에너지, 분자 내 구성 원자들이 진동하고 있는 진동(vibrational)에너지, 그리고 전자가 에너지 준위에 따라 갖고 있는 전자(electronic)에너지 등에 대하여 화학시간을 통해 배워서 잘 알고 있을 것이다. 이와 함께 스핀에너지, 중력, 전자기, 약력(weak force) 등의 힘과 관련된 에너지도 있으며, 분자의 화학적 결합과 관련된 화학에너지, 또는 핵분열 또는 융합과 관련된 핵에너지 등도 있다.

$$E = E_{trans} + E_{rot} + E_{vib} + E_{elec} \tag{2.5}$$

그림 1.23 분자에너지

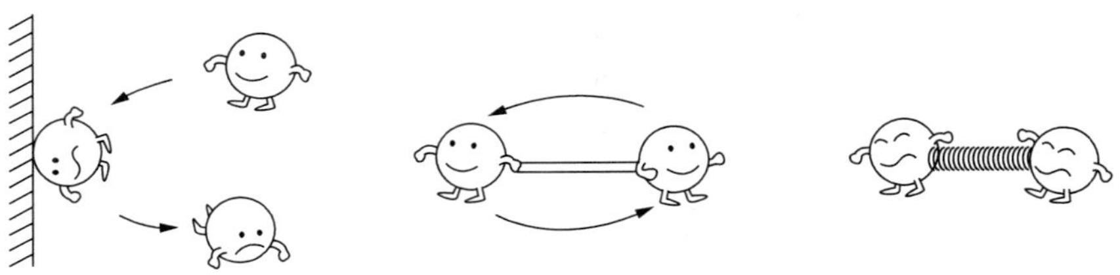

(3) 열에너지

열은 높은 온도의 물질에서 낮은 온도의 물질로 옮겨 다니는 에너지이다. 이 에너지가 열에너지이고, 열에너지에는 내부에너지, 엔탈피, 엔트로피, 열량 등이 있다. 우리가 잘 알고 있는 열에너지로 열량에 대해 살펴보기로 한다. 열량은 물체가 보유한 열의 양을 말하며, 질량 m kg의 어떤 물체가 Δt℃만큼 온도가 변할 때 열량은 이 물체에 출입한 열에너지로서 열량 ΔQ는 Δt와 m에 비례한다. 여기서 비례상수 C는 물체의 재질에 따른 고유상수로 비열(specific heat)이라고 한다.

$$\Delta Q = m C \Delta t \, [\mathrm{kJ}] \tag{2.6}$$

에너지 단위로 J, cal, Btu, kWh, eV 등이 있다. Btu(British Thermal Unit)는 영국에서는 포기한지 오래되었지만 미국에선 아직 통용되고 있다. 1g이 1℃ 올라가는데 필요한 열량을 개략적으로 1cal라고 정의한다. 칼로리의 정의는 물의 비열이 온도에 따라 다르므로 몇 도에서 몇 도까지 올라갔느냐에 따라 그 값이 달라지기 때문에 정확하지 않다. 압력에 따라서도 물의 비열은 달라진다. 그러므로 cal를 정의할 때 우리가 배웠던 '물 1g을 1℃ 올리는데 필요한 열량'이라고 하는 것보다는 '4.186J이 1cal이다'라고 정의하는 것이 좋다.

1g의 물이 1℃ 올라가는데 필요한 열량이 1cal라고 개략적으로 정의한 것처럼, 1lb가 1°F만큼 올라가는데 필요한 열량을 1Btu라고 정의한다. 단위환산을 하면 1Btu는 약 252cal이고 약 1000J(= 1kJ)과 비슷한 단위가 된다

표 1.9 일, 에너지와 열에너지의 단위

1 N · m	1 cal = 4.186J
$1\ J = 1N \cdot m = 1\ kg \cdot m^2/s^2 \cdot m$	1 Btu = 1,055J
$1\ J = 1000g \times 10^2 cm/s^2 \times 10^2 cm = 10^7 erg$	$1\ eV = 1.6 \times 10^{-19} J$
1 kgf · m = 9.8N · m = 9.8J	$1\ Quad = 10^{15} Btu$

예제 2.1 다음의 에너지 또는 동력의 크기는 얼마인가?

(1) 질량 1kg의 물체가 중력 하에서 1m 높이차에 있을 때의 위치에너지는?

(2) 질량 1kg의 물체가 중력 하에서 10m/sec의 속도로 움직이고 있을 때의 운동에너지는?

(3) 질량 1kg의 물을 14.5℃에서 15.5℃까지 가열하는데 필요한 열량은?

(4) 발생량 25,000kcal/hr인 가정용 보일러 대신 전기히터를 사용할 때의 동력은?

해설

(1) $PE = mgz = 1\,kg \times 9.8\,m/sec^2 \times 1\,m = 9.8\,J$

$(\therefore 1kgf \cdot m = 9.8N \cdot m,\ 1N = 1kg \cdot m/sec^2)$

(2) $KE = \frac{1}{2} m V^2 = \frac{1}{2} \times 1\,kg \times 100\,(m^2/sec^2) = 50\,J$

(3) $Q = mC\Delta t = 1\,kg \times 4.2\,kJ/kg℃ \times 1℃ = 4.2\,kJ$

(4) $P = 25{,}000\,kcal/hr \times \frac{4.18\,kJ/kcal}{3600\,sec/hr} = 29.0\,kW$

2.6 온도와 열

2.6.1 온도란?

온도와 열은 전혀 다른 물리적 개념이다. 온도란 온도계에 나타나 있는 눈금이며, 춥고 더운 정도를 나타내는 척도이다. 온도는 분자의 평균 운동에너지와 관련이 있다. 거시적으

로 온도란 열의 형태로 에너지가 이동하게 하는 포텐셜(잠재적인 능력, potential)이라고 말할 수 있다. 미시적인 관점에서 보았을 때에는 분자운동이 얼마나 활발하냐는 척도라고 할 수도 있다. 우리들은 물체가 뜨겁고 차가운 것을 경험에 의하여 잘 알고 있다. 이것은 그 물체가 가지고 있는 열이 많고 적은 것에 의하여 정해지는 것이다. 열은 물체의 분자가 운동함으로써 생기는 에너지의 형태이다. 모든 물질은 끝없이 움직이는 원자나 분자로 이루어져 있다. 분자의 진동상태에 따라 원자나 분자가 고체, 액체, 기체 또는 플라즈마 상태를 이룬다. 이러한 진동으로 물질내의 원자나 분자가 운동에너지를 얻게 된다. 개별 입자의 평균 운동에너지는 일상의 감각, 즉 물체의 뜨거운 정도와 직접적인 관계가 있다. 뜨거워지면 입자의 운동에너지가 증가한 것이다. 만약 망치로 동전을 치면 금속내의 분자가 보다 빨리 움직이게 되어 동전이 뜨거워지고, 액체를 데우면 뜨거워지고, 타이어안의 공기를 압축하면 공기가 뜨거워진다. 고체, 액체 또는 기체가 뜨거워지면 이들의 원자나 분자가 보다 빨리 움직이게 된다. 즉, 원자나 분자가 보다 많은 운동에너지를 갖게 되는 것이다.

예를 들어, [그림 1.24]와 같이 물 2L가 들어있는 양동이와 1L가 들어가는 커피 잔의 물의 끓일 경우의 에너지와 온도를 생각해보자. 끓는 물 2L의 총 운동에너지는 끓는 물 1L의 총 에너지의 두 배가 되지만 온도 자체는 동일하다. 왜냐하면 분자 하나의 평균 운동에너지가 같기 때문이다.

그림 1.24 **뜨거운 커피 잔보다 미지근한 물이 든 물통의 분자 운동에너지가 더 크다.**

'물체의 뜨거운 정도를 측정하는 기준'으로 온도를 사용한다. 어떤 기준에 따라 뜨거운 정도를 숫자로 표기한 것이 바로 온도이고, 그 '수치를 물리적으로 측정하여 수량적으로 나타내는 계측기기'가 온도계이다. 온도의 척도로 Kelvin 온도와 화씨(fahrenheit)와 섭씨(celsius)가 있다. 섭씨온도(℃)는 표준 대기압 하에서 빙점을 0℃, 비등점을 100℃로 하여 100등분한 것이며, 화씨온도(F)는 빙점을 32F, 비등점을 212F로 하여 두 점 사이를 180등분한 것이다. 이들 사이에는 다음과 같은 관계가 있다.

$$\frac{t_c}{100} = \frac{t_f - 32}{180}$$
$$t_F = \frac{180}{100}t_c + 32 = \frac{9}{5}t_c + 32 \quad (2.7)$$

열역학에서는 자연계에 존재하는 최저한도의 온도를 온도의 정점으로 하는 눈금이 사용된다. 완전가스의 압력은 체적이 일정하다면 온도가 1℃ 증감함에 따라 0℃일 때의 압력의 1/273.15씩 증감하여 −273.15℃에 도달하면 기체의 압력은 0이 되어 기체의 분자운동은 정지된다. 이 최저극한의 온도를 절대 0도(absolute zero point)라고 하며, Kelvin이 열역학 제2법칙에서 유도한 눈금으로 단위는 섭씨의 경우 K(Kelvin), 화씨의 경우 R(Rankine)로 표시한다. 섭씨온도 t_c, 화씨 t_F와 절대온도 T(K), T(R)의 관계식은 다음과 같다.

$$T(\mathrm{K}) = t_c + 273.15 \fallingdotseq t_c + 273K$$
$$T(\mathrm{R}) = t_F + 459.67 \fallingdotseq t_F + 460R \quad (2.8)$$

그림 1.25 각 온도의 눈금관계

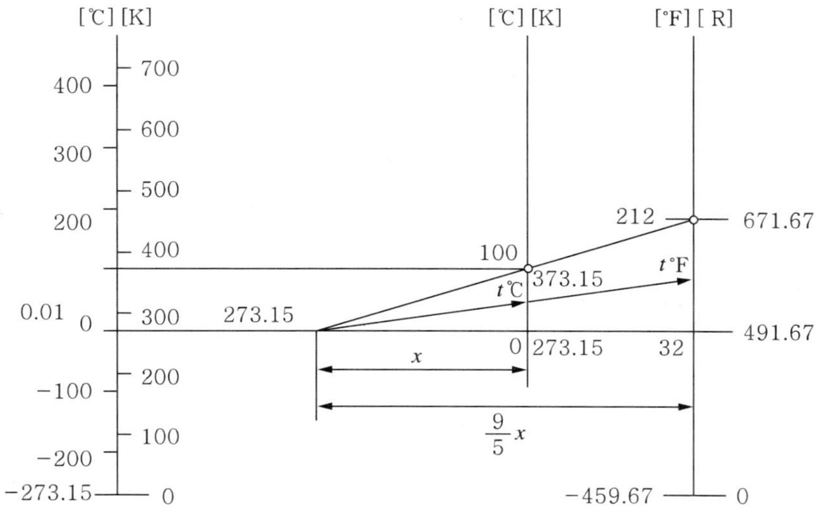

예제 2.2 어떤 사람의 체온이 36.4℃일 때, 화씨로는 몇 도인가?

해설 $t_c = 36.4℃$이므로 식 (2.7)에서

$$t_F = \frac{9}{5} t_c + 32 = \frac{9}{5} \times 36.4 + 32 = 97.5\,°\mathrm{F}$$

예제 2.3 섭씨와 화씨의 온도눈금이 같은 경우는 몇 도인가?

해설 식 (2.7) $t_F = \frac{9}{5} t_c + 32$ 에서 같은 온도의 눈금을 x 라 하면

$$x = \frac{9}{5} x + 32\,,\ x = -40\,°$$

2.6.2 온도측정

어떤 물질의 물리량으로 변화하는 값이 온도와 관계가 있다면 그 물질의 온도를 측정할 수 있다. 온도를 측정하는 온도계의 원리는 물질의 팽창, 전기저항, 기전력 등의 각종 물리적 성질을 이용한다. 일반적으로 사용되는 수은 온도계에서는 수은의 열팽창을 이용하며, 더욱 정확한 눈금을 측정하기 위하여 수소, 헬륨, 질소 등과 같이 완전가스에 가까운 성질을 갖는 기체를 사용한 것을 가스 온도계라고 한다.

온도계의 종류는 [표 1.10]과 같이 많이 있지만 보통 일반적으로 사용되는 온도계의 종류는 한정되어 있다. 온도를 정량적으로 측정하는 데는 물질의 물리적 성질이 온도에 따라

표 1.10 온도계의 종류

방 법	물리적 성질		온도계의 종류
접촉식	열팽창	고 체	봉의 열팽창, 금속코일, 바이메탈
		액 체	수은 온도계, 알코올 온도계, 압력형 온도계
		기 체	가스 온도계(수소, 헬륨, 질소)
	기전력의 변화		열전대(thermocouple)
	전기저항 변화		측량저항체
	상태의 변화		제겔콘, 서모컬러(thermo-color)
비접촉식	복사 에너지량의 변화		광고온계
	복사 에너지의 최대 파장변화		색 온도계

변화하는 것을 이용한다. 온도계는 이러한 물리적 성질에 적당한 것을 이용할 수가 있다. 일반적으로 온도계는 안전한 측정이 가능하고 취급이 간단해야 하며, 온도와 물리적 성질이 선형적인 것이 요구된다.

[표 1.11]은 온도계의 측정온도범위를 나타낸 것이다.

표 1.11 온도계의 측정범위

온도계	측정온도범위(℃)	온도계	측정온도범위(℃)
수은온도계	−35∼350	전기저항온도계	−273∼1400
알코올온도계	−100∼100	액정온도계	−20∼260
가스온도계	270∼1000	광고온도계	700∼2000
바이메탈온도계	−20∼300	복사온도계	−50∼3000
압력식온도계	−180∼500	제겔온도계	600∼2000
열전대	−180∼2000		

어떤 물질의 온도를 측정할 때, 두 점을 정해서 이 두 점 사이의 값을 각각 측정했다면 그 사이 값은 비율로 정할 수 있다. 즉, 선형보간(linear interpolation)이 가능하다. 보통 온도계 눈금의 기준은 '물이 어는 온도는 0이며, 끓는 온도는 100이다. 그 사이를 100등분해서 온도계의 눈금을 정했다'는 뜻은 어떤 측정할 수 있는 값이 온도와 비례하고 그 값이 정확하게 $ax+b$로 표시된다는 의미이다. 따라서 측정온도는 식 (2.9)와 같이 선형관계로 나타낼 수 있다.

$$t = a\,x + b \tag{2.9}$$

또 x를 체적, T를 온도계의 눈금이라 할 때, 얼음이 얼 때의 온도 T_1에서의 체적 x_1 값을 알고, 물이 끓을 때의 온도 T_2에서의 체적 x_2 값을 안다면, 그 사이의 체적변화 값이 온도의 변화량과 같다고 기준을 정하는 2점 표준 온도측정이 된다.

$$\text{2점 표준} : t = \frac{x - x_1}{x_2 - x_1}(t_2 - t_1) \tag{2.10}$$

여기서, 1 : 빙점

2 : 비등점

하지만 온도와 물리량의 관계가 $t = ax + b$의 선형적이라면 온도의 기준을 새로 정하여

$$T = ax \tag{2.11}$$

로 나타낼 수 있고, 이때 기울기 a의 값을 정하기 위하여 어느 기준점의 한 점에서 온도와

물리량의 값을 알면 1점 표준 온도측정이 된다.

$$1\text{점 표준} : T = \frac{x}{x_3} \cdot T_3 \tag{2.12}$$

여기서, 3 : 삼중점

온도 0℃와 100℃는, 즉 물이 어는 온도와 끓는 온도를 기준으로 하지 않고, 물이 삼중점일 때, 즉 물이 얼음과 수증기가 함께 존재하는 상태의 온도를 273.16K라고 정하였다. 이 온도는 0.01℃와 같다. 온도와 물리량의 값을 삼중점에서 확인하고 다른 조건에서 물리량을 측정하면 그때의 온도를 알 수 있다.

그림 1.26 2점 표준과 1점 표준

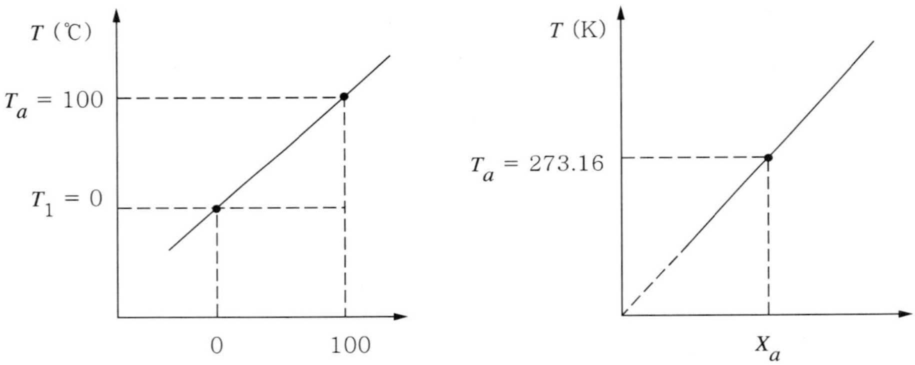

온도계의 눈금을 맞추기 위해서 다른 기준점들을 재현성이 좋은 온도조건의 표준으로 정하고 있다. 최근 전문가들은 물, 헬리움, 질소 등 순수물질의 삼중점과 금속류의 녹는 온도를 정하고 다른 온도계기의 보정(calibration)이 가능토록 하였다.

표 1.12 표준온도의 예(금속의 용융온도)

Sn	Zn	Al	Ag	Au
231.9℃	419.5℃	660.3℃	961.8℃	1064.2℃

2.6.3 열이란?

일상생활에서 에너지, 온도, 열이라는 것들을 아주 가깝게 그리고 친숙하게 사용하고 있지만 이것들을 정확하게 사용하고 있는지 다시 생각해 볼 필요가 있다. 만약 뜨거운 난로에 손이 닿으면 에너지를 얻게 되고 반대로 얼음에 손을 대면 에너지를 잃을 것이다. 즉, 에너지는 항상 더운 곳에서 차가운 곳으로 흐른다. '물체 사이의 온도차에 의하여 옮겨다니는 에너지'를 열(heat)이라고 부른다. 그러나 물질이 열을 갖고 있다고 보지는 않는다. 물질은 열이 아니라 분자의 운동에너지를 갖고 있다.

그림 1.27 열을 가질 수 있을까?

열은 흐르며 옮겨 다니는 에너지를 뜻한다. 일단 열로써의 이동이 끝나면 내부에너지(internal energy)가 된다. 여기서 내부에너지란 물질내의 모든 에너지의 총합을 말한다. 분자나 원자사이의 힘에 의한 퍼텐셜에너지와 분자들의 운동에 의한 운동에너지 모두의 합이다. 따라서 물질은 열을 갖고 있는 것이 아니라 내부에너지를 갖고 있다. 물질이 열을 얻거나 잃으면 내부에너지가 바뀌게 된 것이다. 따라서 열을 얻었을 때 분자의 운동에만 영향을 주는 것은 아니다. 얼음이 녹을 때처럼 분자 운동에너지의 변화 없이 열을 흡수하기도 한다. 이때 물질의 상태가 변한다고 말한다.

열을 눈으로 보고 그 크기를 잴 수는 없지만, 열이 옮겨지면 열을 받은 시스템의 에너지가 높아지는 것을 알 수 있고, 시스템의 에너지가 높아졌다는 것은 일을 할 수 있는 능력이 늘어났거나 시스템의 온도가 높아진 것을 관찰함으로써 알 수 있다. 즉, 에너지를 이용하여 물체를 움직이게(일) 하면 에너지를 볼 수 있다.

어머니가 감기 걸린 어린 아이의 머리를 짚으며 "열이 높다"라는 표현이 옳은 것인지, "열이 있다"가 옳은 표현인지, "열이 많이 난다"라는 표현이 옳은 것인지 생각해 보자. 또 "체온이 높다"와 "온도가 많다" 중 어느 표현이 옳은가? 여기서 "체온이 높다", 그리고 "열이 많이 난다"가 옳은 표현일 것이다.

그림 1.28 온도와 열

그림 1.29 열은 옮겨가고 전달되는 것

'열은 이동 중인 에너지'이다. 온도는 물질의 상태를 표현하는 정도이고 온도는 많거나 작은 양을 나타내는 것이 아니며, 높고 낮은 상태를 이야기하는 것이다. 이렇듯이 정의에 알맞은 표현방법이 있으며, 이들 사이의 미묘한 차이를 어떻게 정의하는지 한번 알아보자.

열역학적 의미에서 열은 그 시스템이 갖고 있는 것이 아니다. 그렇기 때문에 열이 많다, 적다고 얘기하는 것은 적절한 표현이 아니다. 그러나 일상적인 의사전달에서는 거의 문제되지 않는다. 열역학을 체계적으로 정의하는 입장에서 열은 이동중일 때만 정의한다. 따라서 열은 많이 또는 적게 이동하고 있다고 할 수 있으며, 반면에 온도는 상태를 나타내는 값으로 '높다 · 낮다'라고 할 수는 있으나 '많다 · 적다'라고 할 수는 없다. 그 의미를 heat라는 단어로서 설명할 수 있다. 열역학에서 이야기하려 하는 열, 우리가 열이라고 번역한 heat는 그 자체로서 열전달(heat transfer)이라 하는 것이 더 정확하다. 즉, 동사로서 어떤 물질을 가열한다는 뜻이 된다. 열은 전달되는 상태에서만 정의되기 때문에 명사로서 열이라고 이야기하는 것보다는 오히려 열전달이라고 하는 것이 옳다. 그래서 정의상 가장 적절한 것은 열이 옮겨간다, 전달된다고 하는 것이다.

2.7 열평형과 열역학 제0법칙

앞서 설명했듯이 열역학에는 열과 온도라는 2개의 중요한 개념을 가지고 있다. 여기서 온도의 개념은 추상적인 면을 지니고 있지만, 온도는 정확하게 정의되어 있는 양으로 평형이라는 개념에 깊이 연관되어 있고 어떤 물질의 에너지 함량과 관계되어 있다. 즉, 어떠한 계가 2개의 계에 대하여 온도가 같은 값을 갖는다면 이들 계들은 서로 접촉할 때 평형을 이룬다. 이와 같이 온도가 높은 물질과 낮은 물질을 접촉시킬 때 온도가 높은 물질에서 낮은 물질로 열이 이동하여 두 물질이 동일한 온도가 되어 안정된 상태가 되어 계의 어느 곳에서나 강성적 상태량이 같고, 또 이들의 시간적인 변화가 없는 경우를 열평형(thermal equilibrium)이라 한다.

[그림 1.30]과 같이 단열 벽으로 둘러싸인 세 물체 A, B, C가 있다. 만일 두 물체 A, B가 제3의 물체인 C와 열평형에 있다면 물체 A, B는 서로 열평형을 이루고 물체 A, B의 온도도 같아진다. 예를 들면, 체온계로 우리 몸의 체온을 잴 경우 우리 몸과 온도계는 접촉하면서 에너지(열)가 교환되어 열평형을 이루면서 서로의 온도가 갖게 된다.

다시 말하면 두 물체가 제3의 물체와 각각 열평형 상태에 있으면 이들 두 물체도 열평형 상태에 있음을 뜻한다. 이것은 '제3의 계와 열평형에 있는 두 계는 서로 열평형에 있다.'라고 표시할 수 있으며, 열역학 제0법칙(the zeroth law of thermodynamics)이라 한다.

화학평형(chemical equilibrium)은 시스템의 화학적 성분이 바뀌지 않는 상태이다. 조금 더 정확하게는 한쪽에서 다른 쪽으로 화학적 조성이 바뀌는 속도와 그 반대쪽으로 바뀌는 속도가 똑같을 때를 이르는 말이다. 그러므로 거시적으로 보았을 때 그 화학적 조성이 변화하지 않는 조건을 화학적 평형이라고 말한다.

그림 1.30 열역학 제0법칙

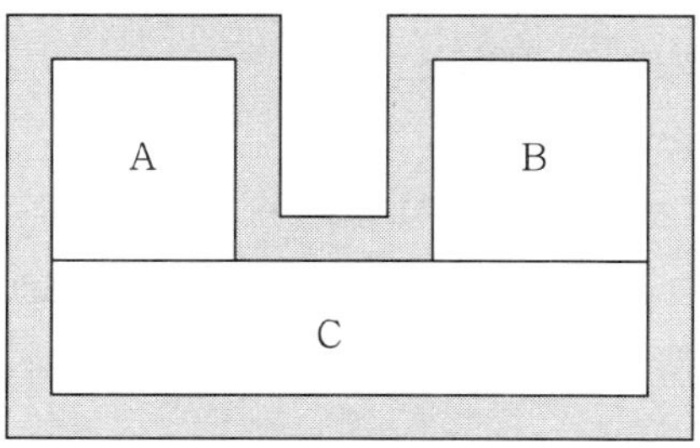

$T_A = T_C$, $T_B = T_C$이면 $T_A = T_B$

열역학적 평형(thermodynamic equilibrium)이라는 것은 이 앞의 모든 평형조건이 만족되어 있는 것을 말한다. 시스템의 상태를 이야기하려면 그 시스템은 열역학적 평형상태에 놓여져야만 한다. 열역학적으로 평형에 있지 않은 시스템의 성질은 그 시스템의 상태를 대표하여 나태내주고 있지 않기 때문이다. 앞으로 다루는 열역학적 고려사항은 평형상태가 아니면 정의를 내리지 못한다.

2.8 압력, 비체적, 비중 및 밀도

2.8.1 압력과 압력계

압력(pressure)이란 유체가 단위면적에 작용하는 수직방향의 힘을 말한다. 고체의 경우에는 이것을 응력(stress)이라고 부르면서 별도로 취급한다. 그리고 열역학에서 사용되는 압력으로써 SI단위에서는 1m²당 뉴톤(N)의 힘이 작용하는 압력을 1Pa(Pascal)이라 하고, 1Pa=1N/m²이다. 그리고 10^5Pa은 1bar에 해당한다. kgf(kg중)라는 단위는 미국관용단위인 lbm와 lbf를 쓰는 시스템을 kg단위에 옮겨놓은 것으로서 1kg이 중력가속도를 받고 있을 때에 나타나는 힘이 1kg중이므로 9.8N에 해당한다. 이 단위는 실생활에 별로 많이 남아있지 않지만, 압력 단위로 'cm²당 몇 kg중이다'라고 쓰인다. 우리나라의 경우 최근 기상예보를 할 때 mbar를 사용하다 hPa로 전환하였는데, 이들의 관계는 1mbar=10^2pa=1hpa이기 때문에 mbar와 hPa의 압력값은 같다. 각 압력단위를 SI 단위계와 비교하면 다음과 같다.

$$\text{압력} = \frac{\text{수직방향의 힘(하중)}}{\text{면적}} = \frac{W}{A} \ (\text{N/m}^2,\ \text{kgf/m}^2)$$

$1\text{Pa} = 1\text{N/m}^2 = 1\text{kg/ms}^2 = 1\text{J/m}^3$

$1\text{kPa} = 1000\text{Pa} = 1000\text{N/m}^2$

$1\text{bar} = 10^5\text{Pa} = 10^5\text{N/m}^2 = 10^5\text{kg/ms}^2$

$1\text{bar} = 1000\text{mbar} = 0.1\text{MPa} = 100\text{kPa}$

$1\text{mbar} = 100\text{Pa} = 100\text{N/m}^2$

$1\text{atm} = 101{,}325\text{Pa} = 101.325\text{kPa} = 1.01325\text{bar}$

$1\text{at} = 1\text{kgf/cm}^2 = 735.6\text{mmHg} = 10\text{mAq} = 14.2\text{psi} = 980.665\text{mbar}$

$1\text{mAq} = 0.1\text{kgf/cm}^2 = 73.56\text{mmHg}$

$1\text{psi} = 1\text{lbf/in}^2 = 0.07031\text{kgf/cm}^2$

대기 중에서 물체가 받는 힘은 대기압과 가해진 힘에 의한 압력을 더한 값이다. 흔히 사용하는 압력계에 0이라고 표시되어 있는 위치는 대기압과 같은 압력이라는 표시이다. 이 압력계로는 대기압보다 얼마나 높은가, 혹은 얼마나 낮은가 하는 것을 측정할 뿐이다.

$$P_{abs}(\text{절대압력}) = P_{gage}(\text{계기압}) + P_{atm}(\text{대기압})$$
$$P_{gage} = P_{abs} - P_{atm} \tag{2.13}$$

보통 압력계로 측정할 수 있는 압력을 계기압력이라 부르고 P_{gage}라고 표시한다. P_{gage}에 대기압을 더한 값이 절대압력 P_{abs}이다. 진공으로 갈 때에는 그 반대로 대기압에서 계기의 진공만큼을 뺀 값이 절대압력이 된다.

그림 1.31 **계기압력, 대기압, 절대압력의 관계**

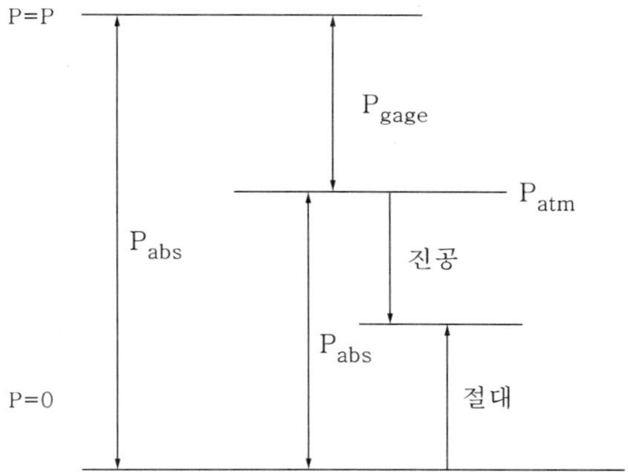

예제 2.4 옥내소화전의 가압송수장치에 설치된 펌프의 압력이 12at를 나타냈고, 이때 대기압이 750mmHg이었다. 펌프의 절대압력을 kgf/cm^2로 구하라.

해설 압력계에 나타난 압력은 계기압력이며, **750mmHg**의 압력을 **kgf/cm^2**로 표시하면

$$750\,\text{mmHg} = 1.0332 \times \frac{750}{760} = 1.02\,\text{kgf/cm}^2$$

따라서 펌프의 절대압력은 식 **(2.13)**으로부터

$$P_{abs} = P_{gage} + P_{atm} = 1.02 + 12 = 13.02\,\text{kgf/cm}^2$$

2.8.2 밀도

물질의 밀도(density)는 단위 체적당 물질의 질량으로 정의되고, 단위는 [kg/m³]으로 표시한다. 밀도를 ρ라 하고 질량을 m (kg), 체적을 V(m³)라 하면

$$\rho = \frac{m}{V} \ (\mathrm{kg/m^3}) \tag{2.14}$$

2.8.3 비중량

물질의 비중량(specific weight)은 단위 체적당 물질의 중량으로 정의되고, 단위는 (kgf/m³)로 표시한다. 비중량을 γ라 하고, 중량을 G(kgf)라 하면

$$\gamma = \frac{G}{V} \ (\mathrm{kgf/m^3}) \tag{2.15}$$

한편, 비중(specific gravity)이란 동일한 체적에서 비교물질과 기준물질과의 질량의 비로 정의되며, 기준물질은 고체와 액체의 경우 4℃ 순수한 물이고 기체의 경우 비교물질과 동일한 압력과 온도인 공기를 채택하며, 단위는 무차원수(dimensionless number)이다.

2.8.4 비체적

물질의 비체적(specific volume)은 밀도 또는 비중량의 역수로서 단위질량(중량)당 물질이 차지하는 체적으로 정의한다. 비체적을 v라면

$$v = \frac{1}{\rho} = \frac{V}{m} \ (\mathrm{m^3/kg}) \tag{2.16}$$

$$v = \frac{1}{\gamma} = \frac{V}{G} \ (\mathrm{m^3/kgf}) \tag{2.17}$$

예제 2.5 어느 기체의 2kg이 체적 0.25m³인 용기 속에 들어 있다. 이 기체의 비체적을 구하라. 만일, 이 용기 속의 기체 0.8kg이 누설되었다면 기체의 비체적과 밀도는 얼마로 되겠는가?

해설

(1) 비체적 $v = \frac{V}{m} = \frac{0.25}{2} = 0.125 \ (\mathrm{m^3/kg})$

(2) 기체의 누설량이 **0.8kg**이므로 용기 속에 남아 있는 기체의 양은 **1.2kg**이다. 따라서

$$v = \frac{V}{m} = \frac{0.25}{1.2} = 0.2083 \ (\mathrm{m^3/kg})$$

(3) 밀도 $\rho = \frac{1}{v} = \frac{1}{0.2083} = 4.8\ (\mathrm{kg/m^3})$

2.9 단위

물리량의 크기는 일정한 기본의 크기를 정해놓고 그 기본량과의 비로서 나타내는데 그 기본량을 단위(unit)라 한다. 일반적으로 물리학에서는 기본량을 질량, 길이, 시간으로 하고, 이들의 단위를 기본으로 하여 다른 단위를 유도하는 절대 단위계를 사용하며, 공학에서는 질량 대신에 힘과 함께 중력을 고려하여 힘 또는 중력, 길이, 시간을 기본단위로 삼는 중력 단위계, 즉 공학 단위계를 사용한다. 그러나 근래에는 국제적으로 통일된 단위인 국제단위계(system international d'unit)가 설정되어 SI단위로 점차 사용이 확대되고 있다.

2.9.1 절대 단위계

길이, 질량, 시간의 단위로 m, kg, sec를 기본단위로 하는 절대 단위계를 MKS 단위계라 하고, 힘의 단위는 유도단위가 되어 Newton의 운동 제2법칙에 의해 kgm/sec^2(=N)을 사용한다. 한편 길이, 질량, 시간의 단위로 cm, g, sec를 기본단위로 하는 절대단위를 CGS 단위계라 하고, 힘의 단위는 gcm/sec^2(=dyne)이 된다.

2.9.2 중력 단위계

길이, 중력, 시간을 기본으로 하는 단위계로서 길이와 시간은 m와 sec를 사용하고, 중력 단위로는 중력 가속도 g=9.80665(m/sec^2)인 장소에서 질량 1kg에 작용하는 지구의 인력, 즉 중량을 기준으로 한 크기를 1kg중 또는 1kgf로 표시하여 사용한다. 따라서 힘은 질량 1(kg)의 물질에 가속도 g=9.80665(m/sec^2)을 낼 수 있는 크기로서 중력의 단위와 마찬가지로 1kgf로 표시한다.

2.9.3 SI 단위계

1960년도에 정해진 국제 단위시스템(Le Systeme International dē Unites : SI 단위)은 전 세계적으로 통용될 수 있는 단위를 제정함으로써 서로 다른 단위를 쓰고 있는 세계 각국의 공업과 무역상의 어려움을 해소하기 위한 것이다. SI 단위계는 물리 단위계를 기초로 개정한 것으로 통상 [표 1.13]과 같이 7개의 기본단위와 2개의 보조단위를 조합하여 많은 유도단위가 형성되며, SI 단위계에서 질량은 항상 kg 단위를 사용하고 힘의 단위로는 질량 1kg에 작용하여 1m/s²의 가속도를 생기게 하는 힘의 크기인 N(Newton)을 사용하므로 공학단위계에서 같이 질량과 중량의 혼동은 없다. [표 1.14]는 절대단위, 공학단위, SI단위의 기본단위와 유도단위를 비교하여 나타낸 것이다.

표 1.13 SI 단위계

분 류	양	단위기호	분 류	양	단위기호
기본단위	길 이	m	기본단위	물질량	mol
	질 량	kg		광 도	cd
	시 간	sec	보조단위	평면각	rad
	전 류	A		입체각	sr
	온 도	K			

표 1.14 각 단위계의 비교

구 분		절대 단위	공학 단위	SI 단위
기본 단위	길이	m	m	m
	질량	kgm(=kg)	$\frac{kg_f \cdot s^2}{m}$	$\frac{N \cdot s^2}{m}$
	시간	s(=sec)	s	s
유도 단위	힘	$\frac{kg \cdot m}{s^2}$	kgf	N
	일, 에너지	$\frac{kg \cdot m^2}{s^2}$	kgf · m, kcal	N · m=J
	동력	$\frac{kg \cdot m^2}{s}$	$\frac{kg_f \cdot m}{s}$, HP=PS	$\frac{J}{s}=W$
	압력	$\frac{kg}{m \cdot s^2}$	$\frac{kg_f}{m^2}$	$\frac{N}{m^2}=Pa$

단위 앞에 지수를 나타내는 접두어를 붙이는 경우가 많은데, 이러한 접두어는 [표 1.15]에서 나타낸 바와 같이 보통 10^3 간격으로 이름을 가지고 있으며, 이런 각각의 지수 수준에 따라 연관되는 단위들이 다르다. milli는 비교적 어느 단위하고나 연관되어 쓰고 있지만 micro는 마이크로 미터의 경우에 많이 쓴다. 가시광선의 파장이 약 0.6μm 정도이다.

nano는 나노초 혹은 나노미터와 같은 단위에 많이 쓰고, 분자나 원자의 크기가 나노미터 수준의 단위로서 표시된다. pico(10^{-12}초)는 시간단위로 많이 쓰는데 1피코초(10^{-12}초)는 전자의 에너지 전위에 소요되는 시간에 해당된다. kilo는 흔하게 사용하고 있고, 스포츠신문의 연예면에 '메가톤급 인기인'이라는 표현을 쓰는데 이것이 바로 mega × ton이다. Megawatt(MW), gigawatt(GW)도 동력 등을 표시할 때 많이 쓴다.

1

표 1.15 SI단위의 접두어

지 수	10^{-12}	10^{-9}	10^{-6}	10^{-3}	10^{3}	10^{6}	10^{9}
접두어	pico	nano	micro	mili	kilo	mega	giga
기 호	p	n	μ	m	k	M	G

연습문제

1. 다음 용어를 설명하라.
   - 계(System)
   - 일
   - 에너지
   - 열
   - 물성, 상태량
   - 압력
   - 온도
   - 강성적 · 중량적 성질

2. 화씨로 측정할 때 상승된 온도가 10°F였다면 섭씨로는 상승한 온도가 몇 도인지 구하라.

   정답 5.56℃ 상승

3. 중력가속도가 $5m/s^2$인 중력장 내에 질량이 400kg인 물체가 있다. 이 물체가 이 중력장 내에서 갖는 중량은 몇 kgf인가?

   정답 204kgf

4. 중력 가속도가 $9.55m/s^2$인 위치에서 용수철저울로 어떤 물체의 무게를 달아보았더니 32kgf이었다. 이 물체의 질량 kg은 몇 인가?

   정답 32.8kg

5. 다음 값을 Joule 단위로 나타내 비교하여 보라.
   ① 질량 1kg의 물체가 중력 하에서 1m 높이차에 있을 때의 위치에너지는?
   ② 질량 1kg의 물체가 10m/sec로 움직이고 있을 때의 운동에너지는?

   정답 ① 9.8 J, ② 10 J/sec=10W

6. 호이스트를 이용하여 500kgf의 물체를 지상에서 수직방향으로 25m 들어올렸을 때 일량(kJ)을 구하라.

   정답 122.5kJ

7. $1kgf/cm^2$와 1bar, 그리고 1atm의 차이를 수치로 보여라.

8. 지구 중력장 내에서 면적이 $600mm^2$인 피스톤이 장착된 수직한 실린더 내에 가스가 들어있다. 피스톤의 중량이 100kN이고, 외부 대기압이 110kPa이라면 가스의 절대압력은 몇 kPa인가?

정답 166,776kPa

9. 진공계의 눈금이 170mmHg를 가리키고 있을 때, 대기압이 750mmHg라면 그 때의 절대압력(ata)을 구하라. Hints 절대압력 = 대기압 − 진공압력

정답 0.7885ata

10. 대기압이 750mmHg일 때 진공도 90%인 상태의 절대압력(kgf/cm^2)을 구하라.

정답 $0.102kgf/cm^2$

11. 지름 15cm인 피스톤이 실린더 속에서 16cm 이동하여 6kgf의 가스를 흡입하였다. 이 가스의 비체적과 비중량을 구하라.

정답 ① 비체적 $v = 4.712 \times 10^{-4} m^3/kgf$, ② 비중량 $\gamma = 2{,}122 kgf/m^3$

12. 표준상태 하에서 공기의 비중량이 $1.272kgf/m^3$일 때 이 공기의 밀도($kgf \cdot s^2/m^4$)를 구하라.

정답 $0.129kgf \cdot s^2/m^4$

13. 열역학 제0법칙에 대하여 설명하라.

14. 다음 (　　) 속에 단위 환산한 값을 넣어라.

① $10kgf \cdot m$ = (　　)$N \cdot m$ = (　　)J

② 5Kcal = (　　)$kgf \cdot m$

③ 1kW = (　　)J/s = (　　)kcal/h = (　　)$kgf \cdot m/s$

④ 1PS = (　　)kW = (　　)$kgf \cdot m$

⑤ 100Pa = (　　)N/m^2 = (　　)bar

⑥ 60℃ = (　　)K

제 3장 열역학 제1법칙

(The First Law of Thermodynamics)

3.1 일과 열에너지

제1장에서 우리는 일은 '힘과 물체가 움직인 거리의 곱'으로 정의하고, 에너지는 '물질이 일을 할 수 있는 능력'을 에너지라 하였으며, 열은 '흐르며 옮겨 다니는 에너지'라고 정의하였다.

1847년 영국의 Joule(James Prescott Joule, 1818~1889)은 [그림 1.32]와 같은 장치로 일과 열의 상당량을 실험으로 구하였다. 실험장치의 구성은 열량계 내에 물이 들어 있고 속에서 날개차를 고정날개 사이에서 회전시켜 물을 교반하도록 되어 있으며, 날개 차는 날개 차축에 설치된 추가 낙하함으로써 회전한다. 이때 추의 낙하에 의한 일량과 열량계 내의 물의 온도상승에 의한 열량이 같다고 가정하여 열상당량을 구하였다. 이때 일 W와 열량 Q 사이에는 일정한 관계가 성립하며 다음과 같다.

그림 1.32 Joule의 실험

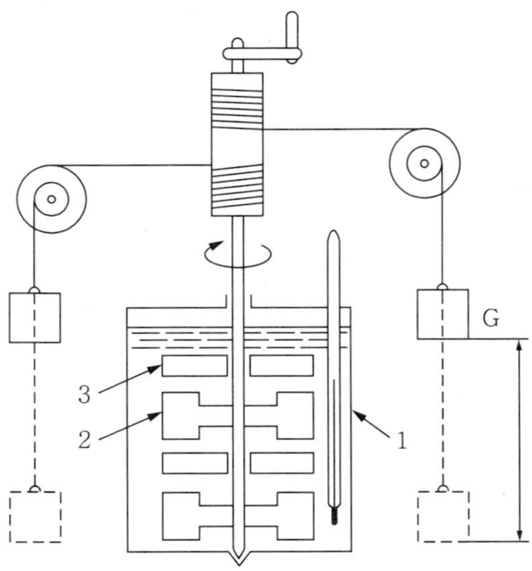

$$Q = W(\mathrm{J}) \qquad \text{(SI단위)} \tag{3.1}$$

또는

$$\left.\begin{aligned} Q &= A\,W\,(\mathrm{kcal}) \\ W &= JQ\,(\mathrm{kgf\cdot m}) \end{aligned}\right\} \text{(공학단위)} \tag{3.2}$$

여기서, 비례상수 A : 일의 열당량(일의 단위를 열의 단위로 고치는 상수)
J : 열의 일당량(열의 단위를 일의 단위로 고치는 상수)

SI 단위계에서 $A = J = 1$이다.

$$J = 427\mathrm{kgf\cdot m/kcal}(\text{공학단위}) = 1\mathrm{N\cdot m/J}(\text{SI단위}) \tag{3.3}$$

$$A = 1/427\mathrm{kcal/kgf\cdot m}(\text{공학단위}) = 1\mathrm{J/N\cdot m}(\text{SI단위}) \tag{3.4}$$

이와 같이 열의 본질은 에너지이며 미시적으로 보면 분자의 운동에너지 그 자체이다. 동일한 열용량에 대해서는 분자의 운동이 크면 열에너지는 크고, 온도도 높게 된다.

3.2 열역학 제1법칙

에너지에는 열외에 운동에너지, 위치에너지, 전기에너지, 자기에너지, 화학에너지, 표면에너지, 복사에너지 등 여러 종류가 있다. 이들 여러 가지 에너지는 단지 그 형태만 다를 뿐 본질은 동일한 것이며, 한 형태에서 다른 형태로 변환할 수 있다. 그러나 어떤 에너지도 소멸되거나 창조할 수는 없다. 이러한 사실로부터 헬름홀츠(H. Helmholtz)는 다음과 같이 표현하였다. '하나의 계가 가지는 에너지의 총합은 외부와의 사이에 교환이 없는 한 일정하고 외부와의 사이에 교환이 있으면 주고 받는 양만큼 감소 또는 증가한다.' 이를 에너지 보존의 법칙(law of conservation of energy)이라 한다.

'열은 본질상 일과 같은 에너지의 한 형태이며, 열은 일로 변환할 수 있으며 그 역(逆)도 가능하다.' 이를 열역학 제1법칙(the first law of the thermodynamics)이라 하며, 열역학 제1법칙은 시스템이 사이클을 변화할 때 전 사이클에 걸친 열전달량의 합은 전 사이클에 걸친 일의 합에 비례하는 법칙이다. 열역학 제1법칙은 에너지 보존 법칙을 나타낸 것으로 열과 일의 관계를 식으로 표현하면 다음과 같다.

$$\oint \delta Q = A \oint \delta W \tag{3.5}$$

$$\oint \delta W = J \oint \delta Q \tag{3.6}$$

여기서, $\oint \delta Q$는 열전달 사이클 과정에 대한 적분을 표시하고 $\oint \delta W$는 일의 사이클 과정에 대한 적분을 표시하며, 식 (3.5)와 (3.6)의 의미를 서술적으로 다시 표현하면 다음과 같다.

① 열은 에너지의 한 형태로서 일을 열로 변환하는 것과 역으로 열을 일로 변환하는 것이 가능하다.

② 열을 일로 변환할 때 혹은 일을 열로 변환할 때 에너지의 총량은 변하지 않고 일정하다.

③ 에너지를 소비하지 않고 계속하여 일을 발생시키는 기계인 제1종 영구기관을 만드는 것은 불가능하다. 만약, 이와 같은 기계가 존재하면 에너지 보존법칙은 제1종 영구운동을 위반하는 것이다. 즉, 에너지 보존법칙은 제1종 영구운동의 존재를 부정한다.

알아두기 식 (3.5)와 (3.6)에서 $\oint$의 수학적 의미

$\oint$는 폐쇄회로를 따라 적분하였다는 표시이며, 적분과정에서 어느 경로를 택하였는가는 관계가 없다. W나 Q는 경로함수이며, $(\delta Q - \delta W)$는 모든 경로에 대하여 같으므로 점함수(point function)이다.

예제 3.1 높이 120m 폭포에서 물 500kgf이 낙하하여 물의 전체 에너지가 열로 변했다면 몇 kcal인가?

해설

$Q = AW$

$W = mgZ = 120 \times 500 = 60{,}000 \text{ kgf} \cdot \text{m}$

$\therefore Q = 1/427 \times 60{,}000 = 140.5 \text{ kcal}$

예제 3.2 점심으로 2,000kcal의 음식을 먹었을 때 외부에 할 수 있는 일은 얼마인가?

해설

$W = JQ = 427 \times 2{,}000 = 854{,}000 \text{ kgf} \cdot \text{m}$

3.3 내부에너지와 엔탈피

3.3.1 내부에너지

열은 흐르며 옮겨다니는 에너지를 의미하고, 일단 열로써의 이동이 끝나면 내부에너지(internal energy)가 된다. 여기서 내부에너지란 물질내의 모든 에너지의 총합을 말한다.

내부에너지는 물체가 갖는 총에너지 중에서 운동에너지나 위치에너지 등의 외적 에너지를 제외한 에너지로서 물체의 온도나 압력에 의해 자신의 내부에 갖는 에너지를 말하며, 계의 질량에 따라 변하므로 종량적 상태량(extensive property)에 속한다.

일반적으로 온도가 높아지면 분자운동도 활발해지므로 온도가 상승함에 따라 물체의 내부에너지는 상승한다. 물체를 가열하거나 냉각하면 그 상태(P, T 등)가 변화하므로 그 내부에너지도 변화한다. 또한 에너지는 그 절대값은 알 수없으나 그 상태량은 온도, 압력 등의 상태변화를 알면 정확히 구할 수 있다. 그리고 내부에너지는 물체의 현재상태만에 관계하므로 상태량이다. 주어진 질량의 물체가 갖는 내부에너지를 U (kcal, kJ)로 표시하며, 단위질량일 때의 내부에너지를 비 내부에너지(specific internal energy)라 하고 u(kcal/kg, kJ/kg)로 표시된다.

일반적으로 내부에너지가 온도에 비례하여 증가하지만 온도의 측정으로 내부에너지의 양을 알 수 있는 것은 아니다. 이는 내부에너지의 일종인 증발열이나 융해열과 같은 잠열은 온도에 비례하지 않는 성질을 가지기 때문이다. 열역학의 에너지 식으로부터 역학적 에너지(운동에너지+위치에너지)를 무시하고 내부에너지, 계의 열량(Q)과 일량(W)의 관계를 표시하면 다음과 같다.

$$Q_{12} = (U_2 - U_1) + AW \text{ (kcal : 공학단위)} \tag{3.7}$$

$$Q_{12} = (U_2 - U_1) + W \text{ (kJ : SI단위)} \tag{3.8}$$

예제 3.3 용기 내의 유체가 일을 하여 5,000kJ 소비하고 동시에 용기 벽으로 1500kJ의 열을 전달하였다. 유체의 내부에너지 증가를 구하라.

해설

$Q = (U_2 - U_1) + W$

$(U_2 - U_1) = Q - W = -1500 - (-5000) = 3{,}500 \text{ kJ}$

예제 3.4 게이지 압력 1.2ata(Pg)의 가스가 일정한 압력 하에서 10m3로부터 5m3까지 마찰 없이 압축되고, 동시에 74kcal의 열이 외부로 방출되었다. 내부에너지의 변화를 구하라.

해설

$Q = U_2 - U_1 + AW = U_2 - U_1 + APdV$

절대압력 P=게이지 압력 + 표준 대기압=1.2+1.0331=2.2332ata=2.2332kgf/cm²

$\therefore U_2 - U_1 = Q - APdV = -74 - 1/427(2.2332 \times 10^4 \times (5-10) = 187 \text{kcal}$ 증가

알아두기 열과 일의 부호정의

이미 앞서 언급한 바와 같이 열역학에서 주로 다루는 에너지는 일 및 열 이외에 역학적 에너지와 내부에너지이므로 이들에 대한 상호관계를 다루면 된다. 그리고 유입과 유출에너지는 계의 경계에서 일어나기 때문에 계에 에너지 보존법칙을 적용할 때 계에 출입하는 에너지, 즉 열이나 일에 대한 부호를 정할 필요가 있다. [그림 2.3]은 계에 출입하는 일과 열의 부호를 나타낸 것으로서 열의 경우 계로 유입하는 열은 +, 계에서 나가는 열은 −로 정하고, 일의 경우 계가 외부에 대하여 일을 하면 +, 계가 외부로부터 일을 받으면 −로 정의한다.

그림 1.33 열과 일의 부호정의

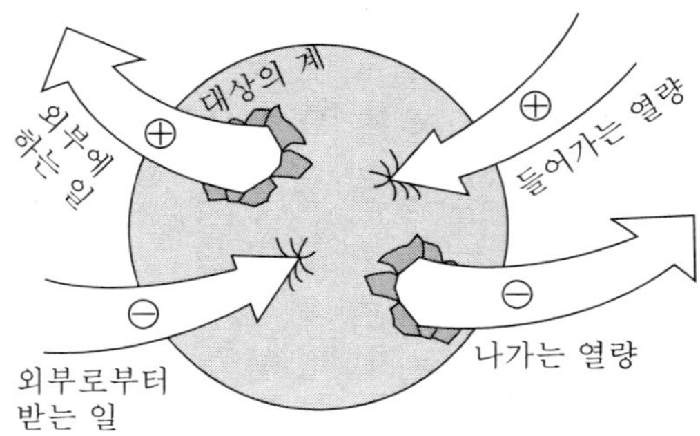

또한 에너지 보존의 원리에 대한 표현이라고 할 수 있는 열역학 제1법칙은 일(work)과 열(heat)의 관계를 다루고 있다. 관심 대상을 밀폐계(주변 환경과 물질 교환이 발생하지 않는 계)로 한정하면 열을 가하거나 제거할 때 또는 해당 밀폐계에 의해서 일이 수행(예를 들면, 압축에 의한 경우)될 때 변화가 일어난다는 사실을 알 수 있다. 이러한 변화는 온도의 증감을 수반하는 경우가 많으며 계의 내부에너지(U)라고 알려져 있는 상태에 대한 함수를 정의하면 그 양을 구할 수 있다. 계의 내부에너지 변화(ΔU)는 식 (3.8)로부터 다음과 같이 나타낼 수 있다.

$$\Delta U = Q - W \tag{3.9}$$

여기서, Q : 계로 전달되는 열 에너지
W: 계에 의해서 수행되는 일

이는 다음과 같이 미분형태로 표현될 수 있다.

$$dU = dQ - dW \tag{3.10}$$

상태함수를 이루는 U는 온도와 압력에 따라 변화한다. 즉, $U = U(T,\ P)$. 일의 정의에 따르면 힘 F가 해당 작용점을 거리 x만큼 이동시킬 때 일 W가 수행된다. 이때 이들의 관계는 다음과 같은 관계식으로 나타낼 수 있다.

$$dW = F \cdot dx \tag{3.11}$$

기체가 팽창하는 동안 수행되는 일은 [그림 1.34]는 실린더/피스톤 장치의 개념을 통해 유출해 낼 수 있다.

$$dW = P \cdot A \cdot dx = PdV \tag{3.12}$$

여기서, P : 기체의 압력
A : 피스톤의 면적
dx : 피스톤이 이동한 거리(따라서 체적 증감 $dV = A \cdot dx$)

그림 1.34 실린더/피스톤 장치의 일

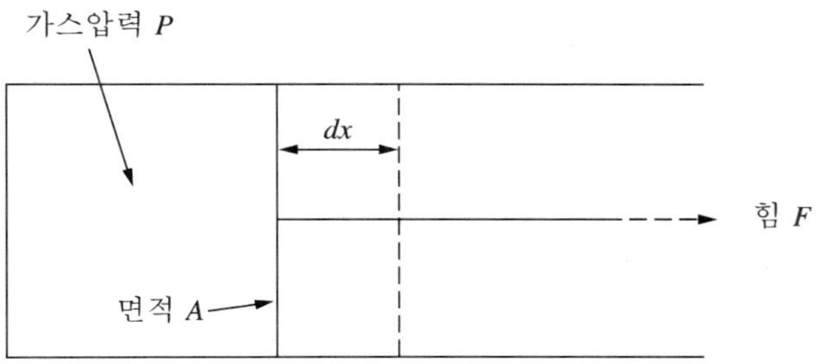

수행된 일의 전체양은 초기 상태에서 최종 상태까지 식 (3.12)를 적분해서 구한다.

$$W = \int_{initial}^{final} P \cdot dV \tag{3.13}$$

식 (3.10)과 (3.12)를 조합하면 내부에너지의 미분 변화는 다음과 같이 쓸 수 있다.

$$dU = dQ - P \cdot dV \tag{3.14}$$

이를 통해 알 수 있듯이 체적이 일정하면 $P \cdot dV = 0$이므로 $dU = dQ$이다. 이를 적분하면

$$\Delta U = Q_v \tag{3.15}$$

여기서, Q_v : 해당 계(체적이 일정한)에 전달되는 열

즉, 내부에너지의 변화는 체적이 변하지 않으면서 흡수된 열과 같다.

3.3.2 엔탈피

내부에너지를 갖는 유체가 유동하면 유체는 일의 에너지를 가지며, 이때 일은 유체의 압력을 P, 그 계의 체적을 V라고 하면 PV로 표시되는데 이 PV를 유동에너지(flow energy)라 한다. 따라서 이 유체가 갖는 전체 에너지는 내부에너지와 유동에너지의 합으로 정의되고 이를 엔탈피(enthalpy)라고 한다.

$$H = U + APV \text{ (kcal : 공학단위)} \tag{3.16}$$

$$H = U + PV \quad \text{(kJ : SI단위)} \tag{3.17}$$

여기서, H : 엔탈피

엔탈피도 하나의 상태량이 된다. 유체의 단위 질량당에 대한 엔탈피를 비 엔탈피(specific enthalpy) h (kcal/kg, kJ/kg)라고 하며 다음과 같다.

$$h = u + Apv \text{ (kcal : 공학단위)} \tag{3.18}$$

$$h = u + pv \text{ (kJ : SI단위)} \tag{3.19}$$

보통 물질이 가열되면 상변화(phase change)가 일어난다. 액체를 가열하면 열량은 액체의 온도상승에 사용되어 내부에너지를 증가시키며, 동시에 일부는 증발을 위해 사용된다. 압력이 일정하고 온도가 일정한 상태에서 1kg의 액체를 증발시키는데 필요한 열량을 증발잠열(latent heat of evaporation)이라고 한다. 동일한 온도에서 증기가 응축하는 경우에는 반대로 같은 양의 응축잠열(latent heat of condensation)을 방출하게 된다. 이와 같은 증발잠열은 동일한 압력, 온도, 증기의 엔탈피와 액체의 엔탈피의 차가 된다. 이 밖의 융해, 응고, 승화 등 모든 상변화를 하는 경우에는 각각 특유의 잠열을 흡수, 방출한다. 잠열(latent heat)은 물체의 분자 상호간의 저항력에 이겨 내부적으로 일을 하고 분자의 집합상태를 변화시키는 데 필요한 열량이며, 물체의 분자운동의 에너지 증가에 쓰이고 물질이 온도를 상승시키는데 필요한 열량을 감열(sensible heat)이라고 한다.

또한 밀폐용기 내에서 발생하는 폭발을 제외하고 화재는 등압조건(압력이 일정한)에서 발생한다. [그림 1.35]와 같이 화재발생 전후 화재실의 공기 체적은 연소가스의 팽창에 따라 팽창되므로 연소가스에 의해 수행되는 일을 반드시 열에너지 고려대상에 포함시켜야 한다. 압력이 일정한 등압의 경우, 식(3.12)를 적분하면 식(3.20)과 같은 결과를 얻을 수 있다. 아울러 열역학적 의미에서 화재발생 전후 화재실의 공기는 일을 했다고 볼 수 있다.

$$W = P \cdot (V_2 - V_1) \tag{3.20}$$

여기서, V_1 : 화재발생 전의 공기 체적(m^3)

V_2 : 화재발생 후의 공기 체적(m^3)

그림 1.35 화재발생 전후 화재실의 공기 체적변화

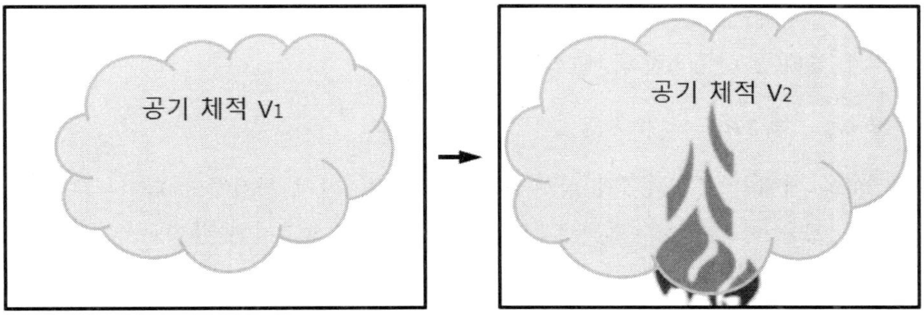

[화재발생 전] [화재발생 후]

이에 따라 식 (3.9)는 다음과 같이 정리된다.

$$\Delta U = U_2 - U_1 = Q_p + P V_1 - P V_2 \tag{3.21}$$

또는 다음 식과 같이 표현할 수도 있다.

$$Q_p = (U_2 + PV_2) - (U_1 + PV_1) = H_2 - H_1 \tag{3.22}$$

여기서, Q_p : 등압조건에서 전달되는 열

H : 엔탈피($H \equiv U + PV$)

따라서 엔탈피 변화는 등압조건 하에서 흡수(또는 손실)되는 열을 의미한다($P-V$의 일만 수행되는 경우). 따라서 화재관련 문제에서 고려해야 할 대상은 엔탈피의 변화이다.

예제 3.5 압력이 100kPa이고 공기의 체적이 300m³인 화재실 [그림1.35]에서 화재가 발생하였고, 화재발생 직후 압력이 일정한 상태에서 연소가스의 팽창에 따라 공기의 체적이 320m³으로 팽창되었다. 이때 화재발생으로 인해 공기가 한 일은 얼마인가?

해설 W=P(V2-V1)=100×(320-300)=2,000kJ

3.4 계의 상태변화에 대한 열역학 제1법칙

[그림 1.35]와 같은 계에서, 상태 1에서 상태 2까지 a경로를 거쳐 변화하고 다시 상태 2에서 상태 1까지 b경로를 거쳐 되돌아오는 사이클을 갖는 계를 생각해보자.

상태 1에서 상태 2까지 열역학 제1법칙을 적용하면

$$\oint \delta Q = \oint \delta W \tag{3.23}$$

[그림 1.36]의 계에서 상태 1에서 상태 2까지 a경로를 거쳐 변화하고 다시 상태 2에서 상태 1까지 c경로를 거쳐 되돌아오는 2개의 분리된 과정을 생각하면 다음 두 식을 얻는다.

그림 1.36 계의 열역학적 상태량 에너지의 존재 설명

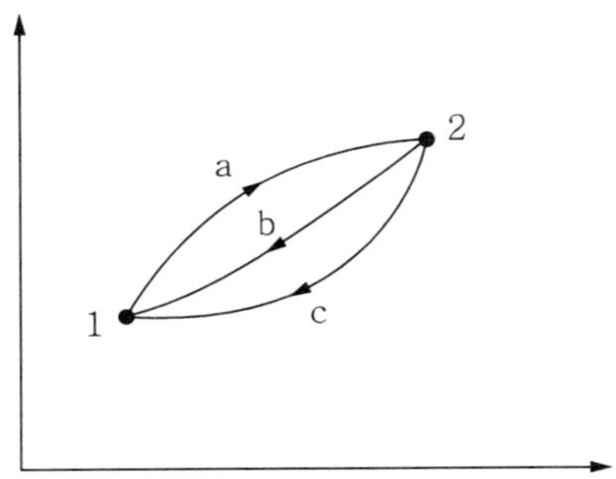

① a → b 과정

$$\int_{1a}^{2} \delta Q + \int_{2b}^{1} \delta Q = \int_{1a}^{2} \delta W + \int_{2b}^{1} \delta W \tag{3.24}$$

② a → c 과정

$$\int_{1a}^{2} \delta Q + \int_{2c}^{1} \delta Q = \int_{1a}^{2} \delta W + \int_{2c}^{1} \delta W \tag{3.25}$$

식 (3.24)에서 식 (3.25)을 빼면 다음 식을 얻는다.

$$\int_{2b}^{1} \delta Q - \int_{2c}^{1} \delta Q = \int_{2b}^{1} \delta W - \int_{2c}^{1} \delta W \tag{3.26}$$

식 (3.26)을 다시 정리하면 다음 식과 같다.

$$\int_{2b}^{1}(\delta Q - \delta W) = \int_{2c}^{1}(\delta Q - \delta W) \tag{3.27}$$

경로 a와 b는 임의의 과정이므로 $(\delta Q - \delta W)$는 상태 1과 2 사이의 모든 과정에 대하여 같다고 할 수 있다. 따라서 $(\delta Q - \delta W)$는 최초와 최종상태에만 좌우되고, 두 상태 사이의 경로에는 좌우되지 않는다. 따라서 이를 점함수(point function)라고 한다. 이 상태량 $(\delta Q - \delta W)$은 계의 에너지이며 E로 표시하면 다음과 같이 쓸 수 있다.

$$dE = \delta Q - \delta W \tag{3.28}$$

식 (3.28)을 열량으로 표시하면

$$\delta Q = dE + \delta W \tag{3.29}$$

식 (3.29)을 초기상태 1에서 최종상태 2까지 적분하면 다음 식과 같다.

$$\int_{1}^{2}\delta Q = \int_{1}^{2}\delta E + \int_{1}^{2}\delta W$$

$$Q_{12} = (E_2 - E_1) + W_{12} \tag{3.30}$$

여기서, Q_2 : 상태 1에서 상태 2까지의 과정중에 계로 전달된 열

E_1과 E_2 : 계의 에너지 E의 최초와 최종의 값

W_{12} : 그 과정 중에 계가 한 일

상태량 E의 물리적인 의미는 계의 주어진 상태에서의 모든 에너지를 포함하는 것으로서 계 전체의 운동에너지, 위치에너지, 분자에너지, 화학적 에너지 등의 여러 가지 형태로 존재할 수 있다. 열역학에서 일반적으로 운동에너지와 위치에너지를 별도로 생각하고, 그 밖의 모든 에너지를 하나의 상태량인 내부에너지 U로 표시하는 것이 편리하다. 따라서 계의 에너지 E는 다음과 같이 쓸 수 있다.

$$E = \text{내부에너지} + \text{역학적에너지}(\text{운동에너지} + \text{위치에너지})$$

$$E = U + KE + PE \tag{3.31}$$

여기서, E : 점함수

따라서 미분형으로 표시하면 다음과 같다.

$$dE = du + d(KE) + d(PE) \tag{3.32}$$

계의 상태변화에 대한 열역학의 제1법칙은 다음과 같다.

$$\delta Q = du + d(KE) + d(PE) + \delta W \tag{3.33}$$

여기서, 운동에너지(KE)와 위치에너지(PE)를 구해보자. 어느 계에서 수평외력 F를 받아 위치에너지와 내부에너지의 변화 없이 dx 만큼 변위가 생겼다면 운동에너지는 다음과 같다.

$$d(KE) = Fdx = madx = m\frac{d\mathrm{v}}{dt}dx = m\mathrm{v}d\mathrm{v} \tag{3.34}$$

또 어느 계가 기준면의 높이에 있고 계에 작용하는 수직력 F에 의해 높이 dz 만큼 이동되었다면 위치에너지는 다음과 같다.

$$d(PE) = Fdz = mgdz \tag{3.35}$$

운동에너지와 위치에너지를 식 (3.33)에 대입하면

$$\delta Q = du + m\mathrm{v}d\mathrm{v} + mgdz + \delta W \tag{3.36}$$

g가 일정하다고 가정하고, 상태 1에서 상태 2까지의 상태변화에 대해서 적분하면 다음 식을 얻는다.

$$Q_{12} - W_{12} = U_2 - U_1 + \frac{1}{2}m(\mathrm{v}_2{}^2 - \mathrm{v}_1{}^2) + mg(Z_2 - Z_1) \tag{3.37}$$

식 (3.37)은 계에 가해지는 열량과 일량의 차이는 에너지(내부에너지, 역학적 에너지)의 최초와 최종상태의 변화량과 같다는 것을 의미한다. 이 식에서 역학적 에너지를 무시하면 식 (3.8)이 된다.

3.5 밀폐계에 대한 열역학 제1법칙

[그림 1.36]에서와 같이 밀폐계에 δQ의 열이 가해지면 계는 외부에 δW의 일을 하며 나머지는 계의 내부에너지가 dU만큼 증가한다. 이때 에너지 보존식 또는 열역학 제1법칙의 식은 식 (3·33)에서 운동에너지 및 위치에너지의 변화가 없다고 가정하면 다음과 같이 쓸 수 있다.

$$\delta Q = du + \delta W \tag{3.38}$$

이 식을 상태 1에서 상태 2까지 적분하면 다음과 같다.

$$Q_{12} = U_2 - U_1 + W_{12} \tag{3.39}$$

이 식은 열역학의 제1법칙 또는 에너지 보존법칙을 수식화한 것으로 제1법칙의 식 또는 에너지 식(energy equation)이라 한다.

계가 준정적변화의 경우 δW는 pdV로 표시되고 식 (3.38)은 다음과 같다.

$$\delta Q = du + p\,dV \tag{3.40}$$

그림 1.37 밀폐계에 대한 열역학 제1법칙의 적용

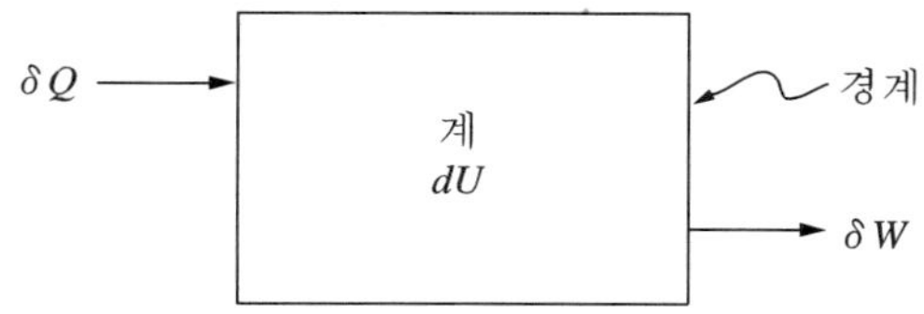

또 이 식을 물질의 단위질량에 대해서 다시 정리하면 다음과 같다.

$$\delta q = du + pdv \tag{3.41}$$

이 식을 열역학의 제1기초식이라 한다.

예제 3.6 압력이 400kPa이고 체적이 $1m^3$인 가스가 일정 압력하에서 압축하여 체적이 1/2로 되었다. 이때 내부에너지가 400kJ 감소하였다면 가스가 한 일과 받은 열량은 얼마인가?

해설

$$Q_{12} = (U_2 - U_1) + W_{12}$$

$$W_{12} = p(V_2 - V_1) = 400 \times (0.5 - 1) = -200\text{kJ}$$

$$Q_{12} = -400 + (-200) = -600\text{kJ}$$

예제 3.7 0.5kgf의 어떤 물체를 압축할 때 1500kgf의 일을 소요되었다. 이때 1kcal의 열이 소비되었다면 내부에너지의 증가는 얼마인가?

해설

$$Q_{12} = (U_2 - U_1) + AW_{12}$$

$$(U_2 - U_1) = Q_{12} - AW_{12} = -1 - (1/427)(-1500) = 2.51\text{kcal}\ \text{증가}$$

3.6 개방계(유동계)에 대한 열역학 제1법칙

밀폐계에서는 물질이 그 경계 내에 있고 에너지 열과 일의 형태로 경계를 통과하는 경우였다. 한편 개방계에서는 유체가 유동하기 때문에 유체는 대상이 되는 경계를 통과하고, 이때 유동에너지는 경계를 통과하여 계를 출입하게 된다. 따라서 이 계의 에너지는 열, 일 및 경계를 통과하는 물질에 의해서 영향을 받는다. 이 때문에 개방계에 제 1법칙을 적용하기 위해서는 먼저 경계를 통과하는 유체의 물질이 어느 정도의 에너지를 갖고 출입하는가를 알아야 한다. 예를 들어, [그림 1.38]과 같이 어떤 관로의 한 점에서 흐름의 상태가 시간에 관계없이 일정한 정상유동과정의 개방계에 대하여 열역학 제1법칙을 적용해 보기로 한다.

정상유동과정 중의 에너지 식을 구하기 위하여 [그림 1.38]의 개방계에서 두 단면에서의 시간당 m kg/sec가 흐르고, 단면 1, 2 사이에서 열량 Q kJ/sec를 받고, 외부에 일 W kJ/sec

그림 1.38 개방계에 대한 열역학 제1법칙의 적용

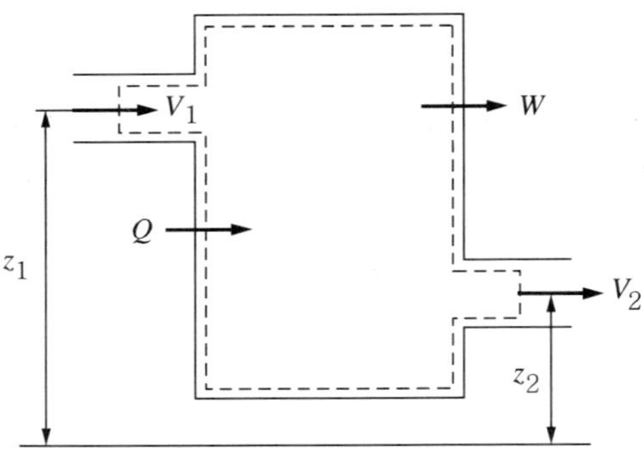

를 하는 경우 단면 1과 단면 2에 대한 에너지 보존식은 다음과 같다.

$$\begin{aligned}&(\text{내부에너지})_1+(\text{운동에너지})_1+(\text{위치에너지})_1+(\text{유입에너지})_1+Q\\&=(\text{내부에너지})_2+(\text{운동에너지})_2+(\text{위치에너지})_2+(\text{유출에너지})_2+W\end{aligned} \tag{3.42}$$

그림[1.38]의 개방계에서 유입 및 유출되는 에너지를 구해보자. 유로단면에 작용하는 압력을 p, 유로의 단면적을 A라고 하면 유로단면에 작용하는 힘 F는 pA가 되고 유입 또는 유출거리는 v/A로 나타낼 수 있으므로 유동 또는 유출에너지(일)는 $pA\times v/A=pv$가 된다.

단면 1에서 압력을 p_1 N/m², 비체적을 v_1 m³/kg, 내부에너지를 u_1 kJ/kg, 유속을 V_1

m/s, 위치를 z_1 m이라 하고, 단면 2에서 압력을 p_2 N/m², 비체적을 v_2 m³/kg, 내부에너지를 u_2 kJ/kg, 유속을 V_2 m/s, 위치를 z_2 m라 하면 식 (3.42)로부터 정상 유동에너지 방정식이 얻어진다.

$$m\left(u_1 + \frac{V_1^2}{2} + gz_1 + p_1v_1\right) + Q = m\left(u_2 + \frac{V_2^2}{2} + gz_2 + p_2v_2\right) + W \tag{3.43}$$

엔탈피 $h = u + pv$이므로 식 (1.43)은 다음과 같다.

$$m\left(h_1 + \frac{V_1^2}{2} + gz_1\right) + Q = m\left(h_2 + \frac{V_2^2}{2} + gz_2\right) + W \tag{3.44}$$

식 (3.43)과 식 (3.44)를 정상 유동계에서의 일반 에너지식이라 한다. 또한 이 계에서 흐름이 수평이면 $z_1 = z_2$, 수평이 아니라도 보통 기체의 경우는 z_1과 z_2의 차가 아주 크지 않다면 위치에너지는 무시할 수 있다.

$$m\left(h_1 + \frac{V_1^2}{2}\right) + Q = m\left(h_2 + \frac{V_2^2}{2}\right) + W \tag{3.45}$$

$$Q - W = m(h_2 - h_1) \tag{3.46}$$

또한 단열유동이면 $Q = 0$이 된다.

$$-W = m(h_2 - h_1) \tag{3.47}$$

그리고 엔탈피 h는 식 (3.19)로부터 단면 1과 단면 2의 간격이 무한히 적다고 생각하면

$$dh = du + d(pv) = du + pdv + vdp \tag{3.48}$$

가 된다. 여기서 $dq = du + pdv$이므로 이를 식 (3.48)에 대입하면

$$dq = dh - vdp \ (\mathrm{kJ/kg}) \tag{3.49}$$

가 되고, 이 식을 개방계에 대한 열역학 제2기초식이라고 한다. 식(3.49)는 화재 시 압력변화에 따른 열량을 구하는데 사용할 수 있다.

예제 3.8 개방계 문제(SI단위)

아래 그림처럼 3개의 방으로 구성된 건물의 첫 번째 방에서 화재가 발생하였다. 화재로부터 발생된 연기가 두 번째 방의 창문을 통해서 이동하고, 두 번째 방에서 세 번째 방으로는 두 번째 방의 출입문을 통하여 이동한다면, 세 번째 방으로 이동된 연기가 가지고 있는 열량은 얼마나 되는가? 단 연기의 양은 1.5kg/s, 방열손실은 8.5kW이다.

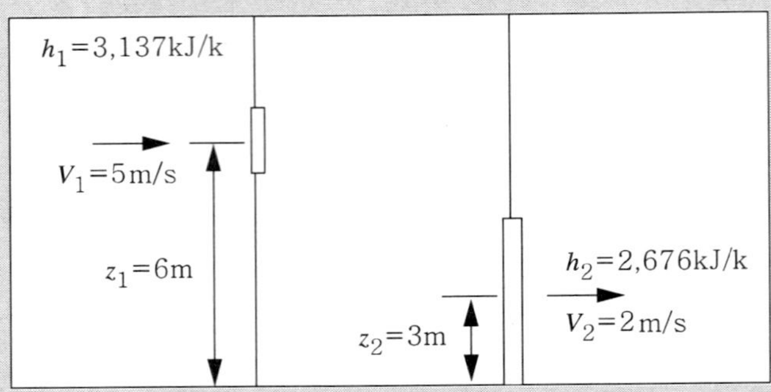

해설 식 (3.44)로부터

$$m\left(h_1+\frac{V_1^2}{2}+gz_1\right)+Q_1=m\left(h_2+\frac{V_2^2}{2}+gz_2\right)+W$$

- 연기량 $m = 1.5\text{kg/s}$
- 손실열량 $Q_1 = 8.5\text{kW}$
- $Q_2 = ?\ \text{kW}$

식 (3.44)를 모두 단위 질량당의 값으로 표시하면

$$m\left(h_1+\frac{V_1^2}{2}+gz_1+q_1\right)=m\left(h_2+\frac{V_2^2}{2}+gz_2+q_2\right)$$

여기서, $\dot{q}_1=\dfrac{\dot{Q}_1}{m}$, $q_2=\dfrac{Q_2}{m}$

$$q_2=(h_1-h_2)+\left(\frac{V_1^2-V_2^2}{2}\right)+g(z_1-z_2)-q_1$$

또한 $q_1=\dfrac{Q_1}{m}=\dfrac{8.5}{1.5}=5.667\dfrac{\text{kw}\cdot\text{s}}{\text{kg}}=5.667\dfrac{\text{kJ}}{\text{kg}}$ $(\because 1\text{kw}=1\text{kJ/s})$

$h_1-h_2=3137-2676=461\ \text{kJ/kg}$

$\dfrac{{V_1}^2}{2}-\dfrac{{V_2}^2}{2}=\left(\dfrac{5^2}{2}-\dfrac{2^2}{2}\right)\times 10^{-3} \fallingdotseq 0.011\ \text{kJ/kg}\left(1\text{J}=\dfrac{1}{1000}\text{kJ}\right)$

$g(z_1-z_2)=9.8\times(6-3)\times 10^{-3}=0.029\ \text{kJ/kg}$

$q_2=461+0.011+0.029-5.667=458.373\ \text{kJ/kg}$

$\therefore$ 연기의 이동열량 $Q_2=m\times q_2=1.5\times 436.6=654.9\ \text{kJ/s}=655\ \text{kW}$

3.7 열량과 열용량

3.7.1 열량

온도가 다른 두 물체를 접촉시키면 열평형으로 고온의 물체는 냉각되고 저온의 물체는 온도가 상승하다가 최종적으로 같은 온도로 된다. 이것은 열이 고온물체로부터 저온물체로 이동한 결과이다. 열이 이동하는 열에너지라고 하고, 열에너지를 물리량으로 취급할 때 열량(quantity of heat)이라고 한다.

일반적으로 질량 $m$kg의 물체에 열량 dQ가 가해지는 경우 온도변화를 dt℃라 하면 dt는 dQ에 비례하고 m에 반비례한다. 이를 식으로 표시하면

$$dQ = mc\,dt \tag{3.50}$$

여기서, 비례 상수 c : 물체의 재질에 따른 고유상수로서 그 물체의 비열(specific heat)

$C = mc$는 물체의 질량 $m$kg를 온도를 1℃ 올리는데 필요한 열량으로서 열용량(heat capacity)이라고 하며 열용량이 클수록 화재 시 많은 열량을 흡수할 수 있다.

만약 비열 c가 온도에 무관한 상수라면 물체의 온도를 t_1에서 t_2로 올리는데 필요한 열량 Q_{12}는 식 (3.50)를 적분하여 다음 식으로 표시된다.

$$Q_{12} = mc\int_1^2 dt = mc(t_2 - t_1)\ (\mathrm{J},\ \mathrm{kcal}) \tag{3.51}$$

비열 c의 단위는 SI 단위계에서는 J/kg · K 또는 J/kg℃, 공학 단위계에서는 kcal/kgf · K 또는 kcal/kgf℃로 표시된다. 일반적으로 비열은 온도와 압력에 따라 변화한다.

열량의 단위는 다른 에너지의 단위와 같이 J을 사용하며, 공학단위에서는 kcal를 사용한다. 1kcal는 1kgf의 물을 온도 14.5℃에서 15.5℃ 상승시키는데 필요한 열량을 말하며, 이것을 15℃ 칼로리(calorie)라 한다.

표준 대기압 하에서 질량1kg의 물을 온도 0℃로부터 100℃까지 상승시키는데 필요열량의 1/100을 1 평균 칼로리(mean calorie)라 한다. 또한 물 1lb를 온도 1°F 올리는데 필요한 열량을 Btu(Brithish thermal unit)라 하고, 1BTU는 0.252kcal이다.

비열은 온도와 함수관계를 가지므로

$$Q_{12} = m\int_{t_1}^{t_2} c\,dt = mC_m(t_2 - t_1) \tag{3.52}$$

$$C_m = \frac{1}{t_2 - t_1}\int_{t_1}^{t_2} C\,dt \tag{3.53}$$

여기서, C_m : 온도 t_1에서 t_2까지 사이의 평균비열(mean specific heat)

c : 평균비열 C_m과 구별하기 위하여 비열 c를 진비열(true specific heat)이라고 한다.

특정 물체나 계의 비열은 단위질량을 온도 1℃ 상승시키는데 필요한 열량으로 정의한다. 비열의 단위는 J/kg · K이지만 대부분의 열화학적 문제에서는 J/mol · K을 사용하는 것이 편리하다. 몰(mol)의 정의는 0.012kg의 탄소 12(C^{12})에 존재하는 탄소원자의 수에 해당하는 기본 개체(원자 또는 분자)를 포함하고 있는 물질(고체, 액체 또는 기체)의 양을 의미한다. 아보가드로의 수라고 하는 이 기본 단위수의 실제 값은 6.023×10^{23}이다. 초기 아보가드로의 가설은 기체에 적용되었으며, 동일한 온도 및 압력에서 동일한 수의 분자를 갖고 있는 기체는 그 종류에 상관없이 동일한 체적을 차지한다고 표현한다. 따라서 1mol에 해당하는 물질의 양은 해당 물질의 그람-몰 질량에 해당한다(그러나 SI단위와의 단위 일치를 위해 kg으로 표기). 예를 들면, 다음 양에 해당하는 각 기체는 1mol을 의미하며 아보가드로의 가설에 따라 273K, 760mmHg(101kPa)에서 각각 0.022414m³의 체적을 차지하게 된다.

0.028kg 질소(N_2)
0.032kg 산소(O_2)
0.044kg 이산화탄소(CO_2)
0.028kg 일산화탄소(CO)
0.016kg 메탄(CH_4)
0.044kg 프로판(C_3H_8)

비열의 개념은 보통 고체와 액체와 관련되어 있지만 기체에도 동일하게 적용할 수 있다. 다양한 주요 기체에 대한 비열 값을 일정 압력과 일정 범위의 온도에 대해 [표 1.16]에 제시하였다.

표 1.16 압력이 일정할 때 기체의 비열(정압비열)(101.1kM/m²)[5]

온도 (K)	C_p (J/mol · K)				
	298	500	1000	1500	2000
종류					
CO	29.14	29.79	33.18	35.22	36.25
CO_2	37.129	44.626	54.308	58.379	60.350
H_2O(g)	33.577	35.208	41.217	46.999	51.103
N_2	29.125	29.577	32.698	34.852	35.987
O_2	29.372	31.091	34.878	36.560	37.777
He	20.786	20.786	20.786	20.786	20.786
CH_4	35.639	46.342	71.797	86.559	94.399

반드시 주의해야 할 점은 확실히 구분되는 두 가지 개념의 비열이 존재한다는 것이다. 그 두 가지는 정압비열 C_p와 정적비열 C_v이다. PVT 계에서 체적을 일정하게 한 상태에서 온도를 1℃ 올리는데 필요한 열량을 정적비열(constant volume specific heat)라고 하며 C_v로 표시하고, 압력을 일정하게 한 상태에서 온도를 1℃ 올리는데 필요한 열량을 정압비열(constant volume specific heat)라고 하며 C_p로 표시한다.

정적비열과 정압비열의 경우에 해당하는 열량의 계산은 제1부 제4장에서 자세히 다루었다. 비열은 실제로 화염온도 계산에 필요한 개념이다. '1.6.5 화염온도 계산'의 관련항을 참조하기 바란다.

3.7.2 열용량

열용량(heat capacity)이란 물체 1m^3을 1℃ 높이는데 필요한 열량을 말하며, 보통 무거운 재료일수록 열용량이 크다. 하지만 물은 질량이 크지는 않지만 열용량 가장 크기 때문에 물을 소화약제로 사용하는 이유이다.

$$\text{열용량 C [J/m}^3\text{℃] = 비중 }(\rho)\text{[kg/m}^3\text{]} \times \text{비열 (c)[J/kg℃)]} \quad (3.54)$$

알아두기 물과 콘크리트의 열용량 비교(재료에 따른 열용량)

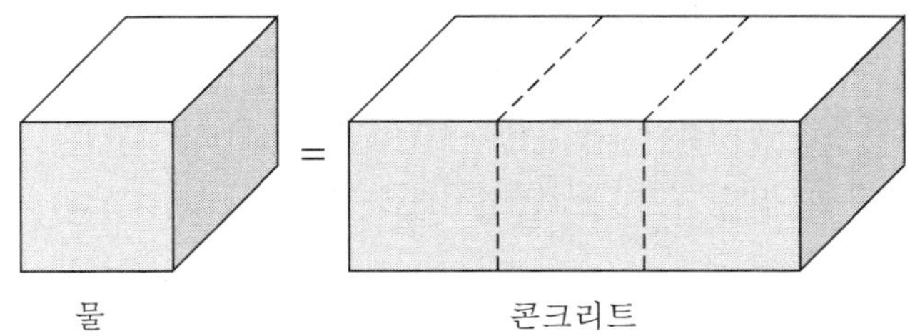

(물 열용량=3 × 콘크리트 열용량)

3.8 물체의 혼합온도

질량 m_1, m_2, 온도 t_1, $t_2(t_1 < t_2)$, 비열 c_1, c_2인 두 종류의 물체를 혼합하거나 접촉하였을 때 혼합온도를 t_m이라 하면, 고온물체에서 저온물체로 이동하는 열량 Q_{12}는 열평형 및 열역학 제0법칙에 따라 다음 식과 같이 나타낼 수 있다.

$$Q_{12} = m_1 c_1 (t_m - t_1) = m_2 c_2 (t_2 - t_m) \tag{3.55}$$

따라서 혼합온도 t_m은 다음과 같다.

$$t_m = \frac{m_1 c_1 t_1 + m_2 c_2 t_2}{m_1 c_1 + m_2 c_2} \tag{3.56}$$

예제 3.9 질량 6kg의 강제용기 속에 온도 25℃의 물 22L가 들어 있다. 이 속에 200℃의 물체 5kg을 넣었더니 열평형에 도달한 후의 온도가 30℃로 되었다. 단, 물의 비열은 4.187kJ/kgK이다.

해설

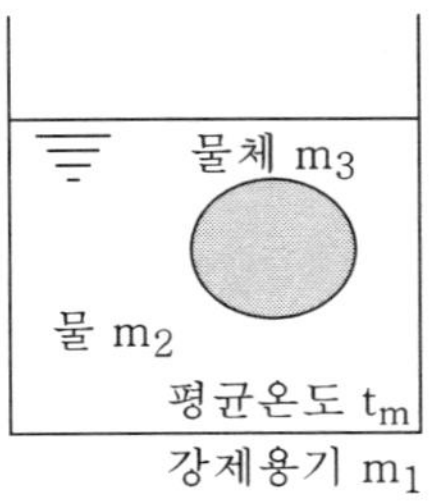

강제용기 $m_1 = 6\text{kg}$	물 $m_2 = 22\text{L} = 22\text{kg}$	물체 $m_3 = 5\text{kg}$
비열 $c_1 = 0.4648\text{kJ/kgK}$	비열 $c_2 = 4.187\text{kJ/kgK}$	비열 $c_3 = ?$
온도 $t_1 = 25℃$	온도 $t_2 = 25℃$	온도 $t_3 = 200℃$

식 (3.58)로부터 $Q_{13} = m_1 c_1 (t_m - t_1) + m_2 c_2 (t_m - t_2) = m_3 c_3 (t_3 - t_m)$

$$\therefore c_3 = \frac{m_1 c_1 (t_m - t_1) + m_2 c_2 (t_m - t_2)}{m_3 (t_3 - t_m)}$$

그리고 문제로부터 평균온도=혼합온도=t_m=30℃이므로

$$\therefore c_3 = \frac{6 \times 0.4648(30-25) + 22 \times 4.187(30-25)}{5(200-30)} = 0.5583\,\text{kJ/kgK}$$

3.9 잠열과 현열

보통 물질이 가열되면 상태변화가 일어난다. 물질에 온도를 변화시킬 때 상태변화 없이 열이 흡수되거나 방출된다. 예를 들면 액체를 가열하면 열량은 액체의 온도상승에 사용되어 내부에너지를 증가시키며, 동시에 일부는 증발을 위해 사용된다.

3.9.1 잠열

잠열(latent heat)은 물체의 분자 상호간의 저항력에 이겨 내부적으로 일을 하고 분자의 집합상태를 변화시키는 데 필요한 열량으로서 증발열이나 융해열(고체 → 액체)과 같이 가열하더라도 온도가 변화하지 않는 경우의 열량을 말한다.

- 온도계로 측정할 수 없는 열
- 물질의 상태변화시 온도의 변화 없이 흡수되거나 방출된 열

잠열에는 증발잠열과 응축잠열이 있다. 압력이 일정하고 온도가 일정한 상태에서 1kg의 액체를 증발시키는데 필요한 열량을 증발잠열(latent heat of evaporation)이라고 한다. 동일한 온도에서 증기가 응축하는 경우에는 반대로 같은 양의 응축잠열(latent heat of condensation)을 방출하게 된다. 이와 같은 증발잠열은 동일한 압력, 온도, 증기의 엔탈피와 액체의 엔탈피의 차가 된다. 이 밖에 융해, 응고, 승화 등 모든 상변화를 하는 경우에는 각각 특유의 잠열을 흡수, 방출한다.

3.9.2 현열

현열(sensible heat)은 물체에 열량을 가했을 때 물체의 분자운동의 에너지 증가에 쓰이고 물질이 온도를 상승시키는데 필요한 열량을 말한다.

- 온도계로 측정할 수 있는 열
- 물질의 온도변화시 상태변화 없이 흡수되거나 방출된 열

3.9.3 승화열

승화열(sublimation heat)은 드라이아이스(dry ice)와 같이 고체가 직접 기체로 변화하는 현상을 승화라 하고 이때 소요되는 열을 말한다.

알아두기 잠열과 현열의 예

- 땀(물)이 증발하면 많은 열(증발잠열)을 피부로부터 빼앗아 피부가 냉각되어 시원함을 느낀다. 이때 피부의 현열이 수증기의 잠열로 변화
- 건물에서 잠열의 활용(증발냉각)

여름철에 뜨거운 지붕위에 물을 뿌리면 물은 지붕으로부터 증발잠열을 빼앗아 증발하고 지붕은 냉각된다. 이때 지붕의 현열이 수증기의 잠열로 변화

표 1.17 물질의 증발잠열

물 질	kJ/kg	Btu/lb	비등점(℃)
아세톤	519.1	222.8	56.1
천연부탄	384.2	164.9	−0.5
에틸알코올	851.8	365.6	78.3
물	2,261	970.5	100

그림 1.39 물의 상태변화

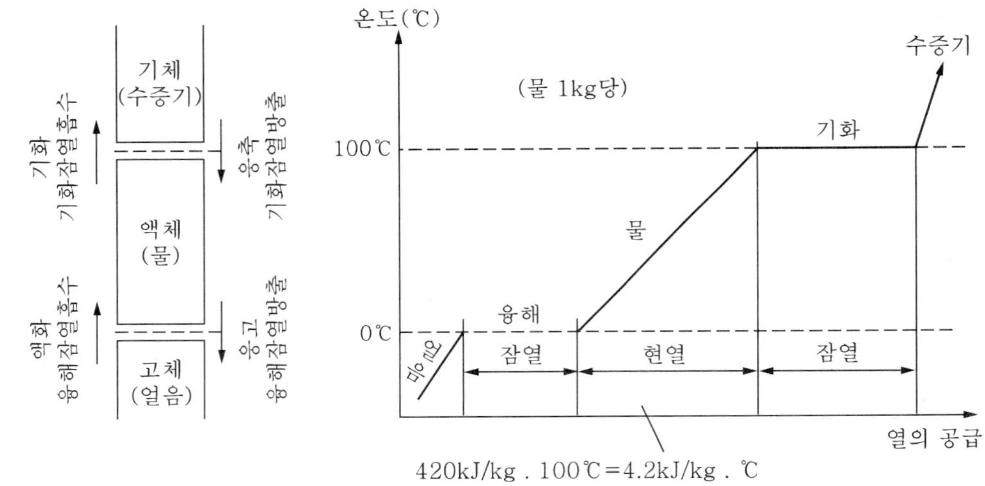

표 1.18 물질의 융해잠열(또는 빙축잠열)

물 질	kJ/kg	Btu/lb	빙점(℃)
아세톤	97.9	42	− 95.5
천연부탄	80.4	34.5	−138.3
에틸알코올	107.9	46.3	−114.4
물	333.7	143.2	0

예제 3.10 −10℃의 얼음 9kgf을 8℃의 물로 만드는데 필요한 열량은 얼마인가? 단, 얼음의 비열은 0.5kcal/kgf℃이고, 융해열은 80kcal/kgf다.

해설 식 (3.51)에 의해

1) −10℃의 얼음을 0℃ 얼음으로 만드는데 필요한 열량

$Q_1 = mC(t_2 - t_1) = 9 \times 0.5 \times [0-(-10)] = 45\,\text{kcal}$

2) 0℃ 얼음을 0℃ 물로 만드는데 필요한 열량

$Q_2 = m \times$ 융해열 $= 9 \times 80 = 720\,\text{kcal}$

3) 0℃ 물을 8℃ 높이는데 필요한 열량

$Q_3 = mC(t_2 - t_1) = 9 \times 1 \times (8-0) = 72\,\text{kcal}$

$\therefore Q = 45 + 720 + 72 = 837\,\text{kcal}$

예제 3.11 0℃ 얼음 10kg을 100℃ 증기로 변환시키는데 필요한 열량은 얼마인가? 단, 얼음의 액화잠열 335kJ/kg, 물의 비열 4.19kJ/kg℃, 물의 증발잠열 2260 kJ/kg이다.

해설 335kJ/kg × 10kg + 4.19kJ/kg × 10kg × 100℃ + 2260kJ/kg × 10kg

(0℃ 얼음→0℃ 물) (0℃ 물→100℃ 물) (100℃ 물→100℃ 증기)

= 30,140kJ

예제 3.12 호스로 화재가 난 곳에 물 1000L를 1분 동안 뿌렸다. 물이 끓는 온도까지 가열될 경우 물은 얼마나 많은 양의 열을 흡수하겠는가? 단, 물의 온도는 20℃이고, 물의 비열은 C=4.19kJ/kg℃이다.

해설 $Q = 4.19\,\text{kJ/kg℃} \times 1000\,\text{kg/min} \times (100 - 20℃) = 335{,}200\,\text{kJ/min}$

예제 3.13 5층 건물이 연소율 40,000kJ/min·m^{2}로 타고 있다. 건물의 부지면적은 4m×8m이고, 60분 동안 완전히 타버렸다고 가정할 경우 화재로 인해 발생하는 총 열에너지는 얼마인가?

해설 (1) 연면적 = 4m × 8m × 5층 =160m^2

(2) 전체 건물의 연소율 =160m^2 × 40,000kJ/min · m^2 =6,400,00kJ/min

(3) 총 열에너지 Q=60min × 6,400,00kJ/min=3.84 × 10^{8}kJ

연습문제

1. 열역학 제1법칙에 대하여 설명하라.

2. 중량 10kgf의 물체를 10m 끌어올리는데 필요한 일을 열량으로 계산하면 몇 kcal인가?

정답 1.4kcal

3. 5kgf의 기체가 압력 2ata, 용적 4.2m^{3}의 상태에서 압축되어 압력 10ata, 용적 0.84m^{3}의 상태로 되었다. 내부에너지의 변화를 무시하면 엔탈피의 증가는 얼마인가?

정답 0kcal

4. 어느 건물에 750kcal/kgf의 엔트로피를 가지는 연기가 매초 8의 비율로 유입되고 580kcal/kgf의 엔탈피로 되어 유출된다. 이 경우 발생하는 일을 800,000kgf · m로 할 때 열전도 등에 의해 손실되는 열량은 얼마인가? 단, 속도는 20m/sec에서 변하지 않고 위치에너지는 무시한다.

정답 −514kcal

5. 압력 15ata, 용적 0.2m^{3}의 기체가 일정 압력에서 팽창하여 용적 0.5m^{3}으로 되었다. 이 기체가 외부에 한 일을 구하고 내부에너지의 증가가 250kcal이면 가해지는 열량은 얼마인가?

정답 ① 외부에 한 일 4.5104kgf · m, ② 열량 355kcal

6. 압력이 2MPa이고 체적이 1.5m^{3}인 가스를 가열하여 체적을 2배로 할 때 압력이 1.5배로 되었다. 이때 내부에너지가 10kJ 증가하였다면 엔탈피 증가량은 얼마인가?

정답 6,010kJ

7. 비체적이 0.1m^3/kg의 기체 2L를 팽창시켜 1,500J의 일을 얻었다. 이때 내부에너지의 증가가 100kJ/kg이었다면 도중에 유입한 열량은 얼마인가?

정답 3,500J

8. 물의 온도가 20℃인 0.5L의 물을 500W의 전기히터로 가열한다. 이때 물이 비등할 때까지 걸리는 시간을 구하라. 단, 물의 비열은 4.18kJ/kg · K이다.

정답 334.4sec

9. 속도가 600m/s인 탄환이 날아가 벽에 충돌하여 정지할 때, 탄환의 운동에너지 중 1/2이 열로 변환하여 탄환에 가해진다면 탄환의 온도상승은 얼마인가? 단, 탄환의 비열은 0.125kJ/kg · K이다.

정답 720℃

10. 압력이 300kPa, 체적이 0.4m^3인 가스가 압력 일정하에 압축되어 처음 체적의 1/3이 되었고 내부에너지가 400kJ 감소되었다. 이 때 가스가 외부에 대해 한 일과 받은 열량은 얼마인가?

정답 일 −80kJ, 열량 −480kJ

11. 체적이 8m^3인 용기 속에 어떤 물질이 들어 있다. 이 물질에 15kJ의 열을 가하였더니 압력이 1bar에서 1.5bar로 되고 온도가 20℃에서 40℃로 변화하였다. 이 물질의 밀도가 2.5kg/m^3이면 용기 속에 들어있는 물질의 정적비열과 변화 전후의 엔탈피 변화량은 얼마인가 ?

정답 ① 정적비열 0.0375kJ/kg · K, ② 엔탈피 변화량 415kJ

12. 압력이 0.5MPa, 온도가 300℃, 엔탈피가 3,064kJ/kg인 수증기 1kg이 60m/s의 속도로 노즐에 들어가서 압력이 0.1MPa, 속도가 500m/s로 되어 노즐을 떠난다. 이 과정을 단열과정으로 생각하고 위치에너지를 무시할 경우 출구에서의 엔탈피는 얼마인가?

정답 2,940.8kJ/kg

13. 15℃ kcal에 대하여 설명하라.

14. 온도 20℃의 물 250L가 들어 있는 물통 속에 온도600℃의 강판 20kg을 넣을 경우 물의 상승온도를 구하라. 단, 강판의 비열은 0.123kcal /kg℃이고, 물과 물통사이에는 열손실이 없는 것으로 한다.

정답 5.65℃ 상승

15. 공기 2kgf을 0℃에서 200℃까지 상승시키는데 필요한 열량과 평균비열을 구하라. 단, 공기의 정압비열 $C_p = 0.24 + 0.002t$ (kcal/kgf℃)이다.

Hints $Q = G\int_{t_1}^{t_2} Cdt$

정답 ① 열량 88kcal, ② 평균비열 0.22kcal/kg℃

제 4장 연소가스의 기체법칙

(The Gas Law of Combustion Gas)

4.1 이상기체의 적용

화재로부터 방출되는 열은 화염이나 높은 온도에서 생성된 연소생성물에 의해 전달된 열이며 주변의 온도를 상당히 변화시킨다. 대부분의 생성물은 기체 상태이고 연소는 기체 상태에서 발생하므로 기체와 관련된 화학적/물리적인 변화에 국한하는 것이 바람직하며, 그들은 이상기체법칙에 적용된다고 가정할 수 있고, 거동은 다음 식과 같은 기체 상태방정식을 이용하여 설명할 수 있다. 이상기체의 상태방정식은 다음 단원 '4.3 기체 상태방정식'에서 상세히 설명하였다.

$$PV = nRT$$

여기서, P와 V는 온도 t(°K)에서 n몰의 기체가 가지고 있는 압력과 체적을 각각 의미한다. 상온에서 대부분의 기체와 증기에 대해 '이상적인 거동'을 벗어나는 특성을 감지할 수 있지만 고온에서는 그와 같은 편차가 줄어든다.

공업상의 기체는 편의상 가스(gas)와 증기(vapour)로 구분한다. 포화온도보다 비교적 높은 상태의 기체로 쉽게 액화되지 않는 공기, 산소, 수소, 질소, 연소가스 등을 가스라 하고, 포화온도에 가까운 상태의 기체로서 액화가 비교적 쉬운 냉매, 수증기 등을 증기로 취급한다.

동작물질(working substance)이란 에너지를 저장, 운반, 전달하는 물질을 말하며, 주로 유체이기 때문에 동작유체(working fluid)라고도 할 수 있다. 동작물질은 상변화를 하는 물질과 상변화를 하지 않는 물질로 구별할 수 있으며, 여기서는 상변화를 하지 않는 동작물질, 즉 이상기체에 대하여 소개한다.

이상기체(ideal gas)는 완전가스(perfect gas)라고도 하며 실제로는 존재하지 않는 기체이다. 이상기체는 분자의 크기가 작아 체적이 거의 무시될 수 있고, 분자상호간에 작용하는 인력이 없다는 가정 하에 보일(Boyle)의 법칙과 샤를(Charles)의 법칙, 즉 이상기체의 상태방정식을 만족하는 가스를 말한다. 그러나 실제 가스는 체적을 무시할 수 없고 분자상호간에 인력이 존재한다. 또한 수소(H_2), 산소(O_2), 질소(N_2), 일산화탄소(CO), 헬륨(He) 등과 같은 원자수가 1~2인 가스나 공기는 완전가스로 취급해도 무방하다. 이에 비하여 물(H_2O), 이산화탄소(CO_2), 프레온 가스, 암모니아(NH_3) 등과 같은 원자수가 3개 이상의 것은 보통상태에서는 완전가스로 취급하기가 곤란하다. 그러나 가스의 온도를 높이고 압력을 낮추어 비등점에서 멀리 떨어진 과열상태가 되면 이상기체에 가까워진다.

4.2 기체의 법칙

4.2.1 보일의 법칙

1662년 영국의 물리학자 보일(Robert Boyle)은 '이상기체는 절대온도 t가 변하지 않는 상태에서 비체적 v는 압력 p에 반비례하여 변화한다'는 것을 실험적으로 찾아낸 등온법칙이다. [그림 1.40]과 같이 1의 상태에서 2의 상태로 변화하는 과정을 식으로 표시하면 다음과 같이 되고, 압력과 비체체적과의 관계는 직각 쌍곡선이 된다.

그림 1.40 보일의 법칙

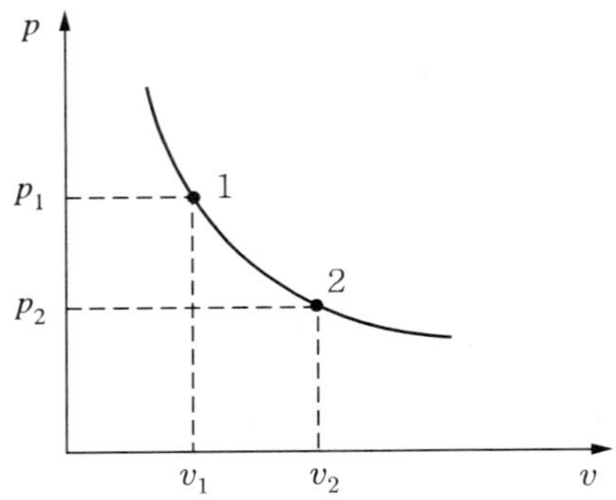

[그림 1.40]과 같이 상태 1에서의 압력 p_1, 비체적 v_1인 가스가 등온 하에서 상태 2의 압력 p_2, 비체적 v_2로 변했다면 다음과 같이 된다.

$$p_1 v_1 = p_2 v_2 = \text{일정} \tag{4.1}$$

$$\frac{v_2}{v_1} = \frac{p_1}{p_2} \tag{4.2}$$

따라서 모든 가스는 온도 t가 일정하면 비체적 v는 압력 p에 반비례한다.

알아두기 비체적(Specific volume)

비체적 v는 SI 단위계 : 단위 질량당 유체의 체적 $= V/M$ (m^3/kg)
공학 단위계 : 단위 중량당 유체의 체적 $= V/G$ (m^3/kgf)

예제 4.1 등온 하에서 가스의 압력 $p_1 = 4\text{ata}$, 체적 $V_1 = 0.6\text{m}^3$일 때 가스의 체적 $V_2 = 0.15\text{m}^3$으로 압축하면 압축 후의 압력 p_2는 얼마가 되는가?

해설

$$p_1 V_1 = p_2 V_2$$

$$p_2 = p_1 \frac{V_1}{V_2} = 4 \times 0.6/0.15 = 16\text{ata}$$

예제 4.2 $G = 3\text{kgf}$의 공기 3m^3, 1ata로부터 등온 하에서 압력이 3kgf/cm^2으로 되었다면 변화 후 공기의 비체적(m^3/kgf)은 얼마인가?

해설

$$p_1 V_1 = p_2 V_2$$

$$v_2 = \frac{p_1}{p_2} \times v_1 = 1/3 \times 3 = 1\text{m}^3/\text{kgf}, \text{ 또한 } v_2 = \frac{V_2}{G} = 3/3 = 1\text{m}^3/\text{kgf}$$

4.2.2 샤를의 법칙

1782년 프랑스의 샤를(Jacques A.C. Charles)은 '압력이 일정할 때 기체를 0℃에서 10℃까지 가열하면 체적은 온도 1℃ 변화할 때마다 0℃에서 체적의 1/273만큼 변한다'고 발표했다. 즉, 압력이 일정할 때 기체의 체적은 절대온도에 비례하고 체적이 일정할 때 기체의 압력은 절대온도에 비례하며, 이것이 샤를의 법칙으로서 등압법칙이다. 압력이 일정할 때 p와 T의 관계와 체적이 일정할 때 v와 T의 관계는 [그림 1.41]과 같이 직선 그래프를 갖는다. 1의 상태에서 2의 상태로 변화하는 과정을 식으로 표시하면 다음과 같다.

① p가 일정할 경우

$$\frac{v}{T} = const \tag{4.3}$$

$$\frac{v_1}{v_2} = \frac{T_1}{T_2} \left(\frac{V_1}{V_2} = \frac{T_1}{T_2} \right) \tag{4.4}$$

② v가 일정할 경우

$$\frac{T}{p} = const \tag{4.5}$$

$$\frac{T_1}{p_1} = \frac{T_2}{p_2} \tag{4.6}$$

그림 1.41 샤를의 법칙

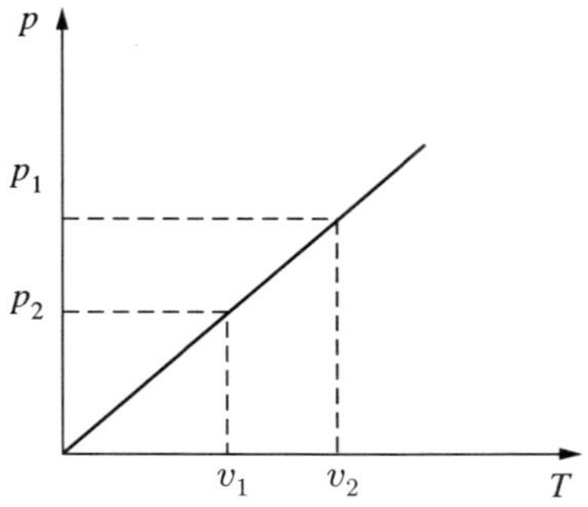

(a) v = Const.

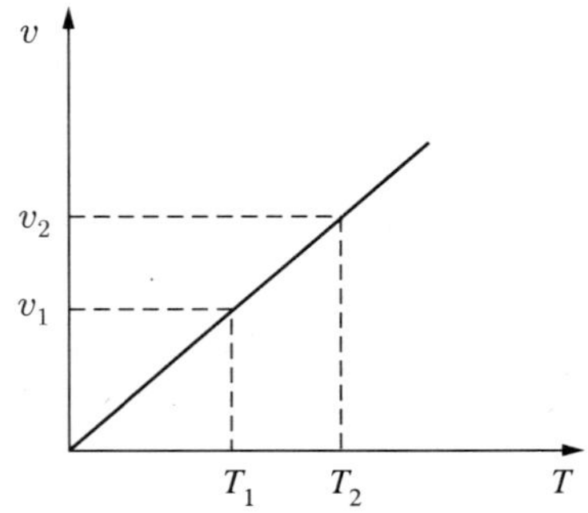

(b) p = Const.

예제 4.3 온도 200℃, 압력 5kgf/cm^2, 비체적 0.3m^3/kgf의 산소가 같은 압력에서 비체적 0.2m^3/kgf으로 되었을 때의 온도는 얼마인가?

해설 p가 일정할 경우이므로

$$\frac{v_1}{v_2} = \frac{T_1}{T_2}, \quad T_2 = T_1 \frac{v_2}{v_1} = 473 \times 0.2/0.3 = 315K = 42℃$$

4.2.3 보일-샤를의 법칙

보일의 법칙과 샤를의 법칙의 변수 p, v, T를 조합하여 특성식을 만들면 기체상태 방정식이 유도된다. [그림 1.42]와 같이 상태 1로부터 등온변화를 하여 상태 2가 되고 상태 2로부터 정압변화를 하여 상태 3이 되면, 상태 1에서 상태 2의 변화에서는 보일의 법칙이 적용되고 상태 2에서 상태 3의 변화는 샤를의 법칙이 적용되어 보일의 법칙으로부터 $p_1 v_1 = p_2 v$가 되고 식 (4.7)이 된다.

$$v = v_1 \frac{p_1}{p_2} \tag{4.7}$$

또 샤를의 법칙으로부터 $\frac{v}{T_1} = \frac{v_2}{T_2}$에서 식 (4.8)이 정립된다.

$$v = v_2 \frac{T_1}{T_2} \tag{4.8}$$

식 (4.7)과 식 (4.8)을 조합하면 다음과 같이 된다.

$$v_1 \frac{p_1}{p_2} = v_2 \frac{T_1}{T_2} \tag{4.9}$$

그림 1.42 보일-샤를의 법칙

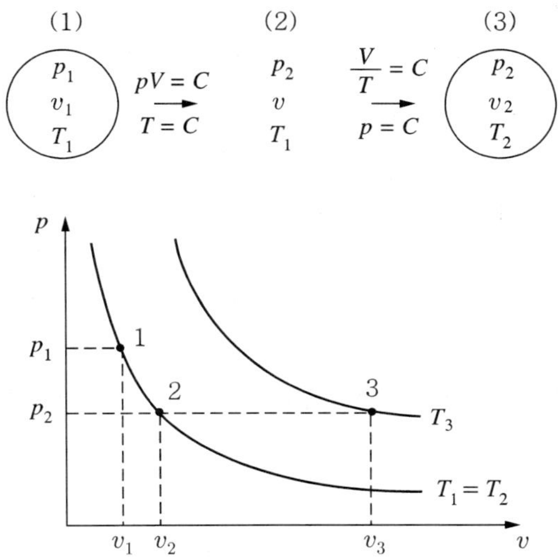

식 (4.9)를 정리하면 이상기체의 상태식이 유도된다.

$$\frac{p_1 v_1}{T_1} = \frac{p_2 v_2}{T_2} \tag{4.10}$$

식 (4.10)으로부터 $\frac{pv}{T}$ = 일정한 관계가 존재함을 알 수 있다.

4.3 기체 상태방정식

식 (4.10)으로부터 비체적 v (m^3/kg)에 대한 기체의 상태방정식은 임의 상수 R을 이용하면 다음과 같이 표현할 수 있다.

$$pv = RT \tag{4.11}$$

여기서, R (kJ/kg · K, kgf · m/kgf · K)은 기체상수(gas constant)이고, 단위질량당 기체가 가지는 에너지를 나타낸다.

기체의 종류에 따라 일정한 값을 가지며, G kgf와 m kg의 기체 체적이 V(m³)일 경우 기체상태 방정식은 각각 다음과 같다.

G kgf의 기체상태 방정식 : $pV = GRT$(공학단위) (4.12)

m kg의 기체상태 방정식 : $pV = mRT$(SI 단위) (4.13)

R= 0.2872kJ/kg · K : 공기(SI 단위)

R= 29.27kgf · m/kgf · K : 공기(공학단위)

위 식들은 완전가스의 상태량인 압력, 비체적, 온도 사이의 상호간의 관계를 나타내는 식으로서 '기체상태 방정식'이다. 위에 표시된 기체상수 R은 기체가 공기일 경우이고, 일반 기체의 기체상수 값은 계산을 하거나 표에 의해 얻을 수 있다. 따라서 일반 기체상수(가스정수)를 구해보도록 하겠다. '모든 기체는 등온, 등압 하에서 같은 체적 내에서는 같은 분자수를 갖는다'는 아보가드로의 법칙(Avogadro's law)의 물리적 원리로부터 일반 기체상수를 구할 수 있다.

표준상태(0℃, 760mmHg)에서 1mol[기체의 질량 m을 분자량 M으로 나눈 값(n)] 중의 분자수는

$$N_a = 6.022 \times 10^{23}\ (\mathrm{mol}^{-1}) \tag{4.14}$$

이며, 이 N_a를 아보가드로수(Avogadro's number)라고 한다.

또한 1kmol 중의 분자수 N_0는

$$N_0 = 6.022 \times 10^{26}\ (\mathrm{kmol}^{-1}) \tag{4.15}$$

N_0도 아보가드로수로 정의되기도 한다. 분자 1개의 질량을 m_p라 하면 분자량 M은

$$M = m_p\, N_a \tag{4.16}$$

로 표시되며, 같은 수의 분자질량은 분자량에 비례하고 1kmol의 가스는 등온, 등압 하에서 동일한 체적을 갖는다는 아보가드로 법칙에 의해 모든 가스의 가스정수 R과 분자량 M의 곱은 일정하게 되어 R_0로 표시하며, 일반 기체상수(universal gas constant)로 정의된다.

1mol에 대한 이상기체의 상태방정식은

$$pV = MRT = R_0 T \tag{4.17}$$

이 되고, 일반 기체상수 R_0는 아보가드로의 법칙에 따라

$$R_0 = MR = \frac{pV}{T} = \frac{1.0332\times10^4 \mathrm{kgf/m^2}\times 22.4\mathrm{m^3}}{273\mathrm{K}} = 848\frac{\mathrm{kgf\cdot m}}{\mathrm{kmol\cdot K}}\ (\text{공학단위})$$

$$R_0 = MR = \frac{pV}{T} = \frac{101325\mathrm{N/m^2}\times 22.4\mathrm{m^3}}{273\mathrm{K}} = 8314.3\frac{\mathrm{J}}{\mathrm{kmol\cdot K}}\ (\text{SI단위}) \quad (4.18)$$

이 되며, 임의 가스의 가스정수 R은 다음과 같다.

$$R = \frac{\text{일반가스정수}}{\text{분자량}} = \frac{848}{\mathrm{M}}\frac{\mathrm{kgf\cdot m}}{\mathrm{kgf\cdot K}}\ (\text{공학단위})$$

$$R = \frac{8314.3}{M}\frac{\mathrm{J}}{\mathrm{kg\cdot K}}\ (\text{SI 단위}) \quad (4.19)$$

또한 앞서 설명한 바와 같이 연소는 기체 상태에서 발생하므로 식 (4.17)에서 기체의 양을 mol로 나타내면 식 (4.20)과 같이 나타낼 수 있다. 식 (4.20)은 화재거동의 양상을 해석하고 설명하는데 여러 가지 방법으로 이용될 수 있다.

$$pV = nRT \quad (4.20)$$

여기서, $n = \dfrac{\text{기체의 질량}}{\text{기체의 분자량}} = \dfrac{m}{M}$

그리고 p와 V는 온도 T(°K)에서 n몰의 기체가 가지고 있는 압력과 체적을 의미하며, 일반 기체상수 R값은 [표 1.19]에 나타낸 바와 같이 압력 p와 부피 V의 단위에 따라 여러 가지 단위의 값을 갖는다.

표 1.19 이상기체상수 R의 값

압력단위	부피단위	R의 단위	R의 값
Pa(N/m²)	m³	J/K · mol	8.31431
atm	cm³	cm³ · atm/k · mol	82.0575
atm	L	L · atm/K · mol	0.0820575
atm	m³	m³ · atm/K · mol	8.20575×10^{-5}

표 1.20 대기 중 공기의 성분

구성가스	몰분율(%)	구성가스	몰분율(%)
Nitrogen(N_2)	78.09	Argon(Ar)	0.93
Oxygen(O_2)	20.95	Carbon dioxide(CO_2)	0.03

식 (4.20)의 기체상태방정식을 이용하면 화재시 생성되는 연소생성물의 가스의 밀도와 농도를 계산에 의하여 구할 수 있다. 예를 들어, [표 1.20]에 제시한 공기의 성분을 이용하여 공기 1mol의 분자량 $M=$ 28.95g(0℃에서)이므로

$$\text{밀도}(\rho) = \frac{W}{V},\ pV = nRT = \frac{W}{M} \times RT$$

$$\rho = \frac{n \cdot M}{V} = \frac{Mp}{RT} \tag{4.21}$$

따라서 0℃에서의 공기의 밀도는

$$\rho = \frac{W}{V} = \frac{Mp}{RT} = \frac{1 \times 28.95}{0.082 \times 273} = 1.292[\text{kg/m}^3]$$

또 0℃에서의 산소의 밀도는

$$\rho = \frac{W}{V} = \frac{Mp}{RT} = \frac{0.21 \times 32}{0.082 \times 273} = 0.2993\,\text{kg}\ [\text{산소/m}^3]$$

공기 중 산소의 질량분율은

$$\frac{0.2993}{1.292} = 0.23$$

기체의 온도상승은 식 (4.20)으로부터 구할 수 있고, 체적이 일정하다면 압력은 온도에 비례하여 상승하며, 반면에 압력이 일정하게 되면 기체는 팽창하여 체적은 증가하고 밀도는 낮아진다[식 (4.21) 참조]. 화재의 연소가스에 의해 발생된 높은 온도는 뜨거운 기체와 주변 공기사이의 밀도차이로 인해 강력한 부력을 가진 상승기류를 발생시킨다. 이로 인해 압력차이가 생기고, 비록 그 값은 작지만 화재하부로 공기가 유입되게 하고 구획된 공간에서 화염과 고온의 가스를 배출되게 된다.

압력이 일정할 때 온도에 따른 밀도(ρ)의 변화는 식 (4.21)에서 pM/R는 일정하므로 ρT도 일정하게 된다. 결과적으로 식 (4.22)와 같게 된다.

$$\frac{\rho_0 - \rho_\infty}{\rho_0} = \frac{T_0 - T_\infty}{T_\infty} \tag{4.22}$$

여기서, 아래첨자 0과 ∞은 각각 초기(대기)와 마지막 조건을 의미한다.

$T_\infty = pM_w / R\rho_\infty$이므로 이를 다시 정리하면 식 (4.23)과 같이 된다.

$$\frac{\Delta\rho}{\rho_\infty} = \beta\,\Delta T \tag{4.23}$$

여기서, β : 역수이고, 열팽창계수

1기압 0℃의 표준상태에서 $\beta = R \cdot \rho_0 / p \cdot M_w = 3.66 \times 10^{-3} K^{-1}$

이것은 가스에 대해 Gay−Lussac이 최초로 유도하였다. 만약 주변공기의 질량 또는 다른 유체와의 사이에 밀도 차이가 생긴다면, 상대운동이 발생할 것이다. 이러한 밀도차이가 부력을 결정하기 때문에 자연대류와 관련된 문제를 나타내는 무차원 수(Grashof 수)인 $\Delta\rho/\rho_\infty$ 또는 $\beta \Delta T$의 항으로 나타낼 수 있다(제 2부 표 2.6 참조).

예제 4.4 공기 1kg 및 1kmol의 표준상태(p= 0.101325×106, T= 273.15K)에서 비체적은 얼마인가?

해설 $pv = RT$에서

$R = 8214.3/M = 8314.3/28.97 = 287.06$ J/kg · K (공기의 분자량 M = 28.97)

$v = RT/p = 287.06 \times 273.15/0.10132 \times 10^6 = 0.774\ \mathrm{m^3/kg}$

예제 4.5 어떤 기체가 t= 25℃에서 압력 p= 5.7atm, 비체적 v= 0.236m^3/kgf일 때, 기체의 기체상수와 분자량은 얼마인가?

해설 $pv = RT$, $MR = 848$ kgf · m/kmol · K에서

$$R = p\frac{v}{T} = \frac{5.7 \times 10^4 \times 0.236}{273 + 25} = 45.14\ \frac{\mathrm{kgf \cdot m}}{\mathrm{kmol \cdot K}}$$

$M = 848/R = 848/45.14 = 18.75$ kgf/kmol

예제 4.6 온도 25℃에서 대기압을 받고 있는 이산화탄소 소화설비의 약제 CO^{2}의 비중량, 밀도, 비체적을 구하라.

해설 CO_2의 분자량 $M = 44$이므로

$$R_0 = MR = 8314.3\ \frac{J}{\mathrm{kmol \cdot K}}\text{에서}$$

$$R = \frac{8314.3}{M} = \frac{8314.3}{44} = 189\ \frac{J}{\mathrm{kmol \cdot K}}$$

비중량 $\gamma = G/V$이므로 중량 $G = mg$이고, 체적 $V = mv$이므로 v는 상태방정식 $pv = RT$로부터 다음과 같이 구할 수 있다.

$$\text{비중량 } \gamma = \frac{G}{V} = \frac{mg}{mRT/p} = \frac{gp}{RT} = \frac{9.8 \times 101.3 \times 10^3}{189 \times 373} = 14.1\ \mathrm{N/m^3}$$

밀도 $\rho = \dfrac{\gamma}{g} = \dfrac{14.1}{9.8} = 1.44\,\mathrm{kg/m^3}$

비체적 $v = \dfrac{1}{\rho} = \dfrac{1}{1.44} = 0.69\,\mathrm{m^3/kg}$

4.4 기체의 내부에너지와 비열

4.4.1. 내부에너지 변화량

영국의 물리학자 Joule(J. P. Joule)은 1843년 내부에너지와 엔탈피가 온도만의 함수임을 밝히기 위하여 다음과 같은 실험을 하였다. [그림 1.43]과 같이 2개의 용기 1과 2는 콕으로 연결되어 있고, 용기 1에는 22atm의 공기를 넣고 용기 2는 진공상태로 하여 전열된 수조의 물속에 넣어 수조 속 전체가 열평형 상태에 도달한 후, 콕을 열어 공기를 용기 1에서 용기 2로 통하게 하여 두 용기의 압력을 같게 하였다. 그러나 조작을 하기 전과 후 수조 속의 물의 온도에는 변화가 없었다.

이 사실로부터 두 용기를 합하여 하나의 계로 하면 외부로부터 열이나 일을 가하지 않아도 계 내의 내부에너지(U)는 압력 p나 체적(V)과는 관계없이 그 기체의 온도(T)에 의해 결정된다는 결론을 얻었다.

그림 1.43 Joul의 내부에너지 실험

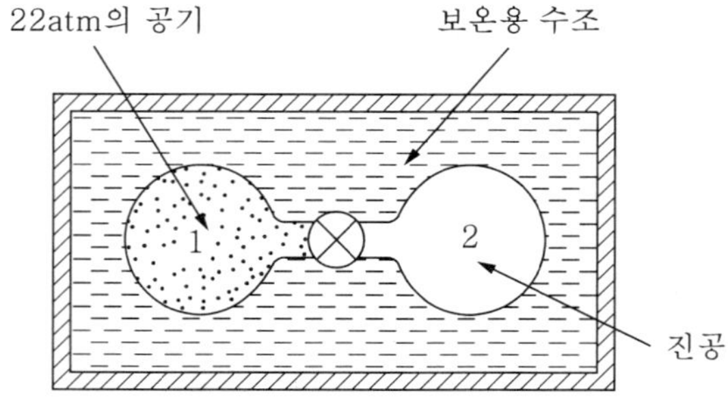

이것은 열역학 제1법칙에 따르면 내부에너지가 변하지 않는 것은 당연한 일이지만, 공기는 이상기체와 같이 취급하고 있었기 때문에 이런 결론을 내릴 수 있었다. 이것을 Joule의 법칙(Joule's law)이라고 한다.

Joule의 내부에너지 실험으로부터 이상기체는 내부에너지가 일정한 상태에서 체적의 변화가 일어나고 온도의 변화는 없으므로 이를 식으로 표시하면 다음과 같다.

$$\left(\frac{\partial T}{\partial v}\right)_u = 0 \tag{4.24}$$

하지만 내부에너지 u는 상태량이므로 온도 T와 비체적 v의 상태량 함수라고 하면

$$u = u(T,\ v) \tag{4.25}$$

가 되며, 이 식의 미분은 다음과 같다.

$$du = \left(\frac{\partial u}{\partial T}\right)_v dT + \left(\frac{\partial u}{\partial v}\right)_T dv \tag{4.26}$$

위 실험의 결과로부터 내부에너지의 변화 $du = 0$이고, 식 (3.54)에서 $C_v = \left(\frac{\partial q}{\partial t}\right)$이므로 식 (4.26)는 다음과 같이 된다.

$$\left(\frac{\partial u}{\partial v}\right)_T = \left(\frac{\partial u}{\partial T}\right)_v,\ \left(\frac{\partial T}{\partial v}\right)_u = -C_v\left(\frac{\partial T}{\partial v}\right)_u \tag{4.27}$$

식 (4.27)을 식 (4.24)에 대입하면 다음과 같이 된다.

$$\left(\frac{\partial u}{\partial v}\right)_T = 0 \tag{4.28}$$

당시 실험 장치는 기체의 양에 비해서 열용량이 크며, 따라서 온도의 변화를 정밀하게 검출할 수 없었다. 그 후 보다 정밀한 실험을 한 결과 공기의 온도는 떨어졌다. 이와 같이 실제 가스에서는 자유팽창을 할 때 분자간의 인력에 이겨서 일이 이루어지며, 이때 분자의 운동에너지 일부가 소비되므로 온도가 떨어진다. 즉, 가스를 진공 중에서 단열(자유) 팽창시키면 가스의 온도는 내려간다(강하한다). 이를 Joule−Thomson의 냉각효과라 한다.

4.4.2 가스의 비열

(1) 비열 C

물체 1kg당 온도를 미소온도 dT(K) 상승시키는데 필요한 열량 dq(J/kg)와의 관계는 식 (3.50)으로부터 물체의 비열 C (J/kgK, kcal/kgf℃)는 다음과 같이 정의된다.

$$C = \frac{dq}{dT} \tag{4.29}$$

일반적으로 체적이 일정한 경우와 압력이 일정한 경우 비열의 값이 다르다.

(2) 일정한 압력상태에서 가열되는 경우 - 정압비열(C_p)

열역학 제2기초식 $dq = dh - vdp$에서 압력 p가 일정하면 $dp = 0$이므로 $dq = dh$이 되어 다음 관계식이 성립한다.

$$C_P = \left(\frac{dq}{dT}\right)_P = \frac{dh}{dT} \tag{4.30}$$

여기서, C_p : 정압비열(specific heat of constant pressure)

일정 압력 하에서 가해지는 열량 또는 제거되는 열량은 엔탈피의 증가 또는 감소량으로 표시되고, 정압비열 C_p을 사용하여 식 (3.49)를 미분형태로 나타내면 다음과 같다.

$$dh = C_p\, dT \tag{4.31}$$

(3) 일정한 체적 상태에서 가열되는 경우 - 정적비열(C_v)

열역학 제1기초식 $dq = du + pdv$에서 비체적 v가 일정하면 $dv = 0$이므로 $dq = du$이 되어 다음 관계식이 성립한다.

$$C_v = \left(\frac{dq}{dT}\right)_v = \frac{du}{dT} \tag{4.32}$$

여기서, C_v : 정적비열(specific heat of constant volume)

일정 체적 하에서 가해지는 열량, 또는 제거되는 열량은 내부에너지의 증가 또는 감소량으로 표시되고, 정적비열 C_v를 사용하여 식 (3.41)을 미분형태로 나타내면 다음과 같다.

$$du = C_v\, dT \tag{4.33}$$

(4) 정적비열(C_v)과 정압비열(C_p)의 관계

정적비열과 정압비열의 관계는 비 엔탈피 식 (3.19)의 정의로부터 설명할 수 있다. 비엔탈피 $h = u + pv$에서 이상기체의 상태방정식으로부터 $pv = RT$이므로 비 엔탈피는 다음과 같이 다시 표시할 수 있다.

$$h = u + RT \tag{4.34}$$

식 (4.34)를 온도(T)에 대해 미분하면

$$\frac{dh}{dT} = \frac{du}{dT} + R \tag{4.35}$$

이 되고, 식 (4.29)와 (4.30)를 식 (4.35)에 대입하면 다음과 같다.

$$C_P - C_v = R \quad (\text{SI단위})$$
$$C_P - C_v = AR \ (\text{공학단위}) \tag{4.36}$$

식 (4.35)에서 비열비 $k = \dfrac{C_p}{C_v}$라 하면 $C_v = \dfrac{C_P}{k}$와 $C_P = kC_v$가 되고, 이들을 식 (4.36)에 대입하고 정리하면 다음과 같다.

$$C_P = \frac{k}{k-1}R \ , \ C_v = \frac{1}{k-1}R \ (\text{J/kgK}) \tag{4.37}$$

k값은 기체의 분자를 구성하는 원자수에 따라 변하며 다음과 같다.

1원자 가스 : $k = 5/3$
2원자 가스 : $k = 7/5$ (4.38)
다원자 가스 : $k = 4/3$
공기 : $k = 1.4$

또 1kmol의 기체의 비열을 몰비열이라고 하고 정압 몰비열을 C_p, 정적 몰비열을 C_v라고 하면 두 비열의 차는 일반가스 상수가 된다. 가스의 각 비열의 값과 가스상수의 값은 [표 1.21]을 참조하기 바란다.

$$C_P - C_v = R_0 = 8314.3 \ (\text{J/kmolK}) \tag{4.39}$$

식 (4.39)에 비열비 $k = C_P / C_v$를 이용하면

$$C_P = \frac{k}{k-1} R_0 \ , \ C_v = \frac{1}{k-1} R_0 \tag{4.40}$$

이 되고, k값에 식 (4.40)을 대입하면 다음과 같다.

1원자 가스 $C_p = 5/2 \ R_0$
2원자 가스 $C_p = 7/2 \ R_0$ (4.41)
다원자 가스 $C_p = 8/2 \ R_0$

표 1.21 가스의 분자량, 가수정수 비중량 및 비열

가스의 종류	분자 기호	원자수	분자량 M kg/kmol		0℃에서의 값 정압비열 C_p		0℃에서의 값 정적비열 C_v		비열비 (0℃) $k=\frac{C_p}{C_v}$	가스상수 R		표준상태 (0℃ 760mmHg) 에서의 밀도 ρkg/m^3)		공기에 대한 비중
			개략치	엄밀치	$\frac{kcal}{kg_f℃}$	$\frac{kJ}{kgK}$	$\frac{kcal}{kg_f℃}$	$\frac{kJ}{kgK}$		$\frac{kgfm}{kg_f℃}$	$\frac{kJ}{kgK}$	계산치	실측치	
헬륨	He	1	4	4.0026	1.251	5.238	0.7550	3.160	1.66	211.8	2.0772	0.1786	0.1785	0.1381
아르곤	Ar	1	40	39.948	0.124	0.520	0.0746	0.31	1.66	21.22	0.2081	1.7821	1.7834	1.379
수소	H_2	2	2	2.01565	3.392	14.200	2.4069	10.0745	1.409	420.62	4.1249	0.08994	0.08987	0.0695
질소	N_2	2	28	28.006148	0.2482	1.0389	0.1773	0.7421	1.400	30.28	0.2969	1.2499	1.2505	0.968
산소	O_2	2	32	31.98983	0.2186	0.9150	0.1565	0.6551	1.397	26.49	0.2598	1.4276	1.42895	1.105
공기	-	2	29	28.95	0.240	1.005	0.1713	0.7171	1.400	29.29	0.2872	1.2922	1.2928	1.000
일산화탄소	CO	2	28	27.994915	0.2485	1.0403	0.1776	0.7433	1.400	30.29	0.2970	1.2495	1.2500	0.967
일산화질소	NO	2	30	29.997989	0.2385	0.9983	0.1723	0.7211	1.384	28.27	0.2280	1.3388	1.3402	1.037
염화수소	NCl	2	36.5	36.464825	0.1910	0.7997	0.1366	0.5717	1.40	23.25	0.46163	1.6265	1.6391	1.268
수증기	H_2O	3	18	18.010565	0.4446	1.861	0.3340	1.398	1.33	47.73	0.1890	0.8036	-	0.6220
탄산가스	CO_2	3	44	43.98983	0.1952	0.8169	0.1500	0.6279	1.301	19.27	0.1890	1.9634	1.9968	1.530
산화질소	N_2O	3	44	44.001063	0.2032	0.8507	0.1581	0.6618	1.285	19.27	0.1300	1.9637	1.9878	1.538
아황산가스	SO_2	3	64	63.962185	0.1455	0.6092	0.1145	0.4792	1.271	13.26	0.4883	2.8581	2.9265	2.264
암모니아	NH_3	4	17	17.026549	0.4911	2.0557	0.3744	1.5674	1.312	49.79	0.3196	0.7598	0.7713	0.596
아세틸렌	C_2H_2	4	26	26.01565	0.3614	1.5127	0.2850	1.1931	1.268	32.59	0.5187	1.1607	1.1709	0.906
메탄	CH_4	5	16	16.0313	0.5151	2.1562	0.3912	1.6376	1.317	52.89	0.1647	0.7152	0.7168	0.554
메틸클로라이드	CH_3Cl	5	50.5	50.480475	0.1760	0.7369	0.1367	0.5722	1.288	16.79	0.2966	2.2522	2.3084	1.785
에틸렌	C_2H_4	6	28	28.0313	0.3851	1.612	0.3142	1.3153	1.225	30.25	0.2765	1.2506	1.2604	0.975
에탄	C_2H_6	8	30	30.04695	0.4130	1.729	0.3470	1.4524	1.20	28.20	0.1289	1.3406	1.3560	1.049
에틸클로라이드	C_2H_5Cl	8	64.5	64.49613	0.3201	1.340	0.2893	1.2109	1.106	13.14	0.1887	2.8776	2.8804	2.228
프로판	C_3H_8	11	44	44.06	0.3705	1.551	0.3254	1.362	1.139	19.24	0.1002	2.1002	-	1.521

예제 4.7 $p = 5.7$ata, $C_v = 0.236\text{m}^3/\text{kgf}$, $k = 1.33$일 때, CO_2의 정압과 정적비열은 얼마인가?

해설

1) $pv = RT \rightarrow R = \dfrac{pv}{T} = \dfrac{5.7 \times 10^4 \times 0.236}{273 + 25} = 45.14 \text{ kcal} \cdot \text{m/kgf} \cdot \text{K}$

2) $C_p = \dfrac{k}{k-1} AR = \dfrac{1.33}{1.33 - 1} \times \dfrac{45.14}{427} = \dfrac{181.93}{427} = 0.426 \dfrac{\text{kcal}}{\text{kgf} \cdot ℃}$

3) $C_v = \dfrac{1}{k-1} AR = \dfrac{1}{1.33 - 1} \times \dfrac{45.14}{427} = \dfrac{136.79}{427} = 0.32 \dfrac{\text{kcal}}{\text{kgf} \cdot ℃}$

예제 4.8 수증기를 이상기체로 할 때 정압비열(kcal/kgf℃)의 값은 얼마인가? (단, 수증기의 가스정수 = 47.06kgf·m/kg·K, 비열비 $k = 1.33$이다)

해설

$$C_p = \frac{k}{k-1} AR = \frac{1.33}{1.33 - 1} \times \frac{47.06}{427} = 0.444 \frac{\text{kcal}}{\text{kgf℃}}$$

4.5 기체의 상태변화

기체의 상태변화는 앞서 설명했듯이 기본적으로 가역변화(reversible change)와 비가역변화(irreversible change)로 분류할 수 있다. 이 장에서는 상태변화를 가역변화로 취급하여 p, v, T 관계와 내부에너지, 엔탈피, 열량 등에 대해서 알아본다. 상태변화의 종류는 다음과 같다.

① 가역변화 : 정적변화(constant volume change), 정압변화(constant pressure change), 등온변화(isothermal change), 단열변화(adiabatic change), 폴리트로픽 변화(irreversible adiabatic change), 교축(throttling), 기체의 혼합(mixing gas)

② 비가역변화

4.5.1 정압(등압)변화(Constant pressure change)

기체 1kg이 일정 압력 하에서 가열되어 상태 1에서 상태 2로 변화되었을 때 각각의 관계는 다음과 같다.

(1) p, v, T 관계

[그림 1.44]와 같이 기체는 정압변화를 하므로 $p - v$ 선도 상에서 상태 1 → 상태 2로 변

화된다. 따라서, $pv = RT$에서 $p = const$이므로 $dp = 0$, $p_1 = p_2 = p$가 된다.

$$p_1 v_1 = RT_1, \quad p_2 v_2 = RT_2 \tag{4.42}$$

에서 $p_1 = p_2$이므로

$$\frac{v_1}{v_2} = \frac{T_2}{T_1} \tag{4.43}$$

그림 1.44 정압변화의 $p-v$ 선도

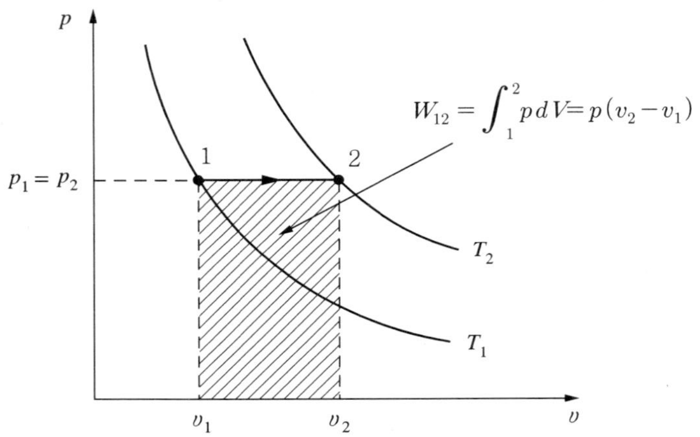

(2) 내부에너지의 변화 $\Delta u = (u_2 - u_1)$ (J/kg, kcal/kgf)

$$\begin{aligned} u_2 - u_1 &= \int_1^2 du = \int_1^2 C_v dT = C_v(T_2 - T_1) \\ &= \frac{R}{k-1}(T_2 - T_1) \text{ (SI단위)} \\ &= \frac{AR}{k-1}(T_2 - T_1) \text{ (공학단위)} \end{aligned} \tag{4.44}$$

(3) 엔탈피의 변화 $\Delta h = h_1 - h_2$ (J/kg, kcal/kgf)

$$\Delta h = h_2 - h_1 = \int_1^2 dh = \int_1^2 C_P\,dt = C_P(T_2 - T_1) = \frac{kR}{k-1}(T_2 - T_1) \tag{4.45}$$

(4) 열량 q_{12} (J/kg, kcal/kgf)

열역학 제2기초식 $dq = dh - v\,dp$으로부터 $dp = 0$이므로 $dq = dh$가 된다.

$$q_{12} = \int_1^2 dq = \int_1^2 dh = \int_1^2 C_P dt = C_P(T_2 - T_1) = \frac{kR}{k-1}(T_2 - T_1) \tag{4.46}$$

예제 4.9 정압문제(SI 단위)

20℃, 2.95bar의 공기 10kg을 등압적으로 가열한 후 체적이 2배로 되었다. (1) 가열 후의 온도, (2) 공기의 내부에너지의 증가, (3) 공기가 얻은 열을 구하라. 단, $R = 287.06$J/kg·K, $u_2 = 424.66$kJ/kg, $u_1 = 209.41$kJ/kg이다.

Hints
$t_1 = 20℃$, $p_1 = 2.95$bar, $m = 10$kg —(등압적으로 가열, $p = const$)→ $v_2 = 2v_1$
가열온도, 내부에너지의 증가 ΔU
공기가 한 일, 열량?

해설

1) 가열 후 온도 $T_2 = ?$

$$\frac{v_2}{v_1} = \frac{T_2}{T_1} \rightarrow T_2 = T_1 \times T_2 = T_1 \times \frac{v_2}{v_1} = (20+273) \times \frac{2v_1}{v_1} = 586K = 313℃$$

2) 내부에너지 증가 $\Delta u = ?$

$$\Delta u = U_2 - U_1 = m(u_2 - u_1) = 10(424.66 - 209.41) = 2153\,\text{kJ}$$

3) 열량 $Q_{12} = ?$

$$Q_{12} = m(u_2 - u_1) + W_{12} = 2153 + 841.1 = 2994.1\text{ kJ}$$

4.5.2 정적(등적)변화(Constant volume change)

일정한 체적 내에서 열을 가할 때 가열과 함께 압력이 상승하는 상태변화를 말한다. 이상기체 1kg이 일정 체적 내에서 가열되어 상태 1에서 상태 2로 변화되었을 때 각각의 관계는 다음과 같다.

(1) p, v, T 관계

[그림 1.46]과 같이 기체는 정적변화를 하므로 $p-v$ 선도 상에서 상태 1→상태 2로 변화된다. 따라서, $pv = RT$에서 $v = const$이므로 $dv = 0$, $v_1 = v_2 = v$가 된다.

$$p_1 v_1 = RT_1\,,\ p_2 v_2 = RT_2 \tag{4.47}$$

에서 $v_1 = v_2$이므로

그림 1.45 정적변화의 $p-v$ 선도

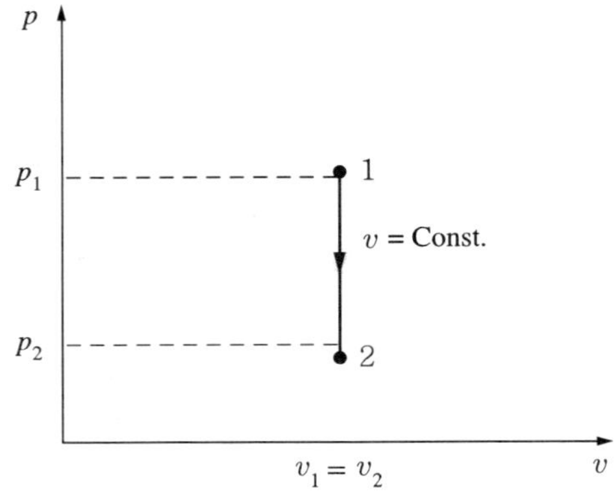

$$\frac{p_2}{p_1} = \frac{T_2}{T_1}, \quad \frac{p_1}{T_1} = \frac{p_2}{T_2} \tag{4.48}$$

(2) 내부에너지의 변화 $\Delta u = (u_2 - u_1)$ (J/kg, kcal/kgf)

$$\begin{aligned} u_2 - u_1 &= \int_1^2 du = \int_1^2 C_v dT = C_v(T_2 - T_1) \\ &= \frac{R}{k-1}(T_2 - T_1)\ (\text{SI단위}) \\ &= \frac{AR}{k-1}(T_2 - T_1)\ (\text{공학단위}) \end{aligned} \tag{4.49}$$

(3) 엔탈피의 변화 $\Delta h = h_2 - h_1$ (J/kg, kcal/kgf)

$$\begin{aligned} \Delta h = h_2 - h_1 &= \int_1^2 dh = \int_1^2 C_p dT = C_p(T_2 - T_1) \\ &= \frac{kR}{k-1}(T_2 - T_1)\ (\text{SI단위}) \\ &= \frac{AkR}{k-1}(T_2 - T_1)\ (\text{공학단위}) \end{aligned} \tag{4.50}$$

(4) 열량 q_{12} (J/kg, kcal/kgf)

열역학 제1기초식 $dq = du + p\,dv$으로부터 $dv = 0$이므로 $dq = du$가 된다. 정적과정에서 열량의 변화는 내부에너지의 변화량과 같다.

$$q_{12} = \int_1^2 du = u_2 - u_1 = C_v(T_2 - T_1) = \frac{R}{k-1}(T_2 - T_1)\ (\text{SI단위}) \tag{4.51}$$

$$= \frac{\mathrm{AR}}{k-1}(\mathrm{T_2} - \mathrm{T_1})\ (\text{공학단위})$$

예제 4.10 등적문제(SI단위)

체적 2m^3의 강체의 용기에 20℃에서 5bar의 공기가 들어오고 있다. ① 공기의 질량, ② 압력을 10bar까지 상승시킬 때 온도, ③ 그때 발생열은 얼마인가? 단, $R = 287.06\text{J/kgK}$, $u_2 = 424.66\text{kJ/kg}$, $u_1 = 209.41\text{kJ/kg}$이다.

해설 ① 공기의 질량 $m = ?$

$$pV = mRT \rightarrow m = \frac{pV}{RT} = \frac{5\times 10^5 \times 2}{287.06\times 293} = 11.89\ \text{kg}$$

② 상승온도 $T_2 = ?$

$$\frac{T_2}{T_1} = \frac{p_2}{p_1} \rightarrow T_2 = T_1 \times \frac{p_2}{p_1} = 293 \times \frac{10}{5} = 586\,\text{K} = 313℃$$

③ 열량 $Q_{12} = ?$

$$Q_{12} = m(u_2 - u_1) = 11.89(424.66 - 209.41) = 2{,}557\ \text{kJ}$$

4.5.3 등온(정온)변화(Isothermal change)

어떤 계에 열을 가하여 온도를 일정하게 유지하는 과정으로 등온을 유지하려면 일을 방출해야 하며, 팽창할 때에는 외부로부터 가열을 해야 한다.

(1) p, v, T 관계

[그림 1.45]와 같이 기체는 등온변화를 하므로 $p-v$ 선도 상에서 상태 1 → 상태 2로 변화된다. 따라서, $pv = RT$에서 $T = const$이므로 $dT = 0$, $T_1 = T_2 = T$가 된다.

$$p_1 v_1 = RT_1,\ p_2 v_2 = RT_2 \tag{4.52}$$

가 되고 p, v, T 관계는 보일의 법칙에 따라 다음과 같다.

$$\frac{p_2}{p_1} = \frac{v_1}{v_2} \tag{4.53}$$

그림 1.46 등온변화의 $p-v$ 선도

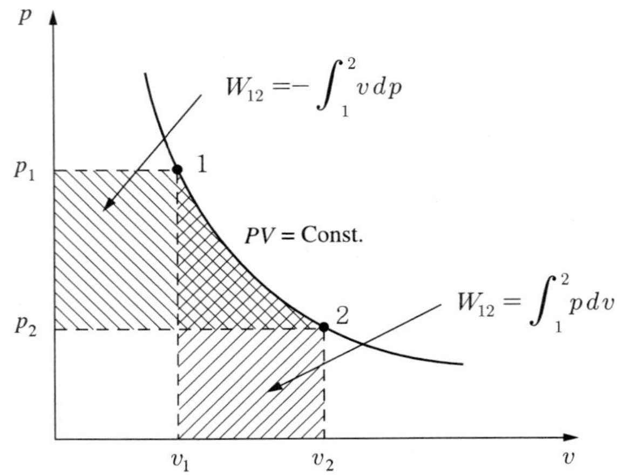

(2) 내부에너지의 변화 $\Delta u = (u_2 - u_1)$ (J/kg, kcal/kgf)

등온변화에서 $dT = 0$이므로 내부에너지의 변화는 없다.

$$u_2 - u_1 = \int_1^2 du = \int_1^2 C_v\,dT = 0 \tag{4.54}$$

(3) 엔탈피의 변화 $\Delta h = h_1 - h_2$ (J/kg, kcal/kgf)

등온변화에서는 엔탈피의 변화량은 없다.

$$\Delta h = h_2 - h_1 = \int_1^2 dh = \int_1^2 C_P dT = 0 \tag{4.55}$$

(4) 열량 q_{12} (J/kg, kcal/kgf)

열역학 제1기초식 $dq = du + p\,dv$으로부터 $du = C_v\,dT = 0$이므로 열량은 다음과 같다.

$$q_{12} = \int_1^2 dW = \int_1^2 p\,dv\left(\frac{p = RT}{v}\right) = RT\int_1^2 \frac{dv}{v}$$

$$= RT\ln\frac{v_2}{v_1} = RT\ln\frac{p_1}{p_2} \text{ (SI 단위)}$$

$$= ART\ln\frac{v_2}{v_1} = ART\ln\frac{p_1}{p_2} \text{ (공학단위)} \tag{4.56}$$

$$= p_1 v_1 \ln \frac{v_2}{v_1} = p_1 v_1 \ln \frac{p_1}{p_2} \text{ (SI 단위)}$$

예제 4.11 등온문제(SI단위)

기체가 $pV=$ 일정인 준정적 팽창과정이다. 초기압력이 5MPa, 초기 체적 0.15m^3로 주어지고 팽창 후 체적 $v_2 = 5v_1$이다. 그 기체가 6kg의 질소인 경우 온도, 열, 일 및 내부에너지 증가 및 엔탈피의 증가를 구하라.

해설 ① 온도 $T=?$

$pV = mRT$, $R = 296.8\ \text{J/kgK}$

$$\therefore T = \frac{pV}{mR} = \frac{5\times10^6 \times 0.15}{296.8\times6} = 421.16\,\text{K}$$

② 열량 $q_{12} = RT\ln\frac{v_2}{v_1} = p_1v_1\ln\frac{v_2}{v_1}\left(v_1 = \frac{V_1}{m} = \frac{0.15}{6} = 0.025\ \text{m}^3/\text{kg}\right)$

$$= 5\times10^6 \times 0.025 \times lm\frac{5}{1} \fallingdotseq 201180\,\text{J/kg} \fallingdotseq 0.2\,\text{MJ/kg}$$

③ $dT=0$이므로 $\Delta u = u_2 - u_1 = 0$, $\Delta h = h_2 - h_1 = 0$

알아두기 참고

㉮ 일반 기체의 내부에너지는 온도만의 함수인데, 온도의 변화가 없으므로 내부에너지의 증가는 0이다.
㉯ 일반 기체의 엔탈피의 증가는 온도만의 함수인데, 온도의 변화가 없으므로 엔탈피의 증가는 0이다.

4.5.4 단열변화(adiabatic change)

어떤 계가 상태변화를 하는 동안 외부와 열을 주고받지 않는 변화를 말하며, 등엔트로피 변화라고도 한다.

(1) p, v, T 관계

[그림 1.46]과 같이 $p-v$ 선도 상에서 상태 1 → 상태 2로 변화된다. 일반적으로 완전한 단열변화는 어렵지만 압축과 팽창과정이 짧은 순간에 행해지면 열 이동이 늦기 때문에 단열변화와 가까운 변화를 한다고 볼 수 있다. 그리고 이 과정은 열의 출입이 없기 때문에 열역학 제1기초식에서 $dq=0$이고 $du = C_v\,dT$이므로 $dq = du + p\,dv$에 대입하면 다음과 같다.

그림 1.47 단열변화의 $p-v$ 선도

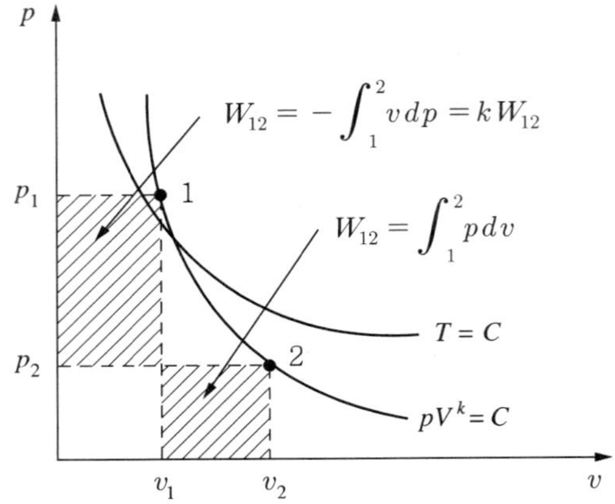

$$du + pdv = C_v\,dT + pdv = 0 \tag{4.57}$$

가스의 상태방정식 $pv = RT$ 을 미분하고, 온도의 변화식을 구하면

$$dT = \frac{p\,dv + v\,dp}{R} \tag{4.58}$$

이 되고, 식 (4.58)을 식 (4.57)에 대입하여 정리하면 다음과 같다.

$$(C_v + R)\,p\,dv + C_v\,v\,dp = 0 \tag{4.59}$$

식 (4.59)에 $C_P = C_v + R$, $k = \frac{C_P}{C_v}$를 적용하면 다음과 같이 된다.

$$C_P\,\frac{dv}{C_v} = k\,\frac{dv}{v} = -\,\frac{dp}{p} \tag{4.60}$$

또한 식 (4.60)을 적분하여 정리하면 다음과 같다.

$$k\,\ln v + \ln p = \ln C_0 \tag{4.61}$$

$$p_1 {v_1}^k = p_2 {v_2}^k = p\,v^k = Const. \tag{4.62}$$

기체의 상태방정식 $pv = RT$ 를 식 (4.62)에 대입하면 p와 v의 관계는 식 (4.63)을 얻을 수 있고, T와 p의 관계는 식 (4.64)를 얻을 수 있다. 또 온도 T와 압력과 체적의 관계를 정리하면 식 (4.65)를 얻을 수 있다.

$$p\,v^{k-1} = \text{일정} = p_1 v^{k-1} = p_2 {v_2}^{k-1} \tag{4.63}$$

$$T^k v^{1-k} = \text{일정} = T_1{}^k p_1{}^{1-k} = T_2{}^k p_2{}^{1-k} \tag{4.64}$$

$$\frac{T_2}{T_1} = \left(\frac{p_2}{p_1}\right)^{\frac{k-1}{k}} = \left(\frac{v_1}{v_2}\right)^{k-1} \tag{4.65}$$

(2) 내부에너지의 변화 $\Delta u = (u_2 - u_1)$ (J/kg, kcal/kgf)

가스의 내부에너지는 온도만의 함수이므로

$$\Delta u = u_2 - u_1 = \int_1^2 du = C_v(T_2 - T_1) = \frac{R}{k-1}(T_2 - T_1) \tag{4.66}$$

(3) 엔탈피의 변화 $\Delta h = h_1 - h_2$ (J/kg, kcal/kgf)

$$\Delta h = h_2 - h_1 = \int_1^2 dh = \int_1^2 C_p\, dT = C_p(T_2 - T_1) = \frac{k}{k-1}R(T_2 - T_1) \tag{4.67}$$

(4) 열량 q_{12}(J/kg, kcal/kgf)

열의 출입이 없는 과정이므로 $Q_{12} = q = c,\ dq = 0$이다.

$$Q_{12} = 0 \tag{4.68}$$

예제 4.12 단열변화 문제(공학단위)

공기 4kg이 20℃로부터 단열 압축되어 최종 압력이 처음 압력의 20배로 되었다. $k = 1.4$일 때 ① 압축 후 공기 온도, ② 엔탈피 변화량, ③ 내부에너지의 변화량을 구하라.

해설 ① 압축 후 공기 온도 $T_2 = ?$

$$\frac{T_2}{T_1} = \left(\frac{p_2}{p_1}\right)^{\frac{k-1}{k}}$$

$$T_2 = T_1 \times \left(\frac{p_2}{p_1}\right)^{\frac{k-1}{k}} = 298 \times \left(\frac{20p_1}{p_1}\right)^{\frac{1.4-1}{1.4}} = 689.6\text{K} = 416.6℃$$

② 엔탈피 변화량 $\Delta h = ?$

$$\Delta h = m\frac{k}{k-1}AR(T_2 - T_1) = 4 \times \frac{1.4}{1.4-1} \times \frac{1}{427} \times (416.6 - 20) = 380.61\,\text{kcal}$$

③ 내부에너지의 변화량 $\Delta u = ?$

$$\Delta u = m\frac{1}{k-1}AR(T_2 - T_1) = 4 \times \frac{1}{1.4-1} \times \frac{1}{427} \times (416.6 - 20) = 278.86\,\text{kcal}$$

4.5.5 폴리트로픽 변화(Polytropic change)

위의 네 가지의 과정인 정압, 정적, 등온 및 단열의 상태변화는 기본형 과정이고, 여기서는 실제에 가깝고 일반성 있는 상태변화를 고려한다. 이를 위해 가열할 때의 온도변화를 보다 일반적으로 표현하기 위하여 그 비열을 C_n으로 정의하고 실제가스의 변화를 고려하여 앞의 네 가지 정압, 정적, 등온, 단열변화를 포함하는 변화를 폴리트로픽 변화라 한다.

(1) p, v, T 관계

[그림 1.48]과 같이 $p-v$ 선도 상에서 상태 1 → 상태 2로 변화된다. 기체에서는 열역학 제1기초식에서 $dq = du + p\,dv$가 성립되고 $du = C_v\,dT$이므로 다음과 같이 된다.

$$dq = c_n\,dT = c_v\,dT + p\,dv \tag{4.69}$$

$$(c_n - c_v)\,dT = p\,dv \tag{4.70}$$

$pv = RT$를 미분한 $pdv + vdp = RdT$의 dT와 $C_p = C_v + R$의 관계를 대입하면 다음과 같이 된다.

$$(C_n - C_v)(p\,dv + v\,dp) = Rp\,dv \tag{4.71}$$

$$\frac{C_n - C_p}{C_n - C_v}\frac{dv}{v} = -\frac{dp}{p} \tag{4.72}$$

그림 1.48 폴리트로픽 변화의 $p-v$ 선도

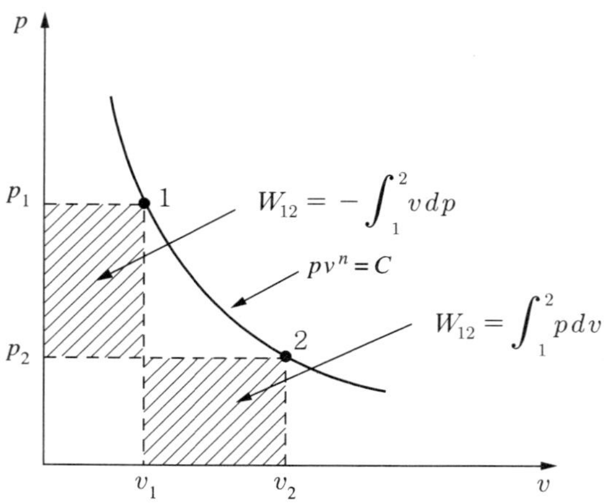

따라서, $pv^n = const$하게 되고

$$n = \frac{C_n - C_p}{C_n - C_v} \tag{4.73}$$

로 정의된다. 여기서 C_n를 폴리트릭 비열이라 하고, 이와 같이 표시되는 상태변화를 폴리트리픽 변화라 한다. $pv^n = const$의 식은 단열변화의 기본식 $pv^k = const$에서 지수 k 대신 n으로 표시하면 폴리트리픽 변화식으로 표시할 수 있으며, 단열변화에서와 같이 온도, 압력 및 체적의 식으로 표현하면 다음과 같다.

$$pv^n = const = p_1 v_1{}^{n-1} = p_2 v_2{}^{n-1} \tag{4.74}$$

$$T_1 p_1{}^{1-n} = T_2 p_2{}^{1-n} \tag{4.75}$$

온도, 압력 및 체적 관계식을 정리하면 식 (4.76)과 같이 된다.

$$\frac{T_2}{T_1} = \left(\frac{p_2}{p_1}\right)^{\frac{n-1}{n}} = \left(\frac{v_1}{v_2}\right)^{n-1} \tag{4.76}$$

(2) 내부에너지의 변화 $\Delta u = (u_2 - u_1)$ (J/kg, kcal/kgf)

$$u_2 - u_1 = \int_1^2 du = C_v(T_2 - T_1) = \frac{R}{k-1}(T_2 - T_1) \tag{4.77}$$

(3) 엔탈피의 변화 $\Delta h = h_1 - h_2$ (J/kg, kcal/kgf)

$$h_2 - h_1 = \int_1^2 dh = \int_1^2 C_p dT = \frac{nR}{n-1}(T_2 - T_1) = n(u_2 - u_1) \tag{4.78}$$

(4) 열량 q_{12} (J/kg, kcal/kgf)

열역학 기초식으로부터

$$Q_{12} = \int_1^2 dQ = \int_1^2 du + \int_1^2 p\,dv$$

$$\begin{aligned} Q_{12} &= C_v(T_2 - T_1) - \frac{R}{n-1}(T_2 - T_1) = C_v\frac{(n-k)}{n-1}(T_2 - T_1) \\ &= C_n(T_2 - T_1) \end{aligned} \tag{4.79}$$

여기서, $C_n = C_v \dfrac{(n-k)}{(n-1)}$을 폴리트로픽 비열이라 정의한다.

예제 4.13 폴리트리픽 변화(SI 단위)

10L의 공간에 10bar, 25℃의 공기가 들어가고 있다. 이 공기가 1bar가 될 때까지 폴리트리픽 지수 $n=1.3$으로 팽창하였다. ① 공기의 질량, ② 팽창 후의 체적, ③ 온도, ④ 열량을 구하라. 단,
$R=287.06\,\mathrm{J/kg\cdot K}$, $u_2=125\,\mathrm{kJ/kg}$, $ul=213\,\mathrm{kJ/kg}$이다.

해설 ① 공기의 질량 $m=?$

$$pV=mRT$$

$$m=\frac{pV}{RT}=\frac{10\times10^5\times10\times10^{-3}}{287.06\times298}=0.117\,\mathrm{kg}$$

② 팽창 후 의 체적 $v_2=?$

$$\left(\frac{v_2}{v_2}\right)=\left(\frac{p_1}{p_2}\right)^{\frac{1}{n-1}}$$

$$v_2=v_1\times\left(\frac{p_1}{p_2}\right)^{\frac{1}{n-1}}=0.01\times\left(\frac{10}{1}\right)^{\frac{1}{1.3}}=0.059\,\mathrm{m}^3$$

③ 팽창 후의 온도 $T_2=?$

$$\frac{T_2}{T_1}=\left(\frac{p_2}{p_1}\right)^{\frac{n-1}{n}}$$

$$T_2=T_1\times\left(\frac{p_2}{p_1}\right)^{\frac{n-1}{n}}=298\times\left(\frac{1}{10}\right)^{\frac{1.3-1}{1.3}}=175.3\,\mathrm{K}$$

④ 열량 $Q_{12}=?$

$$Q_{12}=m(u_2-u_1)=0.117\times(125-213)+13.74=3.74\,\mathrm{kJ}$$

(5) 폴리트리픽 지수(n)와 폴리트리픽 비열(C_n)과의 관계

폴리트리픽 변화에 대하여 지수 n을 $n=0,\,1,\,k,\,\infty$로 $pv^n=const$에 대입하면 폴리트리픽 변화는 각각 등압, 등적, 등온, 단열변화를 나타낸다. [그림 1.48]은 폴리트리픽 지수와 비열과의 관계를 나타낸 것이다. $pv^k=const$에서 단열지수 k 대신 n를 대입하면 $pv^n=\mathrm{const}$이 되고, n은 $-\infty<n<+\infty$를 나타내며 다음과 같다.

$n=0$이면 정압변화, $n=1$이면 등온변화
$n=k$이면 단열변화, $n=\infty$이면 정적변화

그림 1.49 폴리트리픽 지수와 비열과의 관계

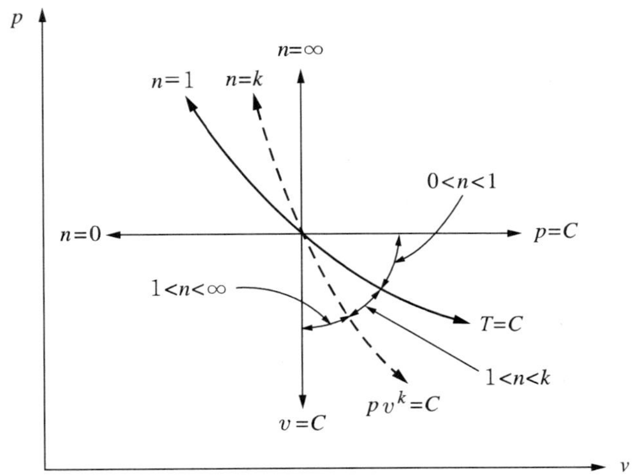

① $n = 0$일 때

$$C_n = C_v \frac{(n-k)}{(n-1)} = C_v k = C_p \quad (4.80)$$

가 되고, $pv^n = \text{const}$에서 $n = 0$이면 $Pv^0 = P = C$가 되어 정압변화가 된다.

② $n = 1$일 때

$$C_n = C_v \frac{(n-k)}{(n-1)} = \infty \quad (4.81)$$

가 되고, $pv^n = \text{const}$에서 $n = 1$이면 $Pv^1 = Pv = C$가 되어 등온변화가 된다.

③ $n = k$일 때

$$C_n = C_v \frac{(n-k)}{(n-1)} = 0 \quad (4.82)$$

가 되고, $pv^n = \text{const}$에서 $n = k$이면 $Pv^k = C$가 되어 단열변화가 된다.

④ $n = \infty$일 때

$$C_n = C_v \frac{(n-k)}{(n-1)} \quad (4.83)$$

가 되고, $pv^n = \text{const}$에서 $n = \infty$이면 $v =$ 일정인 정적변화가 된다.

(6) 폴리트리픽 지수(n)와 폴리트리픽 곡선

화재로부터 발생되는 연소가스와 같이 각종 실제가스를 설명할 때, 실제상의 상태변화를 구하려면 폴리트로픽 지수 n으로부터 구해야 한다.

그림 1.50 폴리트리픽 지수와 일과의 관계

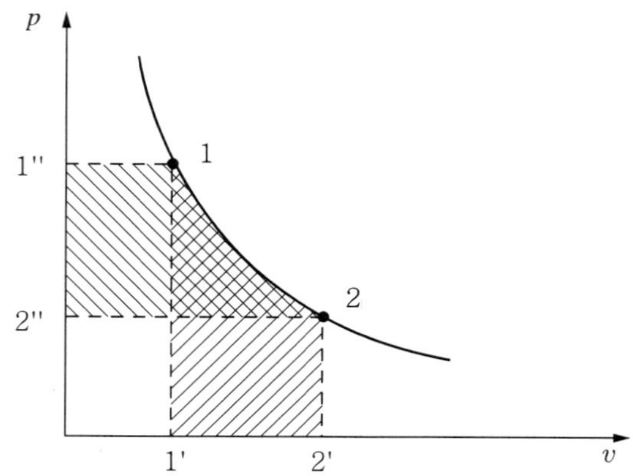

① 폴리트리픽 곡선이 $p-v$ 선도 상에서 나타내는 경우
[그림 1.50]과 같이 상태 1에서 상태 2로 변할 때

$$W_{12} = \int_1^2 p\,dv = \text{면적}(1\text{-}2\text{-}2'\text{-}1'\text{-}1) \tag{4.84}$$

$$W_{t12} = \int_1^2 v\,dp = \text{면적}(1\text{-}2\text{-}2''\text{-}1''\text{-}1) \tag{4.85}$$

그리고 $W_{t12} = n\,W_{12}$이므로

$$n = \frac{W_{t12}}{W_{12}} \tag{4.86}$$

가 된다. $p-v$ 선도 상 절대일과 공업일의 면적을 구한 후 지수 n을 구한다.

② 폴리트리픽 변화 중 전후의 압력과 비체적이 주어지는 경우

$$p_1 {v_1}^{n-1} = p_2 {v_2}^{n-1} = const \tag{4.87}$$

이 식에 대수를 취하고 n에 대하여 정리하면

$$n = \frac{\ln p_2 - \ln p_1}{\ln v_1 - \ln v_2} = \ln\frac{p_2}{p_1} \Big/ \ln\frac{v_1}{v_2} \tag{4.88}$$

가 된다. $pv^n = \text{const}$에 대수를 취하면

$$\ln p + n \ln v = \text{일정} \tag{4.89}$$

이 되고, $\ln p = Y$이고 $\ln v = x$, $n = a$로 주어지면 $Y = -ax + c$와 같이 되고, [그림 1.51]과 같이 $\ln p - \ln v$ 선도를 그리면 폴리트리픽 직선이 된다.

$\ln v = 0$에서 $\ln p$의 값을 Y_0, $\ln p = 0$에서 $\ln v$의 값을 x_0라 하면 $Y_0 = c$, $x_0 = \dfrac{c}{n}$이 이고, $n = \dfrac{y_0}{x_0}$가 되어 n의 값은 $\ln p - \ln v$ 선도의 기울기이고 n이 커질수록 경사가 깊어진다.

또는 폴리트로픽 지수 n를 다음과 같이도 표시한다.

$$n = \frac{C_n - C_p}{C_n - C_V} \tag{4.90}$$

그림 1.51 폴리트로픽 지수에 따른 $p-v$ 선도

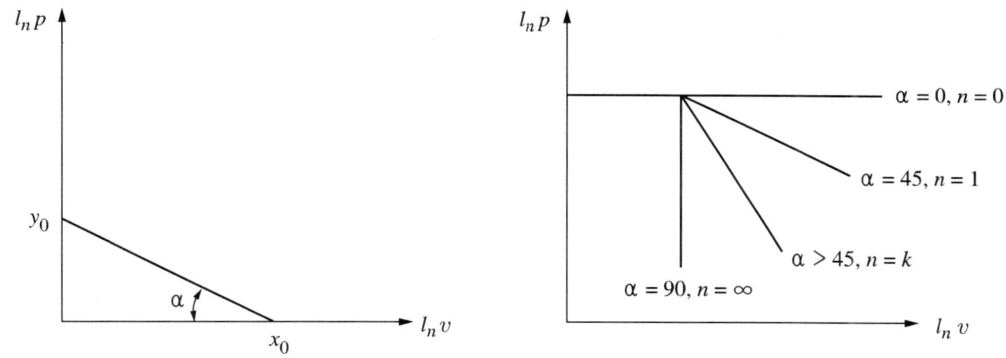

예제 4.14 종합변화(SI단위)

$p_1 = 1\text{bar}$, $t_1 = 20℃$의 공기를 $V_1 = 100\text{m}^3/\text{h}$로 흡입하여 15bar까지 가역적으로 압축하는 시스템이 있다. ① 공기의 질량유량, ② 등온압축 시의 열량, ③ $n = 1.3$의 폴리트픽 압축시 열량을 구하라. 단, $R = 287.06\text{J/kg·K}$, $h_2 = 125\text{kJ/kg}$, $h_1 = 213\text{kJ/kg}$이다.

해설 ① 등온압축이므로 공기의 질량 $m = ?$

$$pV = mRT$$

$$m = \frac{pV}{RT} = \frac{1 \times 10^5 \times \dfrac{100}{3600}}{287.06 \times 293} = 0.033\,\text{kg/s}$$

② 등온변화이기 때문에 절대일과 열량은 같다.

$$W_{12} = Q_{12} = mRT_1 \ln\frac{P_1}{p_2} = 0.033 \times 287.06 \times 297 \times \ln\frac{1}{15} = -7.5\ \text{kW}$$

③ 폴리트픽 압축 시 열량 $Q_{12} = ?$

$$\frac{T_2}{T_1} = \left(\frac{p_2}{p_1}\right)^{\frac{n-1}{n}}$$

$$T_2 = T_1 \times \left(\frac{p_2}{p_1}\right)^{\frac{n-1}{n}} 293 \times \left(\frac{15}{1}\right)^{\frac{1.3-1}{1.3}} = 547.6\,\text{K}$$

㉠ 일 $W_{12} = ?$

$$W_{12} = \frac{RT_1}{n-1}\left[1 - \left(\frac{p_2}{p_1}\right)\right]^{\frac{n-1}{n}} = \frac{(0.033 \times 287.06 \times 293)}{1.3-1}\left[1 - \left(\frac{15}{1}\right)\right]^{\frac{1.3-1}{1.3}}$$

$$= -10.54\ \text{kW}$$

㉡ 열량 $Q_{12} = ?$

$$Q_{12} = m(h_2 - h_1) + W_{12} = 0.033 \times (553 - 294) - 10.45 = -1.9\ \text{kJ}$$

연습문제

1. 이상기체에 대하여 설명하라.

2. 이상기체가 성립하기 위한 조건을 써라.

3. 15kgf의 액화 이산화탄소가 20℃의 대기 중으로 방출될 경우 몇 L가 되겠는가?

   정답 536L

4. 온도 4.5℃인 CO_2 가스 2.3kgf(22.54N)이 체적 0.283m^3인 용기에 가득차 있다. 이때 가스의 압력은 몇 kPa이 되겠는가?

   정답 426kPa

5. 이산화탄소는 산소의 농도를 저하시키는 희석에 의한 질식효과로부터 소화작용을 한다. 이산화탄소를 방사하여 산소의 체적농도를 14%로 하려면 이산화탄소의 농도는 얼마가 되어야 하는가?

   정답 33.33%

6. 압력이 일정한 상태에서 공기 5kgf를 400℃에서 체적을 1/2로 감소시킬 때까지 가열한 열량을 구하라. 단, 공기의 정압비열은 0.24kcal/kg℃이다.

   정답 −403.2kcal

7. 어떤 기체 1kgf를 압력 3ata, 온도 30℃에서 체적 1.5m^3을 차치한다. 이 기체의 기체상수는 얼마인가?

   정답 148.5kgfm/kgfK

8. 1kgf의 공기가 압력 8ata, 온도 100℃로부터 정압 하에서 체적이 1/4로 변화하였다. 열량의 변화는 일마인가? 단, 공기의 정적비열은 0.171kcal/kgf℃l이다.

   정답 −67.128kcal/kgf

9. 1kgf의 공기를 압력 10ata, 온도 250℃에서 압력 2ata까지 등온변화 시킬 경우 가해진 열량은 얼마인가?

정답 57.7kcal

10. 온도 0℃, 압력 1ata인 공기의 비중량이 1.251kgf/m^{3}이며, 비열 $C_p = 0.2387$kcal/kgf℃, $C_v = 0.171$kcal/kg℃이면 열의 일당량은 몇 kgfm/kcal인가?

정답 1/427kgfm/kcal

11. 온도 20℃, 압력 120ata인 산소 120kgf가 들어 있는 용기에서 이 용기의 온도가 60℃로 되면 압력은 얼마인가? 단, $R = 26.5$kgfm/kgK이다.

정답 136.4ata

12. 온도 10℃, 압력 5ata의 공기가 10kgf가 들어 있는 용기에서 이 용기의 온도가 37℃가 되면 공기압력의 증가는 얼마인가?

정답 0.48ata

13. 어느 이상기체 2kg이 일정온도에서 압력 200kPa, 체적 0.2m^{3}의 상태에서 압력 1MPa의 상태로 변화하면 비체적은 얼마인가?

정답 0.02m^3/kgf

14. 압력 400kPa, 비체적 0.4m^3/kg, 온도 180℃의 상태에 있는 산소가 같은 압력상태로 비체적이 0.1m^3/kg로 되었다. 온도는 얼마인가?

정답 113.3K

15. 압력 101.3kPa(표준압력), 온도 20℃의 상태에 있는 CO의 비체적은 얼마인가? 단, 가스상수는 $R = 0.2968$kJ/kgK이다.

정답 0.858m^3/kg

16. 공기 10kg이 압력 100kPa, 체적 2m^{3}의 상태 1에서 압력 300kPa, 온도 100℃의 상태 2로 변했다 체적과 온도의 변화는 얼마인가?

정답 ① 체적 1.57m^3 증가, ② 온도 303.3K 상승

17. 어떤 기체 2kg은 압력 100kPa, 온도 25℃의 상태에서 체적 2.5m^{3}를 가진다. 이 기체

의 가스상수는 얼마인가?

정답 0.4195kJ/kgK

18. 어떤 이상기체 1kgf를 체적이 일정한 상태로 20℃에서 50℃로 가열하는데 22.65kPa를 소비하였다. 이 기체의 분자량을 4로 하고 정적비열과 정압비열을 구하라.

정답 ① 정적비열 0.755kcal/kgf℃, ② 정압비열 1.253kcal/kgf℃

19. 공기 5kgf를 10℃에서 600℃로 압력이 일정한 상태로 가열하는 경우 ① 필요한 열량, ② 내부에너지의 변화, ③ 엔탈피 변화를 구하라 단, 공기를 이상기체로 보고 $C_v=$ 0.171, $C_p=0.24$로 한다.

정답 ① 열량 708kcal, ② 내부에너지 504kcal, ③ 엔탈피 708kcal

20. 어떤 이상기체 $1m^3$의 탱크에 압력 4ata, 온도 20℃의 상태로 들어가고 있다. 이 기체의 압력을 10ata로 상승시키는 데 필요한 열량은 얼마인가? 단, 가스상수를 52.89 kgfm/kgf℃, 정압비열 0.391kcal/kg℃로 한다.

정답 443kcal

21. 공기 10kgf와 수증기 2kgf를 혼합하여 $10m^3$의 탱크에 넣고 있다. 지금 이 혼합기체의 온도를 60℃로 하면 ① 탱크내의 압력, ② 외부에서 200kcal의 열량을 가하면 이 기체의 온도는 얼마민가?

정답 ① 압력 1.288ata, ② 온도 377.2K

22. 체직 $1m^3$의 탱크에 압력 200kPa, 온도 20℃의 공기가 들어가고 있다. ① 이 공기의 질량, ② 이 공기를 80℃로 가열하는 경우 압력의 증가와 가열에 필요한 열량을 구하라.

정답 ① 질량 2.38kg, ② 압력 41kPa, ③ 열량 102.2kJ

23. 공기 5kgf를 압력 100kpa, 온도 30℃의 상태에서 정압과정으로 체적이 2배가 될 때까지 가열에 필요한 열량을 구하라.

정답 1523kJ

24. 초기의 체적 $2m^3$, 온도 20℃의 상태에 있는 기체 1kg을 정압상태에서 $5m^3$으로 팽창시키는데 얼마의 열량이 필요한가? 이 기체의 정압비열을 2.055kJ/kgK로 하고 가스상수를 0.4882kJ/kgK로 한다.

정답 903kJ/kg

제 5장 열역학 제2법칙

(The Second Law of Thermodynamics)

5.1 열역학 제2법칙이란?

열역학 제1법칙과 자연현상의 중요한 관계로부터 상태변화에 관한 방향성에 대한 현상으로 열역학 제2법칙을 설명한다.

알아두기 열역학 제1법칙

열역학 제1법칙은 열과 일은 본질적으로 서로 같은 에너지의 일종이며 일정한 비로 전환된다는 것을 설명했다. 즉, $Q = W$에서 Q(kJ)의 열을 모두 W(N · m)의 일로 바꾸고, 반대로 W(N · m)의 일을 모두 Q(kJ)의 열로 바꾸는 것으로 설명하였다.
열역학 제1법칙은 계의 어떤 상태의 변화에 대해서도 적용시킬 수 있고 이것으로부터 중요한 여러 가지 관계를 도출해 낼 수 있지만, 에너지 변환에 관련되어 발생하는 모든 문제를 해결하는 데에는 이 법칙으로는 불충분하다. 왜냐하면 이 법칙은 일을 열로 변환하는 것과 반대로 열을 일로 변환하는 것이 똑같이 가능한 것으로 나타났기 때문이다. 즉, 열역학 제1법칙은

$$Q \leftrightarrows W \quad (\text{열} \leftrightarrows \text{일})$$

와 같이 열의 변환의 방향(유동방향)은 언급하지 않고 있기 때문이다. 그러나 실제로는 이미 설명한 바와 같이 이들 양방향의 과정은 똑같이 용이하게 이루어지지 않기 때문에 열역학 제2법칙이 그 조건을 부여해 주는 것이다.

5.1.1 자연현상의 관찰

열역학 제2법칙의 내용을 충분히 납득하기 위하여 다음과 같은 예를 생각해 보기로 한다. 우리 주변의 자연현상들을 한번 살펴보자. 냉장고에서 나온 차가운 냉수는 꺼내 놓으면 미지근해질 뿐 다시 차가워지지 않는다. 뜨거운 커피는 가만히 두면 점점 미지근해질 뿐이지 가만히 두는데도 다시 뜨거워지지 않는다. 커피를 다시 뜨겁게 하거나 냉수를 차갑게 하려면 물을 데우던지, 물을 냉장고에 넣든지, 얼음을 섞든지 하는 일을 해주어야 한다. 한 과정은 자연히 이루어지는 과정이고 다른 과정은 인위적인 일을 필요로 한다. 외부에서 누가 건드리지 않으면 그대로 가는 어떤 길이 있다. 또 전기히터로 물을 가열할 수는 있지만 뜨거운 물이 차가워지면서 전기히터에 전기가 들어오게 만들 수는 없다. 또 50℃의 물과 30℃의 물을 각각 1kg씩 섞으면 40℃가 된다. 그러나 섞어 놓은 40℃의 물 2kg을 반으로 나누어 한 쪽은 50℃, 다른 쪽은 30℃가 되기를 아무리 기다려도 소용이 없다는 것을

잘 알 것이다.

[그림 1.52]의 경우를 생각해보자. [그림 1.52]에서 뜨거운 커피나 찬 음료수의 경우 (a)의 과정은 외부로부터 열이나 일을 받지 않아도 자연스럽게 진행되는 과정이지만, (b)의 과정은 외부의 도움이 있어야만 다시 뜨겁게 만들고 차갑게 바뀔 수 있는 과정이다.

그림 1.52 뜨거운 커피와 찬 음료수

또 손을 비비면 마찰이 생겨 열이 발생하고 따뜻하게 느껴진다. 그러나 손이 따뜻하게 되었다고 두 손이 비벼지지는 않는다. 화재 역시 한 번 일어나면 원래상태로 돌아가지 않는다. 연료도 일단 연소시키면 다시 연료로 돌아오지 않는다.

5.1.2 열역학 제2법칙은 방향성

고온과 저온인 두 물체사이의 전열과정에 있어서 열역학 제1법칙은 다만 하나의 물체에 주어진 열량이 다른 물체가 얻은 열량과 동일한 것을 나타내기 때문에 열흐름의 방향은 알 수 없지만, 우리는 경험으로부터 항상 열은 온도가 낮은 쪽으로만 흐른다는 것을 알고 있다.

만약 열이 자연적으로 저온에서 고온으로 옮겨지는 것이 가능하다고 하면, 무진장의 열원을 가지고 있는 바닷물 중의 일부분이 온도가 높아지게 되어 이 고온을 이용하여 열기관의 운전이 가능하게 되고, 이것으로 배를 추진시킨다면 그 일은 선체 및 프로펠러와 바닷물 사이의 마찰열로 변환되어 바닷물로 복귀하게 된다. 따라서 열역학 제1법칙에 저촉되지 않으므로 이 배는 연료사용 없이 영구적으로 취항시킬 수 있을 것이다. 그러나 이와 같은 것은 물론 경험으로부터 불가능함을 알 수 있다.

자연현상에서 흔히 볼 수 있는 바와 같이 열은 고온의 물체로부터 저온의 물체로 흐르고, 유체는 압력이 높은 곳에서 낮은 곳으로 흐르며, 또한 물질은 고농도로부터 저농도로 확산한다. 이러한 현상들은 모두 비가역과정임을 경험으로부터 쉽게 알 수 있다. 상태변화에 관한 방향성에 대한 현상으로는 열전달(heat transfer), 확산(diffusion) 등을 들 수 있다. 온도가 다른 두 물체를 접촉시키면 열은 반드시 고온의 물체로부터 저온의 물체로 흐르고, 온도차가 생기지 않으면 열은 흐름은 정지되며 결코 저온의 물체로부터 고온의 물체로 흐르지 않는다.

이와 같이 열로부터 일로의 에너지 변환, 마찰에 의한 열의 발생, 열의 전도(전열), 확산 등을 포함하는 상태변화는 비가역변화이다. 그러므로 자연현상을 열역학 제1법칙으로만 설명하는 것은 불충분하며, 상태변화의 방향성을 나타내는 별도의 법칙이 필요함을 알 수 있다. 이 법칙이 바로 열역학 제2법칙이다.

열역학 제2법칙(the second law of thermodynamics)은 에너지 변환에 대한 조건을 부여하는 법칙이라고 볼 수 있지만, 넓은 의미에서 자연현상 가운데서 일어나는 변화는 항상 한쪽 방향으로만 일어나는 것을 나타내고 있기 때문에 열역학 제1법칙이 가역을 허용하는 데 반해서 열역학 제2법칙은 비가역 현상의 존재를 나타내는 점이 특이하다. 그리고 자연과학의 여러 가지 법칙은 열역학 제1법칙과 같이 모두 가역을 허용하는 식으로 표시하는 데 반해서 '열역학 제2법칙만은 자연법칙의 단 하나의 예외로 보아 방향적 관계를 나타낸다'는 점에서 중요한 의미를 갖는다.

5.2 열역학 제2법칙의 표현

열역학 제2법칙은 앞서 설명한 바와 같이 경험법칙으로서 다음과 같이 여러 가지 표현으로 설명된다. 열역학 제2법칙은 카르노(Sadi Carnot)가 최초로 체계적인 발표를 했지만, 1900년대에 켈빈(Lord Kelvin)과 플랑크(Max Planck)가 수정한 켈빈－플랑크의 열역학 제2법칙의 표현이 있고, 또 그보다 전시대에 클라우지우스(Clausius)의 표현이 있다.

① 클라우지우스의 표현 : 낮은 온도의 물체로부터 높은 온도의 물체로 열을 전달하되 외부에 아무 영향을 미치지 않고 사이클로 운전될 수 있는 장치를 만드는 것은 불가능하다.

② 켈빈－플랑크의 표현 : 단 하나의 열에너지 저장고로부터 열을 받아서 동등한 양만큼의 일을 해내되 사이클로 운전되는 장치를 만드는 것은 불가능하다. 효율 100%의 기관은 없다.

이 두 가지 표현의 특징은 두 가지 모두 부정적인 서술적으로 불가능하다는 모습을 가졌다는 점이다. 가능한 것에 대하여는 규정할 것이 없으나, 불가능한 것은 분명하게 알고 있다는 뜻이다. 또 한 가지는 '연속적으로(또는 사이클) 운전되는 장치'에 대해서만 서술했다는 것이다. 한 번으로 끝나는 일에 대해서는 제2법칙의 설명이 적용되지 않을 수도 있으나 반복해서 일어나려면 이러한 조건들이 만족해야 한다.

일반적으로 어떤 열원에서 열을 받아 이 전부를 계속적으로 일로 바꾸고, 외부에 아무런 흔적을 남기지 않는 장치를 제2종의 영구기관(perpetual motion machine of the second kind)이라고 하는데, 이 같은 기관이 불가능하다는 사실을 설명한 것이 열역학 제2법칙이다.

1

5.3 가역과정과 비가역과정

열역학 제2법칙에서 이끌어 낸 결과를 이해하기 위해서는 [그림 1.51]의 뜨거운 커피와 차가운 음료수에 설명했듯이 대기 중에서 뜨거운 커피가 식어가고, 또 차가운 음료수가 미지근해지는 것과 같이 자연현상의 방향성을 논의하기에 앞서 양쪽 어느 방향으로도 갈 수 있는 과정을 생각해 볼 필요가 있다. 이러한 과정이 가역과 비가역과정이다

5.3.1 가역과정

가역과정(reversible process)이란 정방향으로도 갈 수 있고 그 반대방향인 역방향으로도 올 수 있는 과정을 의미하며, 주위에 어떤 영향도 미치지 않고 원상태로 되돌아 올 수 있는 과정을 말한다. 일반적으로 시스템이 어느 과정을 거친 뒤에 초기 상태로 돌아오는 것은 가능하다. 그러나 정방향으로 그리고 역방향으로 돌아오는 과정에서 주위에 영향을 미쳤는가 여부에 따라서 가역과 비가역으로 구분된다. 예를 들어, 뜨거웠던 커피 잔의 커피가 식었을 때 이것을 다시 뜨겁게 만들 수는 있지만 그 과정에서 외부로부터 열을 공급받아야만 한다. 또한 미지근해진 음료수를 다시 차갑게 만들려면 외부에 영향을 미치지 않고서는 불가능하다. 즉, 어느 방향으로 상태변화가 일어날 것인가, 또는 어떤 상태가 일어날 수 있는가의 대답은 주위에서 어떤 영향을 미칠 때와 그렇지 않을 때 상황이 바뀔 수 있기 때문이다.

단진자의 예를 들어보자. 단진자의 추는 중심위치로부터 벗어날 때 각각 위치에너지와 운동에너지의 합이 보존되는 관계로 무한히 진동을 계속하게 된다. 매 위치에서 가졌던 추의 속도를 그대로 회복함으로 운동에너지를 재현시킴으로 끊임없이 제자리로 돌아오는 가역적 운동을 되풀이하고 있다. 현실적인 진자에서는 공기와 추의 마찰 등에 의한 외부 교란 때문에 차츰 진동의 폭이 줄어들어 결국에는 정지하게 된다. 이 경우도 마찰에 의해 일을 잃고 있기 때문에 비가역변화이다.

그림 1.53 단진자의 운동

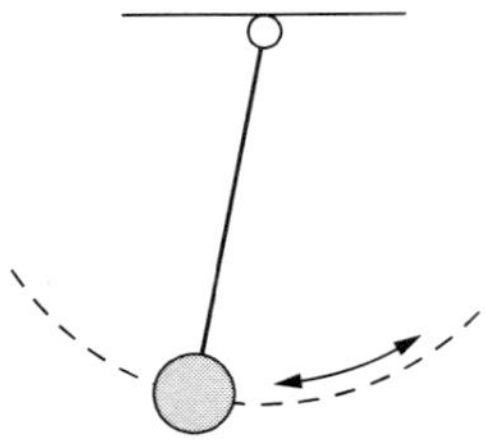

5.3.2 비가역과정

가역적이지 못하게 만드는 요인을 비가역성이라고 부르고, 비가역성은 방향성을 일으키는 요인이며 이 과정을 비가역과정(irreversible process)이라 한다. 우리 주변에서 볼 수 있는 비가역 과정의 예로는 직접 마찰에 의한 일을 열로 전환하는 과정이나 고온 물체에서 저온 물체로 열이 전달되는 과정 등을 들 수 있다.

전열과정에서 어떤 물체로부터 다른 물체에 열을 전달한 때에는 열을 전달하는 물체가 언제나 고온도가 아니면 열은 그 자체로서는 열을 이동시킬 수 없으며, 즉 저온 물체에서 고온 물체로 이동할 수 없다. 이것도 명백히 비가역 과정이다.

또 다른 비가역과정으로 기체의 확산 또는 혼합을 들 수 있다. 둘로 나뉘어 진 용기의 한 쪽에는 기체를 넣고 다른 한쪽은 진공으로 만들었다. 그리고 이 사이의 막을 슬며시 들어올리면 어떻게 되는가? 용기의 두 공간을 가로막았던 벽을 제거하면 기체는 어느 정도 시간이 지나면서 체적 전체에 고루 퍼져 있을 것이다. 그러나 한번 섞여 고루 퍼진 기체를 어느 한 순간에 한쪽 공간으로만 나누어 모이도록 할 수는 없다. 이것을 기체의 자유팽창이라고 하며, 이것 역시 비가역과정의 하나이다.

이외에도 탄성, 자성 등의 이력현상(hysteresis), 전기저항에 의한 발열, 혹은 연소 등도 비가역적이다. 이와 같이 온도차가 있는 열전달, 비평형의 팽창·압축, 혹은 마찰 등의 수 없이 많은 비가역성들이 존재한다. 우리의 삶 자체가 비가역성이다.

과정을 비가역적으로 만드는 인자들을 알아보면 다음과 같다

① 마찰(friction)
② 열전달(heat transfer)
③ 불구속팽창(unrestrained expension)
④ 이물질의 혼합(mixing) 등

5.4 사이클과 열효율

5.4.1 일반 사이클

물질이 가지고 있는 열에서 직접 일을 얻으려면 그 물질보다 더 저온인 다른 물질과 에너지를 전달하는 동작유체(working fluid)가 필요하다. 즉, 동작유체는 고열원에서 열을 얻어서 그보다 더 저온인 저열원에 전달하기 전에 팽창에 의해 에너지를 일로 바꾸고 나머지 열을 저열원에 주기 때문에 열이 일로 바뀔 때에는 반드시 온도의 강하가 일어나고 저온도에 열의 일부분을 버려야만 한다. 따라서 물질이 가지고 있는 열은 일부분만이 일로 바뀌게 된다.

일반적으로 동작유체가 어떤 상태에서 출발하여 연속적으로 여러 가지 상태변화를 한 후 다시 처음의 상태로 되돌아올 때 이 동작유체는 사이클(cycle)을 이루었다고 하며, 이것을 $p-V$ 선도 상에 나타내면 [그림 1.54]와 같이 폐곡선이 된다.

그림 1.54 사이클

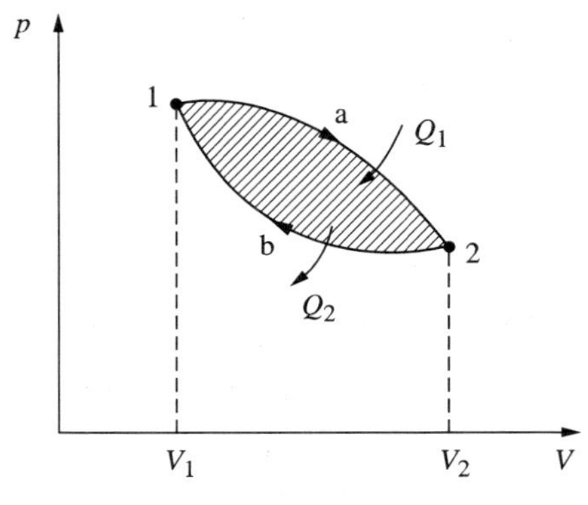

1a−2(팽창과정)
→ 열량 Q_1 수급
→ 일 W_1
→ 2−b−1(압축과정)
→ 일 W_2 수급
→ 동작유체 압축 및 열량 방출

그림에 나타낸 바와 같이 동작유체는 상태 1에서 출발하여 경로 a를 거쳐 상태 2에 도달하고, 다시 상태 2에서 경로 b를 거쳐 처음의 상태 1에 되돌아와 1−a−2−b−1과 같은 한 사이클을 구성한다.

사이클을 이루는 동안 일과 열량의 관계는 다음과 같다. 편의상 팽창일은 (+) 부호, 압축일은 (−) 부호를 붙인다.

$$W_1 = \text{동작유체가 } 1-a-2 \text{ 과정에서 하는 일} = +\text{면적 } 1-a-2-V_2-V_1(\text{팽창})$$

W_2 = 동작유체가 2−b−1 과정에서 하는 일 = −면적 2−b−1− V_1− V_2(압축)

한 사이클 동안 동작유체가 한 일은

$$W = W_1 - W_2$$
$$= [\text{면적 } 1\text{−a−}2\text{−} V_2 - V_1] - [\text{면적 } 2\text{−b−}1\text{−} V_1 - V_2]$$
$$= \text{면적 } 1\text{−a−}2\text{−b-}1$$
$$= \oint p\,dV \tag{5.1}$$

여기서, $\oint$는 사이클 전체에 대한 적분을 나타내고, 면적 1−a−2−b−1은 동작유체가 외부에 행한 일을 나타낸다. 따라서 한 사이클 동안의 에너지 일반식은 다음과 같이 된다.

$$\oint dQ = \oint dU + \oint dW = \oint dU + W \tag{5.2}$$

하지만 동작유체는 한 사이클을 행한 후에는 다시 처음의 상태로 되돌아가므로 변화한 상태에 의해서만 결정되는 내부에너지는 변화하지 않게 된다. 따라서

$$\oint dU = 0\,,\quad \therefore \oint dQ = W \tag{5.3}$$

$\oint dQ$는 한 사이클 동안의 수열량 및 방열량의 대수합을 나타내며 수열량을 Q_1, 방열량을 Q_2라고 하면 $\oint dQ = Q_1 - Q_2$가 되므로 식 (5.3)에 의해

$$W = Q_1 - Q_2 \tag{5.4}$$

가 된다. 즉, 한 사이클 동안에 행한 일은 $p-V$ 선도에서 밀폐곡선으로 둘러싸인 면적으로 나타나고, 이것은 사이클 동안의 수열량과 방열량의 차이와 같은 값이 된다. 이와 같이 사이클적으로 계속해서 열을 일로 변환시키는 장치를 열 시스템(heat system)이라고 한다. 즉, 열기관은 고열원에서 열량 Q_1을 공급받아 저열원으로 열량 Q_2를 방출하고 그 차이인 $Q_1 - Q_2$가 일 W로 변환된다. 따라서 열 시스템은 W가 클수록 경제적이고 경제성의 여부를 나타내기 위하여 사이클에 공급된 열량에 대한 일에 사용된 열량의 비를 열효율(thermal efficiency : η)이라고 한다.

$$\text{열효율} = \frac{\text{일에 사용된 열량}}{\text{사이클에 공급된 열량}}$$

$$\eta = \frac{W}{Q_1} = \frac{Q_1 - Q_2}{Q_1} = 1 - \frac{Q_2}{Q_1} \tag{5.5}$$

5.4.2 카르노의 정의와 사이클

열로부터 일을 얻게 하는 열 시스템은 반드시 고열원과 저열원의 두 열원과 에너지 전달의 매개물인 작동유체가 있어야 함을 이미 설명하였지만, 이 경우 효율이 최대가 되는 사이클은 어떤 것인가 하는 의문이 제기되었다.

열효율을 극대화시키려면 고열원에서 공급받은 열량은 Q_1을 최대한 유효한일로 변환시켜야 하므로 저열원으로 방출되는 열량 Q_2가 최소로 되어야 하고, 사이클의 구성은 가역변화로 이루어진 가역 사이클이어야 한다. 이러한 관점에서 1824년 열역학의 창시자로 불리는 프랑스의 물리학자 카르노(Carnot)는 열효율이 최대가 되는 이상적 사이클인 가역 카르노 사이클(reversible Carnot's cycle)을 발표하여 모든 형식의 열 시스템에 대한 열효율의 기준을 정하였다.

[그림 1.55]는 카르노 사이클의 개념도와 $p-V$ 선도를 나타낸 것으로 [그림 1.55]와 같이 이 사이클은 완전가스를 작동 유체로 하는 두 개의 가역 등온과정과 두 개의 가역 단열과정으로 구성된 가역 사이클이다. 하지만 열 시스템과 열역학적 사이클은 현실적으로 실현 불가능한 사이클이다.

그림 1.55 열 시스템과 카르노 사이클

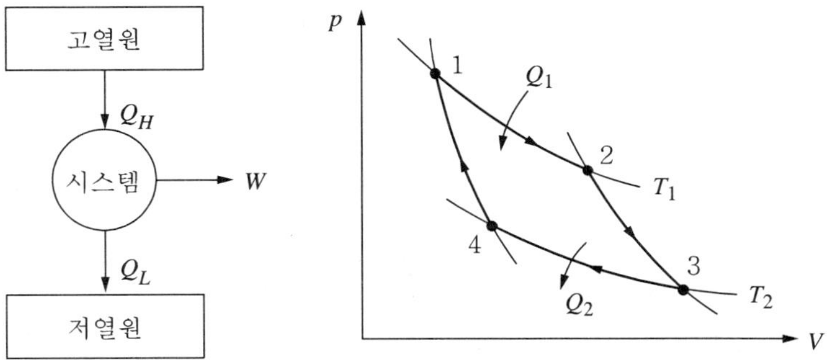

(등온팽창 → 단열팽창 → 등온압축 → 단열압축)

[그림 1.55]에서 고열원의 온도를 T_1, 저열원의 온도를 T_2라고 가정하면 다음과 같은 순서에 의해 작동한다.

① 실린더 헤드를 온도가 T_1인 고열원에 접촉시켜 수열에 의해서 과정 1−2와 같이 동작유체를 등온팽창시킨다. 이 때 동작유체가 받아들인 수열량은 Q_1이다.

② 상태 2에서는 열원과 동작유체 사이에 열을 절연시키고 동작유체를 고열원 온도 T_1

에서 저열원 온도 T_2까지 실린더 내에서 과정 2−3과 같이 단열팽창시킨다. 이때 동작유체는 내부에너지의 소비에 의하여 일 W를 행한다.

③ 온도가 T_2인 저열원에 실린더 헤드를 접촉시켜 과정 3−4와 같이 방열에 의하여 등온압축시킨다. 이때 동작유체가 버린 방열량은 Q_2이다.

④ 상태 4에서 과정 4−1과 같이 동작유체를 단열압축시키면 동작유체는 외부로부터 일을 받아들여 내부에너지가 증가되므로 온도가 상승한다. 이때 압축끝의 온도를 T_1이 되게 하여 처음의 상태와 같게 하면 한 사이클을 완성하게 된다.

일반적으로 온도차나 압력차가 무한히 작으면 열전도나 팽창 및 압축과정은 강제 평형과정이 되고, 그 과정의 속도가 무한히 작으면 어느 방향으로나 과정이 행해질 수 있어서 가역과정이 되므로, 이 모든 과정이 무한히 작은 속도로 행해진다면 이 사이클은 가역 사이클이 된다.

(1) 카르노 사이클의 열효율

[그림 1.55]에서 2개의 등온곡선과 2개의 단열곡선으로 둘러싸인 면적 1−2−3−4는 동작유체가 행한 한 사이클 동안의 일의 크기를 나타내므로, 이것을 W라고 하면 열역학 제1법칙으로부터 다음의 관계가 성립된다.

$$Q_1 = Q_2 + W \tag{5.6}$$

여기서 일로 변환된 열량과 카르노 사이클의 열효율 η는 각각 식 (5.4)와 식 (5.5) 같은 형태로 나타낼 수 있다.

$$W = Q_1 - Q_2 \tag{5.7}$$

$$\eta = \frac{W}{Q_1} = \frac{Q_1 - Q_2}{Q_1} = 1 - \frac{Q_2}{Q_1} \tag{5.8}$$

(2) 카르노 사이클의 열효율 η는 양 열원의 온도함수

① 과정 1−2(등온팽창과정) : 온도 T_1의 동작물질은 가역적으로 팽창하고 열원에서 T_1의 열을 취한다. 가역 사이클이기 때문에 열원의 온도와 동작유체의 온도는 같다.

$$p_1 v_1 = p_2 v_2 = RT_1 \tag{5.9}$$

$$Q_1 = m p_1 v_1 \ln\left(\frac{v_2}{v_1}\right) = mRT_1 \ln\frac{v_2}{v_1} \tag{5.10}$$

② 과정 2−3(단열팽창과정) : 온도 T_1의 동작물질은 가역 단열적으로 팽창하고 온도는 T_2로 감소한다. 이때 동작유체는 내부에너지 소비에 의해 일 W_2을 한다.

$$\frac{T_2}{T_1} = \left(\frac{p_3}{p-2}\right)^{\frac{k-1}{k}} = \left(\frac{v_2}{v_3}\right)^{k-1} \tag{5.11}$$

$$W_2 = \frac{R}{k-1}(T_1 - T_2) \tag{5.12}$$

③ 과정 3−4(등온압축과정) : 온도 T_2의 작동물질은 가역 등온적으로 압축되어 열원으로 T_2의 열을 방열한다.

$$p_3 v_3 = p_4 v_4 \tag{5.13}$$

$$Q_2 = m p_3 v_3 \ln\left(\frac{v_3}{v_4}\right) = mRT_2 \ln\frac{v_3}{v_4} \tag{5.14}$$

④ 과정 4−1(단열압축과정) : 온도 T_2의 작동유체는 가역 단열적으로 압축되어 온도는 T_1으로 상승하고, 작동유체는 처음 상태로 복귀한다.

$$\frac{T_1}{T_2} = \left(\frac{p_1}{p-4}\right)^{\frac{k-1}{k}} = \left(\frac{v_4}{v_1}\right)^{k-1} \tag{5.15}$$

$$W_1 = \frac{R}{k-1}(T_1 - T_2) \tag{5.16}$$

식 (5.11)과 식 (5.15)로부터 다음 식이 성립한다.

$$\left(\frac{v_3}{v_2}\right)^{k-1} = \left(\frac{v_4}{v_1}\right)^{k-1} \tag{5.17}$$

따라서 다음과 같이 정리할 수 있다.

$$\frac{v_3}{v_2} = \frac{v_4}{v_1} \tag{5.18}$$

식 (5.10), 식 (5.14) 및 식 (5.18)에서

$$\frac{Q_2}{Q_1} = \frac{T_2}{T_1} \tag{5.19}$$

이 성립한다. 카르노 사이클의 열효율 식 (5.2)는 다음과 같다.

$$\eta = 1 - \frac{Q_2}{Q_1} = 1 - \frac{T_2}{T_1} \tag{5.20}$$

따라서 카르노 사이클의 열효율 η는 작동유체의 종류에 관계없이 양 열원의 온도만의 함수이다.

알아두기 카르노 사이클의 열효율 응용 예

여러분들은 TV에서 K사의 보일러 광고를 본적이 있을 것이다. 이 광고 역시 카르노 사이클의 열효율 식을 근거로 한 것이다. 광고내용대로 연통의 온도가 높으면 보일러의 열효율이 떨어지고 낮으면 그 만큼 열효율이 높아지기 때문이다. 그 이유는 여러분들이 식 (5.20)을 근거로 생각해보기 바란다.

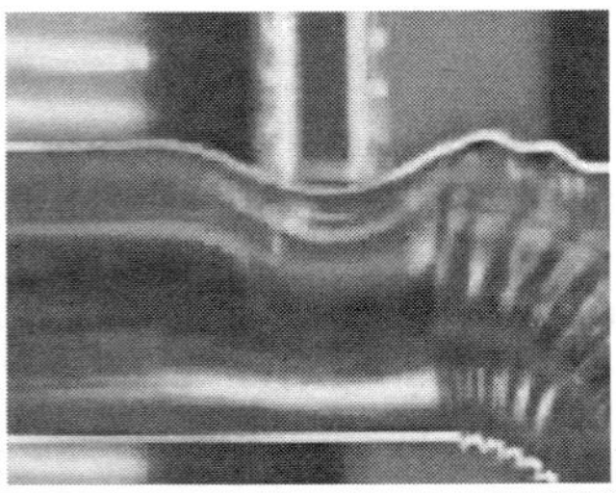

(3) 가역 사이클 인 카르노 사이클의 특징

① 카르노 사이클 열효율은 동작유체에 관계없이 작동하는 열원의 절대온도만의 함수이다.
② 동일한 온도범위에서 작동하는 가역 사이클의 열효율은 항상 카르노 사이클 열효율과 같다.
③ 비가역 사이클의 열효율은 항상 카르노 사이클 열효율보다 작다.
④ 카르노 사이클은 열효율이 가장 좋은 열 시스템의 이상적인 사이클
⑤ 동작유체의 온도와 열원의 온도는 같다.

예제 5.1 600℃의 고 열원과 20℃의 저 열원간에서 작용하는 카르노 사이클의 열효율과 방열량과 수열량의 비를 구하라.

[의미] $T_1 = 600℃ \rightarrow T_2 = 20℃$ 카르노 사이클에서 ① 열효율? ② 방열량 Q_2와 수열량 Q_1의 비?

해설 ① $\eta = 1 - \dfrac{Q_2}{Q_1} = 1 - \dfrac{T_2}{T_1} = 1 - \dfrac{293}{873} = 0.664 = 66.4\%$

② $\dfrac{Q_2}{Q_1} = \dfrac{T_2}{T_1} = \dfrac{293}{873} = 0.336 = 33.6\%$

예제 5.2 가역 카르노 사이클의 열 시스템이 동작유체에 공기를 이용하여 고 열원의 온도가 300℃에서 250kcal의 열을 받아들인다. 이 시스템이 25℃에서 열을 방출한다면 이 시스템이 하는 일은 몇 kcal인가?

[의미] $T_1 = 350℃$, $T_2 = 25℃$일 때 열기관이 한 일은 몇 kcal?

$Q_1 = 250\text{kcal}$, $Q_2 \rightarrow$ 방출

해설 $AW = \eta\, Q_1 = \left(1 - \dfrac{T_2}{T_1}\right) Q_1$

$$W = \frac{1}{A}\left(1 - \frac{T_2}{T_1}\right) Q_1 = \frac{1}{427}\left(1 - \frac{298}{573}\right) \times 250 = 0.28\,\text{kgf} \cdot \text{m}$$

5.5 엔트로피

5.5.1 에너지와 엔트로피

엔트로피(entropy)는 에너지와 마찬가지로 매우 고도화된 개념으로 한마디로 정의하기가 쉽지 않다. 에너지를 설명하기 위해서 에너지의 여러 가지 모습을 소개하였던 것과 같은 방식을 택하기로 한다. 엔트로피는 에너지와 같이 물질이 갖고 있는 성질이며, 그 물질의 질량에 따라 결정되는 종량적 물성이다. 에너지를 정의할 때 거시적인 열역학 제1법칙으로부터 $\Delta U = Q - W$로 보는 관점과 미시적인 분자수준의 전위 에너지, 회전 및 진동 에너지 그리고 전자 에너지 등의 합으로 표현하는 방법이 있다.

엔트로피도 거시적으로는 클라우지우스의 고전적 정의와 미시적으로는 볼츠만의 통계학적 정의가 있는데, 이들 두 정의는 서로 상충되지 않으며 엔트로피의 특성을 각기 잘 표현해주고 있다. 열역학 제1법칙을 논의하면서 Q와 W는 상태변화의 과정에서 정의되지만 에너지는 상태함수라는 것을 설명하였다.

표 1.22 에너지와 엔트로피

	에 너 지	엔 트 로 피
공 통 점	상태함수(점함수)인 물성 종량적 특성	상태함수(점함수)인 물성 종량적 특성
정 의	$\Delta U = Q - W$ (거시적 정의) $U = U_{tr} + U_{rot} + U_{vib} + U_{el}$ (미시적 정의)	$dS = \dfrac{dQ}{T}$ (고전적 : 클라우지우스) $S = k \ln W$ (통계 열역학적 : 볼츠만)
상태변화에 따른 물성변화	$\Delta U = U_2 - U_1 = Q_{1-2} - W_{1-2}$	$\Delta S = S_2 - S_1 = \int_1^2 \dfrac{dQ}{T}$

5.5.2 엔트로피

물질시스템의 상태는 경계를 넘나드는 열량의 크기에 따라 바뀌게 된다. 그런데 출입하는 열량의 크기를 그때의 시스템 온도로 나눈 값은 그 출입하는 과정이 가역적이라고 할 때 특별한 성질을 갖는다. 즉, $\oint \frac{dQ}{T} = 0$이다. 이러한 특징을 갖는 $\frac{dQ}{T}$은 완전 미분량이 되고, 물질의 상태조건에 따라 결정되는 값이다. 이 값을 새로운 물성치 엔트로피(S)라고 정의한다. 또 열을 일로 전환하는 과정의 불완전도(과정의 비가역설을 표시)를 표시하는 상태량을 나타내며, 온도 1K를 상승시키는데 필요한 열량을 나타낸다. 만약 어떤 기체가 절대온도 T [K]에서 미소열량 dQ를 받는 경우

$$dS = \frac{dQ}{T} \tag{5.21}$$

$$dQ = TdS \tag{5.22}$$

기체가 상태 1에서 상태 2까지 가역변화를 하는 경우 식 (5.21)을 적분하면 상태변화에 의한 엔트로피 증가량 ΔS는

$$\Delta S = S_2 - S_1 = \int_1^2 \frac{dQ}{T} \ (\text{Kcal/K}\ ,\ \text{kJ/K}) \tag{5.23}$$

여기서, S_1 : 상태 1에서의 기체 엔트로피

S_2 : 상태 2에서의 기체 엔트로피

dQ : 수열량 또는 방열량

5.6 엔트로피 선도

엔트로피는 상태량이므로 이것을 1축에 취하고 또 다른 축에 임의의 상태량을 취하여 선도를 만들면 그 물질의 상태 및 상대변화를 나타내기 때문에 열역학의 문제해결에 유용하게 사용할 수 있다. 특히 가로축에 엔트로피를 취하고 세로축에 온도를 취하여 상태변화에 따른 열량의 출입관계를 나타낸 선노를 엔트로피 선도(entropy diagram) 또는 $T-s$ 선도라고 한다.

$T-s$ 선도를 활용하면 열의 출입량, 열 출입량의 정산에 따른 사이클에서의 순수하게 해낸 일량, 그리고 그 결과로 계산되는 열효율 등을 관찰할 수 있다. 또한 단열과정의 경우 가역과정은 등엔트로피 과정이 되어 s축에 수직한 상태변화를 나타내지만, 비가역과정의 경우 그 비가역성의 크기가 얼마나 큰가를 수직선에서 얼마나 벗어나는가를 기준으로 설

명할 수도 있다. $T-s$ 선도에서는 좌표축의 정의에 따라 온도변화가 없는 등온과정을 그리고 엔트로피에 대한 등엔트로피 과정이 쉽게 표시된다.

그림 1.56 **등엔트로피 변화에 대한 엔트로피 선도 및 $P-v$ 선도**

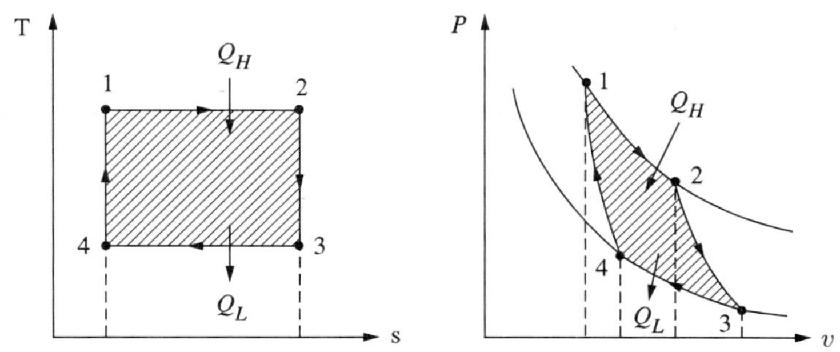

알아두기

① 세로축 : 절대온도 T, 가로축 : 엔트로피 S → 엔트로피 선도
② 면적 = 열량
따라서 상태 1에서 상태 2까지 등온변화를 하는 경우 외부에서 유체에 가한 열량은 $\Delta S = S_2 - S_1 = \int_1^2 \frac{dQ}{T}$ 로부터 다음과 같다.

$Q_{12} = \int_1^2 T\,dS =$ 면적 12ba1 (kcal, kJ) (5.24)

$q_{12} = \int_1^2 T\,dS =$ 면적 12ba1 (kcal/kgf, kJ/kg) (5.25)

5.7 기체의 상태변화와 엔트로피

5.7.1 정적변화

$v = v_1 = v_2$, $dv = 0$, P는 T에 비례하므로

① 열량 $dq = du + p\,dv = du = C_v\,dT$

② 열역학 제2법칙 $\Delta S = S_2 - S_1 = \int_1^2 \frac{dQ}{T}$, 엔트로피의 변화량 $dS = \frac{dq}{T} = C_v \frac{dT}{T}$

그림 1.57 정적변화에 대한 $P-v$, $T-s$ 선도

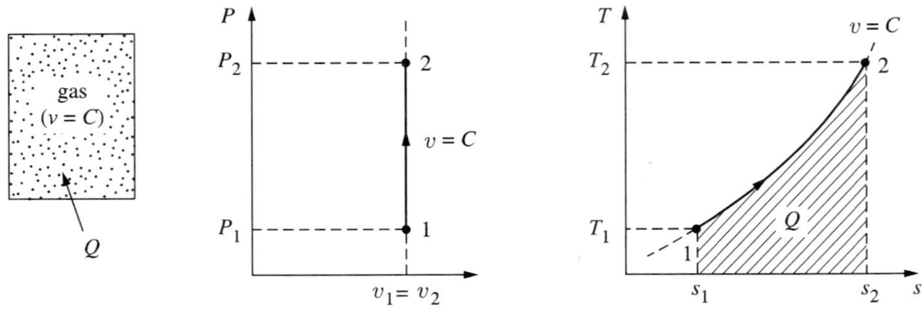

③ **1kg**의 완전가스에 대한 비엔트로피

$$S_2 - S_1 = \int_1^2 \frac{dq}{T} = \int_1^2 C_v \frac{dT}{T} = C_v \int_1^2 \frac{dT}{T}$$

$$= C_v \ln \frac{T_2}{T_1} \left(\frac{KJ}{Kg \cdot K}, \frac{Kcal}{Kgf \cdot K} \right) \tag{5.26}$$

$$= C_v \ln \frac{P_2}{P_1} \left(\frac{KJ}{Kg \cdot K}, \frac{Kcal}{Kgf \cdot K} \right)$$

④ m **kg**의 완전가스에 대한 엔트로피 S

$$\Delta S = S_2 - S_1 = \int_1^2 dS = m C_v \ln \frac{T_2}{T_1} = m C_v \ln \frac{P_2}{P_1} \left(\frac{KJ}{K}, \frac{Kcal}{K} \right) \tag{5.27}$$

예제 5.3 엔트로피 변화(정적변화, SI단위)

1kg의 공기가 온도 20℃의 상태 1에서 체적일정으로 온도 200℃의 상태 2로 변했다.

① 엔트로피의 변화와 ② 가해진 열량을 구하라. 단, C_v = 0.716kJ/kg·K, R= 0.287 kJ/kg·K이다.

해설 ① 엔트로피의 변화는 식 **(5.26)**으로부터

$$S_2 - S_1 = C_v \ln \frac{T_2}{T_1} = 0.176 \times \ln \frac{473}{293} = 0.343\,\text{kJ/kg} \cdot \text{K}$$

② 가해진 열량은 식 **(3.52)**로부터

$$Q = m C_v (T_2 - T_1) = 1 \times 0.716 \times (473 - 293) = 128.9\,\text{kJ}$$

예제 5.4 엔트로피 변화(정적변화, 공학단위)

압력 3ata, 온도 27℃인 공기 3kgf을 일정한 체적 하에서 가역적으로 127℃까지 가열할 때 엔트로피의 변화는 얼마인가? 단, $C_v = 0.24\text{kcal/kgf}\cdot\text{K}$이다.

해설 엔트로피의 변화는 식 (5.26)으로부터

$$S_2 - S_1 = C_v \ln\frac{T_2}{T_1} = 3\times 0.24\times \ln\frac{400}{300} = 0.207\text{ kcal}$$

5.7.2 정압변화

$P = P_1 = P_2$, $dP = 0$, v는 T에 비례하므로

① 열량 $dq = dh - vdP = dh = C_p\,dT$

② 열역학 제2법칙 $\Delta S = S_2 - S_1 = \int_1^2 \frac{dQ}{T}$, 엔트로피의 변화량 $dS = \frac{dq}{T} = C_v\,\frac{dT}{T}$

그림 1.58 정압변화에 대한 $P-v$, $T-s$ 선도

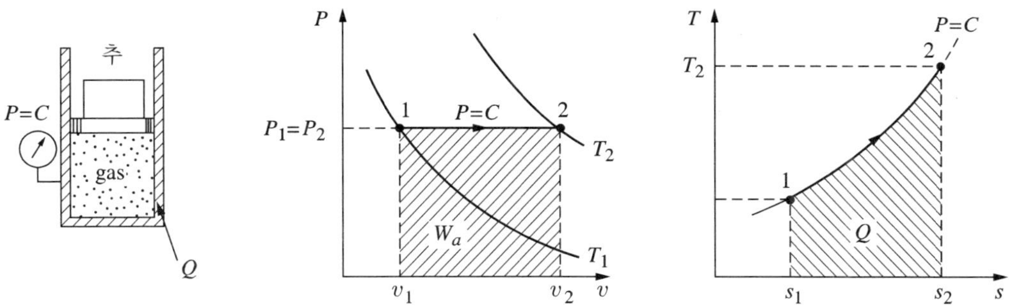

③ 1kg의 완전가스에 대한 비엔트로피

$$S_2 - S_1 = \int_1^2 \frac{dq}{T} = \int_1^2 C_p\frac{dT}{T} = C_p\int_1^2\frac{dT}{T}$$

$$= C_p \ln\frac{T_2}{T_1}\left(\frac{\text{KJ}}{\text{Kg}\cdot\text{K}},\ \frac{\text{Kcal}}{\text{Kgf}\cdot\text{K}}\right) \tag{5.28}$$

$$= C_p \ln\frac{v_2}{v_1}\left(\frac{\text{KJ}}{\text{Kg}\cdot\text{K}},\ \frac{\text{Kcal}}{\text{Kgf}\cdot\text{K}}\right)$$

④ $m$kg의 완전가스에 대한 엔트로피 S

$$\Delta S = S_2 - S_1 = \int_1^2 dS = m\,C_p \ln\frac{T_2}{T_1} = m\,C_p \ln\frac{v_2}{v_1}\left(\frac{\text{KJ}}{\text{K}}\ ,\ \frac{\text{Kcal}}{\text{K}}\right) \tag{5.29}$$

예제 5.5 엔트로피 변화(등압변화, SI 단위)

5kg의 공기가 온도 20℃의 상태에서 압력이 일정한 등압변화에서 체적이 0.5m³에서 체적이 4m³로 변했을 때 엔트로피의 증가량은 얼마인가? 단, $C_p =$ 14.245kJ/kg·K이다.

해설 식 **(5.29)**로부터

$$S_2 - S_1 = m\,C_p \ln\frac{v_2}{v_1} = 5 \times 14.245 \ln\frac{4}{1} = 98.7\ \text{kJ/K}$$

5.7.3 등온변화

$T = T_1 = T_2$, $dT = 0$, p와 v는 반비례하므로

① 열역학 제2법칙

$$\Delta S = S_2 - S_1 = \int_1^2 \frac{dQ}{T} \text{에서 } T = Const\text{이므로}$$

$$S_2 - S_1 = \int_1^2 \frac{dq}{T} = \frac{1}{T}\int_1^2 dq = \frac{q_{12}}{T}$$

② 등온변화의 경우 열량 $q_{12} = w_{12}$이므로

$$q_{12} = w_{12} = R\,T \ln\left(\frac{v_2}{v_1}\right) = RT \ln\left(\frac{P_1}{P_2}\right) (\text{kJ/kg}\cdot\text{K})$$

그림 1.59 **등온변화에 대한 $P-v$, $T-s$ 선도**

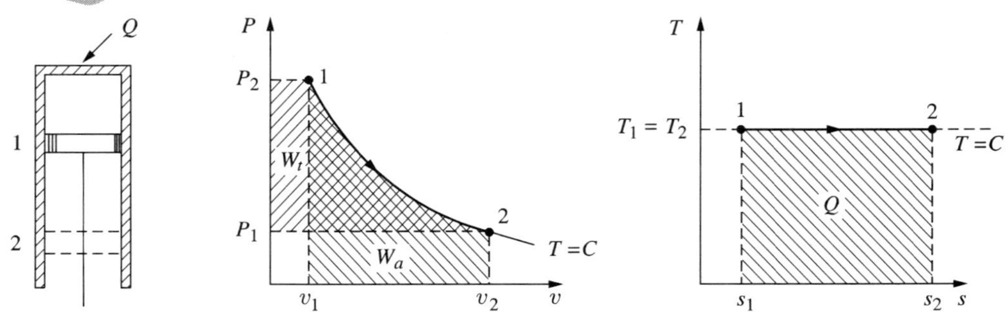

$$S_2 - S_1 = \frac{q_{12}}{T} = R\ln\left(\frac{v_2}{v_1}\right) = R\ln\left(\frac{P_1}{P_2}\right)\ (\text{kJ/kg}\cdot\text{K})\ (\text{SI단위})$$

$$= AR\ln\left(\frac{v_2}{v_1}\right) = AR\ln\left(\frac{P_1}{P_2}\right)\ (\text{kcal/kgf}\cdot\text{K})\ (\text{공학단위}) \tag{5.30}$$

③ m kg의 완전가스에 대한 엔트로피 S

$$\Delta S = S_2 - S_1 = \int_1^2 dS = mR\ln\frac{v_2}{v_1} = mR\ln\frac{P_1}{P_2}\left(\frac{\text{kJ}}{\text{K}},\ \frac{\text{kcal}}{\text{K}}\right) \tag{5.31}$$

예제 5.6 엔트로피 변화(등온변화, SI단위)

1kg의 공기가 온도 20℃의 상태에서 등온변화에 의해 체적이 초기 체적보다 0.5m^3 늘어나고, 엔트로피는 0.21kJ/k 증가했다. 이때 초기의 체적과 압력은 얼마인가?
단, R= 0.287kJ/kg·K이다.

해설 ① 초기 체적 v_1은 식 **(5.30)**으로부터 구할 수 있고, 변화 후의 체적을 v_2라고 하면

$$v_2 = v_1 + 0.5$$

$$S_2 - S_1 = R\ln\left(\frac{v_2}{v_1}\right) = R\ln\left(\frac{v_1+0.5}{v_1}\right)$$

$$\frac{S_2 - S_1}{R} = \ln\left(\frac{v_1+0.5}{v_1}\right),\ \ln\left(\frac{v_1+0.5}{v_1}\right) = \frac{0.21}{0.287} = 0.732$$

$$1 + \frac{0.5}{v_1} = e^{0.732} = 2.0793,\ v_1 = 0.464\ \text{m}^3/\text{kg}$$

② 초기 압력은 상태방정식 $p_1 v_1 = RT_1$에서

$$p_1 = R \times \frac{T_1}{v_1} = 0.287 \times \frac{293}{0.464} = 181.2\,\textbf{kPa}$$

5.7.4 단열변화

단열변화는 외부와 열의 이동이 없는 경우의 상태변화로 변화 도중에 마찰, 와류 등에 의한 손실이 없는 이상적인 변화이다. 즉, $Q = Q_1 = Q_2$, $dQ = 0$

$$dS = \frac{dq}{T} = 0$$

$$S_2 - S_1 = 0 \tag{5.32}$$

그림 1.60 단열변화에 대한 $P-v$, $T-s$ 선도

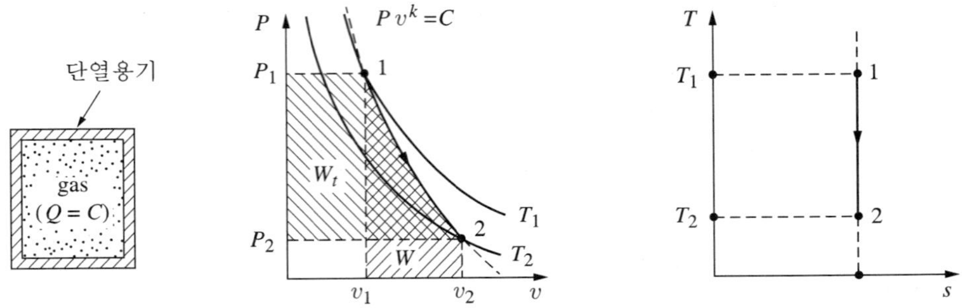

5.7.5 폴리트리픽 변화

$Pv^n = C$ 에서 $C_n = C$ 로 일정하면 식 (4.69)로부터 다음 식이 성립된다.

$$dq = c_n\,dT = c_v\,dT + p\,dv \tag{4.69}$$

$$S_2 - S_1 = \int_1^2 \frac{dq}{T} = c_v T\int_1^2 \frac{dT}{T} + \int_1^2 \frac{pdV}{T}$$
$$= c_v T\int \frac{T_2}{T_1} + R\int_1^2 \frac{dV}{V} C_v \int \frac{T_2}{T_1} + R\int \frac{v_2}{v_1} \tag{5.33}$$

식 (4.76)에서

$$\frac{T_2}{T_1} = \left(\frac{v_1}{v_2}\right)^{n-1},\ \left(\frac{v_1}{v_2}\right) = \left(\frac{T_2}{T_1}\right)^{\frac{1}{n-1}} \tag{5.34}$$

식 (5.34)와 식 (5.33), 식 (4.40)으로부터

$$S_2 - S_1 = C_v \ln\frac{T_2}{T_1} + R\ln\left(\frac{T_1}{T_2}\right)^{n-1} = C_v\frac{T_2}{T_1} + \frac{1}{n-1}R\ln\frac{T_1}{T_2}$$
$$= C_v\frac{T_2}{T_1} - \frac{R}{n-1}ln\frac{T_1}{T_2} = C_v\frac{T_2}{T_1} - \frac{k-1}{n-1}C_v\ln\frac{T_1}{T_2} \tag{5.35}$$
$$= \frac{(n-1)-(k-1)}{n-1}\,C_v\ln\frac{T_1}{T_2}$$

$$S_2 - S_1 = \frac{(n-1)-(k-1)}{n-1} C_v \ln\frac{T_1}{T_2} = C_n \ln\left(\frac{T_2}{T_1}\right) \tag{5.36}$$

식 (5.36)을 p_1, p_2, v_1, v_2의 항으로 표시하면 다음과 같다.

$$S_2 - S_1 = (n-k)\, C_v \ln\frac{v_1}{v_2} \tag{5.37}$$

$$S_2 - S_1 = \frac{(n-k)}{n} C_v \ln\frac{p_2}{p_1} \tag{5.38}$$

예제 5.7 엔트로피 변화(폴리트로픽 변화, SI 단위)

압력 100kPa, 온도 50℃의 공기 1kg이 $pv^{1.3} = const$의 폴리트로픽 변화를 하여 온도가 500℃로 되었다. ① 압축비와 ② 엔트로피의 변화를 구하라. 단, $k = 1.4$, $C_v = 0.716$ kJ/kg·K이다.

해설 ① 압축비를 ϵ이라 하면 식 **(5.34)**로부터

$$\epsilon = \left(\frac{v_1}{v_2}\right) = \left(\frac{T_2}{T_1}\right)^{\frac{1}{n-1}} = \left(\frac{773}{323}\right)^{\frac{1}{1.3-1}} = 18.3$$

② 엔트로피의 변화는 식 **(5.36)**으로부터

$$S_2 - S_1 = m\frac{n-k}{n-1} C_v \ln\frac{T_1}{T_2} = 1 \times \frac{1.3-1.4}{1.3-1} \times 0.716 \frac{\ln 773}{323} = -0.208\,\mathrm{kJ/K}$$

예제 5.8 엔트로피 변화(SI 단위)

1kg의 공기가 압력 500kPa, 온도 280℃의 상태 1에서 압력 200kPa, 용적 0.5m^{3}의 상태 2로 변했다. ① 변화 후의 온도와 ② 엔트로피의 변화를 구하라.
단, $C_p = 1.005$kJ/kg·K이다.

해설 ① 변화 후의 온도는 상태방정식 식 **(5.9)**로부터 $p_2 v_2 = RT_2$에서

$$T_2 = \frac{p_2 v_2}{R} = \frac{200 \times 0.5}{0.287} = 348.43\,\mathrm{K}$$

② 엔트로피의 변화는 식 **(5.33)**을 정압비열 C_p로 다시 정리하면 다음 식으로 나타낼 수 있다.

$$S_2 - S_1 = C_p \ln\frac{T_2}{T_1} - R\frac{\ln p_2}{p_1} = 1.005 \times \ln 348.4\frac{3}{553} - 0.287 \times \frac{\ln 200}{500}$$

$$= -0.202\ \text{kJ/kg} \cdot \text{K}$$

5.8 열역학 제3법칙

물질의 온도가 매우 낮아서 절대영도에 접근하면 원자와 분자의 운동은 정지직전의 상태가 된다. 분자가 결정격자로 유지되기 위해서는 얼마간 에너지가 필요하게 되며, 이때 원자의 상태는 모두 동일한 상태로 접근하는 것으로 생각된다.

독일의 Nernst를 비롯한 여러 학자들 이에 관한 연구결과를 기초로 하여 1912년 독일 Planck는 다음과 같은 법칙을 발표하였다.

'모든 순수물질의 결정체의 엔트로피는 절대영도 부근에서 영(zero)에 접근한다'

즉, 모든 물질이 열역학적 평형상태에 있을 때 절대온도가 영에 가까워지면 엔트로피도 영에 가까워진다는 것이다. 한편, Nernst는 다음과 같이 표현하였다.

'어떠한 방법에 의해서도 물질의 온도를 절대영도까지 내릴 수 없다.'

이상과 같이 표현한 것을 열역학 제3법칙(the third law of thermodynamics) 또는 Nernst의 열이론(Nernst's heat theorem)라고 한다. 이 법칙에 의해서 모든 물질의 절대엔트로피(absolute entropy)를 계산할 수 있다.

물체의 비열을 절대영도까지 알 수 있다면 온도 T K에서의 절대 엔트로피 S_{ab}는 다음과 같다.

$$S_{ab} = \int_0^T C_p \frac{dT}{T} \tag{5.39}$$

열역학 제3법칙은 열역학에서는 별로 응용되지 않으나 화공 열역학에서는 매우 유용하게 쓰인다. 즉, 화학반응도 엔트로피가 증가하는 방향으로 진행하므로 절대 엔트로피를 화학 반응식에 적용하여 반응할 때의 일인 친화력을 계산하여 반응의 진행방향을 정한다.

연습문제

1. 열역학 제1법칙과 열역학 제2법칙을 비교 설명하라.

2. 카르노사이클과 열효율에 대하여 설명하라.

3. 엔트로피에 대하여 설명하라.

4. 가역과정과 비가역과정을 비교 설명하라.

5. 보일러의 내부온도가 500℃이고 연통의 온도가 20℃라면, 이 보일러의 열효율은 얼마인가?

   정답 96%

6. 1kg의 공기가 압력 800kPa, 온도 400℃의 상태 1에서 압력 200kPa, 용적 0.6m^{3}의 상태 2로 변했다. ① 변화 후의 온도, ② 엔트로피의 변화를 구하라. 단, $C_p = 1.005$ kJ/kgK, $R = 0.287$kJ/kgK이다.

정답 ① 온도 145℃, ② 엔트로피 −0.081kJ/kgK

7. 1의 공기가 온도 25℃의 상태 1에서 온도 323℃의 체적이 일정한 상태 2로 변했다. ① 엔트로피의 변화, ② 가해진 열량을 구하라. 단, $C_v = 0.716$kJ/kg K

정답 ① 엔트로피 0.496kJ/kgK, ② 열량 213kJ

8. 5kg의 공기가 온도 22℃의 상태 1에서 체적이 일정한 상태로 가열되어 엔트로피가 0.42kJ/kgK 증가하였다. ① 이 경우 가해진 열량, ② 내부에너지의 변화를 구하라. 단, $C_v = 0.716$℃kJ/kgK이다.

정답 ① 열량 2.36MJ, ② 내부에너지 2.36MJ

9. 2kg의 산소가 압력이 일정한 상태에서 체적이 $0.4m^3$에서 $2m^3$으로 변했다. 산소를 이상 기체로 간주하고 엔트로피의 변화를 구하라. 단 $C_p = 0.913$kJ/kgK이다.

정답 2.94kJ/K

10. 1kg의 공기가 압력 700kPa, 온도 10℃의 상태 1에서 압력이 일정한 상태에서 온도가 200℃로 변했다. ① 가해진 일량, ② 엔트로피 변화량을 구하라. 단, $C_p =$ 1.005 kJ/kgK, $R = 0.287$kJ/kgK이다.

정답 ① 일량 191kJ, ② 엔트로피 0.516kJ/kg

11. 1kg의 온도 15℃의 상태에서 등온변화를 하여 체적 $1m^3$, 엔트로피는 0.42kJ/kgK 증가했다. 초기압력은 얼마인가?

정답 275kPa

12. 1kg의 압력 100kPa, 온도 20℃의 상태에서 $pv^{1.3} = const$의 일정한 변화를 하여 온도가 400℃가 되었다. ① 압축비, ② 엔트로피의 변화를 구하라.

정답 ① 압축비 16, ② 엔트로피 −0.198kJ/kgK

13. 1kg의 공기가 압력 500kPa, 온도 20℃의 상태에서 압력이 일정한 상태에서 온도가 150℃로 변했다. ① 가해진 열량, ② 외부에 한 일, ③ 엔탈피의 변화, ④ 엔트로피 변화량을 구하라. 단, $C_p = 1.005$kJ/kgK, $R = 0.287$kJ/kgK이다.

정답 ① 열량 130.65kJ, ② 일 37.3kJ, ③ 엔탈피 130.65kJ, ④ 엔트로피 0.369kJ/K

제 6장 혼합기체의 법칙

(The Law of Mixture Gas)

6.1 달톤의 분압법칙

서로 화학반응을 일으키지 않는 서로 다른 가스를 혼합하면 확산으로 인하여 균일한 혼합가스가 된다. 일단 혼합하면 처음 상태의 기체로 각각 분리할 수 없으므로 이것은 비가역변화가 된다. 이 경우 혼합 전의 각각 기체의 성질로부터 혼합가스의 성질을 알아내어야 할 때가 있다.

지금 간단하게 [그림 1.61]과 같이 1, 2, 3인 세 종류의 기체의 혼합에 관해서 생각하고자 한다. 혼합한 가스를 체적 V와 같은 동일한 체적에 각 성분의 가스만을 따로따로 넣은 경우의 용기내의 각각 압력을 P_1, P_2, P_3라고 하면 이것을 달톤의 분압법칙(Dalton's law of additive pressure)으로 설명할 수 있다. 즉, '혼합가스의 압력은 각 성분가스의 분압의 합과 같다'로서 설명할 수 있다.

이것을 식으로 표시하면 n종류의 가스의 혼합에서는

$$P = P_1 + P_2 + P_3 + \cdot\cdot\cdot + P_n \tag{6.1}$$

이 된다. 이것은 온도와 체적이 같은 경우의 혼합이지만 다음에 등온 · 등압가스의 혼합에 대해 생각해 본다.

그림 1.61 혼합가스

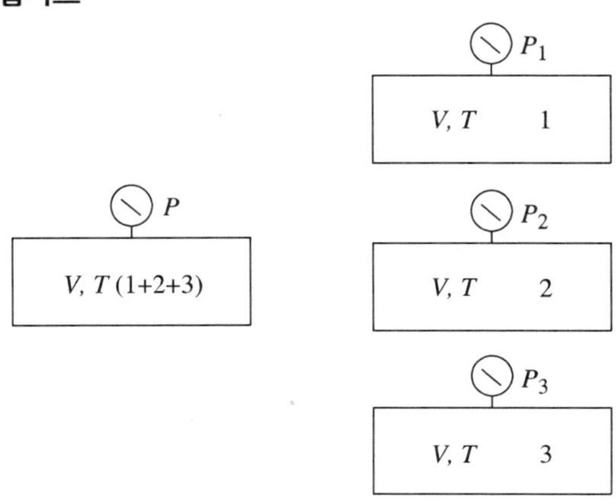

그림 1.62 혼합기체의 상태

[그림 1.62]와 같이 혼합된 중량 G_1, G_2, G_3인 세 종류의 가스는 동일한 압력, 온도 하에서 체적 V_1, V_2, V_3를 차지하고 있으며, 이들은 각각 얇은 격벽으로 분리되어 있는데 격벽을 제거했다고 하면 그 후는 확산으로 균일하게 혼합하여 그림의 오른쪽과 같은 상태로 된다. 즉, n종류의 가스에 대해서는 혼합가스의 중량 G는

$$G = G_1 + G_2 + G_3 + \cdots + G_n \tag{6.2}$$

그런데 혼합기체의 온도를 일정하게 하고, 각 기체가 각각 다르게 동일 압력 하에서 차지하는 체적에 대해서 나타내면

$$V = V_1 + V_2 + V_3 + \cdots + V_n \tag{6.3}$$

로 된다. 혼합 후의 가스를 달톤의 법칙에 의해 [그림 1.61]과 같이 분압으로 나누어 생각하면 각 성분의 가스에 대해서

$$\begin{array}{l} 1\text{ 성분 : } T,\ P_1,\ V,\ G_1,\ R_1 \\ 2\text{ 성분 : } T,\ P_2,\ V,\ G_2,\ R_2 \\ 3\text{ 성분 : } T,\ P_3,\ V,\ G_3,\ R_3 \\ \quad\vdots \qquad\qquad \vdots \\ n\text{ 성분 : } T,\ P_n,\ V,\ G_n,\ R_n \end{array} \tag{6.4}$$

가 된다. 따라서 온도는 일정하므로 다음 관계가 성립한다.

$$\begin{array}{l} P_1 V = G_1 R_1 T = P V_1 \\ P_2 V = G_2 R_2 T = P V_2 \\ \qquad\quad \vdots \\ P_n V = G_n R_n T = P V_n \end{array} \tag{6.5}$$

$$P_1 + P_2 + \cdots + P_n = \frac{V_1 + V_2 + \cdots + V_n}{V} P \tag{6.6}$$

로 되고, 이것이 달톤의 법칙이다. 또 식 (6.6)과 $PV = GRT$에서

$$P_1 = \frac{G_1 R_1 T}{V} = P\frac{G_1 R_1}{GR}\ ,\ P_2 = P\frac{G_2 R_2}{GR\ ,\ \cdots\ P_n} = P\frac{G_n R_n}{GR}$$

$$\therefore\ P_1 + P_2 + \ \cdots\ + P_n = \frac{P}{GR}\left(G_1R_1 + G_2R_2 + \ \cdots\ + G_nR_n\right)$$

$$\therefore\ GR = \sum_{i=1}^{n} G_i R_i \tag{6.7}$$

로 되고, 혼합가스의 가스 정수 R은 식 (6.7)에서 구할 수 있다.

6.2 아마가의 법칙

아마가의 법칙(Amagat's law of additive pressure)은 '기체 혼합물의 체적은 각 성분 기체가 단독으로 혼합물의 온도에서 전압력에 차지하고 있을 때 각 성분의 기체의 체적의 합과 같다'는 법칙이다.

[그림 1.62]에 나타낸 바와 같이 혼합기체의 체적은 각 성분 기체가 T, P 하에서 갖는 체적 V_A, V_B의 합으로 표시된다.

혼합물과 각 성분 기체에 대하여 이상기체의 상태식을 적용하면 다음과 같은 관계가 성립한다.

혼합물 ; $P_1 V = GRT = PV$ (a)

$G = G_A + G_B$ (b)

성분가스 ; $PV_A = G_A RT$ (c)

$PV_B = G_B RT$ (d)

그림 1.63 혼합기체의 상태

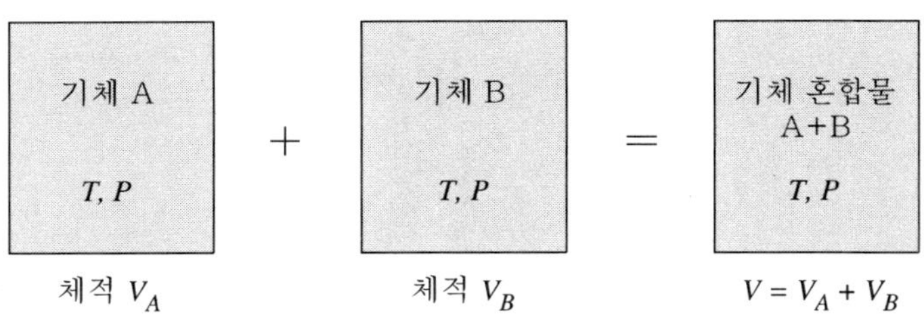

식 (a), (c), (d)를 식 (b)에 대입하면

$$\frac{PV}{RT} = \frac{PV_A}{RT} + \frac{PV_B}{RT}$$

$$V = V_B + V_A$$

가 된다. 따라서 체적 V는 다음과 같이 된다.

$$V = \sum_{i=0}^{k} V_i \ (T, \ P) \tag{6.8}$$

여기서, V_i는 각 성분 기체의 체적(component volume)

예제 6.1 이산화탄소 소화설비의 약제탱크에 3kmol의 질소와 5kmol의 탄산가스가 300K, 10MPa로 들어있을 때 탱크의 부피는 얼마가 되는가?

해설 N_2와 CO_2의 혼합물이므로

$PV = GRT$ 또는 $PV = nRT$에서

혼합기체의 몰 $n = n_{N_2} + n_{CO_2} = 3 + 5 = 8 \text{ kmol}$

$$V = \frac{nRT}{P} = \frac{8 \times 8.3143 \times 300}{10{,}000} = 1.9954 \text{ m}^3$$

예제 6.2 온도 15℃, 압력 750mmHg에서 1kgf의 공기 속에는 0.02kgf의 수증기가 함유되어있다. 이때 수증기의 분압을 구하라.

해설 $P_w V = G_w R_w T$, $P_a V = G_a R_a T$에서 혼합 가스는 $PV = GRT$이고

공기의 $R_a = 29.27 \text{ kgf} \cdot \text{m/kgf} \cdot \text{K}$, 수증기의 $R_w = 47.06 \text{ kgf} \cdot \text{m/kgf} \cdot \text{K}$이다.

$$\frac{P-a}{P} = \frac{G_a R_a}{GR}$$

$$P_w = \frac{G_w R_w}{GR} P = \frac{0.02 \times 47.06}{1 \times R} P$$

그리고 혼합가스의 정수 R은

$$R = R_w \frac{G_W}{G} + R_a \frac{g_a}{G} = 47.06 \frac{0.02}{1} + 29.27 \frac{0.98}{1} = 29.62 \text{ kgf} \cdot \text{m/kgf} \cdot \text{K}$$

따라서 수증기의 분압 P_w는

$$P = 1.0332 \times \frac{750}{760} = 1.02 \text{ kgf/cm}^2$$이므로

$$\therefore P_w = \frac{0.02 \times 47.06}{1 \times 29.27} \times 1.02 = 0.0324\text{kgf/cm}^2$$

1

6.3 혼합기체의 열적 상태량

6.3.1 혼합기체의 질량과 몰분율

혼합기체(mixture gas)의 상태량을 구하기 위해서는 혼합기체가 이루고 있는 각 성분 가스의 상태량을 알아야 한다. 혼합기체의 조성은 각 성분요소의 몰수에 바탕을 둔 몰분석(molar analysis)과 질량에 바탕을 둔 질량분석(gravimetric analysis)의 두 가지가 있다.

만약 k종의 성분으로 된 기체 혼합물에서 총 질량을 m, 몰수를 n이라 하면

$$m = \sum_{i=1}^{k} m_i \tag{6.9}$$

$$n = \sum_{i=1}^{k} n_i \tag{6.10}$$

의 관계가 성립한다.

혼합물기체의 질량에 대한 어느 성분 기체의 질량 m_i의 비를 질량분율(mass fraction) m_{fi}라 한다.

$$m_{fi} = \frac{m_i}{m} \tag{6.11}$$

혼합기체의 몰수(mole number) n에 대한 성분 기체 i에 대한 몰수의 비를 몰분율(mole fraction) y_i라 한다.

$$y_i = \frac{n_i}{n} \tag{6.12}$$

따라서, 질량분율 및 몰분율의 합은 다음과 같다.

$$\sum_{i=1}^{k} m_{fi} = 1 \tag{6.13}$$

$$\sum_{i=1}^{k} y_i = 1 \tag{6.14}$$

물질의 질량 m은 몰수 n과 분자량 M의 곱이므로 다음과 같다.

$$m = nM \tag{6.15}$$

6.3.2 혼합기체의 비중량과 분자량

온도 T, 압력 P인 혼합기체의 체적을 V, 비중량을 γ라 하면 $G = \gamma V$로 된다. 또 각 성분기체를 별도로 같은 온도, 같은 압력 하에서 차지하는 체적을 V_1, V_2, $\cdots$ V_n으로 하고 비중량을 γ_1, γ_2, $\cdots$ γ_n으로 하면 각 기체의 무게 합은

$$G_1 + G_2 + \cdot\cdot\cdot\cdot + G_n = \gamma_1 V_1 + \gamma_2 V_2 + \cdot\cdot\cdot\cdot + \gamma_n V_n$$

$$\gamma = \frac{\gamma_1 V_1 + \gamma_2 V_2 + \cdots + \gamma_n V_n}{V} \tag{6.16}$$

이 된다. 또 각 성분의 분자량을 M_1, M_2, $\cdots$ M_n(kgf/kmol)이라 하고, 혼합가스의 겉보기 분자량을 M이라 하면 $R_u = MR$이므로

$$\gamma = \frac{1}{v} = \frac{P}{RT} = \frac{PM}{R_u T}, \quad \gamma_n = \frac{PM}{R_u T}$$

$$\gamma_n = \gamma = \frac{M_n}{M} \tag{6.17}$$

가 된다. 그러므로 식 (6.9)는

$$\gamma = \gamma\left(\frac{M_1 V_1}{MV} + \frac{M_2 V_2}{MV} + \cdots + \frac{M_n V_n}{MV}\right)$$

$$\therefore M = M_1 \frac{V_1}{V} + M_2 \frac{V_2}{V} + \cdots + M_n \frac{V_n}{V} \tag{6.18}$$

로 된다. 또 식 (6.6)을 대입하면

$$\therefore M = M_1 \frac{P_1}{P} + M_2 \frac{P_2}{P} + \cdots + M_n \frac{P_n}{P} \tag{6.19}$$

로 되고, 혼합가스의 겉보기 분자량이 구해진다.

6.3.3 혼합가스의 가스 정수

같은 온도 T 아래서 균일하게 혼합된 기체의 상태방정식으로부터

$$P_1 V = G_1 R T_1 \,,\ P_2 V = G_2 R T_2 \tag{6.20}$$

$$P_3 V = G_3 R T_3 \ \cdots\ P_n V = G_n R T_n \tag{6.21}$$

로 되며

$$(P_1 + P_2 + \ \cdots\ + P_n)\, V = (G_1 R_1 + G_2 R_2 + \ \cdots\ + G_n R_n) \tag{6.22}$$

로 정리된다. 한편 상태방정식 $PV = GRT$ 로부터

$$GR = (G_1 R_1 + G_2 R_2 + \ \cdots\ + G_n R_n) \tag{6.23}$$

윗 식에 의해서 여러 가지 기체가 혼합되었을 때, 각 기체의 무게와 기체상수를 알면 혼합기체의 기체상수를 구할 수 있다. 즉, $RM = 848$ 의해서 다음과 같이 된다.

$$R = \frac{R_u}{M} = \frac{848}{M}\ (\text{kgf} \cdot \text{m/kgf} \cdot \text{K}) \tag{6.24}$$

6.3.4 혼합기체의 비열

혼합가스의 비열 C는 각 성분가스의 비열을 C_1, C_2, $\cdots$, C_n이라 하면, 혼합가스 G kgf에 대해서 1K 온도를 상승시키는데 필요한 열량은

$$CG = C_1 G_1 + C_2 G_2 + \ \cdots\ + C_n G_n \tag{6.25}$$

이므로

$$C = \frac{C_1 G_1 + C_2 G_2 + \cdots + C_n G_n}{G}\ (\text{kcal/kgf} \cdot ℃\,,\ \text{kJ/kg} \cdot \text{K}) \tag{6.26}$$

로 된다. 이 관계는 정적, 정압 어느 쪽의 비열에도 성립한다.

6.3.5 혼합기체의 온도

혼합기체의 종류, 중량 및 상태량이 각각 서로 다른 n종류의 기체 (P_1, V_1, T_1, c_1, R_1, G_1), (P_2, V_2, T_2, c_2, R_2, G_2), $\cdots$, (P_n, V_n, T_n, c_n, R_n, G_n)을 한 용기 속에 넣어서 혼합했을 때 혼합가스의 상태 (P, V, T, c, R, G)는 어떻게 되는지 생각해보자. 혼합한 용기는 외부와 완전하게 열이 절연되어있다고 하면 T는 혼합 후의 균일한 온도이므로 다음과 같이 된다.

$$C_1 G_1 (T - T_1) + C_2 G_2 (T_{T_2}) + \ \cdots\ + C_n G_n (T - T_n) = 0$$

$$(C_1G_1(T-T_1)+C_2G_2(T_{T_2})+\ \cdots\ +\ C_nG_n)T$$
$$=C_1G_1T_1+C_2G_2T_2+\ \cdots\ +C_nG_nT_n$$

$$T=\frac{C_1G_1T_1+C_2G_2T_2+\ \cdots\ +C_nG_nT_n}{C_1G_1+C_2G_2+\ \cdots\ +C_nG_n} \tag{6.27}$$

예제 6.3 대기 중의 공기 1kgf의 성분 속에 산소 0.232kgf, 질소 0.768kgf이라고 가정하면 ① 대기의 가스정수, ② 대기의 분자량은 얼마인가? 단, 산소 $R=26.49$ kgf·m/kgf·K, 질소 $R=30.26$kgf·m/kgf·K이다.

해설 ① 대기의 가스정수 R

$$R=\frac{G_{산소}}{G}R_{산소}+\frac{G_{질소}}{G}R_{질소}$$

$$=\frac{0.232}{1}\times 26.49+\frac{0.768}{1}\times 30.26=29.385\text{kgf}\cdot\text{m/kgf}\cdot\text{K}$$

② 대기의 분자량

$$M=\frac{848}{R}=\frac{848}{29.385}=28.85\ \text{kgf/kmol}$$

예제 6.4 어떤 연소가스를 분석하여 체적비가 다음과 같이 나왔다.

CO_2 : O_2 : N_2 = 13.1 : 7.7 : 79.2

이 가스를 압력 0.9bar, 온도 20℃에서의 비체적을 구하라.

해설 연소가스의 각 분자량은 $CO_2=44.01$, $O_2=32$, $N_2=28.016$이므로

평균 분자량 $M=\frac{13.1}{100}\times 44.01+\frac{7.7}{100}\times 32+\frac{79.2}{100}\times 28.016=30.41\ \text{kgf/kmol}$

$Pv=RT$에서 비체적

$$v=\frac{RT}{P}=\frac{R_0T}{MP}=\frac{8.314\times 10^3\times(20+273)}{30.41\times 0.9\times 10^5}=0.89\ \text{m}^3/\text{kgf}$$

예제 6.5 공기는 아래와 같은 조성을 가지고 있다. 각 성분가스의 비열로부터 공기의 정적비열 C_v, 정압비열 C_p를 구하라.

성 분	체적비	중량비
질 소 N_2	0.7803	0.775
산 소 O_2	0.2099	0.232
아르곤 Ar	0.0098	0.0135

1

해설 표 (1.21)으로부터

$C_p(N_2)=0.2428$kcal/kgf · ℃, $C_v(N_2)=0.1774$kcal/kgf · ℃

$C_p(O_2)=0.2184$kcal/kgf · ℃, $C_v(O_2)=0.1562$kcal/kgf · ℃

$C_p(Ar)=0.125$kcal/kgf · ℃, $C_v(Ar)=0.076$kcal/kgf · ℃

식 (6.26)으로부터

$$C_p(air) = C_p(N_2)\frac{G_{N_2}}{G} + C_p(O_2)\frac{G_{O_2}}{G} + C_p(Ar)\frac{G_{Ar}}{G}$$

$$=0.2482 \times 0.755 + 0.2184 \times 0.232 + 0.125 \times 0.0135 = 0.240\text{kcal/kgf} \cdot ℃$$

$$C_v(air) = C_v(N_2)\frac{G_{N_2}}{G} + C_v(O_2)\frac{G_{O_2}}{G} + C_v(Ar)\frac{G_{Ar}}{G}$$

$$=0.1774 \times 0.755 + 0.1562 \times 0.232 + 0.076 \times 0.0135 = 0.171\text{kcal/kgf} \cdot ℃$$

예제 6.6 질소가 용해되어있는 50kgf의 할론 1211 용액에서 질소의 몰분율이 0.1이라면 용해된 질소와 하론의 양은 각 몇 kgf인가? 단, 할론 1211의 분자량은 165, 질소의 분자량은 28이다.

해설 N_2 ; $M_1=28$, $n_1=0.1$

할론 **1211** ; $M_2=165$, $n_2=0.9$

몰수 $n=\frac{G}{M}$이므로

질소의 질량$=\frac{50\times(n_1M_1)}{n_1M_1+n_2M_2}=\frac{50(0.1\times28)}{0.1\times28+0.9\times165}=0.93$ kgf

하론의 질량$=\frac{50\times(n_2M_2)}{n_1M_1+n_2M_2}=\frac{50(0.9\times165)}{0.1\times28+0.9\times165}=49.07$ kgf

연습문제

1. 공기는 산소와 질소의 혼합가스로 체적의 1/5이 산소이고, 나머지는 질소이다. 표준상태 0℃, 760mmHg에서 공기의 비중량은 얼마인가?

   정답 $1.286kgf/m^3$

2. 가스계 소화설비 중 용기 내에 A가스와 B가스가 같은 몰(mol)로 혼합되어 있다. 이들 가스가 혼합되기 전의 온도에서 A기체의 증기압은 20기압이고 B기체의 증기압은 40기압이다. 용기 내의 압력은 얼마가 되겠는가? **Hints** 라울의 법칙

   정답 30기압

3. 기체상태의 하론 1301은 공기보다 몇 배 무거운가? 단, 하론의 분자량은 149이고, 공기는 79%의 질소와 21%의 산소로만 구성되어 있다.

   정답 5.17배

4. 질소가 용해되어 50kgf의 하론 1301 용액에서 질소의 몰분율이 0.08이라면 용해된 질소의 양은 얼마인가? 단, 할론 1301의 분자량은 149, 질소의 분자량은 28이다.

   정답 0.8kgf

5. $15kgf/cm^2$, 100℃인 기체 혼합물의 성분이 20kgf의 질소와 10kgf의 산소로 이루어져 있다. 질소의 분압은 얼마인가?

   정답 $10.43kgf/cm^2$

제2부 화재열전달

(Heat Transfer for Fire Induced)

제1장 화재열전달을 배우기 앞서

(Before Learning Heat Transfer for Fire Induced)

화재열역학은 열적으로 평형상태에 있는 계(계의 최초와 최종 상태)에 대해 고찰하는 것으로 열역학 제1법칙(에너지의 보존), 열에너지의 이동과 방향성을 나타내는 열역학 제2법칙, 모든 물질에 공통적인 엔트로피의 기준을 정한 열역학 제3법칙을 기초로 하는 분야이다. 그러나 화재열전달은 화재상황에서 한 물체(가연물) 또는 한 물체와 다른 물체 사이에 온도가 다를 경우, 고온부분에서 저온부분으로 열이 이동한다는 것은 열역학 제2법칙을 근거로 온도차의 결과로서 물체의 내부 또는 사이에서 발생하는 열에너지가 어느 정도의 크기로 전달(이동)하는지를 연구하는 분야이다.

표 2.1 열역학 및 열전달의 비교

열 역 학	열 전 달
• 평형상태 간의 변환 에너지 산출 • 정적, 기본적 • 에너지 변환 시스템의 효율 향상	• 평형 상태간의 에너지 이동과정 산출 • 동적, 실질적 • 열전달률의 예측 및 조절

1.1 열전달 메커니즘(Mechanism of Heat Transfer)

열전달 메커니즘에는

- 열전도(conduction heat transfer) : 열에너지의 확산
- 대류 열전달(convection heat transfer) : ① 자연대류, ② 강제대류, ③ 혼합대류
- 복사 열전달(radiation heat transfer) : ① 광자(photons) 또는 전자기파(electro-magnetic wave), ② 전자파에 의한 열에너지의 이동

3가지가 있고, 실제 열이동 상황에서는 열전달 메커니즘 중 하나만 단독으로 일어나는 경우도 있지만, 대부분의 경우 아래 표와 같이 둘 또는 세 가지 메커니즘이 동시에 발생한다.

매 질	주요 열전달 메커니즘	가능한 열전달 메커니즘
고 체	전도	전도, 복사
액 체	유동장 : 대류 + 복사 정지계 : 전도 + 복사	전도, 대류, 복사
기 체	대류	전도, 대류

실제 우리 생활 속에서의 열전달 예를 통해 열전달 메커니즘을 살펴보기로 한다. 예를 들어, [그림 2.1]에 나타낸 뜨거운 음료를 생각해보자. 음료수는 3가지 열전달 방법에 의해 주위로 열에너지를 잃게 된다. 열에너지는 액체로부터 고체 컵으로 전도되며, 따라서 컵의 온도는 상승된다. 따뜻한 컵은 주위공기로 열에너지를 대류하고 복사하며, 나머지는 컵이 놓인 탁자로 전도된다. 그 음료수 또한 표면을 통해 주위로 직접 열에너지를 대류, 복사한다.

그림 2.1 **탁자위의 따뜻한 음료의 열전달 현상**

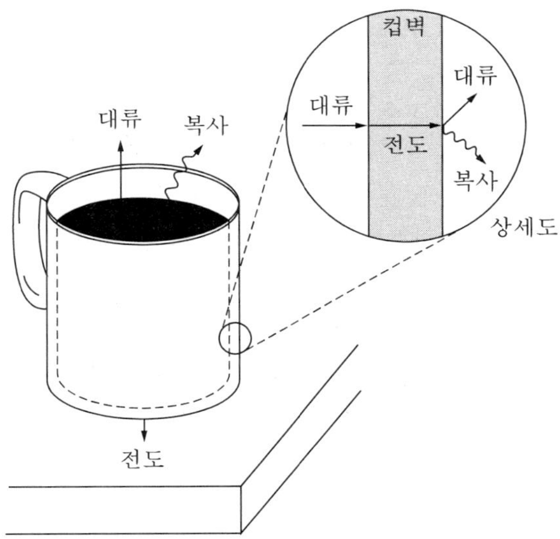

또 우리의 몸은 우리가 먹는 음식의 신진대사 과정을 통해 열에너지를 생성한다. 신체의 평균온도인 36.5℃는 신체로부터 주위로 대류와 복사를 통해 이 에너지를 이동시켜 유지된다. 음식을 조리하는 것은 음식물 내부에서의 전도와 음식과 주위 사이의 대류와 복사를 포함하는 시간 의존성 열전달 과정이다. 건물내부는 로(爐), 보일러, 그리고 열펌프와 같은 여러 기계장치에 의해 안락한 온도가 유지된다. 건물은 벽, 지붕, 창문과 문을 통해 외부와 열에너지를 교환한다. 냉동·공조 시스템은 사용되는 유체와 그 주위 사이에서 열에너지를 전달시켜주는 응축기와 증발기라 불리는 열 교환기를 가진다. 전기장치는 열에너지를 생성하게 되는데, 이 열에너지는 과열과 그로 인해 수반되는 장치의 파손을 막기 위하여 주위로 제거되어야 한다. 모든 일상생활과 기술에서뿐만 아니라 소방공학에서도 열전달의 역할은 매우 중요하다.

1.1.1 열전도

열이 분자의 거시적 운동 없이 물체 내(고체, 액체, 기체에 관계없이)를 전달되는 경우로서 인접하는 분자는 서로 물리적으로 접촉하면서 분자진동의 에너지나 전자의 에너지를 전달한다고 해석된다. 그리고 온도가 높은 쪽에서 낮은 쪽으로 전달된다는 것은 본질적인 일이며, 분자의 충돌은 탄성적으로 일어나고, 또 전자의 경우에는 고온측에서 저온측으로 전자의 확산에 의해서 일어난다. 열전도의 전 열량(全熱量)은 그 물체의 성질과 내부에너지의 고저(온도구배)에 의존됨을 실험적으로 구해졌는데, 이 관계를 Fourier의 법칙이라고 한다.

1.1.2 대류 열전달

기체 또는 액체와 고체 사이에서 거시적 운동을 동반하면서 열을 전달하는 경우로서, 이 과정의 기구는 분자간의 내부에너지의 전달(열전도)과 유체 매체의 운동과의 두 가지 기구에 의한 결과이다. 대류에는 반드시 열전도가 부수적으로 일어나는데 그것은 서로 이웃하는 물질부분간에 온도차가 있으면 반드시 열전도과정이 일어나기 때문이다. 그러므로 대류열전달은 열대류와 열전도가 조합된 열전달의 과정이다. 뜨거운 고체의 표면위로 차가운 공기의 유동이 직접적으로 냉각, 화재의 모든 단계에서 발생하나 특히 열복사 수준이 낮은 장소의 초기에 중요하다. 우리 생활 속에서의 대류 열전달 현상을 살펴보기로 한다.

(1) 자연대류 - 냉난방 방향

뜨거운 공기는 가벼워 위로 올라가고 차가운 공기는 무거워 아래로 내려온다는 것으로 많은 판단을 할 수가 있다. 에어컨은 사람들이 더워 찬바람을 쏘이기 위해 바람의 방향을 아래로 해 놓는 경우가 많은데, 이것은 밖에서 땀을 흘리고 들어온 사람에게 도움이 될 뿐이다. 평상시의 냉방은 바람을 위로 향하게 하는 것이 좋다. 그러면 방 위쪽의 더운 공기를 식히고 자연스럽게 무거운 찬 공기는 아래로 내려오게 된다. 그러나 만약 아래로 냉방 바람을 계속 내보내면 방 위쪽의 더운 공기는 그대로 남아 방안의 공기는 아래는 차고 위는 덥게 성층화(成層化)될 것이다. 그렇다면 난방 바람은 당연히 아래를 향해야 할 것이다. 그러면 아래로 내보내진 더운 바람은 자연 대류로 방 위쪽으로 올라가 순환하게 될 것이다. 이런 것을 생각하면 자동차 안의 에어컨이나 히터의 배출 조정은 항상 현명하게 할 수 있을 것이다.

(2) 강제대류 - 선풍기와 에어컨

유동에 의한 대류 효과는 열전달이 없을 때에 비해 열전달에 있어 너무도 뚜렷한 차이를 보이기 때문에 생활 속에서도 자주 접할 수 있다. 가장 대표적인 예가 선풍기이다. 여름에 더운 날 선풍기를 튼다고 해서 방안의 공기 온도가 낮아지는 것은 전혀 아닌데도 시원한 것은 강제 대류에 의해 사람의 피부와 공기와의 열전달 계수가 높아졌기 때문이다. 그러나 이러한 선풍기도 주변 공기 온도가 피부의 표면온도보다 낮은 경우에만 효과가 있다. 즉, 사막과 같이 40도를 웃도는 공기온도에서 선풍기를 튼다면, 혹은 한증막 안에서 선풍기를 튼다면 열전달 계수만을 높이는 선풍기는 주변의 뜨거운 열기를 피부로 빠르게 침투시켜 그 안의 사람을 고문할 뿐이다.

에어컨과 선풍기를 동시에 사용하면 에너지 절약효과가 있다는 것을 대류 열전달의 기본 관계식인 뉴턴의 냉각 법칙(Newton's cooling law)으로부터 고찰해 볼 수 있다.

$$q = h_c \ \Delta T \text{ (열전달율 = 대류 열전달 계수} \times \text{온도차)}$$

냉방효과를 높이는 것은 피부에서 공기로의 q를 높이는 것을 의미한다. 위 식에서 알 수 있듯이 이것은 피부와 공기의 온도차를 크게 하고, 대류 열전달 계수를 높이는 것으로 달성할 수 있다. 에어컨을 조금 약하게 사용하여 온도차의 벌어짐이 조금 적어지더라도 선풍기의 도움으로 열전달계수가 좀 더 높아진다면, 에어컨만으로 온도차를 크게 벌려 q를 충분히 얻을 수 있을 것이다.

이런 간단하고 근본적인 열전달 관계식을 에어컨에 좀 더 이용할 수 있는 방법은 없을까? 에어컨에 기계적 일을 가함으로써 자연스러운 열전달을 거슬러 찬 곳에서 더운 곳으로 열전달을 시키는 시스템이다. 방안에 냉기를 불어넣어 주듯이 에어컨은 실외기를 통해 열을 방출해야 한다. 실외기의 표면온도는 외부의 공기 온도보다 높게 조절된다. 그래야만 열을 방출할 수 있기 때문이다. 이를 돕기 위해 실외기에는 보통 팬이 설치되어 있어 인위적으로 바람을 불어 넣어 준다. 즉, 강제 대류를 일으켜 열전달 계수를 높이려는 조작이다. 이 팬의 속도나 효율은 이미 정해져 있는 것이므로 위 뉴턴의 냉각법칙에서 우리는 대류 열전달 계수를 변화시킬 수 없다. 그렇다면 온도차, 즉 실외기 표면과 외부 공기와의 온도차는 어떠한가? 장소를 선택할 수 있다면 그늘진 곳을, 방향은 북향을 찾아 실외기를 설치한다면 어느 정도는 온도차를 크게 할 수 있다. 여름철의 그늘과 양지의 온도차이는 누구나 알 정도로 확연하다.

(3) 그 외의 강제 대류 - 겨울바람과 목욕탕 등

자연풍이든 선풍기 바람이든 여름철엔 고마운 강제 대류 현상이 겨울에는 반대가 되는 것도 같은 이유임을 이쯤에서 누구나 알 수 있을 것이다. 겨울에 살을 에는 듯한 바람도 역시 열전달계수를 높이기 때문이다. 겨울바람 속의 몸을 움츠린 사람은 강제 대류의 외부 유동에 설명되어 있는 실린더 주변에서의 유동과 다름이 아니다. 실린더 주변에서의 열전달계수는 바람이 처음으로 부딪히는 실린더의 맨 앞쪽, 즉 정체 점(stagnation point)에서 가장 크다. 그러므로 우리는 바람을 정면으로 맞는 것보다는 조금이라도 빗겨서 맞아야 추위를 덜 느낄 수 있다.

공중목욕탕에 가 본 사람이라면 뜨거움을 참으며 온탕에 몸을 담갔다가, 다른 사람이 들어오는 바람에 물이 출렁여 물이 더욱 뜨겁게 느껴졌던 경험이 있을 것이다. 이제 우리는 이에 대한 이유를 알 뿐만 아니라, 한증탕에 들어가 체조까지 하는 사람들을 좀 더 경이롭게 쳐다보게 될 것이다. 유체 자체의 움직임뿐만 아니라 우리 몸의 움직임에 의한 유체의 상대적 운동도 역시 강제 대류를 일으키기 때문이다.

이런 것을 겨울철 캔 커피 난로(?)를 이용해 보면 어떨까. 추운 날 따뜻한 캔 커피는 마시기 전 충분히 주머니 난로만큼의 역할을 하곤 한다. 강풍으로 이내 미지근해져 버린 캔 커피는 흔들어 주면 그럭저럭 두세 번 손을 따뜻하게 해주는데 사용할 수 있다.

(4) 혼합 대류

강제 대류를 말할 때 보통 밀도 차에 의한 부력의 영향은 무시하는 경우가 많다. 그러나 대류열전달은 표면 주의 유체의 가열 혹은 냉각을 수반하게 되고, 이것은 때에 따라 중요하게 고려되어야 하는 부력을 발생시키게 된다. 강제 대류를 일으키는 유동이 충분히 강하지 못해 위와 같은 자연 대류를 함께 고려해야 하는 경우를 혼합 대류라 한다.

부력의 방향은 때에 따라 강제 대류 성분을 강화 혹은 약화시키게 되는데, 예를 들어 [그림 2.2]의 왼쪽과 같이 부력의 방향이 위를 향할 때 바람이 아래에서 위로 분다면 대류열전달은 더욱 활발해 질 것이다. 반면 [그림 2.2]의 오른쪽 그림과 같이 부력의 방향이 바람의 방향과 반대여서 강제 대류를 방해하게 되면 대류열전달이 감소할 것이다.

그림 2.2 건물에서 자연대류와 강제대류

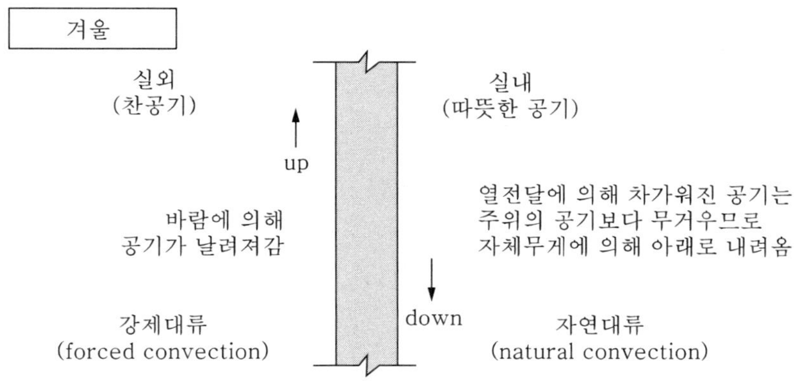

1.1.3 복사 열전달

열원과 수열체 사이에 매개체 없이 물체간에 에너지가 전달되는 경우, 열은 빛이나 전파와 같이 파동성, 입자성을 동시에 가지며, 복사에너지는 진공 중에서도 전달된다.

열복사의 특징은 그것이 열전도와 열대류가 동시에 일어나도 이것들에 의한 영향을 조금도 받지 않는다는 점이다. 그러므로 열복사에 의해서 전달되는 열량은 열전도나 열대류에 의해서 전달되는 열량과는 별개로 계산한 후 이들 열량을 합하면 된다. 우리 생활 속에서의 복사 열전달 현상을 살펴보기로 한다.

(1) 건물재료에서 복사에 의한 상호작용

건물재료에서 복사에 의한 상호작용은 재료자체의 특성과 복사 에너지의 파장에 따라 달라진다.

그림 2.3 건물재료에서 복사에 의한 상호 작용

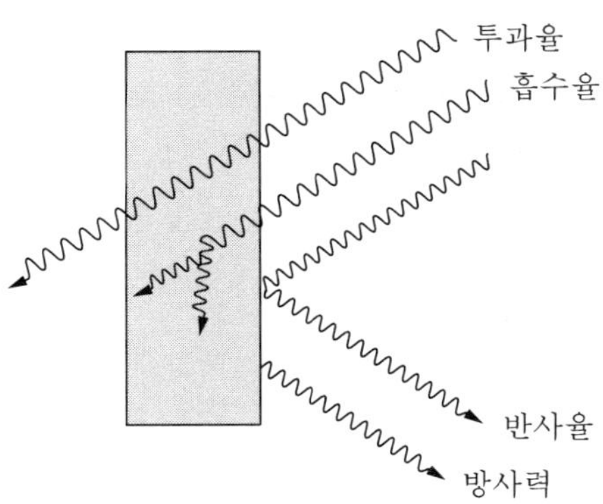

그림 2.4 유리창의 복사특성

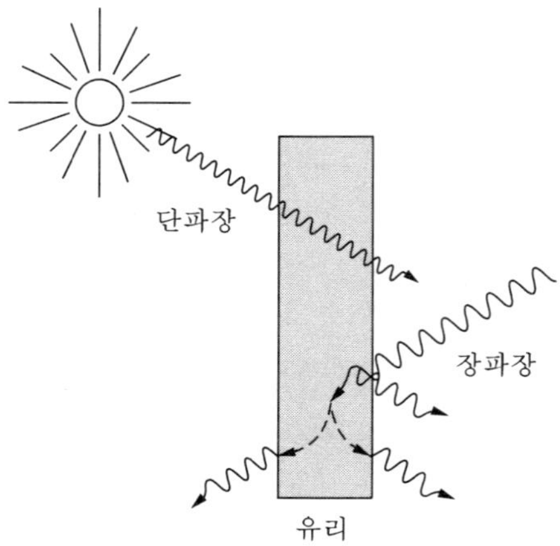

- 투과(transmittance) : 복사 에너지가 재료를 통과하는 것
- 흡수(absorptance) : 복사 에너지가 현열의 형태로 변환되어 재료 내에 저장되는 것
- 반사(reflectance) : 복사 에너지가 재료 표면에서 반사되는 것
- 방사(emittance) : 복사 에너지가 재료 표면에서 방출되는 것. 재료내의 현열량은 감소됨

(2) 유리창의 복사 특성

- 태양 복사 에너지와 같은 단파(short wave)의 복사 에너지는 약 85%를 투과시킴.
- 실온 정도의 물체로부터 방사된 장파(long wave) 복사 에너지는 전혀 투과시키지 않고 일부는 반사, 일부는 흡수시키며 흡수된 장파 복사 에너지는 유리창에서 다시 방사됨.

(3) 온실 효과(greenhouse effect)

- 태양으로부터의 단파 복사 에너지는 유리창을 투과, 실내 물체에 흡수됨.
- 복사 에너지를 흡수한 실내 물체는 온도가 상승하고 장파 복사 에너지를 방사함.
- 실내 물체로부터 방사된 장파 복사 에너지는 유리창을 투과하지 못해 실내에 머물게 되므로(heat trap) 실내 온도가 상승함.

그림 2.5 온실 효과

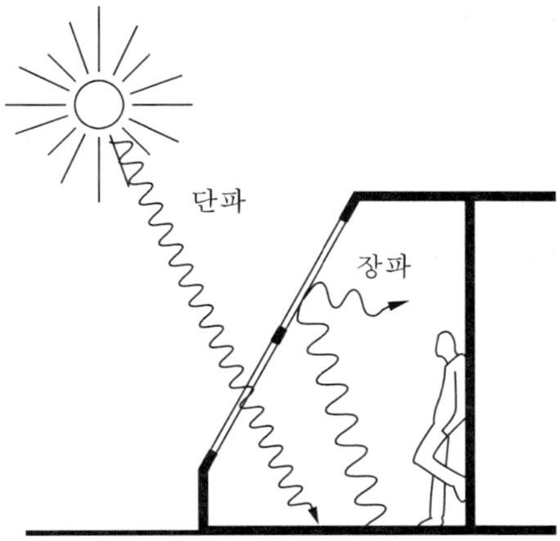

1.1.4 상변화를 동반하는 열전달(heat transfer with phase change)

액체가 비등을 하여 증기로 변하는 경우의 열이동도 독특한 기구에 의해서 이루어지고 있다. 이와 같이 물질의 상변화(phase change)를 동반하는 열이동에서는 잠열의 흡수, 방출을 동반하는 공통점이 있지만, 각각의 상변화에 따라 열이동의 기구에도 특징이 있다.

액체의 자유표면에서만 증기가 발생하는 것은 증발(evaporation)이며, 액체내부로부터도 증기포가 발생하는 것이 비등(boiling)이다. 증발, 비등의 역현상이 응축(condensation)이며, 이밖에 고체상태와 액체상태간의 융해(melting), 응고(solidification) 등에서의 열이동 문제도 널리 응용되고 있다.

1.2 화재에 의한 열전달

화재에서 열전달은 발화(ignition)와 가연성 고체 불꽃의 확산(spread of flame over combustible solids), 그리고 구획 경계와 구조의 요소를 따라 열전달 지식이 요구되는 화재의 열저항에 관한 문제에서 중요하다.

화재란 산소와 공기가 산화반응에 의하여 충분한 양의 빛과 에너지를 발산하는 것으로 이 에너지가 주변으로 전달되어 화재가 확산된다. 화재에 의한 열전달 메커니즘에도 전도, 대류, 복사가 있다. 이 세 가지 모두 화재와 관련이 있으나 흔히 한 가지 현상이 어떤 단계에서 어떤 위치에서 지배적으로 작동될 수도 있다. 하지만, 연료통 지름이 약 0.3m보다 크면 화재에 영향을 미치며, 화재가 일어났을 경우 복사가 단독으로 일어나는 일은 거의 없고 전도나 대류와 동시에 일어나는 경우가 많다.

따라서 화재발생에 의한 열에너지의 이동은 전도, 대류, 복사 세 가지 메커니즘의 복합 형태로 동시에 이동된다. 화재연구에서 열에너지 이동의 확인은 매우 중요하다. 실내 화재에서 대류와 복사열이, 옥외 화재에서는 복사열이 주요 열 이동경로가 된다. [그림 2.6]은 건물내부에 화재가 발생했을 때 열에너지가 이동(전달)하는 경로를 나타낸 것이다.

그림 2.6 화재에 의한 열전달

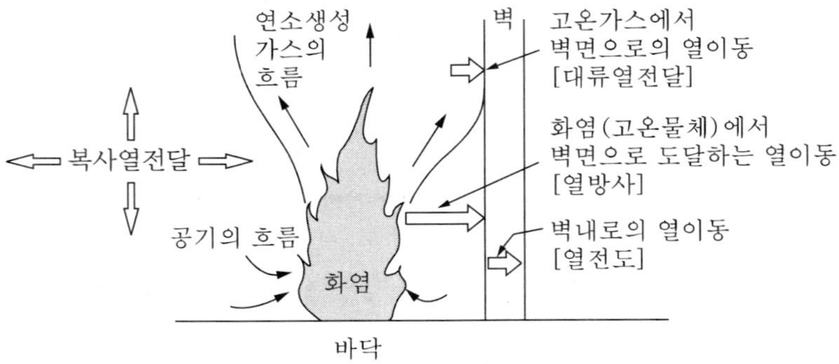

예를 들어, 플래쉬 오버(flashover)가 일어나는 과정에서 열에너지의 이동을 설명하면, 실내에서 화재가 일어나면 가열된 실내공기는 대류작용에 의하여 천장으로 올라가서 천장을 따라 수평이동 하게 되고, 이때 천장을 따라 흐르는 뜨거운 공기를 천정 제트라 한다. 천정 제트가 지속적으로 흐르게 되면 천장을 가열하게 되고, 가열된 천장으로부터 복사열을 방출하게 된다. 초기 화재가 발생한 가연물의 불꽃에서도 복사열은 방출된다. 일정 거리에 떨어져 있는 다른 연료는 일정량의 열에너지를 받게 되면 열분해 되어 가연성 증기를 발생하게 되며, 이러한 상태를 플래쉬 오버 화재상태라고 한다. 화재가 발생하게 되면, 실내의 온도는 1200℃ 이상 상승하게 되어 인접 실로 화재가 전파되게 되는데 이때 주요 열에너지 이동경로는 열전도이다. 열전도는 벽면, 천장, 기타 구조물 등을 통해서 이루어지고, 이를 방지하기 위하여 주요 구조체 및 벽면, 바닥면 등에 대한 내화시험을 실시하여 정해진 시간동안 화재가 열전도에 의해서 전파되는 것을 방지한다.

(1) 열전도 현상

- 가연성 고체에서의 발화 또는 화염확산 및 화재 저항과 관련된 문제에서 중요
- 구획의 경계를 통한 구조부재로 열전달
- Fourier 법칙 : $q_x = -K\dfrac{\Delta T}{\Delta x}$ 적용

(2) 대류 열전달 현상

- 가스 또는 액체가 고체사이의 열교환과 유동매체의 이동현상
- 복사 열전달 수준이 낮은 초기 단계에서 중요
- 대류 열전달 현상에 의해 감지기 동작과 스프링클러 헤드 동작
- Newton 냉각법칙 : $q_x = h\,\Delta T$ 적용

(3) 복사 열전달 현상

- 열원과 수열체 사이에 중간매체를 필요로 하지 않고 전자기파에 의하여 공간을 통하여 전달되는 에너지 이동현상
- 구획 내에서 화재성장과 확산에서 중요
- 원격 발화현상의 열전달로 작용
- 플래시 오버(flash over)를 일으키기 위한 조건으로 복사에 의한 바닥 수열량 20kw/m^2
- 개방계 산림연료나 건물 간 화재확산의 메커니즘으로 작용
- 복사열은 거의 모든 확산화염에서 생성되는 아주 미세한 검댕의 입자에 의하여 흡수되어 특징적으로 노란색 광휘의 원천
- Stefan−Boltzman 식 : $q_x = \epsilon\sigma T^4$ 적용

(4) 복사열을 흡수하는 것

- 이산화탄소, 수증기 및 검댕이
- 공기 중에 이산화탄소량은 일정하고 수증기 양이 변하게 되고, 습도가 높을 때에는 복사열의 흡수가 많아져 후덥지근하게 됨
- 대기 투과도와 관련이 있음

1.3 화재에 의한 기체 및 열에너지의 이동

화재가 발생하여 구획화재를 해석할 때 화재실의 내부는 잘 교반(mixing)된 연소 용기로 간주하여 접근하는 경우가 많다. 다시 말하면, 화재실에는 화재로부터 발생되는 물리량 즉, 온도를 비롯한 모든 물리량(연기량, 공기량, 열에너지 등)이 동일하게 작용한다고 가정(질량보존법칙과 에너지보존법칙)하고 있으며, 이 가정은 많은 화재실험의 결과에서도 실용적으로 충분히 타당성 있는 결과로 판단하고 있다.

일반적으로 화재실은 건축물의 많은 공간 속의 하나지만 모델링의 단순화를 위해 외부

공간 속에 단독으로 존재하는 구획을 고려한다. 화재발생 시 화재실에서는 [그림 2.7]과 같이 화재실의 가연물로부터 열분해 가스가 발생하며, 개구부의 상부에서는 고온가스(연기 등)가 배출되고 하부에서는 외부 공기가 유입되는 것으로 가정한다. 이때 유입되는 공기는 화원에 산소를 공급하고 화재실의 연소가스를 떠받치고 있게 된다.

그림 2.7 화재실에서 연기 및 열에너지의 이동

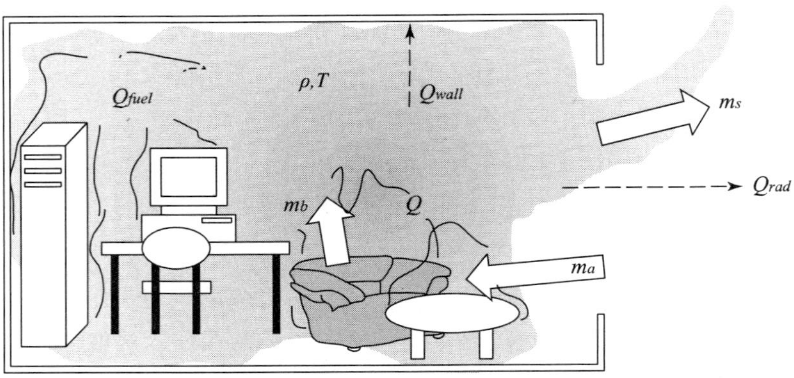

[그림 2.7]에서 연기와 열에너지의 이동을 규명하기 위해 앞서 정의한 화재로부터 발생되는 모든 물리량(연기량, 공기량, 열에너지 등)이 동일하게 작용하는 것으로 가정한다. 화재진행 시간에 따른 연소가스 및 유입 공기량은 질량보존법칙을 적용하고, 열에너지의 발생 및 이동은 에너지보존법칙을 적용하여 살펴보기로 한다.

첫째, 화재로부터 발생되는 연소가스, 개구부의 하부로 유입되는 공기와 상부로 배출되는 고온가스(연기 등)의 이동량은 질량보존법칙을 적용하면 식(2.1)과 같이 정의할 수 있다.

$$V\frac{d\rho}{dt} = m_b + m_a + m_s \tag{2.1}$$

여기서, m_b : 가연물의 연소량(kg/s)

m_a : 공기의 유입량(kg/s)

m_s : 고온가스의 배출량(kg/s)

ρ : 화재실의 가스 밀도(kg/m^3)

V : 화재실의 체적(m^3)

t : 화재진행 시간(s)

둘째, 화재실의 가연물이 연소될 때 발생하는 발열량, 가연물의 연소에 의해 발생된 발열량이 주변의 가연물에 전달되는 열량과 화재실 주변 벽으로 전달되는 열량, 고온가스가 개구부로 배출될 발생하는 손실 열량, 열분해 가스가 방출될 때 발생하는 열량, 외부 공기가 유입될 때 전달되는 열량 등은 제1부 제3장에서 정의된 에너지보존법칙을 적용하면 식(2.2)와 같이 정의할 수 있다.

$$C_p V \frac{d(\rho T)}{dt} = \dot{Q} - \dot{Q}_{fuel} - \dot{Q}_{wall} - \dot{Q}_{rad} + C_p m_b T_p + C_p m_a T_\infty + C_p m_s T \quad (2.2)$$

여기서, $\dot{Q}$: 연소에 의한 발열량(kJ)

$\dot{Q}_{fuel}$: 가연물에 전달되는 손실 열량(kJ)

$\dot{Q}_{wall}$: 주변 벽에 전달되는 손실 열량(kJ)

$\dot{Q}_{rad}$: 고온가스가 개구부로 배출될 발생하는 손실 열량(kJ)

T : 화재실의 가스 온도(K)

T_∞ : 공기 온도(K)

T_p : 연소가스의 방출 온도(K)

C_p : 가스 및 공기 의 비열(kJ/mol·K)

식(2.2)의 왼쪽 항은

$$C_p V \frac{d(\rho T)}{dt} = C_p V \rho \frac{dT}{dt} + C_p T \left(V \frac{d\rho}{dt}\right)$$

으로 나타낼 수 있고, 이 식의 오른쪽 두 번째 항에 식(2.1)을 대입하면 식(2.2)는 화재실의 가스온도의 변화에 대한 식(2.3)으로 나타낼 수 있다.

$$\frac{dT}{dt} = \frac{\dot{Q} - \dot{Q}_{fuel} - \dot{Q}_{wall} - \dot{Q}_{rad}}{C_p \rho V} + \frac{m_b (T - T_p) + m_a (T - T_\infty)}{\rho V} \quad (2.3)$$

식(2.3)을 화재진행 시간에 대해 적분하면 화재진행에 따른 화재온도를 구할 수 있고, 또는 화재진행 시간에 대한 연소열, 열이동, 기체(공기, 가스)의 유량 등 화재현상에 관여되는 각 요소를 결정할 수 있다.

제 2장 열전도

(Conductive Heat Transfer in Fire)

2.1 개요

열전도란 고체나 정지해 있는 액체 등의 온도가 다른 두 물체가 접촉하고 있을 때 고온의 물체(고 열원)에서 저온의 물체(저 열원)로 열이 이동하는 현상(물체 내 분자가 기본 위치를 바꾸지 않으면서 진동에 의해 에너지를 전달하는 현상)을 말한다. 예를 들면, [그림 2.8]과 같이 건물내부의 높은 기온이 건물외부의 낮은 기온으로 열 이동하는 경우와 방바닥의 높은 기온이 천장의 낮은 기온으로 열이 이동하는 현상을 말한다.

그림 2.8 건물 구조체에서 전도에 의한 열전달

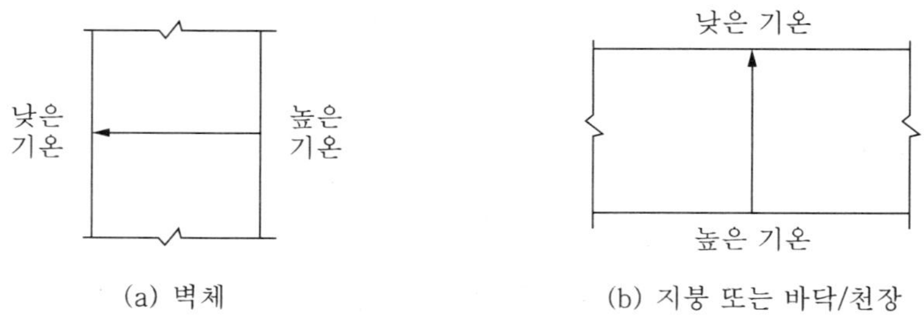

2.1.1 열전달의 방향과 좌표계

열전달은 크기와 방향이 있다. 혼동을 피하기 위해 계를 기준으로 좌표축에 양의 방향으로 진행할 경우 '+'로 잡고 음의 방향으로 진행할 경우에는 '−'로 정하고, 3차원 공간에서 열전달의 위치와 방향을 표시하는 기준은 좌표계를 이용한다. 좌표계(coordinate)에는 직각좌표계, 원통좌표계, 구좌표계가 있다(그림 2.9 참조). 원통형이나 구형을 제외한 나머지 대부분의 경우에 직각좌표계를 이용한다.

(1) 직각좌표계(rectangular coordinate)

직교하는 3개의 축 x, y, z으로 표시되는 좌표계로서 축간의 각도가 90°로 일정하여 임의의 좌표를 표시하기가 간편하다.

(2) 원통좌표계(cylindrical coordinate)

반지름(r), 각도(θ)로 표시되는 좌표계로서 기둥(column) 등의 원통형 구조를 표시하는데 편리하다.

(3) 구좌표계(spherical coordinate)

반지름(r), 각도(θ, ψ)로 표시되는 좌표계로서 구면을 표표시하는데 편리하다(공학에서 구면을 표시하는 경우가 적어 사용하는 경우는 별로 없다).

그림 2.9 건물 구조체에서 전도에 의한 열전달

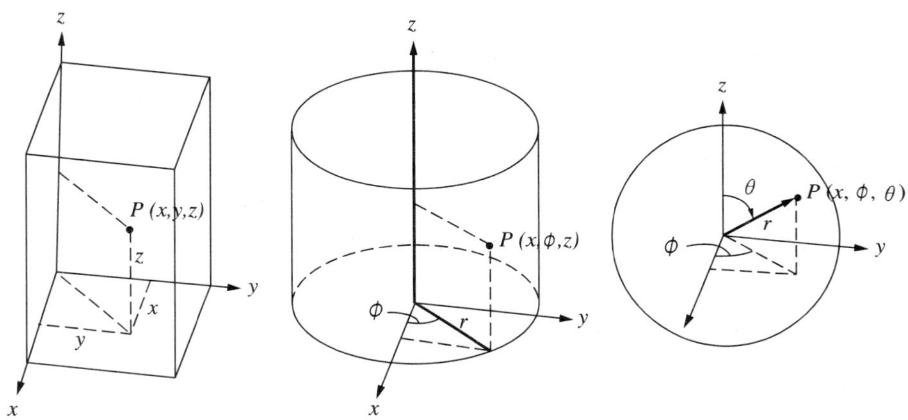

2.2.2 정상상태와 비정상상태

정상상태는(steady state)는 시간의 변화에 따라 계의 변화가 없는 경우로서 시간이 변수가 되지 않으므로 공간좌표가 정해지면 상태도 고정된다고 볼 수 있다. 비정상상태(unsteady state)는 과도(transient)상태라고도 하며, 시간에 따라 계가 변하는 경우 계의 상태는 위치와 시간에 따라 계속 변화하므로 더욱 복잡해진다. 실제 공학계의 대부분은 비정상상태이지만 쉽고 빠르게 답을 구하기 위하여 정상상태로 가정하고 계를 해석하게 된다. [그림 2.10]의 경우를 예로 들면,

① 벽이 고온에 노출된 순간

② 시간 t에 따라 열전달율이 변하는 비정상상태

③ 정상상태(온도가 위치에 의해 결정된다)

그림 2.10 **고온에서 저온으로 열흐름**

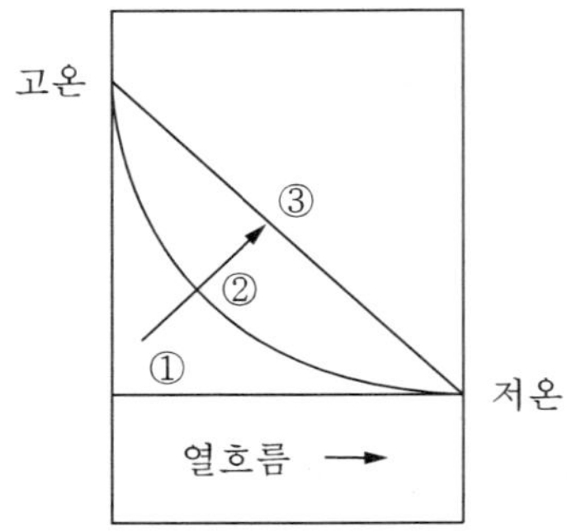

정상상태든 비정상상태의 열전도로 3차원 공간상에서 전달되는 각 방향 x, y, z의 열과 국부적인 열 증가량 q_i'''은 Fourier 법칙을 이용하여 직각좌표계로 나타낼 수 있고, 그 결과를 나타내면 식 (2.1)과 같이 된다.

$$\rho c \frac{\partial T}{\partial t} = \frac{\partial}{\partial x}\left(k_1 \frac{\partial T}{\partial x}\right) + \frac{\partial}{\partial y}\left(k_2 \frac{\partial T}{\partial y}\right) + \frac{\partial}{\partial z}\left(k_3 \frac{\partial T}{\partial z}\right) + q_i''' \tag{2.4}$$

식 (2.4)는 고체 내의 열전도를 나타내는 기본 식이 되고, 이 열전도 식의 해(solution)를 구하기 위해서는 초기조건과 경계조건이 주어져야 한다. 이 두 가지 조건으로부터 관심 대상의 문제는 다른 문제와 구분된다. 이때 명시되어야 할 조건은 다음과 같다.

① 대상 고체 전체의 초기 온도

② 모든 지점에 대한 고체 표면의 온도 또는 열유속, 표면상 임의의 일부분에 대해 온도와 열유속 중 하나는 명시되어야(한 부분에 대해서는 온도를 명시하고, 다른 한 부분에 대해서는 열유속을 명시할 수도 있음) 함을 주목해야 한다. 온도와 열유속이 시간 및 공간상에서 일정해야 할 필요는 없다.

식 (2.4)를 수식화하는 과정에서 각 3방향 대해 열전도도가 다를 수 있다는 가정과 함께 각각의 수치가 위치에 따라 달라질 수 있다는 가정을 전제로 했다. 실제로 이와 같은 변화량이 중요한 의미를 갖는 경우가 있다.

2.2 열전달량과 열유속

열전도는 고온 물체가 저온 물체와 물리적으로 접촉할 경우에 발생하며, 이때 고온 물체는 냉각되고 저온 물체는 가열된다. 이 과정은 Newton에 의해 연구되었지만, 현대적 의미로 정량화된 최초의 연구는 1812년 Fourier에 의해 이루어졌다. [그림 2.11]에 나타낸 바와 같이 미소 체적에 대하여 에너지 보존식과 Fourier 법칙에 따라 열전달량(열이동량) $\dot{Q}$ [kW, kcal/hr]는 열이동 방향에 수직한 면적 A와 그 방향의 온도 기울기 dT/dx에 비례한다.

그림 2.11 전도 열전달

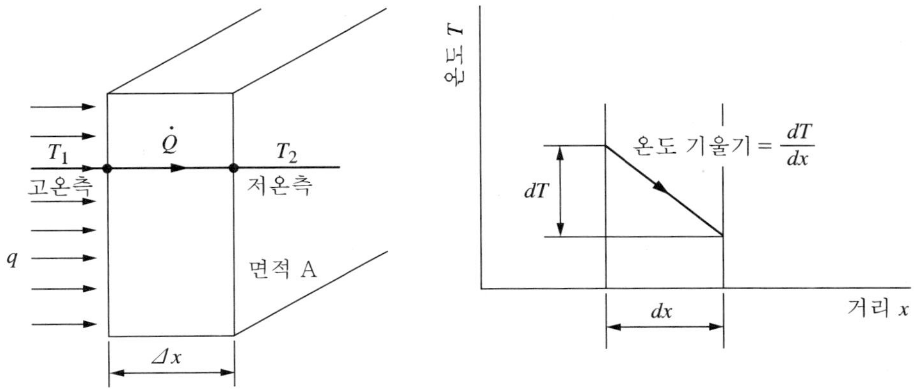

$$\dot{Q} \propto A\frac{dT}{dx} \tag{2.5}$$

전도에 의한 이동 열량은

$$\dot{Q} = -kA\frac{dT}{dx} = -kA\frac{\Delta T}{\Delta x} \quad : \text{Fourier법칙} \tag{2.6}$$

$$\dot{Q} = -kA\frac{(T_1 - T_2)}{\Delta x} = kA\frac{(T_2 - T_1)}{\Delta x}\ [\text{kW, kcal/hr}] \tag{2.6a}$$

열유속(heat flux) 또는 열전달율

$$q = \frac{\dot{Q}}{A} = -k\frac{dT}{dx} = -k\frac{\Delta T}{\Delta x}\ [\text{kW/m}^2,\ \text{kcal/m}^2\text{hr}] \tag{2.7}$$

$$q = -k\frac{(T_1 - T_2)}{\Delta x} = k\frac{(T_2 - T_1)}{\Delta x} \tag{2.7a}$$

여기서, A : 열전달 표면의 단면적(m^2)

k : 열전도도(열전도율) [kW/m℃, kcal/m^2hr]

$\frac{dT}{dx}$: 온도 기울기(구배)

$dT \rightarrow \Delta T$: $(T_2 - T_1)$의 온도차

$dx \rightarrow \Delta x$: $(x_2 - x_1)$의 고체나 정지유체의 두께(L)

재료의 열전도율은 단위 시간당 열의 이동율을 나타내며, 열전도도가 큰 재료는 열도체, 작은 값은 단열재로 이용된다. 각 재료들의 열전도율은 [표 2.2]와 같다.

표 2.2 각 재료의 열특성(heat property)

물질명	열전도도(k) (W/m−K)	비열(c) (kJ/kg−K)	밀도(ρ) (kg/m^3)	열확산도(α) (m^2/s)	열관성(kρc) (KW^2-s/m^4-K^2)
Cupper	387	0.380	8940	1.14×10^{-4}	1300.0
Steel	45.8	0.460	7850	1.26×10^{-5}	160.0
Brick(common)	0.69	0.840	1600	5.2×10^{-7}	0.93
Concrete	0.8～1.4	0.880	1900～2300	5.7×10^{-7}	2.0
Glass(Plate)	0.76	0.840	2700	3.3×10^{-7}	1.7
Gypsum Plaster	0.48	0.840	1440	4.1×10^{-7}	0.58
PMMA	0.19	1.420	1190	1.1×10^{-7}	0.32
Oak	0.17	2.380	800	8.9×10^{-8}	0.32
Yellow Pine	0.14	2.850	640	8.3×10^{-8}	0.25
Asbestos	0.15	1.050	577	2.5×10^{-7}	0.091
Fibor Insulating Board	0.041	2.090	229	8.6×10^{-8}	0.020
Polyurethane Foam	0.034	1.400	20	1.2×10^{-6}	9.5×10^{4}
Air	0.026	1.040	1.1	2.2×10^{-5}	3.0×10^{5}

참 고

1. 같은 온도의 쇠구슬과 유리구슬을 만질 때 쇠구슬이 더 차갑게 느껴지는 것은 열전도율이 더 큰 쇠구슬이다. 주택에서 열전도로 손실되는 열량을 줄이기 위해 단열재, 두꺼운 유리창, 이중창, 이중벽 등을 사용하는 것이다.
2. 콘크리트 속의 철재는 화재 시 열전도율이 커서 여기에 접촉된 가연물에 열이 전달되어 화재 확대 현상을 초래할 수 있다.

2

2.3 열전도도(열전도율)

Fourier 열전도 법칙은 열전도도를 정의하는 관계식이다. 열전도도(thermal conductivity)는 어떤 물체가 열에너지를 얼마나 잘 전도시키는가를 나타내는 인자이다. 금속과 같이 높은 열전도도를 가진 재질은 플라스틱과 같은 낮은 열전도도를 갖는 물체보다 더 쉽게 열을 전도한다. 낮은 열전도도를 가지고 열의 전도를 제한하는 물질을 단열재(insulator)라고 부른다. 섬유유리(fiberglass), 암면(rock wool), 그리고 우레탄 폼(urethane foam)은 건축물과 산업용 열전달장치에 많이 사용된다. 모든 열특성처럼 열전도도도 대부분의 재질에 대해 실험적으로 결정된다. 알고 있는 두께의 재질 사이로 알고 있는 양의 열을 통과시키는 장치를 사용하고, 이 재질의 양쪽 표면의 온도를 측정함으로써 Fourier 법칙을 이용하여 열전도도를 계산할 수 있다. 열전도도가 전도에 미치는 영향을 [그림 2.12]에 나타냈다. 어떤 재질의 슬래브의 한쪽 면은 일정한 온도 T_0로 유지되고 있는 동안 다른 한쪽 면은 일정한 열유속에 노출되어 있다. 열전도도가 다른 재질이면 정상상태 온도구배도 달라진다. 만약 열전도도가 낮다면 온도구배는 크며, 반면에 열전도도가 크다면 온도구배는 작다. 이 양극 사이에서 열전도도에 의해 온도구배가 조절된다.

그림 2.12 **열전도도는 물체에서 정상온도 구배의 크기를 결정**

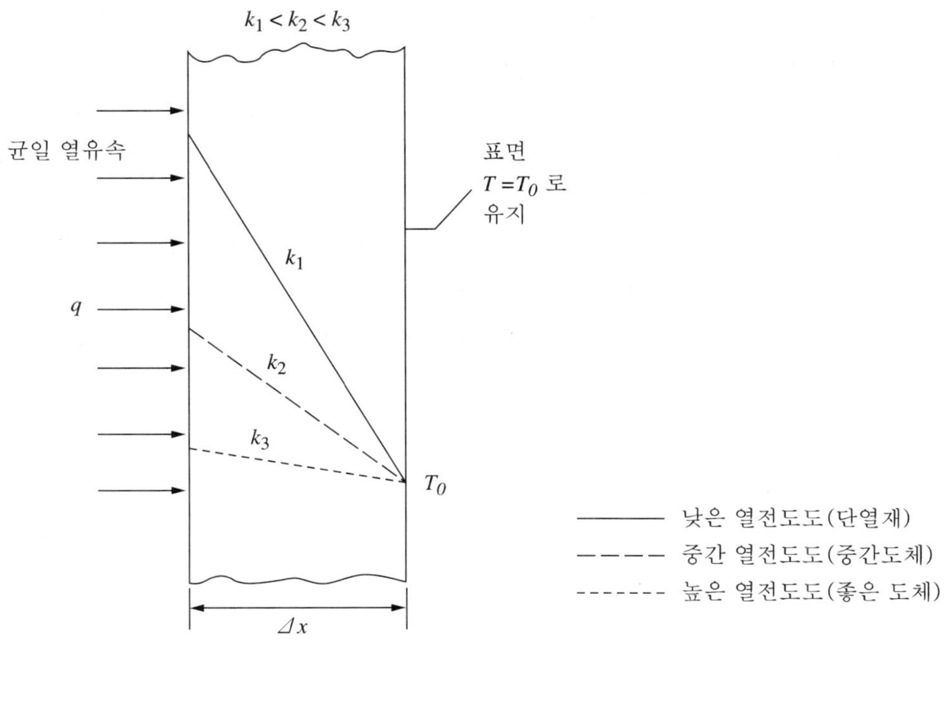

전도에 의한 열전달은 기체, 액체, 고체 내에서 일어날 수 있다. 일반적으로 액체는 기체보다 높은 열전도도를 갖고, 고체는 액체보다 높은 열전도도를 갖는다. 기체에서 분자는 불규칙하게 움직이면서 다른 분자와 충돌하며 운동 에너지와 운동량(momentum)을 교환한다. 만약 분자가 높은 온도지역에서 낮은 온도지역으로 움직인다면 낮은 온도지역 안의 다른 분자와 충돌하면서 에너지가 전달된다. 액체에서 열전도의 메커니즘은 분자가 공간 안에 촘촘히 있다는 것을 제외하고는 기체와 거의 같고, 따라서 분자의 힘은 충돌이 일어날 때 에너지의 교환에 영향을 미친다.

고체에서의 열전도는 고체의 종류에 따라 여러 메커니즘 중 하나로 일어난다. 금속에서 열전도의 주요한 방법은 원자의 원자가 띠(valence band) 내에서 자유전자의 이동에 의한 것이다. 이것은 전기전도와 같은 메커니즘이며, 따라서 좋은 전기 전도체와 좋은 열전도체는 무관하지 않다. 비록 정도는 약하지만 열은 금속 안에 있는 원자의 격자구조의 진동 움직임에 의해 전도된다. 수정과 같이 크리스털 구조를 가진 비금속성 고체는 격자구조의 진동흐름이 전도의 주 메커니즘이다. 무정형(無定形) 길체, 즉 플라스틱, 고무 그리고 벽돌과 같이 크리스털 구조가 아닌 고체에서 열전도는 분자 사이의 일정하지 않은 충돌에 의해 일어난다.

열전도 과정에서 열전도도는 Fourier 법칙에서 상수(constant)로서 소개되었다. 그러나 모든 기계학적 그리고 열역학적 특성처럼 열전도도도 온도에 따라 변화한다. [그림 2.13]은 여러 금속들의 열전도도를 온도함수로 나타낸 것이다. [그림 2.14]와 [그림 2.15]는 각각 몇몇 액체와 기체의 열전도도를 온도함수로서 나타낸 것이다. 재질에 따라 열전도도는 큰 폭의 온도범위에 따라서 크게 변화할 수 있다.

열전달 분석이나 설계에 직면했을 때 열전도도와 다른 열특성들이 온도 의존성(temperature dependence)을 나타내는지 아닌지 결정해야 한다. 만약 온도범위가 좁다면 그 온도범위 내의 한 값을 사용해도 무난하다. 만약 온도범위가 넓다면 주어진 온도 의존성을 반영하는 방법을 사용하는 것이 필요하다. 일반적으로 사용하는 방법은 단순히 시스템 내의 평균온도에서의 열특성 값을 이용하는 것이다.

건물의 반자용 재료로 많이 사용되는 석고나 광물질 섬유의 건축자재는 상당히 낮은 열전도율을 갖고 있기 때문에 화재시 반자의 붕괴나 화재의 장시간 지속이 일어나지 않는 한 반자와 천장사이의 공간으로 화열이 심하게 침투하는 일이 비교적 적다.

그림 2.13 금속의 열전도도

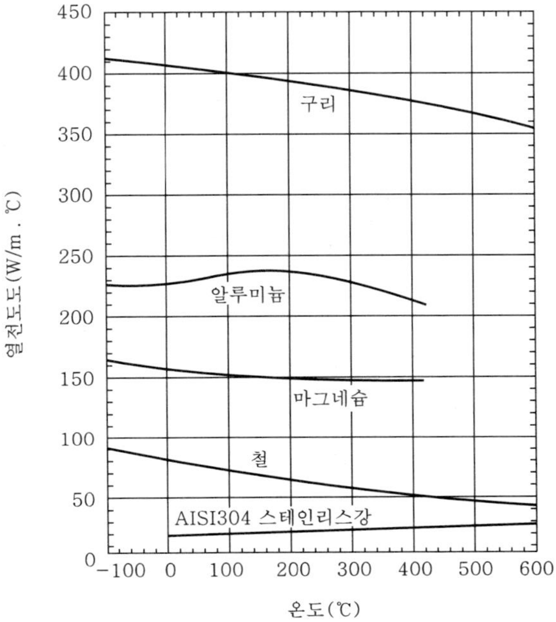

그림 2.14 액체의 열전도도

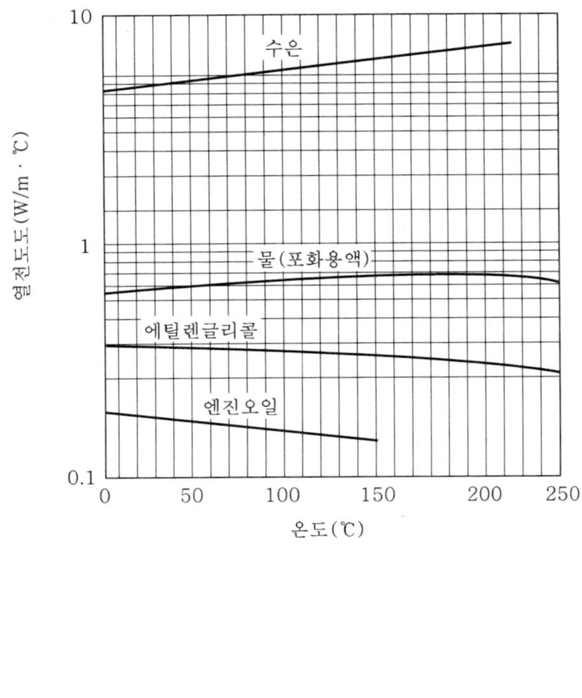

그림 2.15 기체의 열전도도

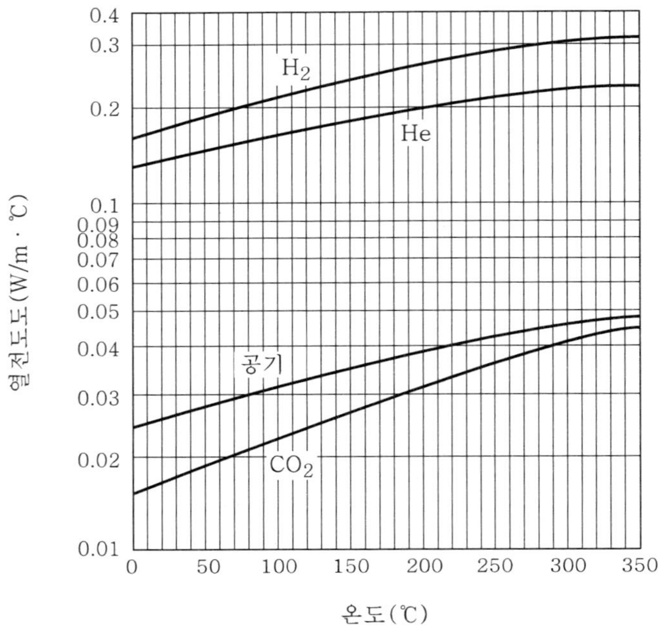

예제 2.1 순동의 열전도도 값은 385 W/m℃이다. 공학단위(kcal/$m$hr℃)로 환산하라.

해설 $385 \dfrac{W}{m℃} = 385 \dfrac{J}{sm℃} = 385 \times \dfrac{0.24 \times 10^{-3}\text{kcal} \times 3600}{m\,\text{hr}℃} = 332.64 \dfrac{\text{kcal}}{m\,\text{hr}℃}$

예제 2.2 두께 3cm인 석면판의 한 쪽면 온도는 400℃, 다른 쪽면의 온도는 100℃일 때, 이 판을 통해 일어나는 열전달량을 구하라. 단, 석면의 열전도도는 0.083 kcal/$m$hr ℃이다.

해설 열유속 $q = k \dfrac{\Delta T}{\Delta x} = 0.083 \times \dfrac{(400-100)}{0.03} = 830\ \text{kcal/m}^2\text{hr}$

예제 2.3 열전도율 1.4kcal/$m$hr℃이고, 두께 20cm, 면적 50m^{2}인 콘크리트 벽체가 있다. 벽체의 내측온도가 20℃, 외측온도가 −5℃일 경우 벽체를 통한 손실열량을 구하라.

해설 $Q = kA \dfrac{\Delta T}{x} = 1.4 \times 50 \times \dfrac{20-(-5)}{0.20} = 8750\ \text{kcal/hr}$

예제 2.4 두께 6cm인 넓은 방열벽이 있다. 이 벽의 양쪽면의 온도가 각각 25℃, 5℃일 때, 열유속(단위면적당 열이동량)을 구하라(방열벽의 열전도율은 0.65kcal/mh ℃).

해설 $q = \dfrac{Q}{A} = k\dfrac{\Delta T}{\Delta x} = 0.65 \times \dfrac{(25-5)}{0.06} = 216.67\ \mathrm{kcal/m^2hr}$

예제 2.5 단면적이 1m^2인 단열재를 통하여 258kcal/hr의 열이 이동하고 있다. 이 물체의 두께는 2.5cm이고, 열전도 계수는 0.172kcal/m℃hr일 때, 양면 사이의 온도차는 얼마인가?

해설 $\dot{Q} = kA\dfrac{\Delta T}{\Delta x}$에서 $\Delta T = \dot{Q}x/kA = 258 \times 0.025/(0.172 \times 1) = 37.5$℃

2.4 정상상태 전도(Steady state conduction)

열전도와 관련된 많은 일반적인 문제들은 필수적으로 정상상태이어야 하지만, 화재와 관련된 대부분의 문제들은 전이상태의 비정상상태이고 시간에 의존되는 편미분의 해를 요구하게 된다. 더욱이 이런 형식의 시스템은 평형을 향해 이동하게 되는데 이러한 평형상태는 열원에 변함이 없거나 또는 물질 전체가 포함되었을 때 이루어지게 된다. 실제로 정상상태란 제한적 조건의 상태이기 때문에 많은 문제를 푸는데 이용될 수 있으며, 전이상태 전도를 조사하기 전에 정상상태를 먼저 고려하는 것이 유효할 것이다.

충분한 시간 동안 고체의 열 환경이 상수, 즉 경계조건의 수치가 변하지 않았다면 정상상태의 온도분포가 되고, 이 경우 식 (2.4)에서 시간의 도함수 T는 없어지고 좌측 항은 0이 된다. 시간에 따라 변화가 없는 열흐름인 정상상태의 열전도는 열 침투시간이 지난 후에 발생한다. 예를 들어, [그림 2.16]과 같이 두께 l의 무한 평판 또는 벽을 통한 열손실을 고려하고, 평판이나 벽의 표면 온도는 T_1과 T_2이다. 이때 $T_1 > T_2$이다. 이상화된 모델에서 열유속은 일차원이다.

그림 2.16 무한 평판 슬래브

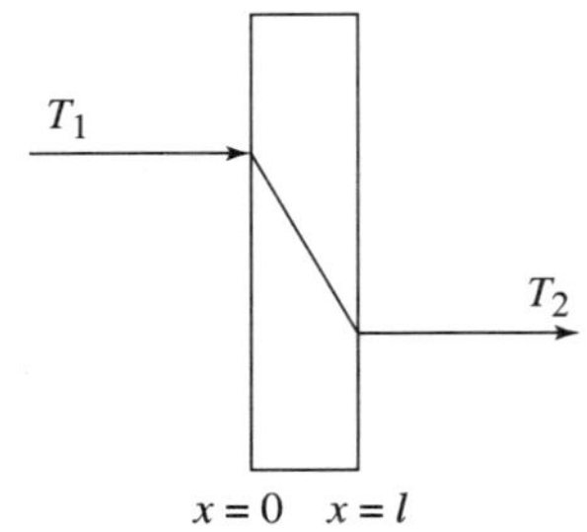

Fourier의 방정식 $q_x = -k\dfrac{dT}{dx}$을 적분하면

$$q_x \int_0^l dx = -k\int_{T_1}^{T_2} dT \tag{2.8}$$

식 (2.8)에서 k가 온도에 독립이면 다음 식과 같이 주어진다.

$$q_x = \frac{k}{l}(T_1 - T_2) \tag{2.9}$$

만약 k가 온도의 함수라면 이때 $k\,dT$는 T_1과 T_2 사이에서 적분되어야 한다. 그리고 식 (2.9)는 식 (2.7a)와 같은 형태가 된다.

2.4.1 열저항과 전기저항

열전달 저항은 전도, 대류, 복사 열전달에 대한 저항을 의미하며, 열전달 저항이 큰 재료를 단열재라 하고, 열저항이 작은 재료를 열도체라고 한다.

그림 2.17 열저항에 따른 열전달량

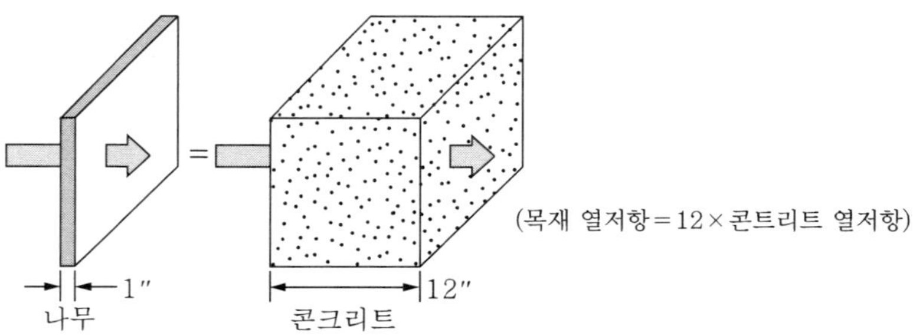

앞서 정의한 Fourier 법칙을 다시 고쳐 쓰면 다음과 같이 나타낼 수 있다.

$$\dot{Q} = \frac{\Delta T}{\dfrac{\Delta x}{kA}} \tag{2.10}$$

식 (2.10)은 전기전도에 관한 옴(ohm)의 법칙과 유사하다.

$$I = \frac{\Delta V}{R} \tag{2.11}$$

여기서, I : 전류(A)

ΔV : 전압차(V)

R : 저항(Ω)

열전도(Fourier 법칙)와 전기전도(옴의 법칙) 사이에 직접적인 수학적 유사성이 있다는 것을 알 수 있다. Fourier 법칙에서는 '저항'과 유사한 것을 열저항(thermal resistance) R 이라 부르고 다음과 같이 정의한다

$$R = \frac{\Delta x}{kA} \tag{2.12}$$

R의 단위는 [K/kW(℃/kW), ℃hr/kcal]로 사용하고, 열저항은 전기용어에서 사용되는 것과 같은 의미의 '레지스터(resistor)'로 생각할 수 있다. [그림 2.18]은 두 개의 레지스터로 각각 전기저항과 열저항에 관한 것이다. 전류(current)는 전기 레지스터를 통해 흐르고, 열(heat)은 열 레지스터를 통해 흐른다. 각 레지스터의 전후에는 전위차(potential difference)가 있다. 전기 레지스터에서의 전위차는 전압차(voltage difference)이고, 열 레지스터에서의 전위차는 온도차(temperature difference)이다. 각각의 경우에서 전위차는 전류나 열을 흐르게 하는 원동력이 된다. 전압차가 없다면 전류는 흐르지 않는다. 온도차가 없다면 열도 흐르지 않는다.

따라서 열전달양 식 (2.10)은 열저항의 형태로 다음 식과 같이 나타낼 수 있다.

$$\dot{Q} = \frac{\Delta T}{R} \tag{2.13}$$

그림 2.18 **열저항과 전기저항**

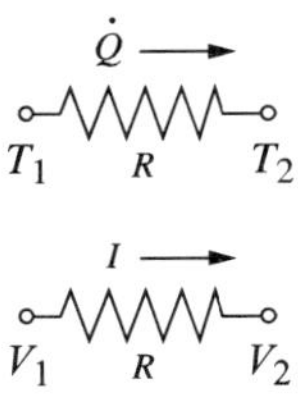

$$\dot{Q} = \frac{\Delta T}{R} = \frac{T_1 - T_2}{R}$$

$$I = \frac{\Delta V}{R} = \frac{V_1 - V_2}{R}$$

2.4.2 평판벽

(1) 직렬연결

전기회로에서 두 개 또는 그 이상의 저항이 직렬로 연결되어 있을 때 전체저항은 각각의 저항들의 산술적인 합이다. [그림 2.19]와 같이 서로 다른 두 개 또는 그 이상의 재질로 구성된 복합벽의 경우, 전체 열저항은 각 저항의 합이 된다.

$$R = R_1 + R_2 + R_3 + \cdot \cdot \cdot \cdot + R_N = \sum R \tag{2.14}$$

그림 2.19 복합벽의 열전도와 열저항

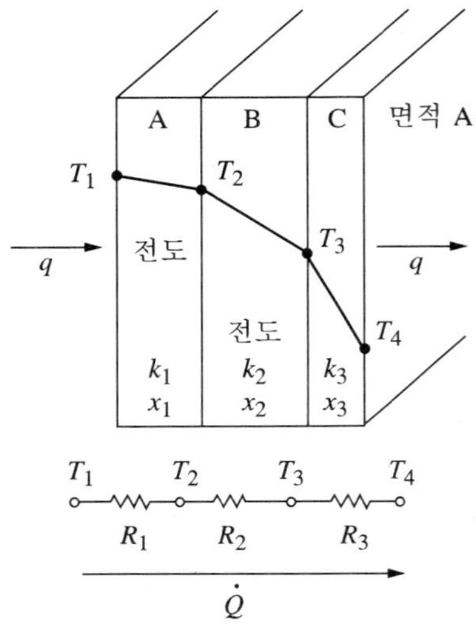

산업응용 부분이나 소방대상물을 보면 대부분의 경우 [그림 3.21]과 같이 열전도도가 다른 물성치를 갖는 재료가 서로 복합되어 있는 다층 구조로 이루어진 경우가 많다. 이러한 이종재료가 조합된 구조체의 다층 복합벽의 열전달량을 계산할 때 이용된다. 대표적인 응용 예로서는 건축물의 벽체, 보온·보냉배관, PCB 기판 등이 있다.

[그림 2.19]는 직렬연결에 해당하고 열의 흐름은 정상상태이고 1차원이다. 각 층에서의 열전달은 같다고 결론지을 수 있다. 이것은 유체역학에서의 연속성(continuity) 원리와 유사하다. 직렬 연결된 각기 크기가 다른 관을 통한 유체의 정상흐름일 경우, 질량유속은 질량보존의 법칙을 만족시키기 위하여 각 관마다 같아야 한다. 직렬 연결된 각기 다른 층의 열의 정상흐름도 에너지 보존법칙을 만족시키기 위하여 각 층의 열흐름이 같아야 한다.

Fourier 법칙에서

$$\dot{Q} = -k_1 A \frac{T_2 - T_1}{x_1} \quad \rightarrow \quad \frac{\dot{Q}}{A} \cdot \frac{x_1}{k_1} = T_1 - T_2 \tag{2.15}$$

$$\dot{Q} = -k_2 A \frac{T_3 - T_2}{x_2} \quad \rightarrow \quad \frac{\dot{Q}}{A} \cdot \frac{x_2}{k_2} = T_2 - T_3 \tag{2.16}$$

$$\dot{Q} = -k_3 A \frac{T_4 - T_3}{x_3} \quad \rightarrow \quad \frac{\dot{Q}}{A} \cdot \frac{x_3}{k_3} = T_3 - T_4 \tag{2.17}$$

식 (2.15), (2.16), (2.17)를 더하면

$$\frac{\dot{Q}}{A}\left(\frac{x_1}{k_1} + \frac{x_2}{k_2} + \frac{x_3}{k_3}\right) = T_1 - T_2 + T_2 - T_3 + T_3 - T_4$$

$$\therefore \ \dot{Q} = \frac{T_1 - T_4}{\dfrac{x_1}{k_1 A} + \dfrac{x_2}{k_2 A} + \dfrac{x_3}{k_3 A}} \ [\mathrm{kW},\ \mathrm{kcal/hr}] \tag{2.18}$$

$$\Sigma R = R_1 + R_2 + R_3 = \frac{x_1}{k_1 A} + \frac{x_2}{k_2 A} + \frac{x_3}{k_3 A} \ [℃/\mathrm{kW},\ ℃\,\mathrm{hr/kcal}] \tag{2.19}$$

$$\dot{Q} = \frac{\Delta T}{\Sigma R} = \frac{T_1 - T_4}{R_1 + R_2 + R_3} \tag{2.20}$$

식 (2.19)는 복합벽의 열저항이고, 단위 면적당 이동열량인 열유속 q와 단위 면적당 열저항 $\dot{R}$은 다음과 같다.

$$\begin{aligned} q &= \frac{\Delta T}{\Sigma \dot{R}} = \frac{T_1 - T_4}{\dot{R}_1 + \dot{R}_2 + \dot{R}_3} \\ &= \frac{T_1 - T_4}{\dfrac{x_1}{k_1 A} + \dfrac{x_2}{k_2 A} + \dfrac{x_3}{k_3 A}} \ [\mathrm{kW/m^2},\ \mathrm{kcal/hrm^2}] \end{aligned} \tag{2.21}$$

$$\dot{R} = \frac{x_1}{k_1} + \frac{x_2}{k_2} + \frac{x_3}{k_3} \ [\mathrm{m^2}\,℃/\mathrm{kW}\ ,\mathrm{m^2}\,℃\,\mathrm{hr/kcal}] \tag{2.22}$$

또한 단위 면적당 열저항 $\dot{R}$은 절연성능을 분류하는 척도로 사용된다.

예제 2.6 다음 그림과 같이 4개 복합벽으로 이루어진 실내에서 화재가 발생하였다. 4개의 복합벽의 ① 전체 열저항, ② 열전달량, ③ 각 경계층의 온도 T_2, T_3, T_4를 계산하라. 복합벽의 벽두께와 열전도도는 각각 다음과 같고, 벽의 면적은 1m^2,왼쪽과 오른쪽 벽의 온도 $T_1 = 1{,}000℃$, $T_5 = 20℃$이다.

$x_1 = 0.03m$
$k_1 = 6.5\,W/m \cdot K$
$x_2 = 0.06m$
$k_2 = 0.8\,W/m \cdot K$
$x_3 = 0.02m$
$k_2 = 12\,W/m \cdot K$
$x_4 = 0.01m$
$k_4 = 20\,W/m \cdot K$

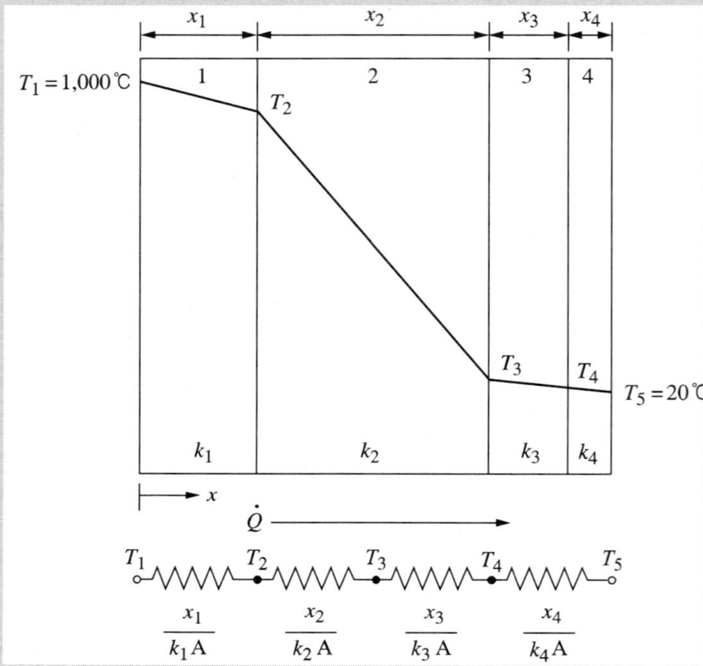

해설 ① 전체 열저항

$$R = R_1 + R_2 + R_3 + \cdots + R_N = \Sigma R$$

$$R_1 = \frac{x_1}{k_1 A} = \frac{0.03}{6.5 \times 1} = 0.00462\,K/W$$

$$R_2 = \frac{x_2}{k_2 A} = \frac{0.06}{0.8 \times 1} = 0.0750\,K/W$$

$$R_3 = \frac{x_3}{k_3 A} = \frac{0.02}{12 \times 1} = 0.00167\,K/W$$

$$R_4 = \frac{x_4}{k_4 A} = \frac{0.01}{20 \times 1} = 5.0 \times 10^{-4}\,K/W$$

$$\therefore \Sigma R = 0.00462 + 0.0750 + 0.00167 + 5.0 \times 10^{-4} = 0.0818\,K/W$$

② 열전달량

$$\dot{Q} = \frac{\Delta T}{\Sigma R} = \frac{(T_1 - T_5)}{\Sigma R} = \frac{(1{,}273 - 293)}{0.0818} = 11{,}980.44\,W \fallingdotseq 12\,\mathrm{kW}$$

③ 각 경계면의 온도 T_2, T_3, T_4는 열전달량이나 열유속이 결정되면 식 (2.15)나 식 (2.18)를 사용하여 계산할 수 있다. 따라서 층 1과 2 사이의 표면온도 T_2는 이들 관계식을 이용하여 구한다.

㉠ 표면온도 T_2

$$q = \frac{\dot{Q}}{A} = \frac{(T_1 - T_2)}{x_1 / k_1} = 11{,}980.44\ W/\text{m}^2$$

$$T_2 = T_1 - \frac{qx_1}{k_1} = 1{,}000 - \frac{11{,}980.44 \times 0.03}{6.5} = 944.7℃$$

㉡ 표면온도 T_3

$$q = \frac{\dot{Q}}{A} = \frac{(T_2 - T_3)}{x_2 / k_2} = 11{,}980.44\ W/\text{m}^2$$

$$T_3 = T_2 - \frac{qx_2}{k_2} = 944.7 - \frac{11{,}980.44 \times 0.06}{0.85} = 99℃$$

㉢ 표면온도 T_4

$$q = \frac{\dot{Q}}{A} = \frac{(T_3 - T_4)}{x_3 / k_3} = 11{,}980.44\ W/\text{m}^2$$

또는 $q = \dfrac{\dot{Q}}{A} = \dfrac{(T_4 - T_5)}{x_4 / k_4} = 11{,}980.44\ W/\text{m}^2$

위 두 식으로부터 T_4를 구하면 된다.

$$T_4 = T_3 - \frac{qx_3}{k_3} = 99 - \frac{11{,}980.44 \times 0.02}{12} = 79℃$$

우선 표면온도에 대한 답이 논리적인지 확인을 해봐야 한다. 그림에서 열은 왼쪽에서 오른쪽 방향으로 흐르기 때문에 복합벽에서 온도는 이 방향으로 감소한다. 바깥 면의 온도를 포함한 온도 값은 다음과 같다.

$T_1 = 1{,}000℃$, $T_2 = 944.7℃$, $T_3 = 99℃$, $T_4 = 79℃$, $T_5 = 20℃$

온도는 왼쪽에서 오른쪽으로 가면서 감소되어야 한다.

각 층을 통과할 때 온도차를 확인해본다.

$\Delta T_1 = T_1 - T_2 = 1{,}000 - 944.7 = 55.3℃$, $\Delta T_2 = T_2 - T_3 = 944.7 - 99 = 835.7℃$

$\Delta T_3 = T_3 - T_4 = 99 - 79 = 20℃$, $\Delta T_4 = T_4 - T_5 = 79 - 20 = 59℃$

층 2에서 온도차가 가장 크다는 것을 주목해보자. 이것은 층 2가 모든 층들 중에서 열저항이 가장 높기 때문이다. 온도차가 가장 작은 층 3은 낮은 열저항을 갖는다. 이 경우 4개의 저항(resister)이 직렬 연결된 전기회로도가 주어진 경우와 똑같다. 일정한 전류가 흐른다고 할 때 최대 전압차는 저항 값이 가장 큰 저항을 지날 때 나타날 것이다. 반면에 최저 전압차는 가장 작은 저항을 지날 때 나타난다.

(2) 병렬연결

전기적 유사성은 직렬연결 뿐만 아니라 병렬로 연결된 열저항의 열전도 문제를 풀기 위해서도 사용될 수 있다. 열저항의 병렬연결 회로에서 전체 열저항도 병렬로 연결된 전기회로도의 전기저항과 같은 방법으로 계산하면 된다. N개의 저항이 병렬 연결된 열회로도의 경우, 전체 열저항은

그림 2.20 직 · 병렬로 연결된 열저항 회로의 복합벽에서 열전도

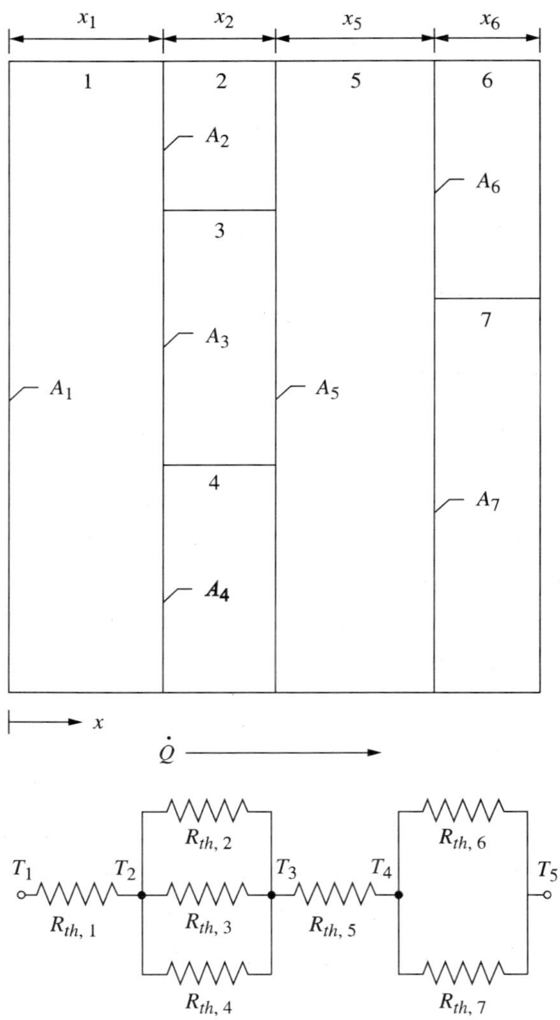

$$R = \frac{1}{\dfrac{1}{R_1} + \dfrac{1}{R_2} + \dfrac{1}{R_3} + \cdots + \dfrac{1}{R_N}} \tag{2.23}$$

[그림 2.20]는 7개의 다른 재질의 직·병렬 연결로 구성된 복합벽을 나타낸 것이다. 이 경우 전체 열저항은 직·병렬 연결된 전기회로도의 전체 전기저항과 같은 방법으로 계산할 수 있다. 직·병렬회로의 전체 열저항을 구하는데 적당한 접근방법은 먼저 병렬로 연결된 열저항의 전체 열저항을 구하고, 그런 다음 병렬로 연결된 열저항들을 새로운 열저항으로 간주하여 직렬로 연결된 새로운 열저항을 더 하면 된다.

[그림 2.20]에 나타낸 열회로도는 열저항이 직렬연결과 병렬연결로 이루어져 있다. [그림 2.20]의 전체 열저항은 다음 식과 같이 된다.

$$R = R_1 + \frac{1}{\dfrac{1}{R_2} + \dfrac{1}{R_3} + \dfrac{1}{R_4}} + R_5 + \frac{1}{\dfrac{1}{R_6} + \dfrac{1}{R_7}} \tag{2.24}$$

식 (2.14)에 따라서 다른 열저항과 함께 직렬로 연결된 새로운 열저항을 더한다. [그림 2.20]에서 병렬로 연결되어 있는 층들은 두께가 같다는 것에 주목한다. 그러므로 $x_2 = x_3 = x_4$이고 $x_6 = x_7$이다. 또한 직·병렬연결에서 각 층은 서로 다른 표면적을 가질 수 있음을 주목한다. 병렬 표면적의 합은 복합벽의 전체 단면적을 펼친 것과 같을 것이다. 그러므로 [그림 2.20]에 나타낸 복합벽에 대해서 $A_1 = (A_2 + A_3 + A_4) = A_5 = (A_6 + A_7)$이다. 모든 직·병렬 복합벽에 대해 1차원 열전도를 가정하는 것에는 신중해야 한다. 만약 병렬 층들의 열전도도가 크게 다르다면 2차원(two dimensional) 전도가 일어난다. 예를 들어, [그림 2.20]에 나타낸 복합벽이 만약 층 6과 7이 각각 구리와 나무라면 층 5에서 나오는 열에너지의 양이 불균등하게 층 6을 통하여 전도된다. 구리가 이웃하는 나무보다 열전도도가 훨씬 크기 때문이다. 열에너지는 저항이 최소인 경로로 이동하는데, 즉 왼쪽에서 오른쪽으로의 1차원 경로로부터 위쪽으로 전환되어 이동한다. 직·병렬 연결된 복합벽에서 1차원 흐름이라는 가정은 인접한 병렬 층의 열전도도가 비슷한 경우에만 정확하다. 이런 가정이 적용되는 대표적인 경우가 외장재(sheathing), 간주(studs), 단열재와 플라스틱 보드 등으로 이루어진 구조벽을 통한 정상상태의 전도이다. 나무와 단열재의 열전도도는 서로 비슷하여 1차원 가정을 적용할 수 있다. 병렬 층의 열전도도가 크게 다른 경우에는 수치 해석적(컴퓨터에 기초한) 방법을 이용하여 열전달과 복합벽 구조물의 온도를 구해야 한다.

예제 2.7 전체 온도차가 30℃일 때, [그림 2.20]에 나타낸 복합벽의 열전달량을 구하라. 복합벽의 벽두께와 열전도도, 단면적은 각각 다음과 같다.

$x_1 = 0.015\text{m}$, $k_1 = 0.20\, W/\text{m} \cdot K$, $A_1 = 1.0\text{m}^2$

$x_2 = 0.010\text{m}$, $k_2 = 0.12\, W/\text{m} \cdot K$, $A_2 = 0.25\text{m}^2$

$x_3 = x_2$, $k_3 = 0.08\, W/\text{m} \cdot K$, $A_3 = 0.45\text{m}^2$

$x_4 = x_2$, $k_1 = 0.20\, W/\text{m} \cdot K$, $A_1 = 1.0\text{m}^2$

$x_5 = 0.019\text{m}$, $k_5 = 0.11\, W/\text{m} \cdot K$, $A_5 = A_1$

$x_6 = 0.012\text{m}$, $k_2 = 0.10\, W/\text{m} \cdot K$, $A_1 = 0.40\text{m}^2$

$x_7 = x_6$, $k_7 = 0.18\, W/\text{m} \cdot K$, $A_7 = 0.60\text{m}^2$

해설 1차 복합벽 각 층의 열저항을 계산하면

$$R_1 = \frac{x_1}{k_1 A_1} = \frac{0.015}{0.20 \times 1.0} = 0.075K/W \qquad R_2 = \frac{x_2}{k_2 A_2} = \frac{0.010}{0.12 \times 0.25} = 0.333K/W$$

$$R_3 = \frac{x_3}{k_3 A_3} = \frac{0.010}{0.08 \times 0.45} = 0.278K/W \qquad R_4 = \frac{x_4}{k_4 A_4} = \frac{0.010}{0.17 \times 0.30} = 0.196K/W$$

$$R_5 = \frac{x_5}{k_5 A_5} = \frac{0.019}{0.11 \times 1.0} = 0.173K/W \qquad R_6 = \frac{x_6}{k_6 A_6} = \frac{0.012}{0.10 \times 0.40} = 0.300K/W$$

$$R_7 = \frac{x_7}{k_7 A_7} = \frac{0.012}{0.18 \times 0.60} = 0.111K/W$$

다음으로 식 (2.23)에 따라 각 병렬 층들의 열저항 값을 합한다. 층 2, 3과 4의 열저항의 합은 다음과 같다.

$$R_{2-4} = \frac{1}{\frac{1}{R_2} + \frac{1}{R_3} + \frac{1}{R_4}} = \frac{1}{\frac{1}{0.333} + \frac{1}{0.278} + \frac{1}{0.196}} = 0.086K/W$$

$$R_{6-7} = \frac{1}{\frac{1}{R_6} + \frac{1}{R_7}} = \frac{1}{\frac{1}{0.300} + \frac{1}{0.111}} = 0.081K/W$$

두 개의 병렬구조의 열저항을 계산하였으므로 복합벽의 전체 열저항을 계산하기 위해 다른 열저항 값을 직렬로 더한다.

$$\Sigma R = R_1 + R_{2-4} + R_5 + R_{6-7} = (0.075 + 0.086 + 0.173 + 0.081) = 0.415K/W$$

마지막으로 식 (2.20)을 사용하여 열전달량을 구한다.

$$\dot{Q} = \frac{\Delta T}{\Sigma R} = \frac{30K}{0.415K/W} = 72.3\,W$$

2.4.3 긴 원통(Cylinder) 또는 파이프

앞에서는 전기 유사성을 벽이나 판과 같은 기하학적 구조에서 1차원 정상상태 전도에 적용했다. 전기 유사성은 [그림 2.21]에 나타낸 중공 실린더 같은 원통의 기하학적 구조에도 적용할 수 있다. 안지름과 바깥지름을 각각 r_i와 r_o라 한다. 만약 원통 벽을 가로질러 일정한 온도차가 유지된다면 내부의 온도가 외부표면의 온도보다 더 높을 때 열은 반지름 방향(radially)으로 r_i에서 r_o로 정상상태로 전도될 것이다. 반지름 방향으로의 Fourier 전도 방정식은

$$\dot{Q} = kA_r \frac{\Delta T}{\Delta r} \tag{2.25}$$

이 식은 평면의 Fourier 공식인 식 (2.6a)와 같은 모양이다. 평면과는 다르게 원통은 열이 흐르는 방향으로의 면적이 일정하지 않다. 반지름이 커질수록 실린더의 면적은 분명히 증가한다. 식 (2.25)에서 면적 A_r은 반지름에 따라 변한다는 것을 보여 준다. 면적 A_r은 다음의 관계식에 의해 결정된다.

$$A_r = 2\pi rL \tag{2.26}$$

그림 2.21 긴 원통 또는 파이프의 1차원 정상 전도

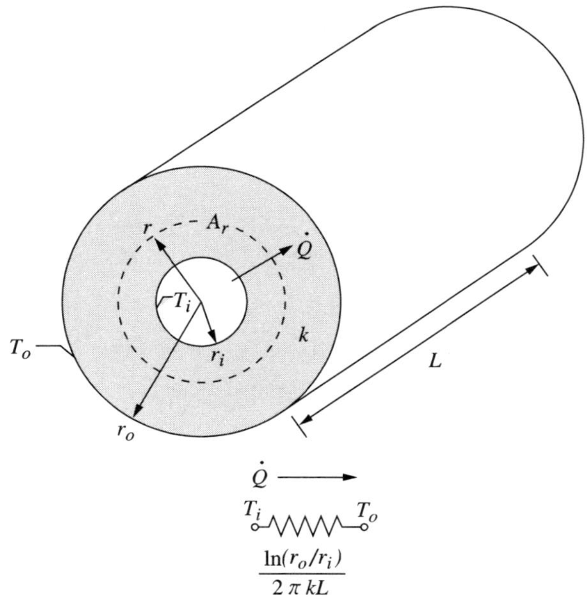

여기서, r : 반지름

L : 원통의 길이

식 (2.25)를 다시 정리하면

$$\dot{Q} = 2\pi k L r \frac{\Delta T}{\Delta r} \tag{2.27}$$

식 (2.27)을 옴의 법칙과의 유사성한 형태로 나타내기 위해 구배를 미분값으로 나타내면

$$\dot{Q} = -2\pi k L r \frac{dT}{dr} \tag{2.28}$$

여기서, (−) 기호는 열전달이 온도가 감소하는 방향으로 일어난다는 것을 확인하기 위해 도입된 것이다. 중공 원통에서 열흐름의 방향은 r_i에서 r_o로 내부표면과 외부의 표면온도는 각각 T_i와 T_o이다. 식 (2.28)을 적분하여 정리하면 다음과 같은 식을 얻을 수 있다.

$$-\int_{T_i}^{T_o} dT = \frac{\dot{Q}}{2\pi k L} \int_{r_i}^{r_o} \frac{dr}{r} \tag{2.29}$$

식 (2.29)를 적분하여 정리하면 다음과 같은 식을 얻을 수 있다.

$$\dot{Q} = \frac{T_i - T_o}{\dfrac{\ln(r_o/r_i)}{2\pi k L}} \tag{2.30}$$

이 식은 옴의 법칙과 유사한 형태가 된다. 이 원통 벽 사이의 온도차는 $(T_i - T_o)$이고, 벽의 열저항은 다음 식과 같다.

$$R = \frac{\ln(r_o/r_i)}{2\pi k L} \tag{2.31}$$

평판 복합벽에서와 같이 전기 유사성을 이용하여 [그림 2.22]에 나타낸 것과 같은 복합 원통에 대한 열전달을 구할 수 있다. [그림 2.22]의 복합 원통은 3개의 열저항이 직렬로 연결된 회로로 생각할 수 있다. 각 층의 내열성은 식 (2.31)을 사용하여 계산할 수 있다. 복합 원통의 전체 열저항은 식 (2.18)을 사용하여 각 경계층에 대한 열저항값을 더함으로써 얻을 수 있다. 다시 한번 계의 면에서 어떤 접촉저항도 없다는 것을 가정한다.

복합 원통에서 열전달은 정상상태이므로 각 경계층 내에서 열전달은 같다고 할 수 있다. 이것은 평판 복합벽에서처럼 열역학 제1법칙을 만족시키기 위해 필요하다. 그러므로 다음과 같이 쓸 수 있다.

그림 2.22 직렬로 연결된 복합 원통의 1차원 정상전도

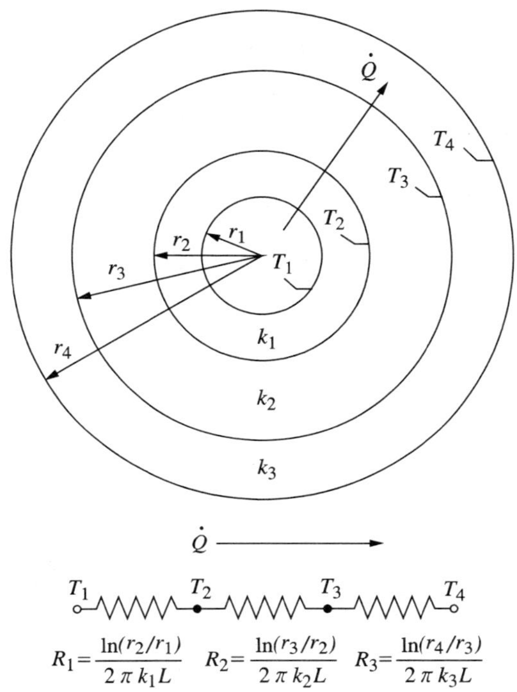

$$\dot{Q} = \frac{2\pi k_1 L(T_1 - T_2)}{\ln(r_2/r_1)} = \frac{2\pi k_2 L(T_2 - T_3)}{\ln(r_3/r_2)} = \frac{2\pi k_3 L(T_3 - T_4)}{\ln(r_4/r_3)} \tag{2.32}$$

한편, 식 (2.32)를 L로 나누면 원통의 단위길이 당 열전달의 식으로 나타낼 수가 있다.

$$\frac{\dot{Q}}{L} = \frac{2\pi k_1(T_1 - T_2)}{\ln(r_2/r_1)} = \frac{2\pi k_2(T_2 - T_3)}{\ln(r_3/r_2)} = \frac{2\pi k_3(T_3 - T_4)}{\ln(r_4/r_3)} \tag{2.33}$$

식 (2.32)는 실제로 3개의 별도의 식이다. 이 3개의 식을 각각의 온도차의 항으로 표현한 후 합하면 복합 원통의 열전달을 전체 온도차인 $(T_1 - T_4)$의 함수를 얻게 된다.

$$\dot{Q} = \frac{2\pi L(T_1 - T_4)}{\dfrac{\ln(r_2/r_1)}{k_1} + \dfrac{\ln(r_3/r_2)}{k_2} + \dfrac{\ln(r_4/r_3)}{k_3}} \tag{2.34}$$

복합 원통 층의 개수가 몇 개이든 식 (2.20)을 이용하여 열전달을 전체 온도차와 전체 열저항의 항으로 나타낼 수 있다. 평판 복합벽과 복합 원통 사이의 유일한 차이는 평면 벽

의 열저항은 식 (2.12)를, 원통는 식 (2.31)을 사용한다.

예제 2.8 50mm, schedule 40 강관($k=36$w/m·K)이 아래 그림에 나타낸 것과 같이 2cm 두께의 단열재($k=0.02$w/m·K)로 단열되어 있다. 파이프의 내부 면은 60℃로 유지되고 단열재의 외부 면은 20℃로 유지된다. 파이프와 단열재 경계면의 온도와 파이프의 단위길이(m) 당의 열전달량을 계산하라.

단열 파이프

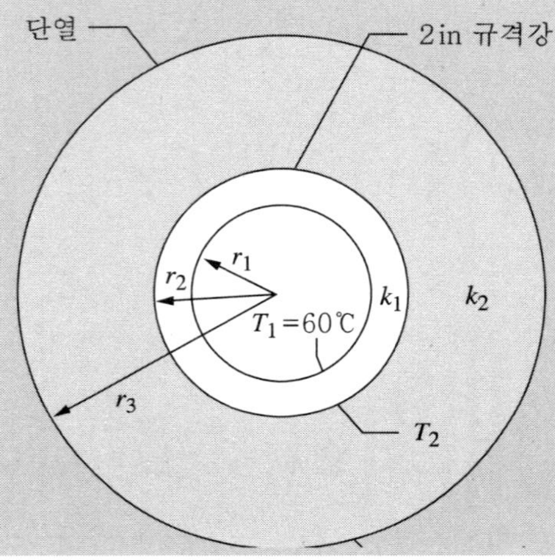

해설 50mm, schedule 40강관의 안지름은 0.0525m이고 바깥지름이 0.0603m이다.

이 파이프의 반지름 $r_1=0.0525\text{m}/2=0.0263\text{m}$, $r_2=0.0603\text{m}/2=0.0302\text{m}$

단열재의 두께가 0.020m이기 때문에 단열재의 바깥쪽 반지름은

$r_3=r_2+0.020=0.0302+0.020=0.0502\text{m}$

내부와 외부표면의 온도는 $T_1=60℃$, $T_3=20℃$

강관 벽과 단열재의 열저항을 구해보면, 이들의 열저항은 식 (2.31)을 사용하여 계산할 수 있다. 원통 길이(m)당 열전달량을 구해야 하므로 $L=1$이라고 가정한다.

파이프 벽의 열저항은

$$R_1=\frac{\ln(r_2/r_1)}{2\pi k_1 L}=\frac{\ln(0.0302/0.0263)}{2\pi(36\times1)}=6.11\times10^{-4}K/W$$

그리고 단열재의 열저항은

$$R_2=\frac{\ln(r_3/r_2)}{2\pi k_2 L}=\frac{\ln(0.0502/0.0302)}{2\pi(0.02\times1)}=4.04K/W$$

파이프 벽과 단열재의 열저항은 직렬로 연결되어 있으므로 전체 열저항을 찾기 위해 각 값을 더한다.

$\Sigma R = R_1 + R_2 = (6.11 \times 10^{-4} + 4.04) \approx 4.04\,K/W$

전체 온도차는 $\Delta T = T_1 - T_3 = (60 - 20) = 40K$

그러므로 열전달량은

$$\dot{Q} = \frac{\Delta T}{\Sigma R} = \frac{40K}{4.04K/W} = 9.09\,W$$

파이프와 단열재 경계면 온도를 구하기 위해서 각 층에서의 열전달은 같아야 한다는 열역학 제1법칙을 사용한다. 열전달량은 이미 구했으므로 미지의 경계면 온도 T_2를 구하기 위하여 다음 식 중 어느 것을 이용해도 된다.

$$\dot{Q} = \frac{2\pi k_1 L(T_1 - T_2)}{\ln(r_2/r_1)} \quad \text{또는} \quad \dot{Q} = \frac{2\pi k_2 L(T_2 - T_3)}{\ln(r_3/r_2)}$$

같은 답을 얻는다는 것을 증명하기 위해 두 식을 모두 사용해보기로 한다.

첫 번째 식으로부터 T_2를 구하면

$$T_2 = T_1 - \frac{\dot{Q}\ln(r_2/r_1)}{2\pi k_1 L} = 60℃ - \frac{9.90\ln(0.0302/0.0263)}{2\pi(36 \times 1)} = 59.99℃$$

두 번째 식으로부터 T_2를 구하면

$$T_2 = \frac{\dot{Q}\ln(r_3/r_2)}{2\pi k_2 L} + T_3 = \frac{9.90\ln(0.0502/0.0302)}{2\pi(0.02 \times 1)} + 20℃ = 59.99℃$$

두 식으로부터 같은 경계면의 온도가 얻어진다. 파이프와 단열재 사이의 경계면 온도와 파이프 내부의 표면온도가 거의 같다는 사실에 주목한다. 이것은 파이프 벽의 열저항(6.11×10^{-4}K/W)이 단열재의 내열성(4.04K/W)에 비해 매우 작기 때문이다. 이 예제는 만약 금속 파이프가 단열재에 의해 단열되어 있는 경우 금속 파이프의 열저항은 무시할 수 있다는 것을 보여준 것이다.

2.4.4 단열재와 $\dot{R}$값

앞서 낮은 열전도도를 갖는 물질을 단열재라고 정의했다. 이것은 비단열재와 단열재를 구분하는 열전도도의 값이 정해져 있지 않기 때문에 다소 임의적인 정의라고 할 수 있다. 단열재 또는 단열(insulation)의 좀 더 나은 정의는 열전달을 방해하는 재질이다. 일반적으로 단열재는 전도에 의한 열전달만을 방해하는 것이라고 생각하지만, 어떤 단열재는 대류나 복사에 의한 열전달을 방해하기 위해 설계되기도 한다. 예를 들면, 다락방 공간은 종종 복사를 차단하기 위하여 알루미늄박으로 단열한다. 단열재 층 사이의 공기 공간에서의 대류효과는 어떤 재질의 전체 단열효과를 결정하는 주요한 역할을 할 수 있다. 단열의 적용 경우는 수없이 많다. 상업용, 주거용 건축물은 쾌적한 실내 온도를 유지하기 위하여 단열재를 사용한다. 산업용 파이프 계는 액체나 기체의 온도를 제어하기 위하여 단열된다. 보일러의 표면도 주위로 열손실을 감소시키기 위하여 단열시키며 덕분에 보일러의 효율은 증가된다. 단열재는 난방이나 공조설비의 도관 피막재로 공기온도를 제어하는데 사용되기도 한다. 냉장고 라인은 주위환경으로부터 열을 얻거나 또는 열을 잃는 것을 감소시키고자 단열되어 있고, 따라서 냉동 사이클의 효율도 증가된다. 식품 저장 용기도 식품의 손상을 억제시키기 위하여 단열되어 있다. 단열재는 심지어 소음방지를 위해서도 사용되기도 한다. 단열재는 [그림 2.23]에 나타낸 것처럼 얇은 판(sheet), 파이프 및 응용하기에 적당한 다른 여러 형태로도 제조될 수 있다. 일상생활과 산업분야에서 단열재는 매우 중요한 것이다. 건축자재에서 널리 사용되는 중요한 단열재의 인자를 정의해 보자.

단열재의 단열성능은 $\dot{R}$값(R value)이라고 불리는 인자에 의해 결정된다. 높은 $\dot{R}$값을 가진 단열재 재질은 낮은 $\dot{R}$값을 가진 단열재 재질보다 열전달을 차단하는데 있어서 더욱 효과적이다. $\dot{R}$값은 단열재 사이의 온도차를 열유속으로 나눈 값으로 정의된다.

$$\dot{R} = \frac{\Delta T}{q} \tag{2.35}$$

그림 2.23 단열재

Fourier 전도법칙을 사용하면 고체재질에 대한 $\dot{R}$값은 두께와 열전도도로 표현할 수 있다.

$$\dot{R} = \frac{\Delta x}{k} \tag{2.36}$$

식 (2.36)으로부터 열전도도가 낮고 두께가 두꺼울 때 $\dot{R}$값이 커진다는 것을 알 수 있다. $\dot{R}$값은 SI 단위에서는 $K \cdot m^2/W$이다. 식 (2.36)과 식 (2.12)를 비교하면 $\dot{R}$값의 단위는 열저항 R의 단위와 표면적 A가 빠진 것이 다르다는 것을 알 수 있다.

$\dot{R}$값은 열경계층의 열저항을 나타내는데 쓰일 수도 있다. 총 열전달 계수 U의 SI단위는 $W/m^2 \cdot K$이다. 이 단위는 $\dot{R}$값의 단위의 역이므로 총 열전달 계수와 $\dot{R}$값은 서로 역수관계라는 것을 알 수 있다. 실제로 U값과 $\dot{R}$값의 관계는

$$\dot{R} = \frac{1}{U} \tag{2.37}$$

HVAC(heating, venting and air conditioning) 산업에서는 U값을 때때로 전도도(conductance)라 하고, $\dot{R}$값을 저항(resistance)이라고 부른다. 저항 항을 사용할 때는 열저항(R)과 $\dot{R}$값 중 어느 것을 의미하는지 단위로부터 결정해야 한다. 미국의 건축조합은 $\dot{R}$값으로 표현한다. 섬유유리, 울펠트, 셀룰로오스는 상업용 주거용 건축물 자재이다. 예를 들면, 섬유유리로 된 석면은 벽, 천장, 다락 등을 단열하는 데 사용된다. 이 석면은 벽과 천장, 다락공간의 내부에 딱 맞는 두께로 제조된다. 푸석푸석한(loose fill) 단열재는 일반적으로 공간 안으로 불어 넣어진다.

예제 2.9 4 크기로 만들어진 전형적인 주거용 벽면의 내부 두께는 3.5in이다. 3.5in 두께의 석면에 대한 $\dot{R}$값을 구하라.

해설 $\dot{R}$값을 구하기 위해서 영국식 단위로 두께와 열전도도를 나타낸다. 단열재의 두께는

$$3.5\,\text{in} \times \frac{1\,\text{ft}}{12\,\text{in}} = 0.292\,\text{ft}$$

석면형태로 된 섬유유리 단열재의 열전도도의 대표적인 값은

$$k = 0.046\,W/m \cdot K \times \frac{0.5778\,\text{Btu/h} \cdot \text{ft} \cdot {}^\circ R}{1\,W/m \cdot K} = 0.027\,\text{Btu/h} \cdot \text{ft} \cdot {}^\circ R$$

그러므로 $\dot{R}$값은

$$\dot{R} = \frac{\Delta x}{k} = \frac{0.292\,\text{ft}}{0.027\,\text{Btu/h} \cdot \text{ft} \cdot {}^\circ R} = 10.8\,{}^\circ R \cdot \text{ft}^2 \cdot \text{h/Btu}$$

이것은 약 $11\,{}^\circ R \cdot \text{ft}^2 \cdot \text{h/Btu}$이다. 따라서 이 단열재는 $\dot{R}$-**11**의 내열성을 갖는다고 한다.

표 2.3 단열재의 열전도도와 적용분야

단열재 형태	열전도도 k		적 용
	W/m · K	Btu/h · ft · °R	
섬유유리, 솜	0.046	0.027	건물 구조재
섬유유리, 보드	0.036	0.021	공기 도관
폴리에틸렌 발포체	0.025	0.014	관, 탱크
발포유리, 보드	0.051	0.029	관, 탱크
폴리스티렌	0.029	0.017	건물 구조재
섬유소, loose fill	0.039	0.023	보일러, 굴뚝내면
칼슘 규산염, 판	0.055	0.032	관
울펠트	0.045	0.026	우주선 부품
탄성체	0.25	0.144	우주선 부품
코르크, 보드	0.039	0.023	

[표 2.3]은 몇몇 일반적인 단열재들의 전형적인 열전도도와 적용분야를 나타낸 것이다. 같은 단열재라도 제조회사에 따라 열전도도 값이 크게 다를 수 있기 때문에 특정한 단열재에 대해서는 그 단열재 제조회사가 제공하는 열전도도 데이터를 사용해야만 한다. 어떤 단열재는 압축하거나 팽창하는 동안 열전도도가 많이 영향을 받으며, 따라서 $\dot{R}$값도 변화할 수 있다. 그러므로 특정한 적용분야에 알맞은 단열재를 선택할 때 밀도와 압축도를 고려해야 한다.

2.4.5 임계 단열재의 반지름

단열재의 목적은 열전달을 억제하는 것이다. 예를 들어, 증기를 운반하는 파이프를 단열하였으면 파이프로부터 주위로의 열전달이 감소될 것이다. 놀랍게도 어떤 조건에서는 단열재가 추가됨에 따라 관의 열전달은 증가되게 된다. 이 개념은 일반적인 상식과는 거리가 멀기 때문에 이런 현상의 메커니즘에 대한 조사가 필요하다. [그림 2.24]에 나타낸 것처럼 하나의 단열재 층으로 둘러싸인 파이프를 생각해보자. [그림 2.24]에는 나타내지 않았지만 분석과정을 단순화하고 단열재 자체에 초점을 맞추기 위하여 파이프 벽은 고려하지 않는다. 단열재 내벽의 온도는 T_i이고 외벽은온도 T_∞인 유체에 노출되어 있고, 이때 열전달

계수는 h이다. 단열재의 열전도도는 k이다. 만약 단열재의 안지름(파이프의 바깥지름) r_i는 정해져 있고 바깥지름 r_o는 변한다면, 전도 열저항과 대류 열저항 모두가 변하기 때문에 열전달도 변한다. 전도 열저항은 r_o가 증가하면서 단열재의 두께가 커지므로 증가한다. 그러나 대류 열저항은 r_o가 증가함에 따라 단열재의 외부 표면적이 증가하기 때문에 감소한다. 그러면 이 두 가지 반대효과가 있을 때 단열재 반지름이 증가함에 따라 열전달이 증가할 것인가 또는 감소할 것인가?

그림 2.24 임계 단열재 반지름 유도를 위한 1차원 전기회로

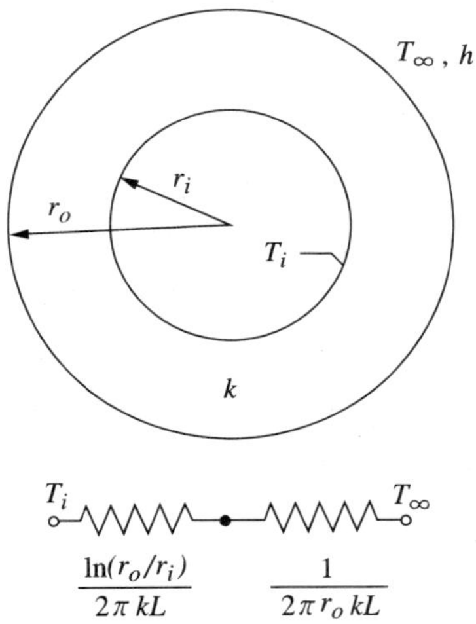

이 질문에 대해 완벽한 답을 위해 파이프로부터 열전달에 대한 관계식을 수학적으로 정리하였다. [그림 2.24]에 나타낸 파이프형 단열재에 대한 열전달을 나타내면 다음과 같다.

$$\dot{Q} = \frac{2\pi L\,(T_i - T_\infty)}{\dfrac{\ln(r_o/r_i)}{k} + \dfrac{1}{r_o h}} \tag{2.38}$$

열전달에 대한 두 가지 반대효과 때문에 열전달이 최대일 때 단열재의 두께가 존재한다고 생각할 수 있다. 이것은 식 (2.38)를 r_o에 관하여 미분하고 그 결과를 0으로 놓음으로써 확인할 수 있다.

$$\frac{d\dot{Q}}{dr_o} = \frac{-2\pi L(T_i - T_\infty)\left(\frac{1}{kr_o} - \frac{1}{hr_o^2}\right)}{\frac{\ln(r_o/r_i)}{k} + \frac{1}{r_o h}} \tag{2.39}$$

결과를 보면

$$r_o = r_c = \frac{k}{h} \tag{2.40}$$

그러므로 열전달이 최대일 때 r_o의 값이 있고, 이는 식 (2.40)에서 구할 수 있다. 이 최대 값에 대한 반지름 r_c를 임계 단열재 반지름(critical insulation radius)이라 부른다. 만약 바깥쪽 반지름이 임계 반지름보다 작다면 임계 반지름에 이를 때까지 단열재를 추가시킴에 따라 열전달은 증가될 것이다. 단열재를 임계 반지름 이상 추가시키면 열전달은 계속 감소한다. 이 두 경우는 [그림 2.25]에 설명되어 있다. [그림 2.25(a)]에 나타낸 것처럼 바깥지름이 임계 반지름보다 작은 나관(bare pipe)은 단열재가 임계 반지름 r_c까지 추가될 때까지 열전달은 증가한다. 모든 단열재는 임계 반지름보다 크게 추가하면 열전달은 계속 감소한다. 임계 반지름보다 큰 어떤 반지름에서는 열전달이 나관의 열전달과 같게 된다는 것을 주목해야 한다. [그림 2.25(b)]에 나타낸 것처럼 바깥쪽 반지름이 임계 반지름보다 큰 나관은 단열재가 추가됨에 따라 열전달이 계속 감소하는 것을 알 수 있다. 식 (2.40)으로부터 임계 반지름은 단열재의 열전도도와 단열재 외벽의 열전달 계수 두 인자에 의해서만 결정된다는 것을 알 수 있다.

그림 2.25 **파이프에 단열제를 추가하면 열전달량이 (a) 증가한다 (b) 감소한다.**

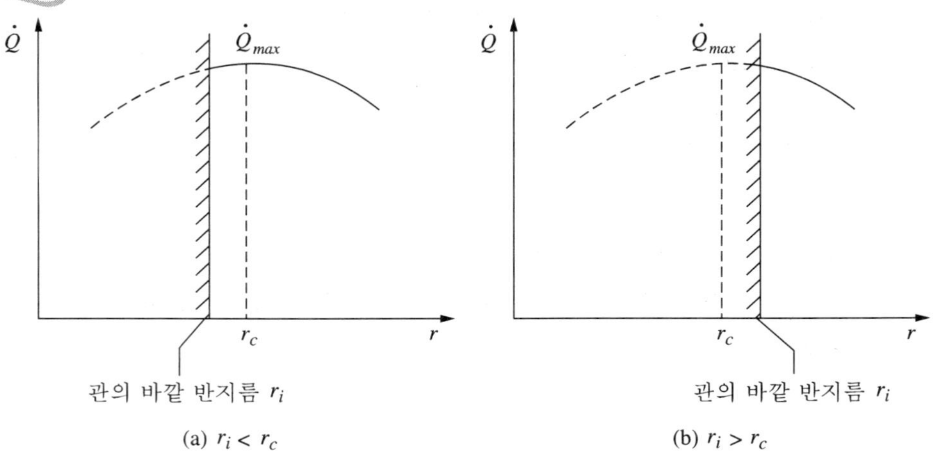

예제 2.10 열전달 계수가 3W/m^2·K일 때, 발포유리(cellular glass) 단열재(k= 0.051W/m·K)에 대한 임계 단열재 반지름을 구하라. 만약 파이프의 외벽온도가 350℃이고 주위공기의 온도가 30℃라면 3/8 in, schedule 80 강재 파이프의 단위길이(m)당 열손실을 계산하라. 단열재가 없는 파이프와 발포유리 단열재가 임계 반지름까지 단열된 관에 대하여 각각의 열손실도 계산해 보자.

2

해설 임계 단열재 반지름은 식 **(2.40)**을 이용하여 구한다.

$$r_c = \frac{k}{h} = \frac{0.051\, W/\mathrm{m} \cdot K}{3\, W/\mathrm{m}^2 \cdot \mathrm{irK}} = 0.017\mathrm{m} \ = 1.7\mathrm{cm}$$

3/8in, schedule 80 강관의 바깥지름은 **0.00855m**이다. 단열재가 없는 파이프에 대한 열손실을 계산하기 위해 외벽의 열 경계층의 대류 내열성만을 고려해야 한다.

파이프의 단위길이**(m)**당 열전달은 다음과 같다.

$$\frac{\dot{Q}}{L} = 2\pi r_i h (T_i - T_\infty)$$

여기서, $r_i = 0.0085\mathrm{m}$, $T_i = 350℃$, $T_\infty = 30℃$, $h = 3\, W/\mathrm{m}^2 \cdot K$

반지름 r_i와 T_i는 단열재의 내벽(파이프의 외벽)의 값이다.

그러므로 단열재가 없는 파이프의 단위길이**(m)**당 열손실은

$$\frac{\dot{Q}}{L} = 2\pi (0.00855\mathrm{m})(3\, W/\mathrm{m}^2 \cdot K)(350K - 30K) = 51.6\, W/\mathrm{m}$$

단열된 파이프의 열손실을 구하기 위해 단열재의 내열성과 단열재 외벽에서의 열 경계층을 고려해야 한다. 단열된 파이프의 단위길이**(m)**당 열손실은 다음과 같다.

$$\frac{\dot{Q}}{L} = \frac{2\pi (T_i - T_\infty)}{\dfrac{\ln(r_o/r_i)}{k} + \dfrac{1}{r_o h}}$$

임계 단열재의 반지름에서 파이프로부터 열손실을 구해야 하므로 $r_o = r_c = 0.017\mathrm{m}$ 놓는다. 그러면 다음과 같이 구할 수 있다.

$$\frac{\dot{Q}}{L} = \frac{2\pi (350K - 30K)}{\dfrac{\ln(0.017\mathrm{m}/0.00855)}{0.051\, W/\mathrm{m} \cdot K} + \dfrac{1}{(0.017\mathrm{m})(3\, W/\mathrm{m}^2 \cdot K)}} = 60.8\, W/\mathrm{m}$$

이 파이프에 발포유리 단열재를 추가함에 따라 열손실은 $51.6\, W/\mathrm{m}$에서 $60.8\, W/\mathrm{m}$로 **17.8%** 증가했다.

단열재를 추가함에 따라 파이프의 열전달이 증가하는 것은 열전달 계수가 낮은 자연대류 환경에 노출된 작은 파이프에서 일반적으로 더 문제가 된다. 이것은 [그림 2.25]와 r_c의 정의를 검토함으로써 알 수 있다. 열전도도 k가 일정하게 유지되는 경우 임계 단열재 반지름 r_c는 열전달 계수 h가 감소함에 따라 증가한다. 따라서 [그림 2.25]에 있는 임계 단열재 반지름이 파이프의 바깥 반지름보다 커지게 된다. 또한 파이프의 바깥 반지름이 작다면 임계 단열재 반지름이 파이프의 바깥 반지름보다 더 커지는 경향이 있다.

임계 단열재 반지름은 단열재의 열전도도의 함수이다. 만약 단열재가 압축되었다면 열전도도는 증가하며, 따라서 임계 단열재 반지름도 증가한다. 또한 수증기 파이프의 표면에서 볼 수 있듯이 단열재가 젖었다면 열전도도는 상당히 증가하게 된다. 따라서 임계 단열재 반지름도 증가한다. 임계 단열재 반지름의 개념은 단열재가 파이프의 외벽에 있을 때에만 적용된다. 만약 파이프의 내벽에 단열재가 설치된다면 전도와 대류 열저항 둘 다 증가되며, 반면에 외벽이 단열될 때는 전도 열저항이 증가하고 대류 열저항은 감소하여 반대효과와 최대화의 조건을 초래한다. 임계 단열재 반지름 원리의 흥미로운 적용은 전선을 단열시키는 것이다. 전선에 전류가 흐를 때 전선의 저항은 전선을 따라 전압차를 발생시키며, 이 결과 전기 에너지의 손실을 가져온다. 이 전기에너지 손실은 열에너지로 전환되는데 이것을 줄(Joule)의 가열 또는 I^2R 가열이라고 부르며, 이것은 전선으로부터 열전달에 의해 입증된다. 전력손실은 열전달과 같기 때문에 다음과 같이 쓸 수 있다.

$$P = I^2R = \dot{Q} \tag{2.41}$$

여기서, P : 전력(W)
I : 전류(A)
R : 저항(Ω)

전선의 길이가 주어지면 단열되었건 그렇지 않건 간에 열손실은 같다. 그 이유는 열전달은 단지 전류와 저항의 함수이고 전선의 온도는 전선이 어떻게 단열되는가에 따라 달라지기 때문이다. 전선은 전기쇼크를 막는 것을 주목적으로 코팅되거나 피폭이 입혀지지만, 좋은 전기적 절연재는 일반적으로 좋은 단열재이다. 따라서 전선의 온도는 전선을 단열함에 따라 조절될 수 있다. 임계 단열재 반지름까지 전선을 단열함으로써 전선의 온도는 최소화된다.

2.4.6 열 침투시간

일반적으로 열전도는 비정상상태로서 벽을 통한 열이 침투되는 데는 상당한 시간이 소요된다. 벽의 뒷면이 전면에서 온도증가가 일어남에 따라 이를 느끼는 데는 얼마나 걸리지를 다음 식 열 침투시간으로 개략적인 계산을 할 수 있다.

$$\text{열 침투시간} = \frac{l^2}{16\alpha} \quad : \text{얼마나 빨리 벽을 통해 열이 전달되는지를 확인} \tag{2.42}$$

여기서, $\alpha = \dfrac{k}{\rho c} = \dfrac{\text{열을 전도하는 능력}}{\text{열을 저장하는 능력}}$ (=열확산도, Thermal diffusivity)

ρ : 밀도

c : 비열

l : 벽두께

예제 2.11 두께가 0.05m이고 이를 통한 온도차가 40℃에서 20℃인 폴리우레탄 폼의 벽을 통할 때 이를 느끼는 데는 시간이 얼마나 걸리는 열 침투시간을 계산하라. 또한 같은 조건에서의 철재류에 대해서도 열 침투시간을 계산하라. 여기서 α값은 [표3.2]의 값을 이용한다.

해설 ① 폴리우레탄 폼

$$\text{열 침투시간} = \frac{l^2}{16\alpha} = \frac{(0.05)^2}{16(1.2\times10^{-6}\,\text{m}^2/\text{s})} = 130\,\text{sec}$$

② 철재류

$$\text{열 침투시간} = \frac{l^2}{16\alpha} = \frac{(0.05)^2}{16(1.26\times10^{-5}\,\text{m}^2/\text{s})} = 12.4\,\text{sec}$$

열전도가 주로 관련되는 열확산도의 차이에 따라 철재류의 경우가 훨씬 빠르게 열이 침투됨을 알 수 있다. 개괄적으로 얘기해서 벽을 통한 정상상태 열전도는 이러한 침투시간이 지난 후에야 일어난다고 할 수 있으며, 이때부터 식 (2.6)이 적용될 수 있다.

알아두기 타임 랙(time lag)

- 건물 구조체의 열용량에 따른 열전달 지연 효과를 주기 위한 것임
- 열용량 클수록 타임 랙이 커짐
- 타임 랙의 예 : 중량 구조체 건물에서는 하계에 외기 온도가 가장 높은 시간보다 한참 뒤에 실내 온도가 최고가 된다. 따라서 타임 랙을 적당히 길게 하면 하계에 재실자 퇴근 후 실내 온도가 최고에 달하므로 냉방 에너지 절감에 매우 효과적이다.

참 고 **물탱크에 비유한 타임 랙의 개념**

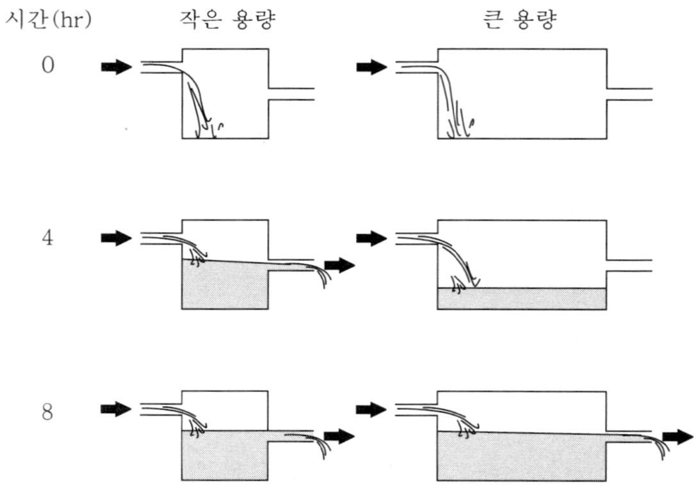

2.5 비정상상태 전도(Non-steady state conduction)

만약 어떤 시스템의 온도가 시간에 따라 변하지 않는다면 그 시스템에서 열전도는 정상상태(steady state)라고 정의된다. 이때 그 시스템에서 열전도가 일어나기 위해서는 온도의 공간적인 변화, 즉 온도구배(temperature gradient)가 있어야 한다. 그러나 각 위치에서의 온도는 모두 일정하다. 반대로 만약 어떤 시스템의 온도가 시간에 따라 변화한다면 그 시스템에서 열전도는 비정상 상태(unsteady state)에 있다고 정의하며, 그 시스템 안에서 온도구배는 있을 수도 있고 없을 수도 있다. 보통 물체의 온도변화를 가열 또는 냉각이라고 부르며, 각각 시간에 따라 온도가 증가하거나 감소하는 것을 말한다. 비정상상태의 열전도 과정은 우리주변에서 흔히 볼 수 있다. 음식물의 요리, 태양이 뜨면서 지구표면이 점차로 따뜻해지는 현상, 물이 얼어서 얼음이 되는 현상, 우리 가정에서의 난방이나 냉방 등이 우리에게 친숙한 비정상상태 전도의 예이다.

일반적으로 비정상상태 전도는 그 시스템 표면에서 열적조건, 즉 경계조건의 변화에 의해 일어난다. 예를 들어, 우리가 달걀을 삶으려고 5℃ 정도의 냉장고에서 차가운 달걀을 꺼내 100℃의 끓는 물에 달걀을 갑자기 집어넣을 때 달걀을 둘러싼 유체(물)의 온도가 변화될 뿐만 아니라 열전달 계수의 크기도 증가시킨다. 달걀이 끓는 물에 닿는 순간, 달걀의 온도는 표면으로부터 시작해서 중앙 쪽으로 달갈이 익을 때까지 몇 분 동안 증가한다. 비정상상태 열전달은 또한 내부 열생성 변화에 의해서도 일어난다. 예를 들어, 전기히터는 열의 요구에 대응해서 그 장치를 켜고 끔에 따라서 온도를 변화시킨다. 비슷하게 전자장치는 전원을 공급하거나 차단함으로써 자신의 온도를 증가시키거나 감소시키어 정상상태에 도달하도록 한다.

비정상상태 전도에 대한 문제는 온도가 1차원 또는 그 이상 공간좌표의 함수뿐만 아니라 시간의 함수이기도 한 복잡성을 가지고 있다. 가장 일반적인 경우가 온도는 3차원 공간좌표와 시간의 함수로써 나타낸 편미분방정식 (2.4)이다. 이 식은 직교좌표와 원통좌표로 각각 열전도를 나타낼 수 있다. 이 식의 해는 경계조건(boundary condition)뿐만 아니라 초기 조건(initial condition)을 포함한다. 초기조건은 새로운 경계조건이 적용되는 순간에 그 시스템의 온도를 제공한다. 따라서 달걀의 예로 돌아가서 만약 달걀이 끓는 물속에 들어가기 전에 냉장고 안에서 5℃의 열적평형 상태에 있다면, 초기조건은

$$T = 5℃\ (t = 0\,\mathrm{sec}\text{에서})$$

물론 문제를 풀기 위해서 그리고 달걀의 비정상상태의 온도를 알기 위해서는 끓는 물에 대한 대류경계 조건도 필요하다. 비정상상태 전도를 다룸에 있어서 먼저 시스템의 온도가 시간에 따라 변화하지만 공간에 따라서는 변화하지 않는 시스템부터 고려한다. 이것이 해를 구할 수 있는 가장 간단한 비정상상태 전도의 문제이다. 반무한대 영역(semi-infinite region)에서의 1차원 비정상상태 전도문제에서 온도는 1차원 공간과 시간의 함수이다. 온도응답 차트는 대류경계 조건에 노출된 판, 실린더 및 구에서 1차원, 2차원 그리고 3차원 비정상 온도를 풀기 위해 이용된다. 2차원 비정상 문제는 수치해법(numerical method)을 이용해야 해석이 수월하다.

화재는 일시적인 현상이며, 비정상 상태 열전달의 방정식은 발화와 화염전파와 같은 화재행동의 상세한 기술뿐만 아니라 발달하고 있고 완전 발달된 화재에 건물의 반응과 같은 총체적 결과를 해석하기 위해 사용된다. 그리고 화재는 시간에 따라 열흐름의 변화가 있는 비정상상태의 과도상태이므로 시간에 대한 편미분식을 적용해야 한다.

비정상상태 전도에 대한 기초 방정식은 미소체적 $dx \cdot dy \cdot dz$와 연계된 열 균형을 통한 열의 흐름을 고려함으로 결정할 수 있다. 따라서 [그림 2.26]에서 x-방향의 흐름을 취하여 A면을 통한 열전달율은 다음과 같다.

$$q_x \cdot dS = -K\frac{\partial T}{\partial x}dy \cdot dz \tag{2.43}$$

여기서, $dS = dy \cdot dz$는 면 A의 면적

면 B를 통하여 나오는 열의 흐름은

$$q_{x+dx} \cdot dS = -K\left(\frac{\partial T}{\partial x} + \frac{\partial^2 T}{\partial x^2}\,dx\right)dy \cdot dz \tag{2.44}$$

그림 2.26 **비정상상태의 열전도**

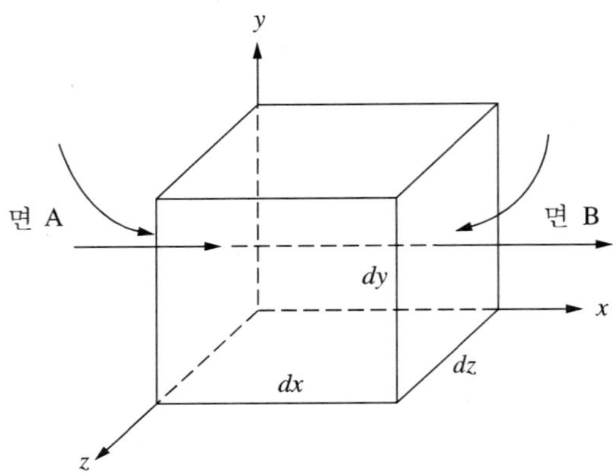

비정상상태에서 $\left(\frac{\partial^2 T}{\partial x^2}\right)$는 0이다. 그리고 방정식 (2.43)과 (2.44) 사이의 차이는 미소체적 $dx \cdot dy \cdot dz$의 에너지 내용에 따른 변화율과 같을 것이다. 이 변화율은 두 항으로 구성되어있다. 즉, 열축적과 열발생

$$K\left(\frac{\partial^2 T}{\partial x^2}\right)dx\,dy\,dz = \rho c\,\frac{\partial T}{\partial t}\,dx\,dy\,dz - Q'''\,dx\,dy\,dz \tag{2.45}$$

여기서, Q''' : 단위 체적당 열방출율

ρ : 밀도

c : 비열

식 (2.45)를 간략하게 나타내면

$$\frac{\partial^2 T}{\partial x^2} = \frac{1}{\alpha}\,\frac{\partial T}{\partial t} - \frac{Q'''}{K} \tag{2.46}$$

여기서, $\alpha = K/\rho c$는 식 (2.42)에서 설명한 열확산도이며, 각 재료의 열확산도 [표 2.2]를 참조한다.

대부분의 문제에서 $Q''' = 0$이나, 식 (2.46)은 자연발화에 관한 Frank-Kamenetskii의 열

팽창 이론 전개에 사용된다. 식 (2.45)는 발열 또는 흡열 변화(예를 들면, 상변화와 화학분해)를 포함하는 순간적 가열문제에 관한 것에도 적용될 수 있다. 그러나 만약 $Q^{'''} = 0$이면 식 (2.46)은 일차원으로 주어지게 된다.

$$\frac{\partial^2 T}{\partial x^2} = \frac{1}{\alpha}\frac{\partial T}{\partial t} \tag{2.47}$$

식 (2.47)을 3차원 형식으로 다시 나타내면

$$\frac{\partial^2 T}{\partial x^2} + \frac{\partial^2 T}{\partial y^2} + \frac{\partial^2 T}{\partial z^2} = \nabla^2 T = \frac{1}{\alpha}\frac{\partial T}{\partial t} \tag{2.48}$$

하지만 대부분의 많은 문제들이 일차원으로 줄일 수 있다. 식 (2.47)은 '무한 평판' 또는 '준 무한 평판'(그림 2.27 참조)으로 다루어질 물질을 통한 전도에 직접적으로 적용될 수 있다.

또한 어떤 문제들은 원주형의 극좌표로 변환시켜 일차원으로 바꿀 수도 있다. 식 (2.47)이 적용될 수 있는 가장 단순한 경우 중 하나는 두께 2L과 온도 $T = T_0$의 무한평판이 균일한 온도 $T = T_\infty$에서 공기에 양면이 갑자기 노출되는 것이다. $\theta = T - T_\infty$라고 하면, 식 (2.47)은 다음 식과 같이 나타낼 수 있다.

$$\frac{\partial^2 \theta}{\partial x^2} = \frac{1}{\alpha}\frac{\partial \theta}{\partial t} \tag{2.49}$$

그림 2.27 무한 평판 슬래브의 비정상상태 열전도

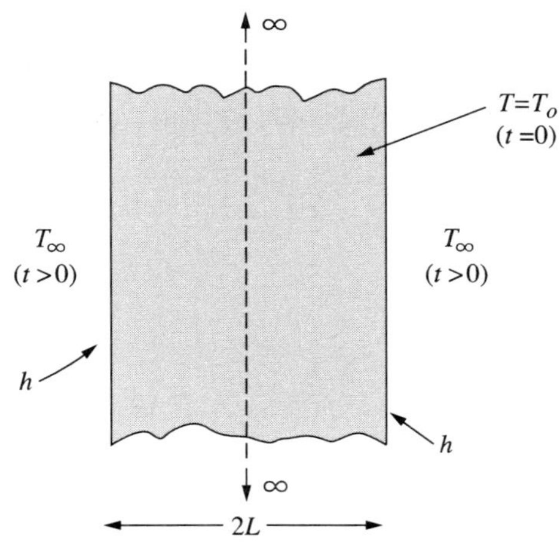

식 (2.49)는 다음과 같은 경계조건으로 풀 수 있다.

$$\frac{\partial\theta}{\partial x} = 0\,,\ x = 0\text{인 경우(즉, 평면의 한 가운데)}$$

$$\theta = \theta_0\,(= T_0 - T_\theta)\,,\ t = 0\text{인 경우(모든 }x\text{에 대해)}$$

$$\frac{\partial\theta}{\partial x} = -\frac{h}{K}\theta\,,\ x = \pm L\text{인 경우(양면에서)}$$

여기서, 평판의 면들을 통한 열전달의 비율을 정의하는 문자 h는 대류열전달계수이다.

식 (2.49)의 해는 식 (2.50)과 같이 나타낼 수 있다.

$$\frac{\theta}{\theta_0} = 2\sum_{n=1}^{\infty}\frac{\sin\lambda_n L}{\lambda_n L + (\sin\lambda_n L)(\cos\lambda_n L)}\cdot\exp\left(-\lambda_n{}^2\alpha t\right)\cos\left(\lambda_n x\right) \tag{2.50}$$

여기서, $\cot(\lambda_l) = \dfrac{\lambda_l}{B_i}$

$B_i =$ 바이오르 수(Biot number)(hL/K)

식 (2.50)에서 θ/θ_0는 세 가지 무차원 그룹의 함수임을 나타내며, 이들 세 가지 무차원 수는 바이오르 수$\left(B_i = \dfrac{hl}{k}\right)$, 프리에 수(Fourier number)$\left(F_o = \dfrac{\alpha t}{l^2}\right)$, x/L(두께의 절반인 중앙선으로부터의 거리)이다. 바이오르 수는 대류에 의한 주변공기로부터 표면으로의 열전달과 전도에 의한 표면에서 고체내부로의 열전달 효율에 대한 비이다. 한편 프리에 수는 열특성 값들과 물체의 특징적인 두께를 고려한 무차원 시간변수라고 할 수 있다.

평판의 중앙에서 온도가 표면 온도와 같은 B_i가 무시할 수 있을 정도로 작을 경우에는 B_i에 따른 $\theta_{x=0}/\theta_{x=L}$ 비가 약 0.1보다 작으면(예를 들어, K가 크게 또는 L이 작게) 그 때 고체 내부에서 온도구배는 무시될 수 있으며, 열전달 문제는 일체 열용량법(Lumped-heat capacity method)으로서 다루어질 수 있다. 일체 열용량법은 얇은 연료의 불꽃 퍼짐 특성을 해석하는데 사용된다.

그림 2.28 무한 평판의 온도 변화율

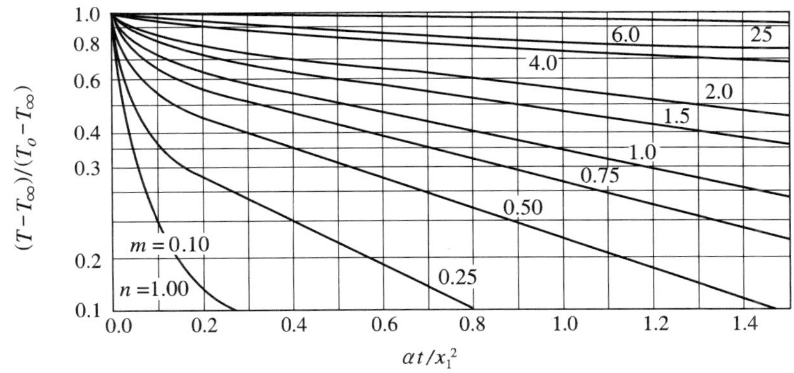

(a) 표면

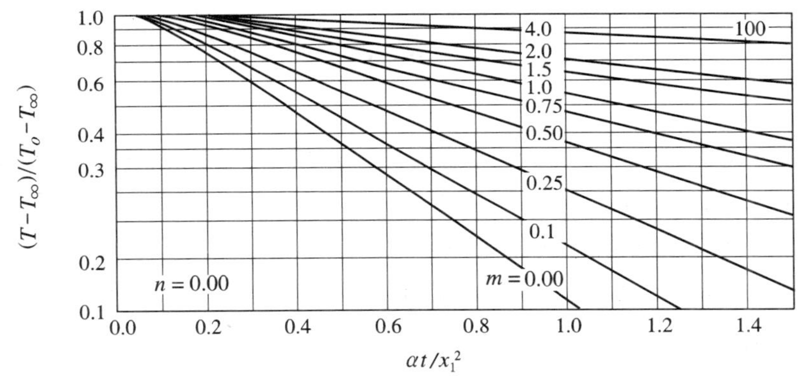

(b) 중심온도

식 (2.50)의 해는 [그림 2.28]로부터 쉽게 구할 수 있다. [그림 2.29]는 표면온도의 변화율이 열관성(thermal inertia)값$\left(\dfrac{K^2}{\alpha} = K\rho c\right)$에 강하게 의존됨을 보여준다. 섬유로 보온된 보드나 폴리우레탄 폼과 같은 낮은 열관성 물질의 표면온도는 가열될 때 빠르게 상승되며, 이를 가연성 고체의 발화나 화염확산 특성 또는 구획내의 화재성장에 적용시키는데 사용된다.

그림 2.29 무한 평판의 온도 변화율

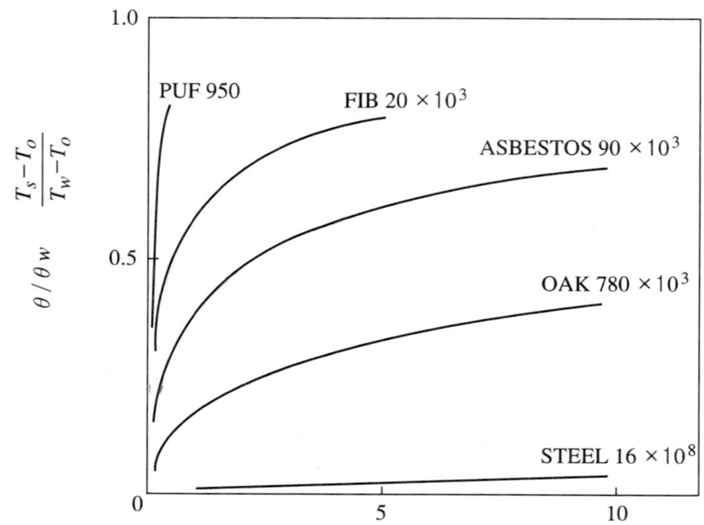

앞서 제시된 해석방법은 정성적으로는 올바른 방식이지만 화재문제에 있어서는 만족스러운 정량적 결과를 산출하지 못할 수도 있다. 일정한 열역학적 특성치와 대류·복사 열전달 계수의 선형화에 대한 가정이 대상 온도 범위에 대해 유효하지 않을 수도 있다. 뿐만 아니라 수분을 함유하고 있는 다공성 물질(예를 들면, 목재)의 경우에는 고체 내에서 발생하는 수분의 출입과 관련된 열역학적 효과로 인해 열전도만 발생한다는 가정을 기반으로 하는 계산결과와는 현저히 다른 온도차이가 발생할 수 있다.

열전도 문제에 대한 해석적 해(解)를 구하기 위해서는 상당한 양의 대수 작업이 필요하다. 해석적 해를 통해 얻을 수 있는 이점 중에는 해석적 해를 통해 얻어지는 열역학적 거동에 대한 통찰력도 포함된다. 그러나 이와 같이 수고스러운 과정을 마친 후에도 결과적으로 얻은 해는 선형화의 필요성으로 인해 그 가치가 재현될 수 있다. 상당수의 경우 앞에서 논의된 수치해석방법은 가장 단순한 방식일 수 있다. 전체적인 열역학적 거동을 이해하기 위해서는 그 거동에 대한 합리적 수준의 이해를 얻기까지 여러 개의 해가 필요할 경우가 있다는 점은 수치해석법의 한계라고 할 수 있다.

2.6 수치해석 기법

열전도와 관련된 문헌에는 다양한 기하학적 형상의 과도 열전달 문제에 대한 수치적 기법이 많이 소개되어 있다. 그러나 이와 같은 복잡한 해석방법을 사용하기보다는 최근에 보다 손쉽게 사용할 수 있는 강력한 기능과 저렴한 가격으로 컴퓨터를 이용해 수치적으로 해를 구하는 것이 더 용이한 경우가 많다. 아울러 방향이나 온도에 따라 특성치가 현저하게 변화하거나 고체 내에 추가되는 열이 중요성을 갖는 해석의 경우에는 수치해석법이 가장 효율적인 접근 방법일 가능성이 높다. 열전도 문제에 적용할 수 있는 수치해석법에는 ① 유한차분법(finite difference method)과 ② 유한요소법(finite element method)이 있다. 열전달의 수치해석법에 대한 포괄적인 개요는 Minkowyez(1988)의 문헌을 참조하기 바란다. 유한차분법의 광범위한 검토 내용은 열전달에 대한 대부분의 소개 문헌에서 참조할 수 있다. 유한요소법은 Zienkiewiez(1977)의 문헌을 참조하기 바란다.

두 가지 수치해석법 모두 해석 대상물체에 대한 이산화(discretization)를 수행한다. 이산화는 그리드(grid) 혹은 메시(mesh)라고 하는 여러 개의 선으로 연결된 절점(node : 곡선과 면이 만나는 점)를 이용해 대상 부분을 [그림 2.30]과 같이 미소 구간으로 나눈다. 결과적으로 두 가지 방법 모두 대상 부분의 형상을 근사적으로 모델링하는 것이다.

그림 2.30 **유한차분법-그리드 생성**

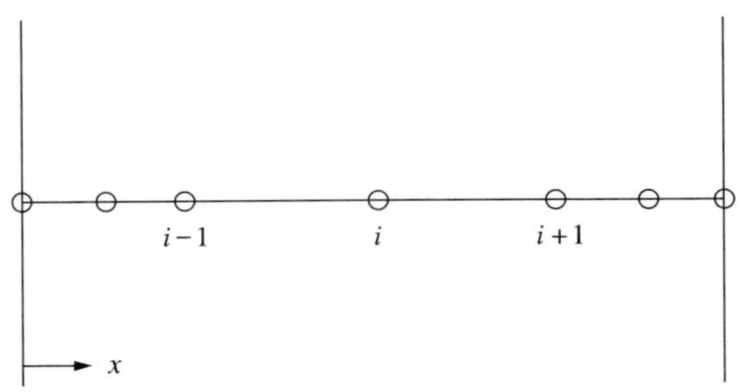

그리드의 크기가 작을수록 정확도가 증가하지만, 이로 인해 증가한 절점의 수는 계산소요시간을 증가시키는 역할을 한다. 그리드 간격은 소재의 위치에 따라 달라질 수 있으며, 온도구배가 가장 클 것이라고 예상되는 지점(예를 들면, 가열 상태의 경계 또는 물질부근)에서 그리드 간격을 가장 작게 한다. 가변 그리드 간격을 적용하기 위해 각 절점에 대한 지배방정식(governing equations)을 만들기 위한 추가적인 노력이 필요하다.

일반적으로 유한차분법에서는 '테일러 급수' 확정을 이용해 편미분방정식을 재방정식화하고, 이를 통해 일련의 대수방정식이 도출된다. 내부 가열이 발생하지 않는 1차원 과도열전도의 경우에는 식 (2.4)의 유한차분법은 다음 식과 같다.

$$C_i \frac{(T'_i - T_i)}{\Delta t} = \frac{k_m(T_{i+1} - T_i)/\Delta x - k_n(T_i - T_{i-1})/\Delta x}{\Delta x} \tag{2.51}$$

식 (2.51)은 절점 i의 양 측면에 대해 그리드 간격이 동일한 경우에 적용할 수 있다. 불균일한 그리드에 대해서도 대체 표현식을 쉽게 구할 수 있다. 식 (2.51)을 변형시킨 형태의 각 절점에 대해 개발해야 한다. 각 절점의 조건은 각 절점을 둘러싸고 있는 미소 영역의 조건을 대표한다고 가정한다. 특히,

T_i : 시간이 t (시간 간격의 시점)일 때 절점 i의 온도

T'_i : 시간 간격 Δt가 지난 뒤에 절점 i의 온도

여기서, $i+1$, i, 그리고 $i-1$ 등 3개의 절점은 모두 대상 부분의 내부에 존재한다.

$$k_m = \frac{1}{2}(k_{i+1} + k_i)$$
$$k_n = \frac{1}{2}(k_i + k_{i-1})$$
$$C_i = \rho_i c_p \Delta x$$

또 다르게 적용할 수 있는 방법으로 표면의 절점에 대해서는 유한차분식을 도출해 내기 위해 열수지를 수식화해야 한다. 열전달에 대한 소개 자료에는 다양한 조건에 노출된 포면 절점에 대한 유한미분방정식이 제시되어 있다. 시간 단계(time step) 시작 지점의 절점 온도를 알고 있을 경우, 식 (2.51)은 현시적 공식(explicit formulation)의 형태로 제시된다(즉, T_i를 직접 구할 수 있음). 그 결과 해당 식은 별도의 연관관계가 없으므로 바로 해석이 가능해진다. 그러나 이러한 수식화 방식은 수치적으로 불안정한 결과를 낼 수 있다(계산 결과 얻은 온도가 노출 온도보다 더 커지거나 가열 중에도 물체내의 온도가 떨어질 수 있음). 안정성 한계는 시간단계 및 그리드 크기를 기준으로 한다. 특성치가 일정할 경우, 1차원 문제에 대한 안정성 한계는 다음 식과 같이 표현한다.

$$\frac{a\Delta t}{(\Delta x)^2} < 0.5 \tag{2.52}$$

안정성 한계를 충족시키기 위해 주어진 그리드의 간격에 대해 충분히 작은 시간단계를 선정해야 한다. 그리드 간격이 감소함에 따라 시간단계도 감소해야 한다. 각 절점에 안정성 판정기준이 적용되면 이 때 결과적으로 얻게 되는 분석을 위한 시간단계는 안정성에

필요한 최소시간단계보다 더 적다. 유한차분법에 대한 또 다른 수식화 방법['암시적 공식(implicit formulation)'이라고 부름]은 다음 식과 같다.

$$C_i \frac{(T'_i - T_i)}{\Delta t} = \frac{k_m(T'_{i+1} - T'_i)/\Delta x - k_n(T'_i - T'_{i-1})/\Delta x}{\Delta x} \tag{2.53}$$

암시적 공식은 임의의 시간단계 및 그리드 크기에 대해 수치적으로 안정적인 특성을 갖고 있다. 이 방식에 있어서 시간 간격 및 그리드 크기의 유일한 선정기준은 정확성이다. 하지만 암시적 공식의 단점은 오른쪽 항이 시간단계 말단의 절점 온도를 포함하고 있게 됨에 따라 모든 식이 서로 연결되어 있다는 사실이다. 따라서 모든 식을 동시에 풀어야 하는 어려움이 있다.

예제 2.12 두께가 10cm인 벽이 초기에 균일하게 20℃의 온도를 유지하고 있다. 벽의 특성은 열전도도=25W/m K, 밀도=6000kg/m^3, 그리고 비열=500J/kg K이며, 이들 특성은 온도에 대해 독립적이라고 가정한다. 계수가 10W/m^2 K이고, 온도가 500℃인 대류 환경에 벽의 오른쪽을 갑자기 노출시킨다. 반면에 벽의 왼쪽은 20℃로 온도를 유지한다. 그리드 크기는 2.5cm로 선정한다. 5분 후 벽 내부의 온도를 구하라(다음 그림 참조).

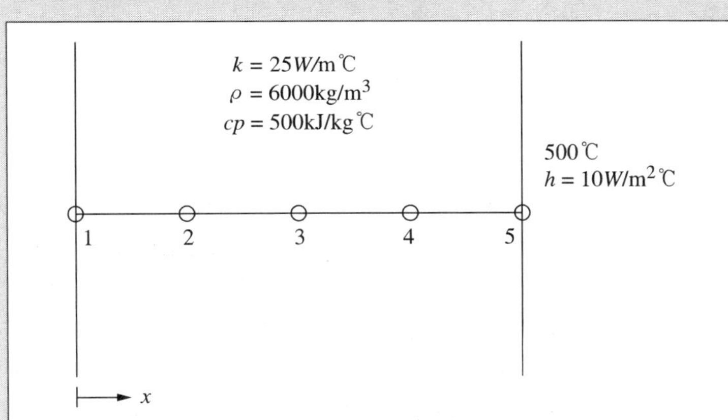

해설 표면온도의 유지에 따라 절점 1의 온도는 이미 알고 있다. 따라서 그 외의 절점에 대한 온도만 구하면 된다. 식 (2.51)의 수식화에 따른 내부 절점(절점 2~4)에 대한 유한차분법은 다음과 같다.

$$6000 \cdot 500 \frac{(T'_i - T_i)}{\Delta t} = \frac{25(T_{i+1} - 2T_i + T_{i-1})}{(0.025)^2}$$

절점 5에는 다음과 같은 식을 적용할 수 있다.

$$6000 \cdot 500 \frac{(T'_i - T_i)}{\Delta t} = \frac{10(500 - T_i) - 25(T_i - T_{i-1})/0.025}{0.025}$$

절점 2~4에 대한 안정성 판정기준은 다음과 같이 주어진다.

$$\frac{[25/(6000 \cdot 500)]\,\Delta t}{0.025^2} < 0.5$$

이 기준에 따라 시간단계는 37초 미만이어야 한다. 절점 5의 경우에 안정성 판정기준은 다음과 같다.

$$\frac{(25/0.025 + 10)]\,\Delta t}{(6000 \cdot 500 \cdot 0.025)} < 1.0$$

이 판정 기준에 따른 최대 시간 단 계는 2,970초이다. 결과적으로 벽에 대해 구한 최소 시간단계인 37초보다 작은 30초의 시간단계를 선택한다. 계산결과는 아래 표와 같다.

시간(s)	Node 1	Node 2	Node 3	Node 4	Node 5
0	20.0	20.0	20.0	20.0	20.0
30	20.0	20.0	20.0	20.0	21.9
60	20.0	20.0	20.0	20.8	23.1
90	20.0	20.0	20.3	21.4	24.1
12	20.0	21.1	20.6	22.0	24.9
150	20.0	20.3	21.0	22.6	25.6
180	20.0	20.5	21.3	23.2	26.3
210	20.0	20.6	21.7	23.7	27.0
240	20.0	20.8	22.1	24.2	27.6
270	20.0	21.0	22.4	24.7	28.1
300	20.0	21.2	22.8	25.2	28.6

유한요소법도 이산화된 상태의 대상(discretized object)으로부터 시작된다. 그러나 유한차분법과의 주된 차이점은 완전한 형태의 지배방정식을 활용한다는 사실이다. 대부분의 유한요소방식에서는 식을 풀기위해 요소 내의 온도변화에 대한 다항식 맞춤 기법을 활용한다. 편미분방정식을 상미분방정식으로 재 방정식화 한다[이를 위해 변분법원리(principles of variational calculus)를 활용하는 경우가 많음]. 완전방정식이 사용되고 기하학적 형상만을 근사하므로 일반적으로 유한요소법이 유한차분법에 비해 경로 그리드에 대한 보다 정확한 분석 결과를 제공한다. 해당 식은 각 요소에 대해 적용되며 이를 통해 얻은 일련의 식은 하나의 행렬로 정리된다.

$$CT + KT = Q$$

여기서, C : 열용량 행렬 – 각 요소에 대한 ρc

K : 전도도 행렬 – 각 요소의 전도도

T : 벡터(세로행렬) – 각 절점의 온도

Q : 벡터(세로행렬) – 각 절점에서 발생하는 열

벽 내의 온도변화곡선을 결정하기 위해서는 행렬식을 풀어야 한다. 두세 가지의 전형적인 행렬식 해법(예를 들면, 가우스 소거법)을 이용할 수 있지만 그와 같은 방법을 적용할 경우에는 희박하게 존재하는 K 행렬로 인해 그 효율이 떨어진다. 결과적으로 유한요소모델링의 발전은 보다 효율적인 해석기법과 관계가 있다. 유한차분 모델과 마찬가지로 현시적 및 암시적 공식을 도출해 낼 수 있다. 그러나 암시적 공식에 대한 안정성 판정기준의 기본 표현식을 활용할 수 없다.

화재에 노출된 부재 내의 열전도를 분석하기 위해 다양한 유한차분법과 유한요소법의 알고리즘을 활용할 수 있다. 최근에 발표된 논문의 경우 유한요소법을 더 자주 언급하고 있지만 유한차분모델에 대한 응용예제도 최근 일부 기술되고 있다.

내화 철골기둥에 대한 유한요소 메시(finite element mesh)를 나타낸 전형적인 다이어그램을 [그림 2.31]에 나타냈다. 원문자는 요소번호이고, 절점번호는 1~36번이다. 철골을 의미하는 요소는 1, 5, 9, 13 등이다. 대칭성으로 인해 해당 기둥의 1/4만 모델링한 것이다.

그림 2.31 유한요소법에 의한 메시 생성

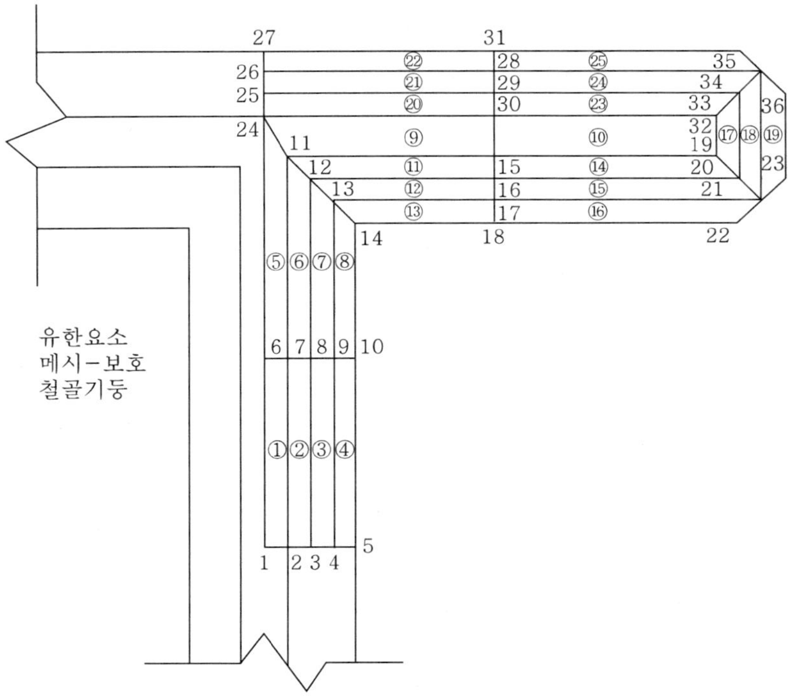

2.7 한계점

열전도에 대해 이 단원에서 제시한 내용은 상대적으로 잘 알려져 있는 열전도의 해법 중 일부만이 제시된 것이다. 복잡한 기하학적 형상을 가지고 있는 물체에 대한 해석은 매우 어려운 일이다. 기존 연구의 해석은 모두 간단한 기하학적 형상과 관련되어 있다. 수치해석법을 이용해 보다 복잡한 형상을 다룰 수 있지만, 복잡한 형상에 대한 경계조건의 코딩은 힘들고 지루한 작업이다. 따라서 그와 같은 작업은 강력한 경제적 동기 부여가 되지 않는 한 거의 이루어지지 않는다.

화재연구에서 발견되는 온도 범위에 대해 열전도도인 k가 현저하게 변화하는 경우가 많다. k가 T의 함수일 경우 해당 열전도식이 비선형적이므로 수치법의 적용이 필요하다. 변수 형태의 k를 적용하면 정량적으로 보다 나은 결과를 얻을 수 있지만, 정성적 측면에서 상수 형태의 k를 적용할 때와 비교할 때 결과의 차이가 발생하지 않는 것이 보통이다.

목재와 같은 일부 물질은 등방성이 아니므로 이 경우에는 k가 텐서 양(tensor quantity)이 된다. k가 스칼라 상수라는 가정을 전제로 계산한 결과는 텐서 k를 이용하면 보다 정확한 계산 결과에 비해 정성적으로 차이가 없을 수도 있지만, 경우에 따라서는(예를 들면, 화염전파) 그 차이가 중요한 의미를 가질 수도 있다.

k의 변화만큼 문제를 일으키는 경우가 많지는 않지만 비열도 변화할 수 있다. 비열이 변화한다고 판단될 경우에는 화학 변화를 의심해 보는 것이 좋다. 이는 화학변화가 일어날 확률이 Debye온도가 지나치게 높을 확률보다 높기 때문이다.

기체 또는 액체 내 열전달이 화재분석에 있어서 주된 역할을 하는 경우가 많다. 기체나 액체에 대해 전도가 중요한 의미를 갖는 경우도 가끔 있지만, 계산 수행시 열로 인해 유도되는 대류 또는 복사가 열전달을 주도하지 않는지 주의를 기울여야 한다. 온도가 높은 물질이 온도가 상대적으로 낮은 물질 위에 있는 경우 대류이동에 대한 안정성을 갖고 있다. 하지만, 그 반대의 경우에는 불안정하므로 대류가 지배적인 열전달 방식이 될 것이 분명하다. 상당수의 기체(예를 들면, 공기)에 대해 전도 효과가 낮으므로 –기체는 전기적 절연체이기 때문– 열적으로 안정적인 경우에도 복사가 전도보다 더 중요할 수 있지만, 그와 같은 기체가 흡수하는 복사에너지는 미미한 수준이다. 복사에너지는 이와 같은 기체를 직접 관통해 지나간다. 예를 들어, 상온과 가까운 온도에서는 1cm 두께의 공기층이 전도에 의한 경우와 비슷한 양의 복사에너지를 전달한다.

액체가 관련되어 있는 경우에는 온도에 따른 표면장력의 변화가 열전달 과정을 지배하는 표면 아래의 대류를 유도하는 것으로 밝혀져 있다. 이 경우, 전도만을 포함하는 열전달 계산방식(액체가 정지 상태라는 가정을 바탕으로 한 방식)은 올바르지 않을 수도 있다.

'고체' 내의 열전달이 대류에 의해 영향을 받을 수 있는 예 중 하나가 기공이 큰 밀폐 기포형(closed cell) 다공질 발포 수지이다. 수직 방향 슬래브의 양쪽 측면을 가로질러 온도차이가 존재할 경우, 각 셀에 대해 미소 온도차이가 주어진다. 이로 인해 각 셀 내에 미소 밀도차이가 발생한다. 중력이 존재하는 상태에서 이와 같은 차이는 각 셀 내부 기체의 대류순환을 유도하는데, 이와 같은 대류순환은 얇은 벽을 통과해 전도되는 열에 비해 보다 많은 열을 전달할 수 있다.

이러한 물질의 경우에는 복사도 중요한 의미를 갖는다. 고체 내의 열전달 방식으로 복사가 큰 비중을 차지하는 예로 저밀도 다공성 훈소 물질 또는 다공성 탄화물의 경우 등이 있다. 열로 인해 유도되어 다공성 물질을 통과하는 기류에 대항하는 정방향 열전달(훈소 연소의 전파에 있어서 필수적인 조건)은 고체 기공 벽을 통과하는 전도보다는 기공을 통과하는 복사에 의해 발생하는 경우가 대부분이다.

열전도 계산에 있어서 가장 심각한 문제점 중 하나는 해당물질이 열적으로 불안정할 때 발생한다. 열전도도의 변화가 중요한 의미를 가질 수도 있지만 더욱 중요한 것은 고체 내에 열의 방출이나 흡수가 발생할 수 있다는 사실이다. 이와 같은 방출 및 흡수는 물질의 방출과 함께 일어나는 경우가 많다. 이때 방출된 물질은 (다공성) 고체를 관통해 이동한다(확산된다). 열전도식을 통해 이와 같은 열방출을 다룰 수 있지만 그와 함께 발생하는 물리/화학적 과정은 별도의 연결형 연립 방정식을 통해 처리해야 한다. 이 경우 전체 계산이 복잡해진다(예를 들면, 목재의 훈소와 열분해의 이론적 처리 부분). 철근 콘크리트의 내화성능에 대한 이론적 연구를 위해서는 흡수된 물과 화학적으로 결합된 물에 의한 효과가 고려 대상에 포함되어야 한다(오늘날 이 요구사항은 일반적으로 적용되고 있음). 마찬가지로 석고 벽의 내화성능분석 시에는 수분효과를 고려 대상에 포함시켜야 한다(동일한 기법이 콘크리트에 대해 성공적으로 적용되고 있음에도 불구하고 불행하게도 석고 벽의 경우에는 적용되지 않는 경우가 많음).

화재에 대해 건축물 부재의 열적 응답을 예측하기 위한 수치해석 모델을 적용하는 데에는 두 가지 어려움이 있다. 그 중의 하나는 정확한 입력 데이터를 구하는 것이다. 노출과 관련된 '경계조건'은 반드시 명시되어 있어야 한다. 특성은 분석 대상 물체와 부재의 모든 구성요소에 대해 온도에 대한 함수로 제시되어 있어야 한다. 또 하나의 문제점은 물질의 거동과 관련되어 있다. 기존 열전달 해석 알고리즘은 주로 불활성 물질에 적용할 수 있다. 대상 부재에 수분 출입, 상변화, 탈수, 분해 및 기하학적 변화가 발생할 경우에는 해당부재의 열 응답을 모델링하기 위해 특정 알고리즘을 파악하고 개발해야 할 것이다. 현재 활용 가능한 모델에 대한 결과는 엔탈피 변화를 반영하는 유효특성을 활용했음에도 불구하고 콘크리트, 석고, 목재 및 기타 함수성 물질이 포함된 100~200 범위 내에서 측정한 온도와 크게 다른 경우가 많다.

2

연습문제

1. 열전도 재료와 단열재료의 열전달 특성을 비교 설명하라.

2. 3cm 두께의 구리평판의 한 면이 400℃로 유지되고 다른 면은 100℃로 유지되었다. 판을 통한 이동열량을 구하시오($T=$ 250℃에서 구리의 열전도도 $k=$ 370W/m℃).

   정답 3.7×10^6 W/m^2

3. 열전달율 $k_m(T) = 0.0472[1+0.00172T$ 로 온도와 직선적 형상 관계를 갖는다. 벽의 두께 $L=$ 80mm 내벽과 외벽의 온도 $T=$ 149℃, $T=$ 38℃이다. 단위면적당 단위열량을 구하라.

   정답 76 W/m^2

4. 두께 10cm의 면적 50m^2 인 벽이 있다. 30℃인 고온 벽에서 저온 쪽 벽면으로 250 kcal/h의 열이 이동되었다면, 저온 쪽 벽면의 온도를 구하라. 단, 벽의 열전달율은 0.65kcal/mh℃이다.

   정답 29.23℃

5. 다음 복합벽의 열유속을 구하라.

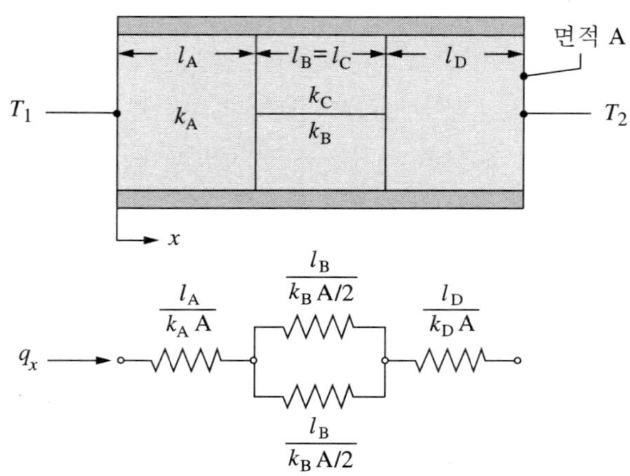

여기서, $A = 40\text{m}^2$

$l_A = 2\text{m}$, $l_B = l_C = 1.5\text{m}$, $l_D = 2.5\text{m}$

$T_1 = 750$, $T_2 = 150℃$

$k_A = 100$, $k_B = 90$, $k_c = 120$, $k_D = 110(\text{W/m℃})$

정답 W/m^2

6. 어떤 방에서 화재가 발생하여 벽의 온도가 급격히 상승하여 1000℃가 되었으며 이 온도에서 상당시간 유지되었다. 한편, 벽의 반대측은 큰 창고이며 내부온도가 통상 20℃ 정도이다. 벽이 200mm 두께의 벽돌벽이라면 창고측 벽면의 정상상태 온도는 얼마가 되겠는가? 벽돌의 열전도도는 온도에 대해서는 독립적이며 창고측 벽의 대류전열계수는 12 $\text{W/m}^2 \cdot \text{K}$이다.

7. 아래 그림과 같이 길이 $L = 305\text{mm}$이고, 실제 외벽 $D = 89\text{mm}$ 파이프가 38mm 두께의 절연물질로 덮여있다. 이때 절연물질의 열전달율 $k = 0.06\text{kcal/h} \cdot \text{m℃}$이다. 그리고 $T_i = 200℃$, $T_o = 26℃$일 때 시간당 열손실을 구하라.

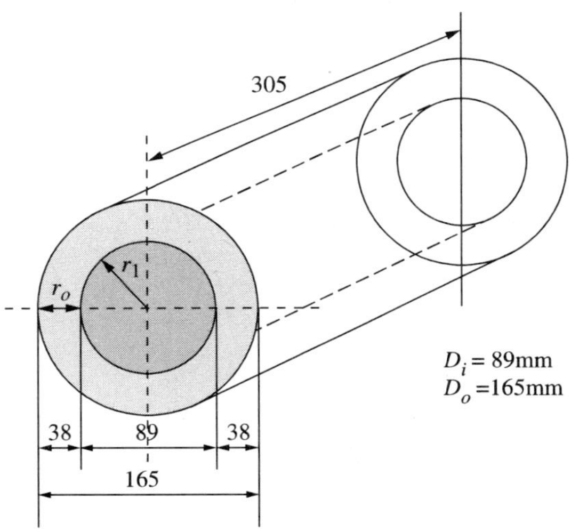

정답 322kcal/hr

8. 다음 그림에 대한 열전달량과 전체 열저항을 구하라.

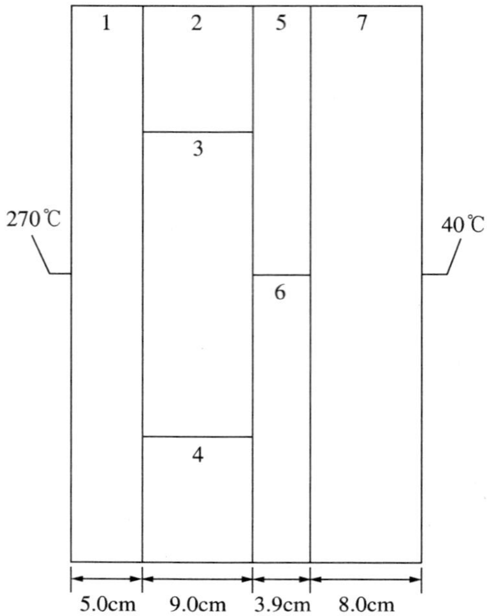

$A_1 = A_7 = 1\text{m}^2$
$A_2 = A_4 = 0.25\text{m}^2$
$A_3 = A_5 = A_6 = 0.5\text{m}^2$

$k_1 = 6.0\text{W/m} \cdot \text{K}$
$k_2 = k_6 = 0.5\text{W/m} \cdot \text{K}$
$k_3 = 1.4\text{W/m} \cdot \text{K}$

$k_4 = 0.9\text{W/m} \cdot \text{K}$
$k_5 = 1.0\text{W/m} \cdot \text{K}$
$k_7 = 3.0\text{W/m} \cdot \text{K}$

9. 다음 복합 원통의 단위길이당 열전달량을 구하라.

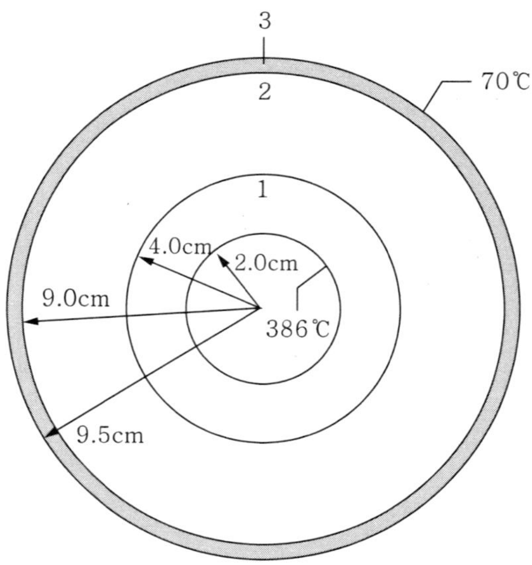

$k_1 = 18\text{W/m} \cdot \text{K}$
$k_2 = 0.06\text{W/m} \cdot \text{K}$
$k_3 = 0.17\text{W/m} \cdot \text{K}$

10. 50mm 두께의 콘크리트벽에 한쪽면에서 열을 가할 때 반대면에서 열을 감지할 수 있는 열침투시간을 계산하라.

11. 다음 복합벽의 경우, 벽 사이의 총 온도차가 80℃라고 하면 코르크 경계층의 두께는 얼마로 해야 하는가?

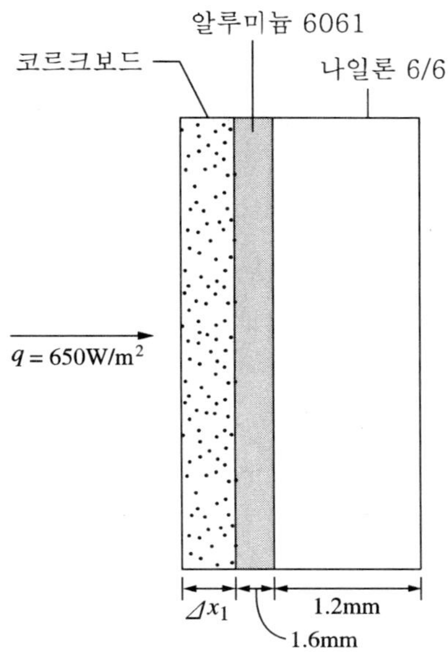

12. 대부분의 단열재는 미세한 입자상태 또는 섬유질 상태로 구성되는데 이렇게 함으로 단열효과가 커지는 이음을 열전달현상을 이용하여 이론적으로 설명하여라.

제 3장 대류열전달
(Convective Heat Transfer in Fire)

3.1 개요

대류(convection, 對流)는 말의 의미에서 알 수 있듯이 대류 열전달은 유체의 움직임이 열전달에 관여하는 것이다. 즉, 열이 기체 또는 액체에서 고체로 또는 고체에서 기체나 액체로 이동하는 현상을 대류 열전달이라고 하며, 대류는 고체 표면과 표면 위를 흐르는 유체 사이에서 열에너지가 전달되는 메커니즘이다. 대류는 우리 주변에서 많이 일어나고 있고 어떤 현상은 매우 친숙하다. 어린 시절에 뜨거운 음식을 그 위에 바람을 불어 식힐 수 있다는 것을 배웠다. 이미 앞서 설명한 것처럼 탁자 위에 놓인 뜨거운 음료는 전도, 대류 그리고 복사에 의해 주위로 열에너지가 이동됨으로써 차가워질 것이다. 더운 여름날 실외에 있으면 우리의 몸은 바람이 불 때 시원해진다. 이와 유사하고 때로는 위험하기도 한 상황으로 겨울에 바람이 심하게 불어 더욱 추워질 수도 있다. 이런 바람을 한랭바람(wind chill)이라고 한다. 대류는 다양한 열전달 응용에서 볼 수 있다. 열교환기에서는 열에너지가 튜브나 통로 안으로 흐르는 각기 다른 두 유체 사이에서 대류에 의해 전달된다. 자동차 라디에이터는 열교환기로 잘 알려진 예이다. 산업공정에서 사용되는 오븐(재료를 건조하고 고형화하는 데 쓰이는 것 같은)은 강제대류와 자연대류 둘 다 사용한다. 열처리 공정 중 금속을 담금질시키는 것은 주로 대류를 이용한 공정이다. 보일러 안의 전기가열 장치는 에너지를 대류에 의해 물로 전달시켜 증기로 만들어지게 한다. 전자장치 안에서의 팬(fan)과 송풍기는 발열부품 위로 공기를 이동시켜 이들을 냉각시킨다. 실생활에서 경험할 수 있는 대류현상 때문에 어떻게 대류가 일어날 것인가에 대해 직관적인 생각을 하게 된다. 만약 뜨겁게 익혀진 감자 위로 입김을 분다면 좀 더 빨리 식게 될 것이다. 그러나 감자 위로 바람을 두 배의 속도로 분다면 대류 열전달도 두 배가 될 것인가? 대장장이는 뜨거운 금속을 식히기 위해 물 항아리에 넣는다. 이것이 바람을 불어 식히는 것보다 더 효과적이다. 그러나 왜 그럴까?

이 질문에 대한 답변은 다음 단원에서 설명하겠지만, 우선 [그림 2.32]에 나타낸 것처럼 가열된 표면 위의 유체의 흐름에 의한 대류의 물리적 메커니즘을 간략하게 짚고 넘어가야 한다. 유체역학 기초로부터 고체 표면에서는 점도 때문에 유체의 속도가 0이 된다. 표면으로부터 거리가 점점 증가되면 속도는 점점 증가하여 표면으로부터 일정한 거리에 도달하면 자유유선속도(free stream velocity)라 불리는 일정한 값의 U_∞에 다다른다. 표면으로부터 가까운 영역으로서 속도가 0에서부터 자유유선속도 값까지 속도가 변하는 영역을 속도 경계층(velocity boundary layer)이라 부른다. 속도 경계층 안에서의 흐름은 층류이거나 또는 난류이다. 층류에서 유체의 인접층(adjacent layer) 또는 얇은 층(laminae)은 유체의 흐름방향으로 표면에 평행하게 서로 미끄러진다. 난류에서는 주흐름에 속도변동(velocity fluctuation)이 불규칙하게 겹쳐진다. [그림 2.32]에 나타낸 가열된 표면은 T_w로 유지되어 있다. 아래 첨자 w는 표면을 포함한 고체 내부의 온도가 아니라 정확하게 벽(wall) 또는 표면에서의 온도를 나타내는 것이다. 속도 경계층 외에 유체의 온도가 T_w에서 T_∞로 변하는 벽으로부터 가까운 영역이 존재한다. 이 영역을 열 경계층(thermal boundary layer)이라 부른다. 열 경계층 바깥부분에서 유체의 온도는 일정한 자유 선속도 값 T_∞를 갖는다. 속도 경계층과 열 경계층은 일반적으로 일치하진 않지만 두 경계층은 서로 연관되어 있고 대류 열전달에 중요한 영향을 미친다.

층류 경계층 안에 유체의 인접 층이 흐름방향에 대해 직각방향으로 섞이지 않기 때문에 대류열전달은 난류에서보다 층류에서 더 약하다. 난류 경계층에서는 일정하지 않은 속도 변동에 의해 흐름방향에 대해 수직으로, 즉 벽에서 직각방향으로 유체가 섞이게 해 줌으로써 벽에서 자유 선속도 방향으로 열에너지의 이동을 향상시킨다. 그러므로 난류는 일반적으로 대류 열전달의 관점에서 볼 때 바람직한 것이다.

그림 2.32 **가열된 표면 위로 흐르는 속도 경계층과 대류열전달을 나타내는 열 경계층**

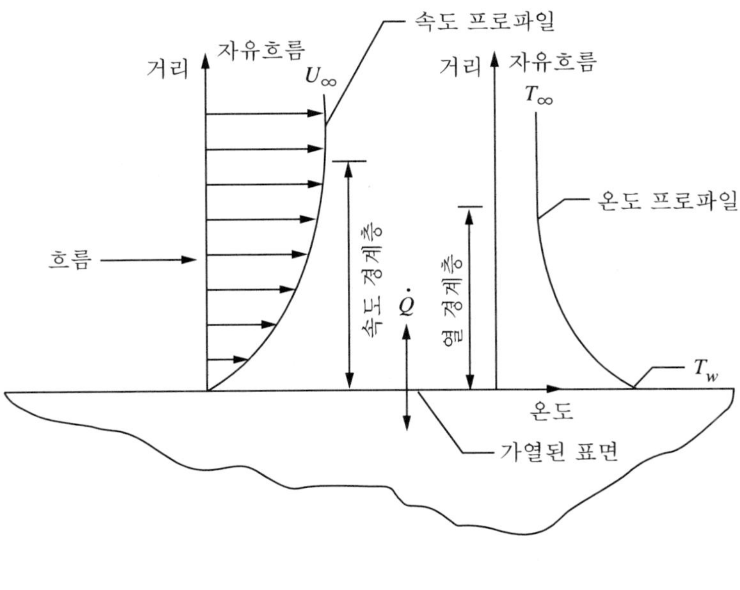

대류는 화재에서 매우 중요한 역할을 한다. 대류는 화재 중 방출되는 막대한 양의 화학적 에너지를 고온 가스의 유동을 통해 주변으로 전달한다. 즉, 화재나 연기의 유동이 이에 속한다. 이러한 유동은 화재 자체에 의해 자연적으로 유도(고온 가스는 상승하고, 그 자리를 저온 공기가 채우는 현상)될 수도 있고, 화재 외부의 원인(예를 들면, 바람−prevailing wind)에 의해 유도될 수도 있다. 이와 같은 구분을 바탕으로 대류열전달의 대상을 자연대류와 강제대류로 구분한다. 분명한 것은 자연대류와 강제대류 등 두 가지 방식이 동시에 발생할 수 있다는 것이다(그에 따라 혼합 대류 및 열전달 발생). 대류 유동이 고려대상 물체의 내부(예를 들면, 배관 내부의 대류)에서 발생하는지, 아니면 외부에서 발생하는지 여부에 따라 추가적인 구분이 이루어지는 경우도 종종 있다. 화재공학에 대류열전달을 응용할 경우에는 물체 주위의 자연대류가 분명히 배관 내의 강제대류에 비해 훨씬 큰 의미를 가진다. 따라서 자연대류 열전달 및 외부 유동에 대해 보다 많은 주의를 기울여야 한다.

이러한 유동은 층류(laminar flow) 혹은 난류(turbulent flow)의 어느 쪽이 될 수도 있으며, 이는 점성유체역학에서 기술된 바와 같이 유체의 속도와 점성, 물체의 크기의 정도에 따라 정해지는 무차원수인 레이놀즈 수(Re, Reynolds number)에 의해 구분된다. 대류는 자연대류, 강제대류, 혼합대류로 분류되고, 상변화의 열전달도 일종의 대류 열전달에 속한다.

(1) 자연대류(natural convection)

열전달이 이루어지는 면 부근에 있는 유체의 온도가 상승하면 밀도가 감소하기 때문에 이로 인한 부력의 작용으로 일어나는 열이동으로 이러한 유동을 자연대류라 한다. 예를 들면, 가열된 평판을 유동이 없는 상온의 실내공간에서 평판근처의 공기와 멀리 떨어진 공기는 밀도차가 생겨서 자연유동이 되는 것이다. 또 방열기 부근의 공기유동, 겨울철 햇볕이 드는 창가의 공기유동 등이 있다.

그림 2.33 자연 대류

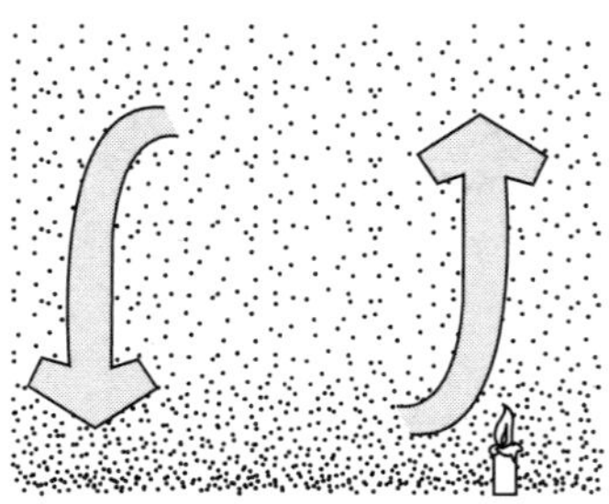

그림 2.34 자연 대류에 의한 온도 성층화

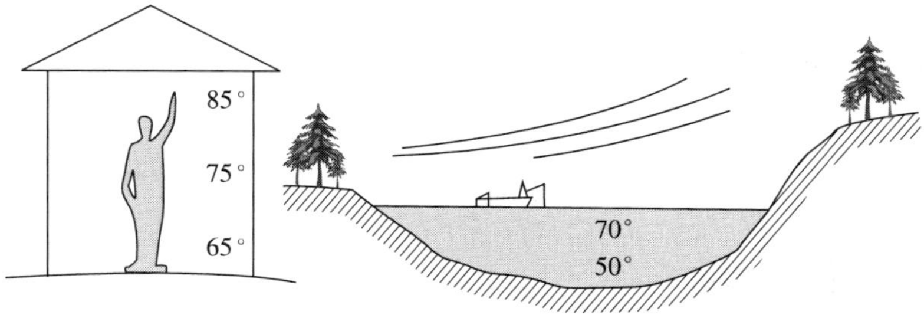

(2) 강제대류(forced convection)

펌프나 송풍기와 같은 유체기계 등으로 공기나 유체를 강제적으로 유동시켜서 유체가 물체간의 열이동을 촉진시키는 경우의 열대류를 말한다. 예를 들면, 스프링클러헤드의 감열부에 열전달이 화재로부터 뜨거운 연소 생성물의 흐름에 노출되는 것(RTI시험, 작동시험), 자동차의 팬, 원자력발전소의 연료냉각장치 등이 속한다.

그림 2.35 건물 주변의 공기이동에 의한 강제 대류

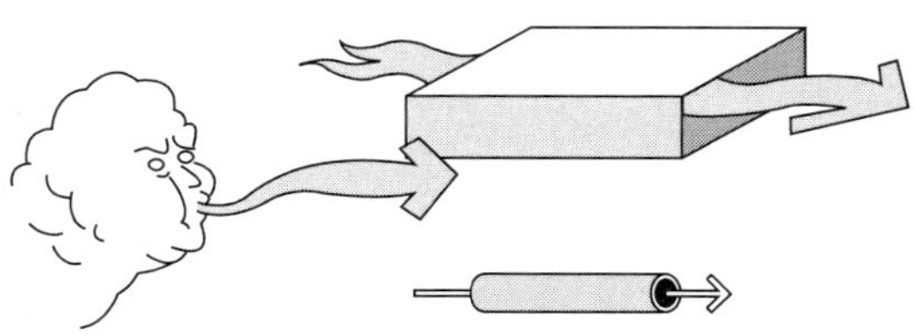

[강제 대류]

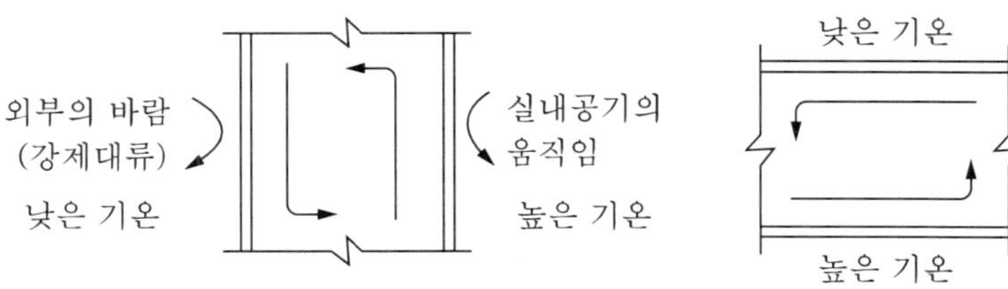

(a) 벽체 (b) 지붕 또는 바닥/천장

(3) 혼합 대류(mixed convection)

강제 대류를 일으키는 유동이 충분히 강하지 못할 경우 자연 대류를 함께 고려해야 하는 경우를 혼합대류라 한다. 강제대류와 자연대류가 혼재된 경우이다. 이러한 혼합 대류와 강제 대류/자연 대류의 구분은 유동장을 분류하는 강제 대류의 레이놀즈 수(Re)와 자연대류의 그라숍 수(Gr)의 조합으로부터 얻어진다.

3.2 개념과 기본 관계

단순한 예로 우리가 매일 겪는 따뜻한 건조 공기의 흐름에 젖은 몸을 말리는 것을 [그림 2.36]과 같이 생각해보자. 유체역학의 지식을 통해 젖은 몸의 표면 앞에서 공기의 흐름속도는 떨어질 것이고, 그에 따라 그 운동량의 일부가 신체로 전달된다는 사실을 예상할 수 있다. 반대로 정지상태의 공기를 통과해 이동하는 신체는 항력을 경험하게 될 것이다. 이와 같은 운동량 교환 이외에도 신체는 수분의 일부를 잃게 된다(즉, 젖은 표면으로부터 따뜻한 공기로 물질이동 발생). 뿐만 아니라 젖은 몸의 표면에서 수분이 증발하기 위해서는 필요한 양의 열이 따뜻한 공기로부터 젖은 몸으로 이동되어야 한다. 따라서 신체는 동시에 운동량, 질량, 그리고 에너지 전달을 경험하게 된다.

그림 2.36 따뜻한 공기에 의한 젖은 몸의 건조

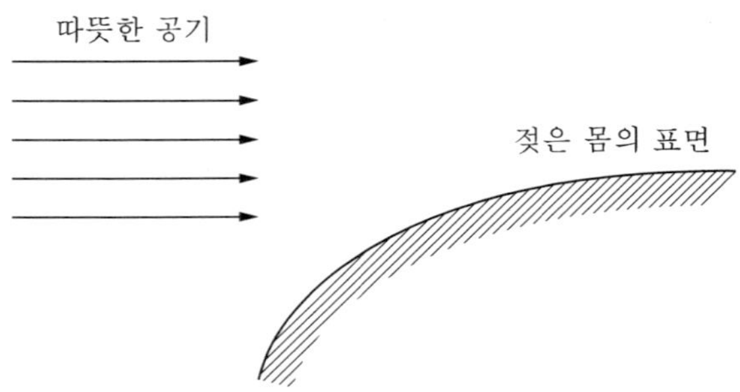

이와 같은 과정에 대한 정량적인 설명을 위해 [그림 2.36]에서 제시된 모든 전달 대상의 물리량, 즉 질량, 운동량, 에너지가 보존되면 그에 따라 보존법칙이 열전달률에 지배된다는 사실에 유의한다. 보존법칙은 기본 관계식과 구성 관계식(열전달률과 추진력 및 유체특성 간의 관계를 나타내는 식)을 통해 설명되어야 한다. 이때 적용되는 기본 법칙은

① Newton의 점성법칙[운동량 변화와 속도구배(velocity gradient)의 관계]
② Fourier의 열전도 법칙(열전달률과 온도구배의 관계)
③ Fick의 물질확산법칙(물질이동률과 농도 구배의 관계)

등이 있다. 이와 같은 보존상태와 기본법칙을 기본으로 대부분의 층류 대류열전달 문제를 분석할 수 있다. 난류의 경우에는 이러한 기본 원리를 통해 유용한 경험적 상호관계도 제시된다.

3.2.1 분자 이동에 대한 기본 법칙

(1) 뉴턴의 점성법칙(Newton's law of viscosity)

[그림 2.37]은 하나의 등온계(isothermal system)를 나타낸 것이다. 이 등온계는 면적이 무한하고, 간격이 δ인 2개의 불흡수성 평판 사이에 갇혀 있는 유체로 구성되어 있다. 실험을 통해 밝혀진 바에 따르면, 하단 평판이 고정된 상태에서 상단 평판을 일정한 속도 u_∞로 이동시키면 두 평판 간의 유체속도는 상단 평판사이의 유체속도는 상단 평판 부근에서 u_∞로부터 시작해서 점점 감소해 고정평판에 이르면 0이 된다. 정상상태 층류조건에서는 [그림 2.37]에 제시된 바와 같이 선형속도 변화곡선이 형성된다. 따라서 해당 유체는 정지상태의 평판에 전단력을 가하게 된다. 실험을 통해 밝혀진 결과를 살펴봐도 τ(단위면적 당 하단 평판에 가해지는 전단력)는 u_∞에 비례하고 이격거리 δ에 반비례한다.

$$\tau \propto \frac{u_\infty}{\delta} \quad \text{또는} \quad \tau = \mu \frac{u_\infty}{\delta}$$

비례상수 μ를 유체의 점성계수(N·s/m²)라고 하며, 단위면적 당 힘 τ를 전단력이라고

그림 2.37 뉴턴 유체의 정상상태 속도분포

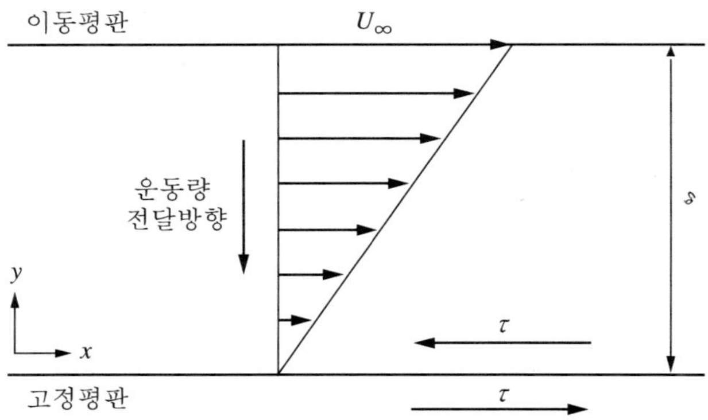

한다. 유체에 의해 고정 평판에 가해지는 전단력 τ는 양의 x방향이며, 고정 평판에 의해 유체에 가해지는 전단력은 크기는 같고 방향만 반대라는 사실에 유의한다. 이 관계식은 유체 내부 임의의 지점 y에 대한 전달력을 다음 식과 같이 표현된다.

$$\tau = \mu \frac{du}{dy} \tag{3.1}$$

식 (3.1)을 Newton의 점성법칙이라 한다. 식 (3.1)에 의하면 유체 층에 가해지는 전단력은 해당 지점의 유체 내에 존재하는 속도구배에 비례한다. 식 (3.1)에 따라 거동하는 유체(즉, τ가 속도구배 du/dy와 선형적인 관계가 있고 μ는 속도구배의 함수가 아닌 경우)를 'Newton 유체'라고 한다. 모든 기체 및 대부분의 액체(예를 들면, 물)는 이와 같은 법칙을 따른다. 기체의 경우에는 희박한 기체에 대한 운동이론에 의해 예측되는 바에 따라 더 '옅어진다'(덜 끈적거린다). 비 뉴턴유체(예를 들면 페이스트, 슬러리, 혈액 등)의 경우에는 점성계수 μ도 속도구배 또는 전단변형률에 따라 달라진다.

(2) Fourier의 열전도 법칙(Fourier's law of heat conduction)

[그림 2.38]에 나타낸 바와 같이 서로 평행한 두 개의 정지 상태 평판(간격 : δ_t)에서 상단 평판의 온도는 T_∞이고 하단 평판의 온도를 T_s라고 하자. 정상상태에서 두 평판 사이에 갇혀 있는 유체가 온도의 영향을 받지 않을 경우 [그림 2.38]과 같이 선형 온도 분포를 갖게 된다. 예상되는 바와 같이 열은 고온 평판으로부터 저온 평판으로 정지상태의 유체에 의해 전달된다. 유체를 통과하는 단위시간 및 단위면적 당 열유속 q (J/m²s)는 온도차 $T_\infty - T_s$에 비례하고, 분리간격 δ_t에 반비례하는 것으로 나타났다.

그림 2.38 정상상태의 온도분포

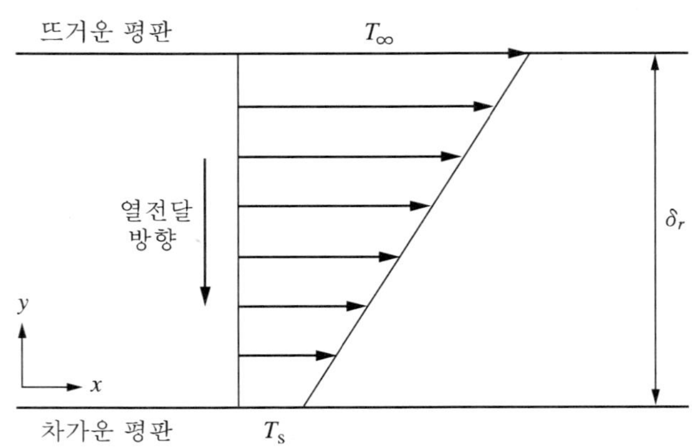

$$q \propto \frac{T_\infty - T_s}{\delta_t} = -k\frac{T_\infty - T_s}{\delta_t}$$

비례상수 k를 열전도도(J/mKs)라고 한다. 마이너스 부호는 열역학 제2법칙(열의 흐름은 온도가 감소하는 방향으로 일어남)에 의한 것이다. 유체 층을 통과하는 열을 미분형태의 식으로 나타내면 다음 식과 같다.

$$q = -k\frac{dT}{dy} \tag{3.2}$$

식 (3.2)를 Fourier의 열전도법칙이라 한다. 이 법칙에 의하면 열유속은 온도구배에 비례하고 열유속 벡터의 방향은 온도가 감소하는 방향과 동일하다. 열전도도 k는 점성계수 μ와 마찬가지로 해당 유체의 특성이다. 온도(희박 기체의 운동이론에 따라 대략적으로 T로 표현)가 증가할 경우, 저밀도 기체의 열전도도는 증가하는 반면 액체의 열전도도는 온도의 증가에 따라 대부분 감소한다.

(3) Fick의 물질확산법칙(Fick's law of mass diffusion)

다시 평판의 예를 생각해 보자. 평판의 경우 온도구배와 평판의 이동이 존재하지 않는다. 그 대신에 상단 평판이 젖어 있다고 가정하고, A물질의 농도($C_{A\infty}$: m^3당 A물질의 질량, Kg)를 높게 유지하는 반면 하단 평판은 A물질의 농도(C_{AW} : m^3당 A 물질의 질량, Kg)를 고정적으로 낮게 유지한다. 이렇게 하면 정상상태에서 농도구배 곡선(그림 2.39 참조)이 형성된다. 이 불균일한 농도계는 A물질이 상단에서 하단 평판으로 확산되도록 하는 구동력이 된다. 상단 평판을 출발해 유체 B를 통해 하단 평판에 도달하는 A물질의 질량유

그림 2.39 정상상태의 농도분포

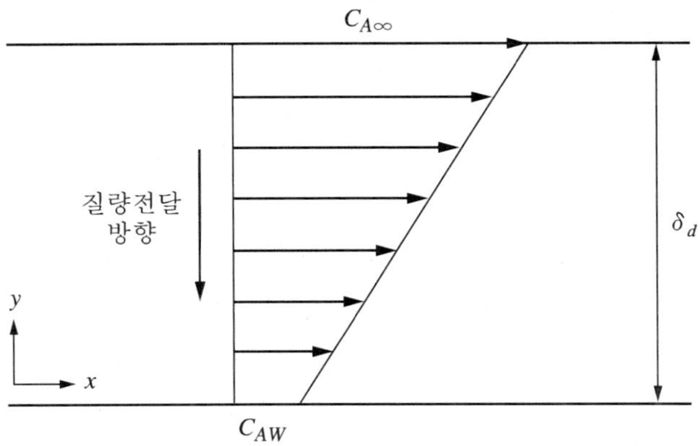

속 m(kg/m²s)은 농도차이에 비례하고, 분리간격 δ_d에 반비례하는 것으로 밝혀져 있다.

$$m_A \propto \frac{C_{A\infty} - C_{AW}}{\delta_d} = -D_{AB}\frac{C_{A\infty} - C_{AW}}{\delta_d}$$

비례상수 D_{AB}는 B를 통과하는 A의 확산율(diffusivity)이고 단위는 m^2/s이다. 여기서 마이너스 부호는 A의 물질이동이 농도가 감소하는 방향으로 발생한다는 것을 의미한다. 임의의 유체 B를 통과하는 A의 질량유속에 대한 미분형태의 표현식은 다음과 같이 주어진다.

$$m = -D_{AB}\frac{dC_A}{dy} \tag{3.3}$$

식 (3.3)을 Fick의 물질 확산법칙이라고 한다. 이 법칙에 따르면, 유체 층을 통과하는 질량유속은 국소 농도구배에 비례한다. 두 종류의 혼합유체인 경우에는 희박 기체운동이론의 예측에 따라 D_{AB}는 온도 3/2제곱에 비례해 증가한다.

알아두기

식 (3.1), (3.2)와 (3.3)은 매우 비슷해 보이지만, 이 세 식은 모두 전달 대상 물리량의 유속과 개별 구배간의 관계를 규정하고 있다. 실제로 이 세 방정식은 해당 유체와 관련된 3가지 거시적 물리량 μ, k, D_{AB}의 정의를 규정한 것으로 간주할 수 있다. 일반적으로 이 3가지 특성은 온도, 압력, 및 조성의 함수이다. 저압(10atm 미만) 이종 혼합기체의 경우, 기체운동이론을 통해 해당 특성의 압력, 온도, 및 조성 의존성을 대략적으로 예측할 수 있다. 이상기체 분자의 무작위적인 분자운동을 생각해 보면 이 3가지 전달과정의 물리적 메커니즘을 쉽게 이해할 수 있다.

체적유체운동이 발생하지 않는 경우에도 기체 분자는 고속의 무작위 운동을 하면서 서로 충돌한다. 임의의 분자는 두 평행 판 사이의 어느 지점에서도 발견될 가능성이 있다. 그러나 문제는 하나의 분자를 어떻게 다른 분자와 구분할 것인가이다. 상단 평판이 하단 평판에 대해 상대 운동을 할 경우, 상단 평판에 인접한 분자는 자체 무작위 운동에 더해 일정 방향의 속도를 얻게 된다. 그 결과(또는 보다 높은 유체 층에 존재하는 하단 평판 부근 분자) 서로 충돌하면서 방향성 운동(즉, 운동량)을 서로 교환한다. 마찬가지로 고온의 상단 평판 부근의 기체 분자는 상대적으로 높은 운동에너지를 갖고 있으므로 저온의 하단 평판에 인접한 분자와 구분된다. 다시 한번 무작위 운동에 따라 이와 같이 보다 높은 운동에너지를 갖는 분자가 저온 평판 부근에 존재할 경우 상대적으로 낮은 운동에너지를 갖는 분자와 충돌(또는 보다 낮은 운동에너지를 갖는 분자가 고온 평판 부근에 존재할 경우, 상대적으로 높은 운동에너지를 갖는 분자와 충돌)하고, 그에 따라 에너지가 전달된다. 물질이 확산하는 경우 화학적으로 구분되어 있는 분자들의 무작위 운동으로 인해 물질이동이 발생한다. 기체 온도가 증가함에 따라 무작위 분자운동도 증가하므로 물질 이동과정은 고온에서 그 효율이 더 높아진다. 기체의 경우에는 운동량, 열과 물질이동의 특징을 결정하는 거시적 특성, 즉 점성, 열전도도, 확산율 등도 온도와 함께 증가한다.

특성이 일정하다고 가정하면, 식 (3.1)과 (3.2)는 다음 식과 같이 다시 쓸 수 있다.

$$\tau = \left(\frac{\mu}{\rho}\right)\frac{d(\rho u)}{dy} \tag{3.1a}$$

$$q = -\left(\frac{k}{\rho c_p}\right)\frac{d(\rho c_p T)}{dy} \tag{3.1b}$$

여기서, μ/ρ는 동점성계수(ν)이고 단위는 m^2/s이다. ρu의 단위는 (kg m/s)/m^3이며 단위체적당 운동량을 의미한다. $k/\rho c_p$는 열확산율(α)이고 단위는m^2/s이다. $\rho c_p T$는 단위체적당 엔탈피로 단위는 J/m^3이다.

이를 식 (3.3)에서 D_{AB}의 단위는 m^2/s이며, C_A는 m^3당 A의 kg과 비교하면 유속(flux)이 해당 체적 농도구배와 연관되어 있다는 사실을 알 수 있다. 아울러 다양한 물리적 상수의 비를 통해 다음과 같은 익숙한 무차원 수들이 생성된다.

프란틀 수(Prandtl number, Pr) = ν/α

슈미트 수(Schmidt number, Sc) = ν/D_{AB}

루이스 수(Lewis number, Le) = α/D_{AB}

이때 프란틀 수는 열전달에 대한 운동량 전달의 상대적 강도 비교, 슈미트 수는 물질이동에 대한 운동량 전달 비교, 그리고 루이스 수는 물질이동에 대한 열전달의 비교를 하기 위한 수이다. 이와 같은 무차원 수의 의미는 경계층 전달과정을 논의할 때 더 명확해질 것이다. 물질이동에 대한 내용은 열전달과 유사하므로 별도로 논의하지 않겠다. 하지만, 유체운동은 대류열전달에서 핵심적인 의미를 갖고 있으므로 대류열전달 문제를 풀기 위해서는 반드시 운동량 전달을 이해해야 한다.

3.2.2 대류 열전달에 대한 보존방정식

대류 열전달 계수와 마찰계수를 구하기 위해서는 대류흐름의 온도와 속도 분포를 알고 있어야 한다. 원칙적으로 이러한 분포는 적절한 경계조건을 갖는 보존식의 해(解)를 통해 구할 수 있다. 실제로는 어렵지만 단순한 예제(예를 들면, 평판)에 대한 보존식과 그 해석을 통해 열전달과 마찰계수에 영향을 미치는 여러 변수들에 대한 상당한 통찰력을 얻을 수 있다.

[그림 2.40]에 나타낸 표면 위를 흐르는 유동을 생각해보자. 단순화를 위해 2차원 유동 조건(여기서 x는 표면 윤곽 방향, y는 표면에 수직을 이루는 방향)을 가정한다. 이를 3차원 유동으로 확장하는 내용은 관련 문헌을 참조하기 바란다.

(1) 질량보존(연속방정식)의 법칙

이 문제와 관련된 첫 번째가 보존 상태는 '물질은 생성되지도 파괴되지도 않는다'는 것이다. 이 법칙을 [그림 2.40]과 [그림 2.41]에 제시된 미소 검사체적(differential control volume)에 적용하면, 요소 검사체적(elemental control volume)으로 유입되는 순 질량유량의 합(x방향 및 y방향)은 검사체적 내에 저장된 질량의 순 증가량과 동일하다. 검사체적을 출입하는 질량은 전체적인 유체운동을 통해서만 이루어진다. 이와 같은 이동현상을 '대류이동'이라고 부른다.

z방향으로 단위 깊이를 갖는 검사체적의 경우, 단위시간당 왼쪽 면을 통해 유입되는 질량 M_x는 다음과 같이 주어진다.

$$M_x = \rho(\mathrm{kg/m^3})\, u(\mathrm{m/s})\, dy(\mathrm{m}) \cdot 1(\mathrm{m})$$

그림 2.40 고온 표면 위를 흐르는 유동에 대한 유체의 속도와 온도분포

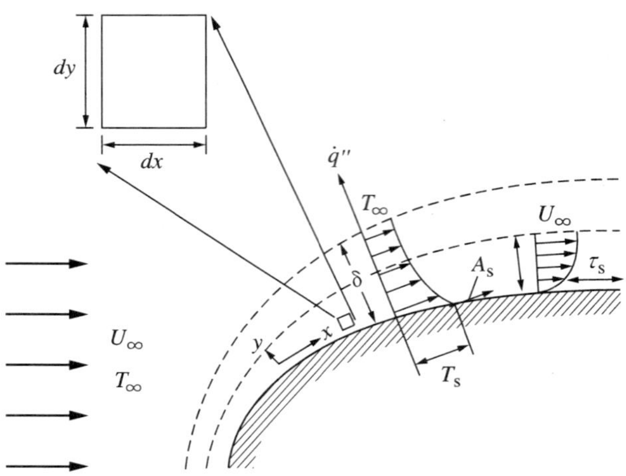

그림 2.41 2차원 유동의 질량보존법칙이 적용된 미소 검사체적

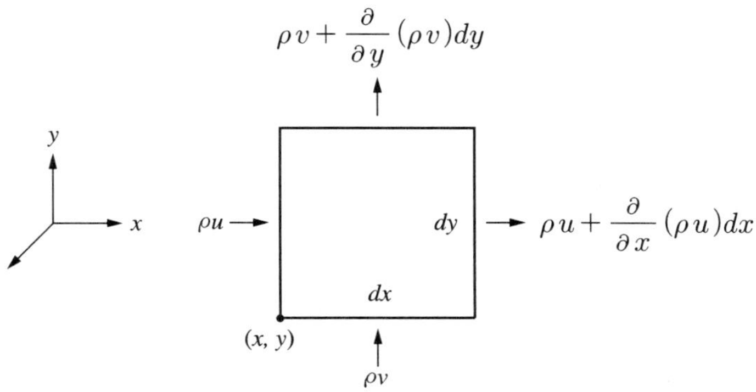

마찬가지로 단위시간당 바닥 면을 통해 유입되는 질량 M_y는 다음과 같이 주어진다.

$$M_y = \rho v\, dx \cdot 1$$

여기서, v는 y방향의 유체속도를 의미하고, ρu와 ρv는 x, y와 시간에 대한 연속함수이므로 해당 수치는 위치에 따라 달라지는 것이 보통이다. $(x+dx)$ 위치에서 ρu값을 구하기 위해 Taylor 급수의 x지점을 중심으로 ρu를 확장한다.

$$\rho u(x+dx,\ y) = \rho u(x,\ y) + \left[\frac{\partial(\rho u)}{\partial x}\right]_{x,\ y} dx \tag{3.4}$$

마찬가지로 y방향의 ρv는

$$\rho v(x,\ y+dy) = \rho v(x,\ y) + \left[\frac{\partial(\rho v)}{\partial y}\right]_{x,\ y} dy$$

따라서 오른쪽 면의 단위면적 당 유출되는 질량 M_{x+dx}는 다음과 같이 주어진다.

$$M_{x+dx} = \left[\rho u + \frac{\partial(\rho u)}{\partial x}dx\right] \cdot dy \cdot 1 \tag{3.5}$$

아울러 윗면에서 단위면적당 유출되는 질량 M_{y+dy}는 다음과 같다.

$$M_{y+dy} = \left[\rho v + \frac{\partial(\rho v)}{\partial y}dy\right] \cdot dx \cdot 1 \tag{3.6}$$

끝으로 검사체적에 저장된 질량의 증가율(또는 감소율) M_s는 다음 식과 같은 형태를 갖는다.

$$M_s = \frac{\partial}{\partial t}(\rho \cdot dx \cdot dy \cdot 1) = \frac{\partial \rho}{\partial t} dxdy \tag{3.7}$$

따라서 질량보존의 요구사항은 다음과 같이 표현할 수 있다.

$$(\rho u)dy + (\rho v)dx - \left[\rho u + \frac{\partial(\rho u)}{\partial x}dx\right]dy - \left[\rho v + \frac{\partial(\rho v)}{\partial y}dy\right]dx = \frac{\partial \rho}{\partial t}dxdy \tag{3.8}$$

일부 항을 제거하고 양변을 $dxdy$로 나누면

$$\frac{\partial \rho}{\partial t} + \frac{\partial(\rho u)}{\partial x} + \frac{\partial(\rho v)}{\partial y} = 0 \tag{3.9}$$

식 (3.9)는 연속방정식이 된다. 연속방정식을 전체적인 질량보존의 요구사항에 대한 표현식이며, 유동유체의 모든 지점에서 해당 요구사항이 충족되어야 한다. 이 식은 모든 단일 물질의 유체뿐 아니라 물질간의 확산 및 화학반응이 일어날 수 있는 혼합물에도 적용된다.

(2) 운동량 보존 법칙

대류열전달 문제와 관련된 두 번째 보존법칙은 뉴턴의 제2운동법칙이다. 이 요구사항에 의하면, 유동장(flow field)의 검사체적에 작용하는 모든 힘의 합은 검사체적의 유체 운동량의 증가율에 검사체적으로부터 유출되는 운동량의 합(유출－유입)과 같아야 한다.

유체에 작용하는 힘은 체적에 비례하는 체적력과 면적에 비례하는 표면력으로 분류할 수 있다. 중력장, 원심장(centrifugal field), 자기장 및 전기장은 익숙한 체적력의 예이다. 이들 중 중력 체적력은 소방과학 측면에서 가장 중요한 의미를 갖는다. 유체의 단위체적당 이 체적력의 x와 y성분은 각각 F_{Bx}와 F_{By}로 표시된다.

유체에 작용하는 표면력 F_x를 응력(stress ; 힘/면적)이라고 한다. 응력은 유체의 정압(static pressure) p와 점성응력으로 인해 발생한다. 압력은 항상 표면에 수직으로 작용하므로 점성응력 또한 표면에 수직방향으로 작용하는 수직응력 σ_{ii}와 표면을 따라 수평으로 작용하는 전단응력 τ_{ij}에 포함된다. [그림 2.42]에 나타낸 바와 같이 미소 검사체적의 표면에 다양한 응력이 작용하고 있다. 두 개 문자로 이루어진 아래 첨자는 응력성분을 표시하기 위해 사용되었다. 첫 번째 첨자는 표면에 수직으로 바깥쪽을 향하는 방향을 표시하고 두 번째 첨자는 힘의 성분 방향을 표시한다. 이에 따라 좌측면에 작용하는 응력 τ_{xy}는 음의 x방향을 향하는 법선을 갖고 있는 면에 음의 y방향으로 작용하는 단위면적 당 전단력에 해당한다. 이로 인해 양의 전단응력이 발생한다.

[그림 2.42]에 나타낸 모든 점성응력은 적용 관례에 따라 양의 값을 갖는다. 주의해야 할 점은, 이들 힘이 유체의 검사체적에 작용하면 검사체적과 주변 유체사이의 상호작용으로

그림 2.42 2차원 유동 내의 미소 검사체적에 작용하는 정압 p와 수직 및 전단응력

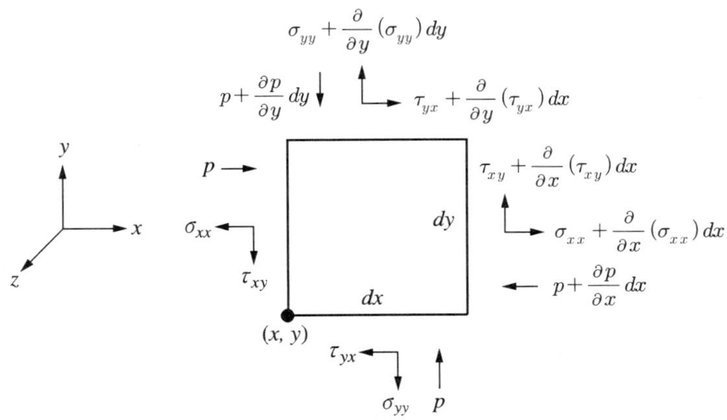

인해 발생한다는 사실이다. 따라서 유체의 속도(보다 구체적으로 말해, 유체의 속도구배)가 0이 되면 점성응력은 사라진다. [그림 2.42]에 나타낸 수직방향의 점성응력을 정압 p(이 값은 속도가 0이 되어도 사라지지 않음)와 혼동해서는 안 된다. 이러한 여러 가지 응력은 x, y와 시간의 연속 함수이므로 [그림 2.42]에 나타낸 검사체적의 윗면 및 오른쪽 면에 작용하는 응력을 표현하기 위해서는 Taylor의 전개식을 활용해야 한다. x와 y방향의 순수 표면력은 다음과 같이 표현할 수 있다.

$$F_{sx} = \left(\frac{\partial \sigma_{xx}}{\partial x} - \frac{\partial p}{\partial x} + \frac{\partial \tau_{yx}}{\partial y} \right) dxdy \tag{3.10}$$

$$F_{sy} = \left(\frac{\partial \sigma_{yy}}{\partial y} - \frac{\partial p}{\partial y} + \frac{\partial \tau_{xy}}{\partial x} \right) dxdy \tag{3.11}$$

뉴턴의 운동 제2법칙을 활용하기 위해서는 운동량의 유입 및 유출과 함께 운동량의 시간에 대한 변화율도 고려해야 한다. 우선 방향의 유입과 유출되는 운동량을 나타내면 [그림 2.43]과 같다. 왼쪽 면을 통과하는 질량유속은 ρu이고, 이로 인한 운동량은 $(\rho u)u$이 된다. 마찬가지로, 아랫면을 통과하는 y방향의 질량유속으로 인해 발생하는 $x-$운동량은 $(\rho v)u$이다. 따라서 운동량이 검사체적으로부터 유출되는 순수 변화율(net rate), 즉 x방향의 운동량 유출－유입은 다음과 같이 주어진다.

$$\frac{\partial}{\partial x}\left[(\rho u) u \right] dxdy + \frac{\partial \left[(\rho v) u \right]}{\partial y} dydx$$

그림 2.43 검사체적 x-운동량의 유입 및 유출

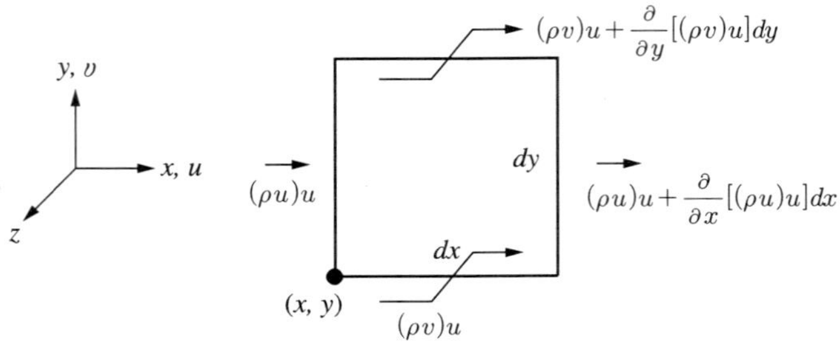

아울러 검사체적 내 유체의 x-운동량의 시간 변화율은 다음과 같이 주어진다.

$$\frac{\partial}{\partial x}(\rho u)\, dxdy$$

x방향의 총 변화율을 x방향 힘의 합과 같다고 놓으면 다음과 같다.

$$\frac{\partial(\rho u)}{\partial x} + \frac{\partial[(\rho u)u]}{\partial x} + \frac{\partial[(\rho v)u]}{\partial y} = \frac{\partial \sigma_{xx}}{\partial x} - \frac{\partial p}{\partial x} + \frac{\partial \tau_{yx}}{\partial y} + F_{Bx} \tag{3.12}$$

식 (3.9)를 이용하면 식 (3.12)를 보다 간략한 형태로 표현할 수 있다.

$$\rho\left(\frac{\partial u}{\partial t} + u\frac{\partial u}{\partial x} + v\frac{\partial u}{\partial y}\right) = \frac{\partial}{\partial x}(\sigma_{xx} - p) + \frac{\partial \tau_{yx}}{\partial y} + F_{Bx} \tag{3.13}$$

이와 유사하게 y방향에 대해 구하면

$$\rho\left(\frac{\partial v}{\partial t} + u\frac{\partial v}{\partial x} + v\frac{\partial v}{\partial y}\right) = \frac{\partial}{\partial y}(\sigma_{yy} - p) + \frac{\partial \tau_{xy}}{\partial x} + F_{By} \tag{3.14}$$

식 (3.13)과 (3.14)에서 왼쪽 첫 번째 항은 검사체적의 유체 운동량 증가를 의미하고, 그 외의 나머지 항들은 검사체적으로부터 유출되는 운동량의 순수 변화율을 의미한다. 식 (3.13)과 (3.14)의 오른쪽 항들은 검사체적에 작용하는 순수 점성력, 압력과 체적력의 영향을 의미한다. 이들 식은 유체의 모든 지점에서 성립되어야 한다. 적절한 경계조건과 함께 식 (3.9), (3.13), (3.14)에 대한 해는 마찰계수를 구하는데 필요한 속도장(velocity field)을 생성시킨다.

이를 식에 대한 해를 구하기 앞서 속도구배에 대한 점성응력의 관계를 구해야한다. 뉴턴 유체의 1차원 유동에 대한 식 (3.1)은 유체의 속도구배에 대한 전단응력을 나타낸 것이다. 뉴턴 유체에 대한 2차원 유동의 경우에 필요한 응력-속도구배의 표현식은 다음과 같다.

$$\sigma_{xx} = 2\mu \frac{\partial u}{\partial x} - \frac{2}{3}\mu\left(\frac{\partial u}{\partial x} + \frac{\partial v}{\partial y}\right) \tag{3.15}$$

$$\sigma_{yy} = 2\mu \frac{\partial v}{\partial y} - \frac{2}{3}\mu\left(\frac{\partial u}{\partial x} + \frac{\partial v}{\partial y}\right) \tag{3.16}$$

$$\tau_{xy} = \tau_{yx} = \mu\left(\frac{\partial u}{\partial y} + \frac{\partial v}{\partial x}\right) \tag{3.17}$$

식 (3.13)과 (3.14)에 식 (3.15), (3.16), (3.17)를 대입하면 다음과 같이 $x-$운동량과 $y-$운동량 식이 구해진다.

$x-$운동량 방정식

$$\begin{aligned}\rho\left(\frac{\partial u}{\partial t} + u\frac{\partial u}{\partial x} + v\frac{\partial u}{\partial y}\right) \\ = -\frac{\partial p}{\partial x} + \mu\left(\frac{\partial^2 u}{\partial x^2} + \frac{\partial^2 u}{\partial y^2}\right) + \frac{1}{3}\mu\frac{\partial}{\partial x}\left(\frac{\partial u}{\partial x} + \frac{\partial v}{\partial y}\right) + F_{Bx}\end{aligned} \tag{3.18}$$

$y-$운동량 방정식

$$\begin{aligned}\rho\left(\frac{\partial v}{\partial t} + u\frac{\partial v}{\partial x} + v\frac{\partial v}{\partial y}\right) \\ = -\frac{\partial p}{\partial y} + \mu\left(\frac{\partial^2 v}{\partial x^2} + \frac{\partial^2 v}{\partial y^2}\right) + \frac{1}{3}\mu\frac{\partial}{\partial y}\left(\frac{\partial u}{\partial x} + \frac{\partial v}{\partial y}\right) + F_{By}\end{aligned} \tag{3.19}$$

등온의 경우에는 식 (3.9), (3.18), (3.19)와 함께 이상기체 상태방정식($p=\rho RT$)을 통해 4개의 종속변수(u, v, p와 ρ)를 x, y, t 등 3개의 독립변수의 함수로 완전히 나타낼 수 있다. 그러나 화재와 같이 비등온의 경우에는 '에너지 수지'도 고려대상에 포함시켜야 한다.

(3) 에너지 보존

열전달계수를 구하는 데 필요한 유체의 온도장(temperature field) $T(x, y, t)$를 구하기 위해 [그림 2.44]에 나타낸 미소 검사체적에 열역학 제1법칙을 적용한다. 이 검사체적에 대한 에너지를 구하기 앞서 '에너지'에 포함되어야 할 항목을 파악해야 한다. 해당항목은 다음과 같다.

① 저장 에너지 : 이 항목에는 특정 내부에너지 또는 열에너지 u(J/kg)와 단위질량 당 유체의 운동에너지 $V^2/2=(u^2+v^2)/2$가 포함된다. 대부분의 대류열전달 문제에서 위치에너지가 열에너지와 운동에너지에 비해 그 크기가 훨씬 작기 때문에 무시한다. 따라서 단위체적 당 총 에너지는 다음과 같이 주어진다 : $\rho(u+V^2/2)$

② 검사체적 표면을 통과하는 열에너지의 전도 : 여기에는 검사체적 표면을 통과하는 단위시간 및 단위면적 당 에너지 전달률은 식 (3.2)에 의해 x방향에 대해 $q_x = -k\partial T/\partial x$, 그리고 y방향에 대해 $q_y = -k\partial T/\partial y$로 주어진다.

③ 검사체적에 단위시간 및 단위체적 당 발생하는 에너지(Q : W/m²) : 이 항목은 화학반응(흡열 또는 발열)으로 인해 발생할 수도 있고, 열의 복사손실로 인해 발생할 수도 있다. 구체적으로 Q의 형태는 물리적 과정의 특성에 따라 달라지지만, 여기서는 이를 단위체적 당 열 손실률 또는 이득률로만 간주한다.

④ 표면력 혹은 체적력에 의해 수행되는 일의 속도 : 표면력 $\overrightarrow{F_S}$에 의한 일의 속도는 $[\overrightarrow{F_S}$ · (속도 벡터)](표면적), 그리고 체적력 $\overrightarrow{F_B}$에 의한 일의 속도는 $[\overrightarrow{F_B}$ · (속도 벡터)](체적)으로 주어진다. 두 표현식 모두 단위는 W 또는 단위시간 당 일이다.

이러한 정의와 함께 [그림 2.42]와 [그림 2.44]에 나타낸 검사체적을 생각해 보자. 이 검사체적에 대한 에너지 보존은 다음 식과 같이 간단히 기술할 수 있다.

(검사체적 내부의 에너지 증가율)
= 유체운동에 의해 검사체적 안으로 흘러 들어가는 에너지의 순 변화율 (net rate)
+ 전도에 의해 제어표면을 통과하는 열의 흐름 (3.20)
+ 체적력과 표면력에 의해 이루어지는 일률
+ 제어체적 내부에서 발생하는 에너지

식 (3.20)에서 검사체적의 에너지 증가율은 다음과 같이 주어진다.

$$\frac{\partial}{\partial t}\left[\rho\left(e+\frac{V^2}{2}\right)\right]dxdy$$

대류 또는 체적 유체운동으로 에너지가 검사체적으로 유입되는 순수 변화율은 유입 에너지에서 유출 에너지를 빼줌으로써 구할 수 있다.

$$\frac{\partial}{\partial x}\left[\rho u\left(e+\frac{V^2}{2}\right)\right]dxdy-\frac{\partial}{\partial y}\left[\rho v\left(e+\frac{V^2}{2}\right)\right]dxdy$$

마찬가지로, 전도에 의해 검사체적으로 유입되는 열은 다음 식과 같이 주어진다.

$$-\left(\frac{\partial q_x''}{\partial x}+\frac{\partial q_y''}{\partial y}\right)dxdy=\left[\frac{\partial}{\partial x}\left(k\frac{\partial T}{\partial x}\right)+\frac{\partial}{\partial y}\left(k\frac{\partial T}{\partial y}\right)\right]dxdy$$

그림 2.44 검사표면을 통과하는 전도 및 대류 에너지를 나타낸 검사체적

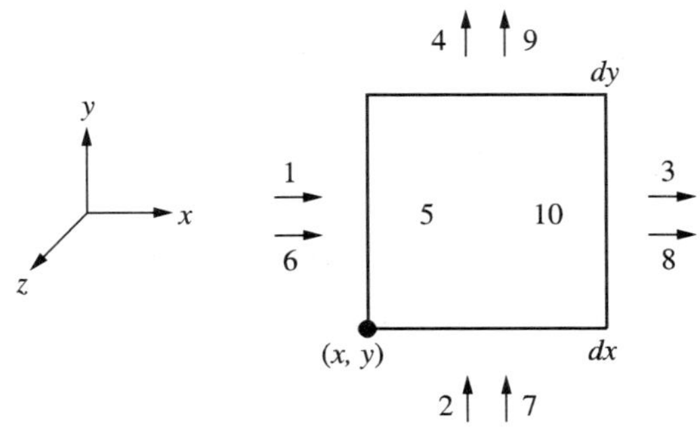

1. $\rho\left(e+\dfrac{V^2}{2}\right)u\cdot dy\cdot 1$
2. $\rho\left(e+\dfrac{V^2}{2}\right)v\cdot dx\cdot 1$
3. $\left\{\rho\left(e+\dfrac{V^2}{2}\right)u+\dfrac{\partial}{\partial x}\left[\rho u\left(e+\dfrac{V^2}{2}\right)\right]dx\right\}dy\cdot 1$
4. $\left\{\rho\left(e+\dfrac{V^2}{2}\right)v+\dfrac{\partial}{\partial y}\left[\rho u\left(e+\dfrac{V^2}{2}\right)\right]dy\right\}dx\cdot 1$
5. $\dfrac{\partial}{\partial t}\left[\rho\left(e+\dfrac{V^2}{2}\right)\right]dx\cdot dy\cdot 1$
6. $\dot{q}_x''\cdot dy\cdot 1$
7. $\dot{q}_y''\cdot dx\cdot 1$
8. $\left(\dot{q}_x''+\dfrac{\partial\dot{q}_x''}{\partial x}dx\right)dy\cdot 1$
9. $\left(\dot{q}_y''+\dfrac{\partial\dot{q}_y''}{\partial y}dy\right)dx\cdot 1$
10. 생성에너지 $Q\,dx\,dy\cdot 1$

끝으로 검사체적의 유체에 행해지는 일의 순수 변화율(그림 2.44 참조)은 다음 표현식에 의해 주어진다.

$$(uF_{Bx}+vF_{By})\,dxdy-\left[\frac{\partial(pu)}{\partial x}+\frac{\partial(pv)}{\partial y}\right]dxdy$$

$$+\left[\frac{\partial}{\partial x}(u\sigma_{xx})+\frac{\partial}{\partial y}(v\sigma_{yy})+\frac{\partial}{\partial y}(u\tau_{yx})+\frac{\partial}{\partial x}(v\tau_{xy})\right]dxdy$$

이들 식을 식 (3.20)에 대입하고 단순화한 뒤, 식 (3.15)~(3.19)를 활용하면 다음 관계식을 얻게 된다.

$$\rho C_p \frac{\partial T}{\partial t} + \rho u C_p \frac{\partial T}{\partial x} + \rho v C_p \frac{\partial T}{\partial y} = \frac{\partial}{\partial x}\left(k\frac{\partial T}{\partial x}\right) + \frac{\partial}{\partial y}\left(k\frac{\partial T}{\partial y}\right) + \left(\frac{\partial p}{\partial t} + u\frac{\partial p}{\partial x} + v\frac{\partial p}{\partial y}\right) + u\Phi \tag{3.21}$$

식 (3.21)에는 엔탈피에 대한 열역학적 정의($i = e + p/\rho$와 $di = C_p dT$)를 활용하였다. 여기서 하나의 항을 이루는 $u\Phi$를 '점성 소산'(viscous dissipation)이라고 하며, 다음 식과 같이 주어진다.

$$u\Phi = 2\mu\left[\left(\frac{\partial u}{\partial x}\right)^2 + \left(\frac{\partial v}{\partial y}\right)^2\right] + \left(\frac{\partial u}{\partial y} + \frac{\partial v}{\partial x}\right)^2 - \frac{2}{3}\left(\frac{\partial u}{\partial x} + \frac{\partial v}{\partial y}\right)^2 \tag{3.22}$$

식 (3.9), (3.18), (3.19), (3.21)과 이상기체 상태방정식($p = \rho R T$)을 통해 유체의 온도장과 속도장을 구할 수 있는 모든 식이 준비된다. 그러나 서로 연관된 상기의 비선형 편미분 방정식은 풀이가 불가능하다. 따라서 단순화를 위한 몇 가지 근사방법이 적용된다.

그림 2.45 **다양한 표면력에 의해 수행되는 일의 속도를 보여주는 검사체적(모든 단위는 W)**

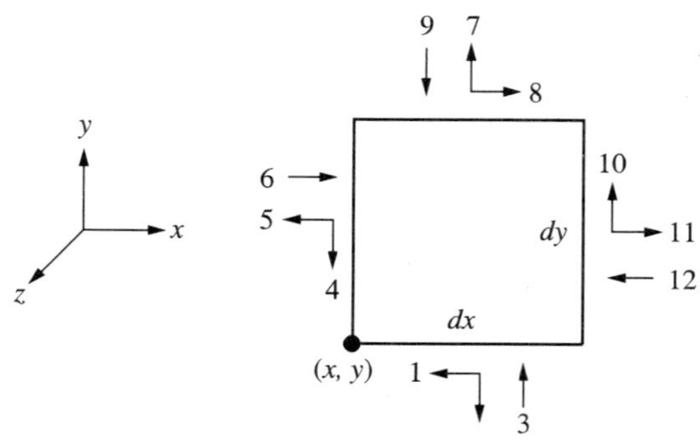

1. $-u\tau_{yx}dx$
2. $-v\sigma_{yy}dx$
3. $pv\,dx$
4. $-v\tau_{zy}dy$
5. $-u\sigma_{xx}dy$
6. $pu\,dy$
7. $\left[v\sigma_{yy} + \frac{\partial}{dy}(v\sigma_{yy})\,dy\right]dx$
8. $\left[u\tau_{yx} + \frac{\partial}{dy}(u\tau_{yy})\,dy\right]dx$
9. $\left[-pv + \frac{\partial}{dy}(pv)\,dy\right]dx$
10. $\left[v\tau_{xy} + \frac{\partial}{dx}(v\tau_{xy})\,dx\right]dy$
11. $\left[v\sigma_{xy} + \frac{\partial}{dx}(v\sigma_{xx})\,dx\right]dy$
12. $\left[-pu - \frac{\partial}{dx}(pu)\,dx\right]dy$

3.3 열전달량

대류는 열전달의 다른 한 형태로서 고체 전도를 제외한 나머지 형태의 열전달이라 할 수 있으며, 이것은 특별히 움직이는 유체내의 전도에 적용된다. 즉, 제2부 제2장에서 Biot 수와 함께 설명한 바와 같이 대류는 고체와 움직이는 그 주변 유체와의 열전달 형태라고 할 수 있다. [그림 2.46]은 화재발생 상황에서 세 가지의 열전달 형태인 전도, 대류, 복사에 대한 설명을 나타낸 것으로서 전도는 벽을 통해 일어나며, 대류는 벽과 화염간의 접촉부에서 일어나고, 복사는 거리가 떨어진 곳에서 느낄 수 있는 것이라 할 수 있다.

대류에 의한 열전달률은 표면의 형상이나 온도, 유체의 온도와 속도, 유체의 열적 물성값에 의해 변화하는 복잡한 함수이다. 외부유동의 경우 열전달량은 고온의 온도(T_w)와 표면과 멀리 떨어진 곳에서의 저온의 유체온도(T_∞)와의 온도차($\Delta T = T_w - T_\infty$)에 비례하게 된다. 이 온도차와 열전달률 사이의 비례계수를 대류 열전달계수(h)라고 하고, [그림 2.46]의 경우 대류에 의한 이동열량은 다음과 같이 계산되며, t 시간 동안에 이동하는 열전달량 $\dot{Q}$ [kW]는 온도차 × 표면적에 비례한다는 Newton의 냉각법칙(Newton's cooling law)에 따라 정의할 수 있다.

$$\dot{Q} \propto A(T_w - T_\infty)t \tag{3.23}$$

식 (3.23)은 대류에 의한 열전달을 직접 계산하는데 사용할 수 없으므로 비례상수 h를

그림 2.46 화재시 대류 열전달 현상

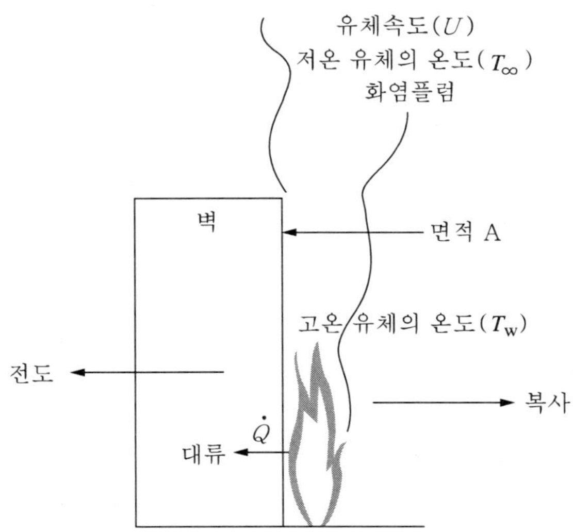

붙임으로써 등호를 붙일 수 있다.

$$\dot{Q} = hA(T_w - T_\infty) \tag{3.24}$$

여기서, h : 고체의 형상, 유체의 종류, 유속, 층류 또는 난류 등 유동상태에 의해서 정해지는 복잡한 내용을 갖는 계수

단위면적당, 단위시간당의 열량을 열유속(heat flux, $q = \dot{Q}/A$)이라 하면

$$\text{열유속(열전달율)}\ q = \frac{\dot{Q}}{A} = h\Delta T = h(T_w - T_\infty)\ [\text{kW/m}^2,\ \text{kcal/m}^2\text{hr}] \tag{3.25}$$

여기서, A : 대류 열전달이 발생하는 면적[m^2]

T_w : 고온 유체 또는 고온 벽의 온도[℃]

T_∞ : 저온 유체 또는 주변의 유체온도[℃]

h : 대류 열전달 계수[kW/m²℃, kcal/m²℃hr]

q는 [W/m²]의 단위를 가지므로 대류 열전달 계수 h의 단위는 [W/m²K]가 된다. 대부분의 경우 유체의 온도 T_∞는 벽의 온도 T_w보다 높고, 이 경우의 Newton의 냉각법칙을 다음 식과 같이 나타냄으로써 열전달이 양(+)수로 유지된다.

$$\dot{Q} = hA(T_\infty - T_w) \tag{3.26}$$

식 (3.24)를 Newton의 냉각법칙이라 하며, 이는 물리적 법칙이라기보다는 대류열전달계수의 정의식이다. 자연대류의 경우 온도차와 열전달율의 관계는 더욱 복잡해서 층류인 경우 $q \propto \Delta T^{5/4}$이고 난류의 경우에는 $q \propto \Delta T^{4/3}$의 관계를 가지게 된다.

내부 유동의 경우 기준이 되는 온도차는 외부 유동과 달리 적용된다. 열교환기나 냉각유로를 흐르는 경우에서와 같이 열전달이 있는 내부 유동에 있어서는 유체의 평균온도가 지속적으로 변화하게 되므로, 유체의 기준온도를 소위 혼합평균온도(T_b, bulk temperature)라는 것을 도입하여 사용한다.

3.4 대류 열전달 계수

대류 열전달 계수는 열전도도와 같은 열특성은 아니므로 특성값의 표로부터 h의 값을 간단하게 찾을 수가 없다. 대류 열전달 계수는 여러 인자를 고려해서 결정해야 한다.

그림 2.47 온도 경계층과 열전달

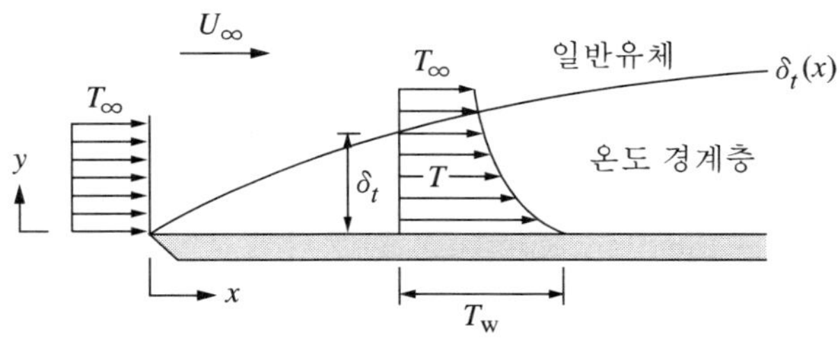

- 유체의 상태(액체 또는 기체)
- 유체조건(층류 또는 난류)
- 강제 또는 자연 대류 또는 상변화
- 자유유신속도표면의 기하학적 구조와 거칠기
- 표면에서의 위치
- 유체성질의 온도 의존성

유체의 흐름 속에 있는 고체표면의 근처에는 [그림 2.47]에 나타낸 것처럼 온도가 고체표면의 온도로부터 유체의 일반 부분까지 변화되는 얇은 층이 형성되는데 이 층을 온도경계층이라 한다.

고체표면과 유체간의 열이동은 이 경계층의 유체의 열전도에 의해 발생한다. 따라서 경계층의 온도구배를 평가하기 위한 척도로 적절한 길이 δ를 구할 수 있다고 가정하면, 식 (3.24)는 유체의 열전도율 λ를 사용하여 식 (3.27)과 같이 표현할 수 있다. 따라서 대류열전달계수 $h = \dfrac{\lambda}{\delta}$로부터 구할 수 있다.

$$\dot{Q} = \lambda \frac{T_w - T_\infty}{\delta} A \tag{3.27}$$

그러나 온도경계층의 온도구배는 고체표면의 거리에 의해 변하므로 δ를 정확하게 평가하는 것은 곤란하다. 이 때문에 대류열전달의 경우에는 대류상태(자연대류 및 강제대류)에 대한 h의 값을 적절하게 평가한 후 식 (3.24)를 이용하여 열전달량을 계산해야 한다. 또한 대류열전달은 경계층 유체 내의 열전달에 따르고 있다는 인식이 매우 중요하다. 고체표면에서 온도구배를 사용하면 식 (3.28)과 같이 된다. 이때 y는 고체표면에 대해 수직이라야 한다.

$$\dot{Q} = h(T_w - T_\infty)A = -\lambda \left(\frac{\partial T}{\partial y}\right)_{y=0} A \tag{3.28}$$

대류열전달계수 h의 식 (3.28)로부터 식 (3.28a)와 같이 정확하게 정의할 수 있고, 대류열전달계수를 이론적으로 유도하는 경우에도 쓸 수 있다.

$$h = -\lambda\left(\frac{\partial T}{\partial y}\right)_{y=0} / (T_w - T_\infty) \tag{3.28a}$$

대류열전달계수는 고체의 주위를 흐르는 유체의 속도, 열의 물성, 고체의 규모 등에 따라서 값이 다르다. 대류열전달계수를 일반적인 방법으로 다루기 위해 누셀트 수(Nusselt Number) N_u나 스탄톤 수(Stanton Number) S_t 등의 무차원 열전달 계수 등을 유용하게 사용할 수 있다.

주어진 유체에 대해 대류 열전달 계수는 자연 대류일 때보다 강제 대류에서 더 크다. 비등, 응축 같은 상변화 과정에서 열전달 계수는 매우 크다. 간단한 기하학적 구조와 층류조건일 때 열전달 계수는 해석적으로 결정할 수 있다. 그러나 대부분 실제적인 경우 h는 실험적으로 결정되어야 한다. 많은 실험이 이 분야에서 이루어졌고 h를 구하기 위해 실험적으로 파생된 식들이 다양한 상황에서 이용되고 있다. 앞에서 열거된 영향을 고려하여 대류열전달 계수를 구하는 방법은 대류의 형태에 따라 구해져야 한다. 다양한 경우에 대한 대류 열전달 계수의 전형적인 값을 [표 2.4]에 나타냈다. 이 값은 실제 문제를 풀기 위해 사용해서는 안 되며, 단지 계산된 값을 비교할 수 있는 근사값으로서 이용할 수 있다. [표 2.4]에 주어진 경우가 파이프 내의 흐름인지 물체를 통과하거나 위로 흐르는 것인지를 주의해야 한다. 물체의 바깥 표면적에서 일어난 대류를 외부 대류(extemal convection)라 하고, 파이프나 닥트의 내면에서 일어난 대류를 내부 대류(internal convection)라 부른다.

또한 식 (3.25)에서 대류 열전달 계수(h)는 열전도도(k)와 달리 물질에 따른 상수는 아니다. 이는 시스템의 특성, 즉 고체의 기하학적 형상, 유동변수와 관련한 유체의 특성 등에 의존되고 또한 온도차 ΔT의 함수이다. 여러 상황에서의 h에 대한 평가가 열전달이나 유체역학에서 중요한 문제로 대두되어 왔다. 일반적인 값으로 공기 중에서의 자연 대류의 경우 5~25W/m² · K의 범위이고, 강제 대류의 경우 10~500W/m² · K의 범위이다.

대류는 고체와 주변 유체간의 열전달 현상에 적용되고, 유체가 고체 표면 위를 연속적으로 흐르는 경우 강제 대류라 하며, 그 예로서 화재로부터 뜨거운 연소생성물의 흐름에 노출된 스프링클러 헤드의 감열부로의 열전달을 들을 수 있다. 유체의 움직임이 뜨거운 표면 바로 다음의 따뜻한 유체의 부력 흐름에 의해 형성된 경우를 자연 대류라 한다. 그리고 식 (3.25)에서 대류열전달계수$\left(h = \dfrac{q}{\Delta T}\right)$는 열전도, 밀도, 점도와 같은 특성치의 함수이며 속도, 흐름의 성질과 같은 유동변수 또는 크기, 흐름의 각도, 기하학적 형상 등의 함수이다.

표 2.4 전형적인 대류 열전달 계수

상 태			h(W/m² · K)
자연대류, $T_w - T_\infty = 30$℃	수직판, 0.25m 높이, 대기 속		5.0
	수평 실린더, 5cm 바깥지름, 대기 속		8.0
	수평 실린더, 2cm 바깥지름, 물 속		800
	구, 2cm 지름, 엔진오일 속		60
강제대류	25℃ 대기가 판 위로 10m/s로 흐를 때 판의 길이	$L = 10$cm	40
		$L = 50$cm	17
	1cm 바깥지름 실린더 표면 위로 5m/s로 지날 때	대기	85
		엔진오일	1,800
	2.5cm 안지름의 관에 물이 흐를 때	0.5kg/s	3,500
		1.0kg/s	11,000
상변화를 수반한 대류	끓는 물	그릇이나 용기	2,500~35,000
		튜브흐름	5,000~100,000
	수증기의 응축	수직면	4,000~11,000
		외부 수평튜브	9,500~25,000

기본적으로 대류에서 지배되는 법칙은 전도라고 할 수 있으며 온도차나 표면 가까이의 횡단 수식거리는 직접 측정되지는 않는다. 예를 들면, [그림 2.46]에서와 같이 주변의 차가운 공기가 고온 벽체의 표면 위를 흐를 때 고온 벽체의 표면에서 전도에 의한 열전달은 표면 가까운 곳의 온도차 ΔT에 의존되고, '제2장 열전도의 식 (2.7)에 의해 계산할 수 있다.

[표 2.5]는 화재발생 상황에서 대류 열전달 계수 h값을 나타낸 것이며, 화재발생 상황들이 [표 2.5]에서 공기에 대해 주어진 값에 큰 변화를 가져오지는 않는다.

표 2.5 화재발생 상황에서 대류 열전달 계수

유체조건	h (W/m^2℃)	유체조건	h (W/m^2℃)
공기중 부력 흐름	5~10	천장의 화재 플럼	5~50
층류 성냥 화염	~30	2m/s 풍속	~10
난류 액면 화염	~20	35m/s 풍속	~75

예제 3.1 5℃의 공기가 표면적이 $2.5m^2$인 평면을 가로질러 흐르고 있다. 이 판의 표면은 45℃로 유지되고, 대류 열전달 계수는 $18W/m^2 \cdot K$이다. 이 때 열전달량을 구하라.

해설 Newton의 냉각법칙 식 (3.24)를 이용하여 열전달을 구하면

$$\dot{Q} = hA(T_w - T_\infty) = (18\mathrm{W/m^2 \cdot K})(2.5\mathrm{m^2})\,[(45-5)\mathrm{K}] = 1800\mathrm{W}$$

예제 3.2 표면적이 $0.5m^2$이고, 표면온도가 200℃인 고온의 금속구가 30℃의 공기 중에 노출되어 있다. 금속 표면에서 주위 유체로의 대류 열전달 계수가 30kcal/ m^2hr℃일 경우 금속구의 방열량을 구하라.

해설 $\dot{Q} = hA(T_w - T_\infty) = 30 \times 0.5(200-30) = 2550\mathrm{kcal/hr}$

예제 3.3 온도가 70℃인 유체가 열교환기 관속을 흐르고 있다. 열교환기 관의 표면온도가 10℃, 열교환이 되는 면적이 $2cm^2$, 대류 열전달 계수 $4kcal/m^2h$℃일 때 열전달량은?

해설 $\dot{Q} = 4\mathrm{kcal/m^2h℃} \times 2\mathrm{m^2} \times (70-10)℃ = 480\mathrm{kcal/hr}$

예제 3.4 $600mm^2$인 장방형의 스테인레스 금속판 양단에 통전가열하여, 10W의 발열체로 하였다. 이 때 발열면의 한 면은 단열되어 있고, 다른 한 면은 충돌수분류에 의하여 냉각된다. 이때 발열면과 충돌 수분류 냉각액과의 온도차가 5℃일 때의 대류열전달계수를 구하라.

해설 $$h = \frac{q}{A \cdot (T_w - T_f)} = \frac{10\,W}{600 \times 10^{-6}\mathrm{m^2} \times 5℃} = 3333\frac{W}{\mathrm{m^2 ℃}}$$

예제 3.5 난류화염으로부터 20℃의 벽으로 대류 열유속을 구해보자.
[표 2.5]에서 자연대류(부력흐름)의 경우 $h = 5W/m^2 \cdot$℃이고, 최고시간 평균화염온도는 약 800℃이다.

해설 $q = 5[W/\mathrm{m^2} \cdot ℃] \times (800-20)[℃] = 3{,}900\mathrm{W/m^2} = 3.9\mathrm{kW/m^2}$

만약 $h = 10\,W/\mathrm{m^2} \cdot$℃으로 하게 되면 q값은 두 배가 되고, 이러한 경우 10~50 $W/\mathrm{m^2} \cdot \mathrm{K}$의 범위가 대부분 난류 화재조건을 대표하는 범위라고 할 수 있다.

3.5 열관류

제2부 제2장에서는 평판벽과 원통의 열전도에 대해 설명하였다. 여러 열전달 시스템에서 고체 표면에 접해 있는 유체의 온도는 알지만 표면온도를 모르는 경우가 많다. 제2장에서 설명한 것처럼 표면과 유체의 온도가 다를 경우, 표면 위로 유체가 흐를 때 열경계층이 표면 위에 형성된다. 고체 재질의 열저항에 의해 열전도를 방해하는 것처럼 열경계층은 대류에 의한 열전달을 방해하는 열저항을 갖는다. 따라서 전기적 유사성의 개념을 연장시켜 대류에도 적용시킬 수 있다.

[그림 2.48]은 같이 왼쪽의 고온유체로부터 이것이 접하는 고체 벽 표면까지의 열전달이나, 고체 벽의 오른쪽으로부터 이것에 접하는 저온 유체까지의 열전달도 모두 열전달의 과정이며 단지 열의 흐름방향이 다를 뿐이다. 이렇게 고체 벽 내부의 열전도와 벽 양쪽의 두 열대류(고온 유체에서 저온 유체로 열전달)를 하나의 과정으로 보고 취급하는 것이 편리하다. 이러한 열전달 과정을 열관류(overall heat transfer or heat transfer) 또는 열통과율이라 하고, 전도와 대류과정을 조합한 것이다.

3.5.1 평판 벽

[그림 3.48]은 한쪽은 고온 유체에, 다른 한쪽은 저온 유체에 노출되어 있는 평판 복합벽을 나타낸 것이다. 열은 왼쪽에서 오른쪽으로 열경계층, 두 고체물질 층, 그리고 두 번째 열경계층을 통해 전달된다. 이와 유사한 전기회로는 총 4개의 저항, 즉 고체 층을 나타내는 두 개와 열경계층을 나타내는 또 다른 두 개의 레지스터로 구성되어 있다. 제1장에서 이미 배운 바와 같이 대류에 의한 열전달은 Newton의 냉각법칙으로 표현할 수 있다.

$$\dot{Q} = hA(T_w - T_\infty) \tag{3.24}$$

Newton의 냉각법칙 식 (3.24)를 다시 쓰면 다음 식과 같다.

$$\dot{Q} = \frac{(T_w - T_\infty)}{1/hA} \tag{3.29}$$

식 (3.29)는 Fourier 법칙에서처럼 옴의 법칙과 유사하다. 온도차 $(T_w - T_\infty)$는 전압차와 유사하고 $1/hA$항은 저항과 유사하다. 그러므로 열경계층의 열저항은 다음과 같다.

$$R = \frac{1}{hA} \tag{3.30}$$

그림 2.48 평판 복합벽의 열관류

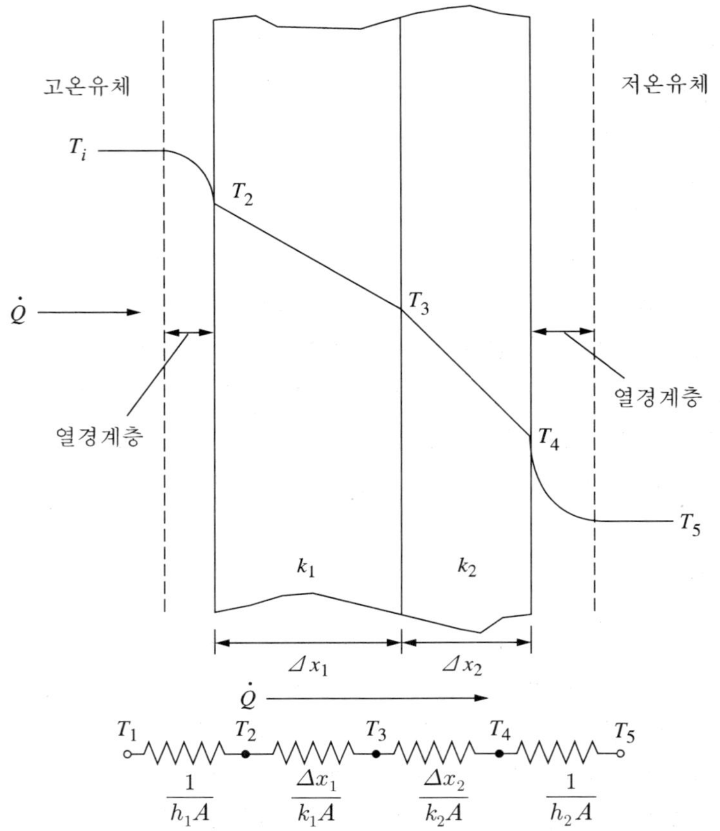

두 개의 대류 저항과 두 개의 전도 저항이 직렬로 연결된 형태의 열회로도를 생각할 수 있다. 열경계층을 포함한 상태의 평판 복합벽을 통한 열전달을 전체 온도차와 전체 열저항의 항으로 표시할 수 있다. 앞서 검토한 복합벽의 경우 전체 온도차가 양쪽 표면 사이에 존재했지만, 이 경우에는 양쪽 유체사이에 존재한다. 열전달량은 다음 식과 같이 쓸 수 있다.

$$\dot{Q} = \frac{(T_1 - T_5)}{\frac{1}{h_1A} + \frac{x_1}{k_1A} + \frac{x_2}{k_2A} + \frac{1}{h_2A}} \tag{3.31a}$$

식 (3.31a)는 분모에 더 많은 전도저항을 더함으로써 많은 개수의 고체 층을 갖는 경우에도 연장할 수 있고, 프랑스 물리학자 J.C.E Péclet에 의해 구해진 열이동의 중요한 식

(Péclet식)으로 원통과 구에 대해서도 같은 식을 구하였다. 더불어 양쪽 면에 유체가 흐르는 평판의 복합벽을 통한 1차원 정상상태의 열전달에 관한 일반식은 식 (3.31b)와 같이 나타낼 수 있다.

$$\dot{Q} = \frac{\Delta T}{\dfrac{1}{h_1 A} + \dfrac{1}{A}\Sigma\dfrac{x_i}{k_i} + \dfrac{1}{h_2 A}} \tag{3.31b}$$

면적 A는 식 (3.31b)의 분모의 모든 항에서 나타나므로 앞으로 끌어내어 분자에 쓸 수 있다. 식 (3.31b)를 다시 쓰면 식 (3.32)와 같이 된다.

$$\dot{Q} = UA\,\Delta T \tag{3.32}$$

$$U = \frac{1}{\dfrac{1}{h_1} + \Sigma\dfrac{x}{k} + \dfrac{1}{h_2}} = \frac{1}{R} \tag{3.33}$$

여기서, 변수 U를 열관류 계수(overall heat transfer coefficient) 또는 U값(U value)이라 한다.

열관류 계수의 SI단위는 W/m² · K(W/m² · ℃)이다. 이것은 열전달 계수 h와 같다. 열관류 계수는 고체와 열경계층의 열저항의 합을 나타내는 유용한 매개변수이다. 물론 U값은 단지 고체만의 열저항을 표시하는 데에도 사용된다. 열관류 계수는 표면적 A만이 빠진 형태의 전체 열저항의 역수이므로 열전도도(conductance)라고 간주할 수 있다.

예제 3.6 내벽의 열전달율 5kcal/m²h℃, 외벽의 열전달율 10kcal/m²h℃, 벽의 열전도율 4kcal/mh℃ 벽두께 20cm, 외기온도 0℃, 실내온도 20℃일 때 열통과율은 얼마인가?

해설

$$U = \frac{1}{\dfrac{1}{\dfrac{1}{5} + \dfrac{0.20}{4} + \dfrac{1}{10}}} = 1/0.35 = 2.86\text{kcal/m}^2\text{h℃}$$

예제 3.7 다음과 같은 복합벽을 갖는 실내에 화재가 발생한 경우 열저항, 열관류계수, 벽체를 통과하는 이동열량, 실내벽채의 표면온도를 구하라.

구조 단면 상세도						구조물체	두께 (mm)	열전도율 (kcal/mh℃)	대류열전달계수 ($kcal/m^2h℃$)
실 내 h_1	l_2 k_2	l_3 k_3	l_4 h_a	l_5 k_5	실 외 h_6	① 실내			8
						② 시멘트몰탈	5	1.1	
						③ 시멘트블록	100	1.2	
						④ 공기층	10		5
						⑤ 콘크리트벽	100	0.8	
①	②	③	④	⑤	⑥	⑥ 실외			30

실내온도 $T_i = 800℃$, 실외온도 $T_o = 20℃$, 벽체의 면적=**100m²**

해설 (1) 열저항을 구하라(공기층은 대류로 간주).

$$R = \frac{1}{h_1} + \frac{l_2}{k_2} + \frac{l_3}{k_3} + \frac{1}{h_a} + \frac{l_5}{k_5} + \frac{1}{h_6}$$

$$= \frac{1}{8} + \frac{0.005}{1.1} + \frac{0.100}{1.2} + \frac{1}{5} + \frac{0.100}{0.8} + \frac{1}{30}$$

$$= 0.571\left[\frac{m^2h℃}{kcal}\right]$$

(2) 열관류 계수(열통과율)를 구하라.

$$U = \frac{1}{R} = \frac{1}{0.571} = 1.751\,\frac{kcal}{m^2h℃}$$

(3) 벽체를 통한 이동열량을 구하라.

$$\dot{Q} = UA(T_i - T_o) = 1.751 \times 100 \times (800 - 20) = 136{,}578\,kcal/h$$

(4) 열유속을 구하라.

$$q = \frac{\dot{Q}}{A} = \frac{136578}{100} = 1{,}365.78\,kcal/m^2h$$

(5) 실내 벽체의 내 표면 온도를 구하라.

$$q = h_1(T_i - T_w)$$

$$T_w = 800 - \frac{1365.78}{8} = 629.3℃$$

예제 3.8 다음 그림의 평판 복합벽은 일반적인 건물벽돌(k= 0.72W/m·K)과 섬유보드 외장재(k= 0.06W/m·K)로 구성되어 있다. 이때 ① 전체 열저항, ② 전체 열전달 계수, ③ 열유속, ④ 벽돌과 섬유보드의 외부온도를 구하라.

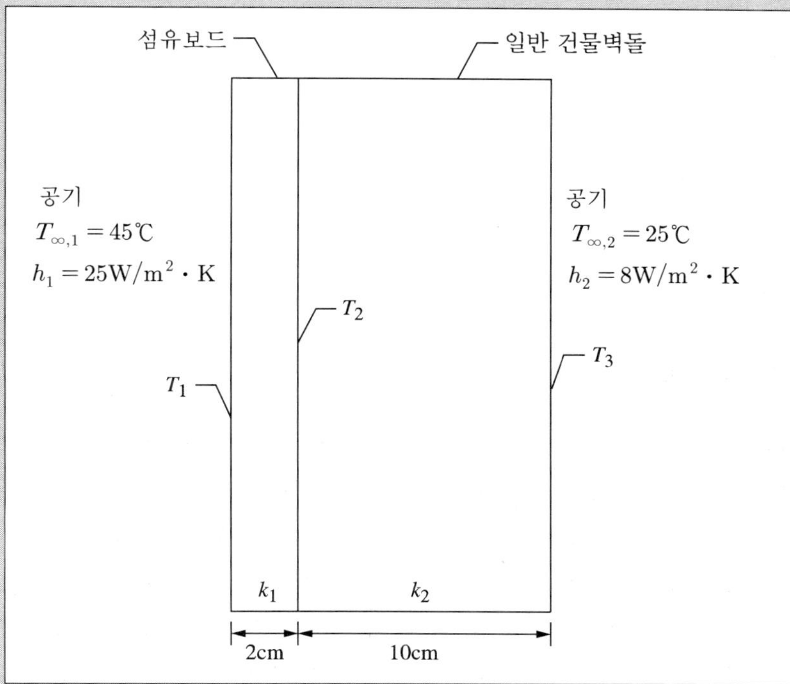

해설 (1) 벽의 전체 열저항은 다음 식에 의해 구한다.

복합벽의 표면적은 문제에서 주어지지 않았으므로 단위 표면적을 기준으로 계산한다. $A = 1m^2$으로 한다.

$$R = \frac{1}{(25W/m^2 \cdot K)(1m^2)} + \frac{0.020m}{(0.06W/m\,K)(1m^2)} + \frac{0.10m}{(0.72W/m\,K)(1m^2)} + \frac{1}{(8W/m^2\,K)(1m^2)} = 0.637K/W$$

(2) 총 열전달 계수는 식 (3.33)에 의해 구한다.

$$U = \frac{1}{\frac{1}{25W/m^2 \cdot K} + \frac{0.020m}{0.06W/m\,K} + \frac{0.10m}{0.72W/m\,K} + \frac{1}{8W/m^2K}} = 1.57W/K$$

또는 전체 열저항의 역수를 취하여 답을 얻은 후 표면적을 나중에 대입할 수도 있다.

(3) 열유속은 식 (3.32)의 양변을 표면적 A로 나누어 구한다.

$$q = \frac{\dot{Q}}{A} = U\Delta T = (1.57W/m^2K)(45-25)K = 31.4W/m^2$$

(4) 직렬로 연결된 층들로 구성된 복합구조물의 각 층에서의 열전달량은 같으므로 섬유보드의 외부표면 온도는 Newton의 냉각법칙으로부터 구할 수 있다.

$$q = h_1(T_{\infty,1} - T_1)$$

$$T_1 = T_{\infty,1} - \frac{q}{h} = 45℃ - \frac{31.4\text{W/m}^2}{25\text{W/m}^2℃} = 43.7℃$$

또 벽돌의 외부표면 온도도 Newton의 냉각법칙을 이용하면 계산할 수 있다.

$$q = h_2(T_3 - T_{\infty,2})$$

$$T_3 = \frac{q}{h} - T_{\infty,2} = \frac{31.4\text{W/m}^2}{8\text{W/m}^2℃} + 25℃ = 28.9℃$$

3.5.2 원통 또는 파이프

열관류 계수의 개념은 원통이나 파이프에도 적용할 수 있다. [그림 2.49]에 나타낸 중공 복합 원통을 고려해보자. 온도 T_i인 유체가 원통의 내벽을 흐르고, 열전달 계수가 h_i로 주어졌다. 온도 T_o인 두 번째 유체는 원통의 외벽을 흐르고, 열전달 계수가 h_o로 주어졌다. 내부의 유체는 외부유체보다 뜨겁기 때문에 열은 원통 내부에서 외부로 반지름 방향으로 이동한다. 이에 상응하는 전기회로를 [그림 2.49]에 나타냈다. 이것은 두 개의 고체층과 두 개의 열경계층의 저항을 나타내고 있다. 이 경우의 열전달량은 다음과 같다.

$$\dot{Q} = \frac{(T_i - T_o)}{\dfrac{1}{h_i A_i} + \dfrac{\ln(r_2/r_1)}{2\pi k_1 l} + \dfrac{\ln(r_3/r_2)}{2\pi k_2 l} + \dfrac{1}{h_o A_o}} \tag{3.34}$$

여기서, A_i와 A_o는 각각 원통의 내부 표면적과 외부 표면적

식 (3.31)과 다르게 식 (3.34)는 분모에 앞으로 끌어낼 수 있는 공통 표면적이 없다. 따라서 원통에 대해 식 (3.32)를 쓸 때 전체 열전달 계수는 내부 또는 외부 표면적 중 하나에 기초로 하여야 한다. 그러므로 다음과 같이 쓸 수 있다.

$$U = \frac{1}{\dfrac{1}{h_i} + \dfrac{A_i \ln(r_2/r_1)}{2\pi k_1 l} + \dfrac{A_i \ln(r_3/r_2)}{2\pi k_2 l} + \dfrac{A_i}{A_o}\dfrac{1}{h_o}} \tag{3.35}$$

여기서, U값은 내부 표면적에 기초한 것이다.

U값을 구하는데 식 (3.35)를 사용한다면 열전달을 구하기 위해서는 반드시 다음 관계식을 사용해야만 한다.

$$\dot{Q} = U_i A_i \Delta T \tag{3.36}$$

그림 2.49 복합 원통의 대류 열전달

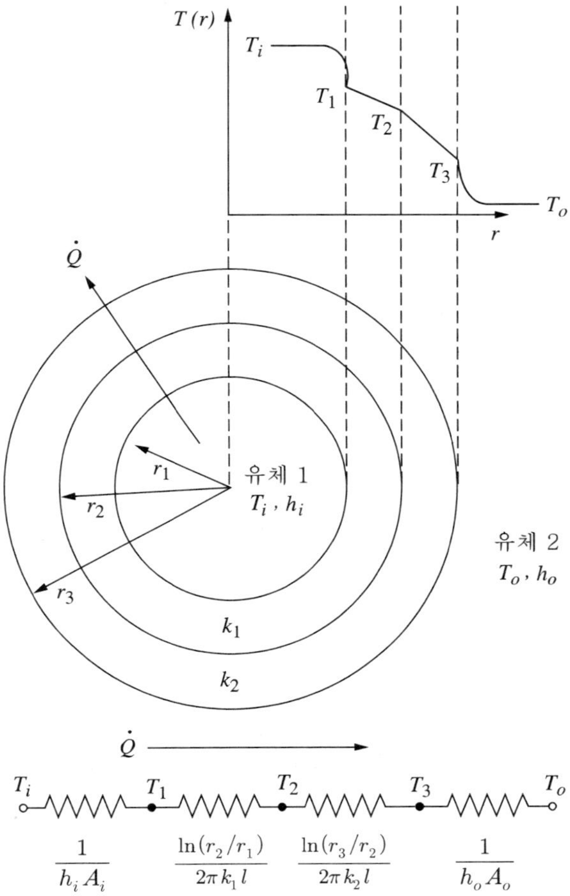

외부 표면적에 기초한 U값은

$$U = \frac{1}{\dfrac{A_o}{A_i}\dfrac{1}{h_i} + \dfrac{A_o \ln(r_2/r_1)}{2\pi k_1 l} + \dfrac{A_o \ln(r_3/r_2)}{2\pi k_2 l} + \dfrac{1}{h_o}} \tag{3.37}$$

만약 U값을 구하기 위해 식 (3.37)을 사용한다면 열전달량을 구하기 위해서는 반드시 다음 식을 사용해야만 한다.

$$\dot{Q} = U_o A_o \Delta T \tag{3.38}$$

열전달량은 U값을 내부 또는 외부의 표면적 중 어느 것에 기초한 값을 사용하든지 같기 때문에 식 (3.36)과 식 (3.38)을 비교하면 $U_i A_i = U_o A_o$라는 것을 알 수 있다. 평판 벽에서처럼 실린더의 U값의 관계식도 식 (3.35)와 식 (3.37)의 분모에 더 많은 전도 저항 값을 더함으로써 고체층의 수를 늘릴 수 있다.

$$U_i = \frac{1}{\dfrac{1}{h_i} + \dfrac{A_i}{2\pi k_1 l}\Sigma\dfrac{\ln(r_o/r_i)}{k} + \dfrac{A_i}{A_o}\dfrac{1}{h_o}} \tag{3.39}$$

$$U_o = \frac{1}{\dfrac{A_o}{A_i}\dfrac{1}{h_i} + \dfrac{A_o}{2\pi k_1 l}\Sigma\dfrac{\ln(r_o/r_i)}{k} + \dfrac{1}{h_o}} \tag{3.40}$$

식 (3.39)과 식 (3.40)의 반지름의 비율 (r_o/r_i)는 항상 복합 원통의 각 층에 대해 바깥쪽 반지름을 안쪽 반지름으로 나눈 값으로 표현한다는 것이 중요하다.

예제 3.9 공기의 온도가 25℃인 방안에 180℃의 증기를 통과시키는 강관이 단열되어 있다. 파이프 단위길이(m)당 열손실을 계산하라. 형상과 치수는 그림과 같다.

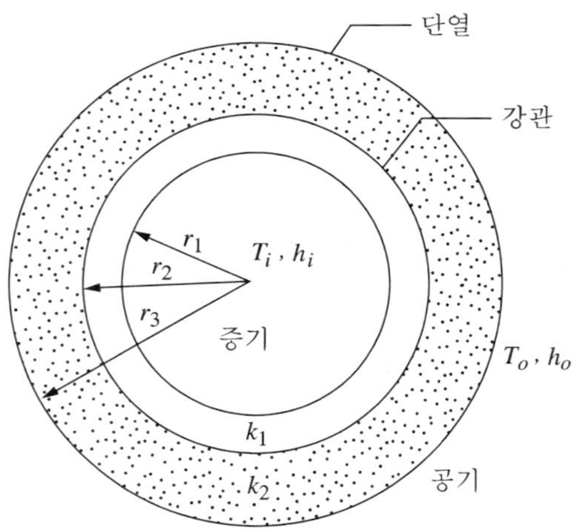

$r_1 = 2.1\text{cm}$
$r_2 = 2.5\text{cm}$
$r_3 = 4.0\text{cm}$

$k_1 = 43\text{W/m}\cdot\text{K}$
$k_2 = 0.04\,W/m\cdot K$

$T_i = 180℃$
$T_o = 25℃$

$h_i = 12{,}000\text{W/m}^2\cdot\text{K}$
$h_o = 6\text{W/m}^2\cdot\text{K}$

해설 파이프 길이 1m당 강관의 내부 표면적은 $A_i = 2\pi r_1 l = 2\pi(0.021\text{m})(1\text{m}) = 0.132\text{m}^2$

파이프 길이 1m당 단열재 외부 표면적은 $A_o = 2\pi r_3 l = 2\pi(0.040\text{m})(1\text{m}) = 0.251\text{m}^2$

내부 표면적이나 외부 표면적 중 어느 것에 근거로 하여 U값을 구할 것인지 정해야 한다.

같은 값의 열전달을 얻는다는 것을 증명하기 위하여 두 가지 방법 모두 사용해 보기로 한다. 내부 표면적을 근거로 한 U값은 식 (3.39)에 주어져 있다. 식 (3.39)에 값을 대입하면

$$U_i = \frac{1}{\frac{1}{12000} + \frac{0.132}{2\pi(1)}\left[\frac{\ln(0.025/0.021)}{43} + \frac{\ln(0.040/0.025)}{0.040}\right] + \frac{0.0132}{(0.251)(6)}}$$

$$= 2.99\mathrm{W/m^2K}$$

단위길이(m)당 열전달을 구하기 위해서는 식 (3.36)을 l로 나눈다.

$$\frac{\dot{Q}}{l} = 2\pi r_1 U_i \Delta T = 2\pi(0.021\mathrm{m})(2.99\mathrm{W/m^2K})[(180-25)\mathrm{K}] = 61.2\mathrm{W/m}$$

외부 표면적에 기초한 U값은 식 (3.40)으로 계산한다. 식 (3.40)에 값을 대입하면

$$U_o = \frac{1}{\frac{0.251}{(0.132)(12000)} + \frac{0.251}{2\pi(1)}\left[\frac{\ln(0.025/0.021)}{43} + \frac{\ln(0.040/0.025)}{0.040}\right] + \frac{1}{6.0}}$$

$$= 1.57\mathrm{W/m^2K}$$

단위길이(m)당 열전달을 구하기 위해서는 식 (3.38)을 l로 나눈다.

$$\frac{\dot{Q}}{l} = 2\pi r_3 U_o \Delta T = 2\pi(0.040\mathrm{m})(1.57\mathrm{W/m^2K})[(180-25)\mathrm{K}] = 61.2\mathrm{W/m}$$

이것은 내부 표면적에 기초한 U값을 사용했을 때의 열전달량과 같다. 이 예제는 U와 U_o는 같진 않지만 각각의 경우에 해당하는 표면적으로 곱하면 똑같은 열전달량이 구해진다는 것을 예시한 것이다.

3.6 경계층

유체의 흐름 속에 고체를 놓게 되면 고체표면의 아주 가까운 곳에 경계층(hydrodynamic boundary layer 또는 boundary layer)이 생긴다. 이때 고체표면과 유체 간에 온도차가 있으면 열의 이동이 일어난다.

경계층 내에서는 유체의 속도구배가 매우 크므로 이 경계층을 특히 속도 경계층(velocity boundary layer)이라고 부르기도 하는데, 단지 경계층이라고 하면 보통 속도 경계층을 말한다. 또 열전달이 이루어지고 있을 때는 고체표면에 접하는 유체부분에 온도구배가 큰 경계층이 생기는데 이 경계층을 온도 경계층(temperature boundary layer)이라고 한다. 속도 경계층과 온도 경계층은 서로 유사한 경계층이며 유체금속(流體金屬)과 같은 특별한 유체를 제외하고는 일반적으로 온도경계층의 두께는 속도 경계층의 두께와 거의 같거나 온도경계층이 약간 적은 것이 보통이다.

그림 2.50 화재시 대류 열전달

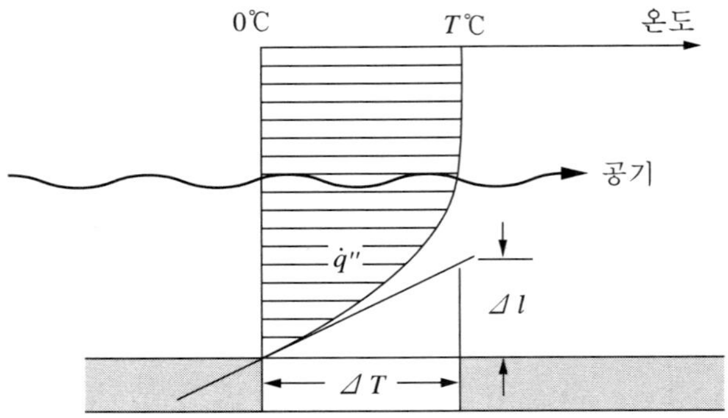

또한 화재발생시 연소되고 있는 표면으로의 대류 열전달은 약간 적은 값이 되는데, 이것은 연료가스의 흐름이 뜨거운 화염을 표면으로부터 밀어내어 [그림 2.50]에서 l값을 증가시키기 때문이다. 층류 화염에서는 화염이 표면에 가까워져 l값이 작게 된다. 이런 이유 때문에 작은 층류화염이 난류화염보다 높은 대류 열전달을 나타낸다.

이러한 열전달 과정은 h값의 크기를 결정짓는 경계층이라고 알려진 영역내로 표면에서 가까운 쪽에서 일어난다. 먼저 비압축성 유체가 흐름과 평행인 단단한 평판 위를 자유유속 U_∞로 흐르는 [그림 2.51]의 경우를 생각해보자. [그림 2.51]와 같이 유동에 평행하고, 강체 평판을 가로지르는 자유유선속도(free stream velocity) u_∞에 따라 흐르는 비압축성 유체의 등온 시스템을 우선 고려하자. 그 평판에 인접한 유체의 층은 정지 상태 u_∞일 것이고, 방정식 $u = u(y)$로 나타낸 속도구배가 있을 것이다. 그 평판으로부터 먼 거리에서는 $u = u_\infty = u(\infty)$로 정의하며, 경계층은 $u(y) = 0.99u_\infty$인 점의 표면으로부터 확장하게 된다. [그림 2.51(a)]에서 x의 작은 값에 대해, 다시 말해 그 평판의 선단에 인접한 경계층 내에 유동은 층류이다. 비록 층류 저층이 항상 표면에 가깝게 존재한다 할지라도 경계층 유동은 천이구역을 넘어 난류 유동으로 발전한다. 관내의 흐름과 마찬가지로 흐름의 상태는 국소 레이놀즈수 $Re_x = \dfrac{xU_\infty \rho}{\mu} = \dfrac{U_\infty x}{\nu}$ 값에 의해 결정된다. 여기서, ρ와 μ는 유체의 밀도와 절대계수이고, $\nu(=\mu/\rho)$는 동점성계수이다. 경계층의 국소 레이놀즈수가 $Re_x \le 5 \times 10^5$일 때 유동은 층류이고, $Re_x > 3 \times 10^6$이면 난류가 된다. 이 한계의 사이 층은 층류이거나 난류일 수 있다. 이것은 층류의 양상이 $Re < 2300$에 대해 관찰되는 배관 유동과 비교될 수 있을 것이다.

그림 2.51 **속도 경계층**

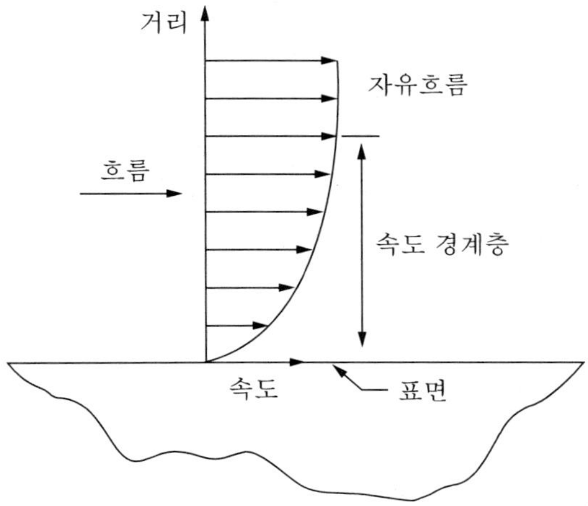

(a) 평면 선단에서의 속도 경계층

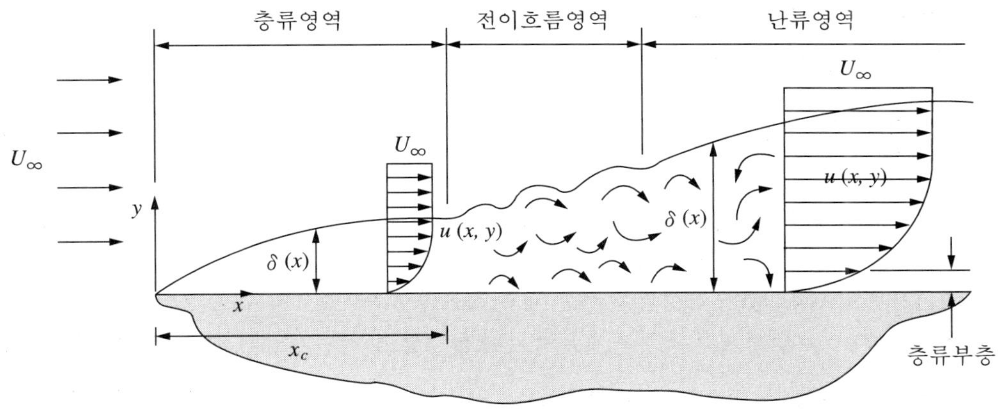

(b) 난류의 시작과 하부 경계층

유체의 흐름 속에 고체 평판이 평행으로 놓여 있고 고체표면과 유체 간의 온도차가 있으면 열전달이 발생한다. 이 같은 열전달 현상은 대류열전달의 개념으로부터 파악할 수 있다. [그림 2.51(b)]에 나타낸 것처럼 동일한 유속 u_∞의 유체 흐름에 평행하게 예리한 얇은 평판을 가정하면 평판의 표면 가까이에는 속도 경계층이라고 불리는 아주 얇은 층이 생긴다. 속도 경계층 내에서는 유체의 점성 때문에 유속분포가 형성되고, 고체표면에서는 유체분자가 고체표면에 부착되기 때문에 0이지만 표면에서 벗어남에 따라 자유유선속도 u_∞에 가깝게 된다.

속도경계층 내부의 유속을 측정해 보면 평판의 선단에 가까운 부분에서는 유속은 측정점마다 일정한 값을 나타내며 시간적으로 변동하지 않는다. 이러한 흐름을 층류라 하고 층류로부터 생성되는 경계층을 층류경계층이라고 한다. 한편, 선단으로부터 충분히 하류에서는 유속은 시간평균값을 중심으로 불규칙한 변동을 나타낸다. 이것은 여러 가지 크기나 방향을 가지는 소용돌이 운동이 유체의 흐름 속에 포함되기 때문이다. 이러한 흐름을 난류라 하고, 이때의 경계층을 난류경계층이라고 한다. 층류경계층으로부터 난류경계층으로의 변이가 생기는 위치는 유체의 관성력과 점성력의 크기의 상대적 관계에 의존하고 있다.

3.7 강제대류 열전달

3.7.1 층류 경계층에서의 열전달

유속이 일정한 경우 [그림 2.51b]에 나타낸 것처럼 평판에 따른 층류경계층에서 유체를 비압축성이라고 가정하면, 유동방정식은 식 (3.41)과 식 (3.42)와 같이 나타낼 수 있다. u, v는 평판의 평행 및 수직방향의 유속이다.

$$\frac{\partial u}{\partial x}+\frac{\partial v}{\partial y}=0 \tag{3.41}$$

$$u\frac{\partial u}{\partial x}+v\frac{\partial v}{\partial y}=\nu\frac{\partial^2 u}{\partial y^2} \tag{3.42}$$

식 (3.42)에서 왼쪽 항은 관성력을 의미하고 오른쪽 항은 점성력과 균형을 이룬다. 평판의 선단으로부터 x 위치에서 층류경계층의 두께를 δ라고 하면, 식 (3.42)의 왼쪽 1항과 오른쪽 항의 크기는 같은 정도이어야 하므로 $u_\infty\frac{u_\infty}{x}\approx\nu\frac{u_\infty}{\delta^2}$이 된다. 이 식을 경계층 두께 δ에 대해서 풀면 식 (3.43)과 식 (3.43a)와 같이 된다.

$$\delta=\sqrt{\frac{x\nu}{u_\infty}} \tag{3.43}$$

$$\frac{\delta}{x}\approx\sqrt{\frac{\nu}{u_\infty x}}=\frac{1}{\sqrt{Re_x}} \tag{3.43a}$$

경계층 방정식은 임의의 위치 x에서 경계층 내 유속분포를 식 (3.44)와 같이 상사(相似) 법칙을 적용하면 풀 수 있다.

$$\frac{u}{u_\infty} = \varphi\left(\frac{y}{\delta}\right) \tag{3.44}$$

식 (3.43)은 경계층 두께 δ의 절대 값 자체를 결정하는 것은 아니지만 두께의 지표를 부여하고 있으므로, Blasius는 경계층 방정식의 해를 구하기 위해 식 (3.45)의 무차원 길이를 도입하고, 식 (3.44)와 같이 유속분포의 상사를 가정하여 경계층 방정식의 해를 식 (3.46)으로 나타냈다.

$$\eta \equiv \frac{y}{\sqrt{\dfrac{x\nu}{u_\infty}}} = y\sqrt{\frac{u_\infty}{x\nu}} = \frac{y}{x}\sqrt{Re_x} \tag{3.45}$$

$$\frac{u}{u_\infty} = \varphi(\eta) \tag{3.46}$$

식 (3.46)의 결과로부터 식 (3.43a)의 경계층 두께는 식 (3.47)과 같이 구할 수 있다.

$$\frac{\delta}{x} = \frac{5.0}{\sqrt{Re_x}} \tag{3.47}$$

이때 위치 x에서 유체와 평판 사이의 마찰계수 C_τ는 식 (3.48)과 같이 나타낼 수 있다.

$$C_\tau = \frac{\tau_w}{\dfrac{1}{2}\rho u_\infty^2} = \frac{0.664}{\sqrt{Re_x}} \tag{3.48}$$

또한 대류열전달에서 관심이 되는 것은 층류경계층에서 주변의 유체온도 T_∞와 평판의 표면온도 T_w가 서로 다른 경우이다. 이때 경계층 내에서는 유체온도에서 표면온도까지 변화되는 온도분포가 생긴다. 경계층 내의 이들 온도 T를 무차원화하여 경계층 내의 에너지 방정식을 나타내면 식 (3.49)와 같이 나타낼 수 있다.

$$u\frac{\partial\theta}{\partial x} + v\frac{\partial\theta}{\partial y} = \alpha\frac{\partial^2\theta}{\partial y^2} \tag{3.49}$$

여기서, 무차원 온도 $\theta = \dfrac{T - T_w}{T_\infty - T_w}$

α는 유체의 열확산계수

Pohlhausen은 식 (3.49)의 해를 구하기 위해 θ을 유속과 같이 식 (3.45)의 η함수로, 즉 $\theta(\eta)$라고 간주하여 식 (3.49)의 해를 구하였다. 평판의 선단으로부터 위치 x에서의 열전달계수 h_x는 식 (3.28)과 식 (3.45)로부터 식 (3.50)과 같이 된다.

$$h_x = \frac{-\lambda\left(\frac{\partial T}{\partial y}\right)_{y=0}}{T_w - T_\infty}$$
$$= \lambda\left(\frac{\partial \theta}{\partial y}\right)_{y=0} = \lambda\frac{\partial \eta}{\partial y}\left(\frac{\partial \theta}{\partial \eta}\right)_{\eta=0} = \lambda\sqrt{\frac{u_\infty}{\nu}}\left(\frac{\partial \theta}{\partial \eta}\right)_{\eta=0} \tag{3.50}$$

한편 Pohlhausen의 해에 의하면 $\left(\frac{\partial \theta}{\partial \eta}\right)_{\eta=0}$ 는 식 (3.51)과 같이 된다.

$$\left(\frac{\partial \theta}{\partial \eta}\right)_{\eta=0} = 0.332Pr^{1/3} \tag{3.51}$$

식 (3.51)에서 Pr은 무차원수로서 프란틀 수(Prandtl number)라 하며, 식 (3.52)와 같이 정의된다.

$$Pr = \frac{\nu}{\alpha} = \frac{\mu/\rho}{\lambda/(C_p\,\rho)} = \frac{\mu\,C_p}{\lambda} \tag{3.52}$$

식 (3.51)을 식 (3.5)에 대입하면 열전달계수 h_x는 식 (3.53)과 같이 된다.

$$h_x = 0.332\lambda\sqrt{\frac{u_\infty}{\nu x}}\,Pr^{1/3} = 0.332\frac{\lambda}{x}\,Re_x^{1/2}Pr^{1/3} \tag{3.53}$$

식 (3.53)을 누셀트 수(Nussett number)수의 무차원 대류열전달계수 Nu_x를 이용하면 식 (3.54)와 같이 더욱 일반화된 식으로 표현할 수 있다.

$$Nu_x\left(\equiv \frac{xh_x}{\lambda}\right) = 0.332Re_x^{1/2}Pr^{1/3} \tag{3.54}$$

식 (3.53)과 식 (3.54)와 같이 어떤 특정한 위치 x에서의 열전달계수 및 누셀트 수를 각각 국소 열전달계수 및 국소 누셀트 수라고도 부른다. 이에 따라 $0 < x < L$ 범위에서 평균한 값을 각각 평균 열전달계수 및 평균 누셀트 수라고 부른다. 평균 누셀트 수 Nu_L은 식 (3.53)을 $0 < x < L$ 범위에서 적분하여 평균하면 식 (3.55)와 같이 구할 수 있다.

$$Nu_L = 0.664Re_L^{1/2}Pr^{1/3} \tag{3.55}$$

한편, 층류경계층의 열전달 계산에서 식 (3.54)와 (3.55)가 성립하는 일반적으로 범위는 $Re_x < 5\times10^5$이다.

아울러 식 (3.53)를 $\rho u_\infty C_p$로 나누면,

$$\frac{h_x}{\rho u_\infty C_p} = 0.332\frac{\lambda/(C_p\rho)}{\nu}Pr^{1/3}\frac{\nu}{u_\infty}\sqrt{\frac{u_\infty}{\nu x}}$$
$$= 0.332\,Pr^{-1}Pr^{1/3}\frac{1}{\sqrt{Re_x}} \tag{3.56}$$

이 되지만, 이 식의 왼쪽 항도 역시 무차원 열전달계수가 된다. 식 (3.56)를 스탄톤 수 St라고 한다. 식 (3.56)에 식 (3.48)을 대입하면 국소 스탄톤 수와 국소 마찰계수 사이에 식 (3.57)의 관계가 있음을 알 수 있다.

$$St_x Pr^{2/3} = \frac{0.332}{\sqrt{Re_x}} = \frac{C_\tau}{2} \tag{3.57}$$

또한 평균 스탄톤 수와 평균 마찰계수와의 관계도 식 (3.57)과 같다. 식 (3.57)의 스탄톤 수와 마찰계수의 관계를 콜번(Colburn)의 상사(相似)관계라 부른다.

예제 3.10 공기의 흐름 속에 고체 평판이 평행으로 놓여 있고, 이때 300K(23℃)의 공기가 $u_\infty = 2\text{m/s}$로 흐르고 있다. 평판의 선단에서 1.2m 위치의 경계층 두께 δ를 구하면 얼마인가?

해설 [표 3.9]에서 온도 **300K**일 때 공기의 $\nu = 15.89 \times 10^{-6}$이므로

평판 선단 **1.2m**에서 Re_x는

$Re_x = \frac{u_\infty x}{\nu} = \frac{2.0\times 1.2}{15.89\times 10^{-6}} = 1.52\times 10^5 < 5\times 10^5$이므로 층류범위 내에 있다.

두께 δ는 식 **(3.47)**로부터

$$\delta = \left(\frac{5.0}{\sqrt{Re_x}}\right)_x = \frac{5.0}{\sqrt{1.52\times 10^5}}\times 1.2 = 0.0154\text{m}\,(1.54\text{cm})$$

따라서 평판 선단에서 **1.3%** 미만의 얇은 층을 형성하고 있다.

3.7.2 난류 경계층에서의 열전달

[그림 2.51b]에 나타낸 것처럼 난류경계층의 내부에서는 활발한 소용돌이 운동에 의해 운동량이나 열에너지의 이동이 이루어지므로 층류경계층에 비해 속도분포나 온도분포가 평탄하지 못하다. 벽 근처에는 난류본체의 혼란이 대부분 미치지 못하고 점성이 지배적인 층류경계층이 존재하지만, 난류경계층의 두께에서 차지하는 비율은 대단히 낮다.

난류경계층 내의 유체운동은 아주 복잡하므로 유속이나 온도의 이론적 해석은 어렵기 때문에 주로 실험적 측정결과에 근거한 해석이 이루어지고 있다. 난류경계층의 해석은 경계층 내의 유속 및 온도의 분포에 대해서 Prandtl에 의해 제안된 1/7승 법칙이라고 알려진 유사관계를 사용하는 경우가 많다. 난류경계층의 해석을 위해 여기서는 Pr=1로 가정하고, 유속분포나 온도분포도 식 (3.58)의 Prandtl 1/7승 법칙을 따른다고 가정한다.

$$\frac{u}{u_\infty} = \frac{T - T_w}{T_\infty - T_w} = \left(\frac{y}{\delta}\right)^{1/7} \tag{3.58}$$

난류경계층 두께 δ는 평판 선단에서의 거리를 x라고 하면 식 (3.59)와 같이 된다. 따라서 $\delta \propto x^{4/5}$라고 할 수 있다.

$$\frac{\delta}{x} = 0.37\left(\frac{u_\infty x}{\nu}\right)^{-1/5} = \frac{0.37}{Re_x^{1/5}} \tag{3.59}$$

또한 국소 마찰계수 C_τ는 식 (3.60)과 같이 얻을 수 있다.

$$C_\tau = 0.0592\left(\frac{u_\infty x}{\nu}\right)^{-1/5} = \frac{0.0592}{Re_x^{1/5}} \tag{3.60}$$

다음은 난류경계층의 위치 $x \sim x + dx$에서 열량을 고려해보면, 이때 열량은 경계층 내의 온도가 떨어지는 것은 유체로부터 평판으로 열전달이 이루지기 때문에 식 (3.61)과 같이 나타낼 수 있다.

$$\frac{d}{dx}\left\{C_p\,\rho\int_0^\delta (T_\infty - T)\,u\,dy\right\} = \lambda\left(\frac{\partial T}{\partial y}\right)_{y=0} \tag{3.61}$$

식 (3.61)에 열전달계수의 정의 식 (3.28)과 식 (3.58)의 분포식을 이용하면 식 (3.62)와 같이 된다.

$$\frac{d}{dx}\int_0^\delta \left\{1 - \left(\frac{y}{\delta}\right)^{1/7}\right\}\left(\frac{y}{\delta}\right)^{1/7} \delta d\left(\frac{y}{\delta}\right) = \frac{h_x}{C_p \rho u_\infty} \tag{3.62}$$

식 (3.62)의 왼쪽 항을 적분하고, 식 (3.59)의 관계를 이용하면 식 (3.63)과 같이 정리할 수 있다.

$$\frac{h_x}{C_p\,\rho\,u_\infty} = \frac{7}{72}\,\frac{d\delta}{dx} = \frac{7}{72}(0.38)\,\frac{d}{dx}\left\{x\left(\frac{u_\infty x}{\nu}\right)^{-1/5}\right\} = 0.0296 Re_x^{-1/5} \tag{3.63}$$

식 (3.63)의 왼쪽 항도 스탄톤 수이다. 이 식은

$$St_x \equiv \frac{h_x}{C_p \rho u_\infty} = \frac{(xh_x/\lambda)}{(\rho u_\infty x/\mu)(C_p \mu/\lambda)} = \frac{N_x}{Re_x Pr} \tag{3.64}$$

이라고 쓸 수 있지만, 여기서 $Pr = 1$이라고 가정하였기 때문에 식 (3.63)과 (3.64)로부터 식 (3.65)와 같이 나타낼 수 있다.

$$N_x = 0.0296 {Re_x}^{4/5} \tag{3.65}$$

기체의 경우에는 $Pr = 1$이므로 식 (3.65)로도 충분하지만, 프란틀 수의 영향을 고려할 경우에는 식 (3.57)의 콜번(Colbum) 관계와 마찰에 대해서 얻을 수 있는 식 (3.60)을 사용하면 식 (3.66)과 같이 나타낼 수 있다.

$$St_x Pr^{2/3} = \frac{C_\tau}{2} = 0.0296 {Re_x}^{-1/5} \tag{3.66}$$

식 (3.66)에 식 (3.64)을 적용하면 국소 누셀트 수를 식 (3.67)과 같이 얻을 수 있다.

$$Nu_x = 0.0296 Pr^{1/3} Re_x^{4/5} \tag{3.67}$$

또한 $0 < x < L$에서의 평균 누셀트 수 N_L은 식 (3.68)과 같이 주어진다.

$$Nu_x = 0.037 Pr^{1/3} Re_x^{4/5} \tag{3.68}$$

한편 위와 같은 관계는 대체적으로 $Re_x \leq 10^7$까지 난류의 측정값과 잘 일치하고 있으므로 레이놀즈 수가 10^8까지 값에 대해서도 오차가 15% 이내인 것으로 보고되었다.

예제 3.11 공기의 흐름 속에 고체 평판을 따라 온도 300K(23℃)의 공기가 유속 $u_\infty = 15m/s$로 흐르고 있다고 한다. 평판의 선단에서 1.2m의 위치의 경계층 두께 δ는 얼마가 되겠는가?

해설 [표 3.9]에서 온도 **300K**일 때 공기의 ν=**15.89 × 10^{-6}**이므로

평판 선단 **1.2m**에서 Re_x는

$$Re_x = \frac{u_\infty x}{\nu} = \frac{1.5 \times 1.2}{15.89 \times 10^{-6}} = 1.14 \times 10^6$$

$5 \times 10^5 < Re_x < 10^7$이기 때문에 난류경계층이 되므로 식 **(3.59)**로부터

$$\frac{\delta}{x} = \left(\frac{0.37}{Re_x^{1/5}}\right)_x = \left(\frac{0.37}{(1.14 \times 10^6)^{1/5}}\right) \times 1.2 = 0.0273\text{m} = 2.73\text{cm}$$

따라서 평판선단의 거리에서 **2.3%** 미만의 두께가 된다.

3.8 자연대류 열전달

강제대류 열전달에서 물체 외부의 흐름은 외적인 원인에 의해 나타난다. 그러나 외적인 흐름이 없는 경우에도 온도가 다른 물체와 유체 간의 열전달에 의해 물체 표면의 유체온도가 주변과 비교하여 높아지거나 낮아짐으로서 자연스러운 대류가 발생한다. 이러한 대류의 열전달을 자연대류 열전달이라고 한다.

[그림 2.52]에 나타낸 것처럼 정지유체 속에 가열된 평판을 수직으로 두면 평판 하단으로부터 위쪽을 향해 속도와 온도의 경계층이 발달한다. 이 경계층의 선단부근에서는 층류경계층을 형성하고, 높이가 증가함에 따라 난류경계층으로 변한다.

그림 2.52 수직평판에 대한 자연대류의 경계층

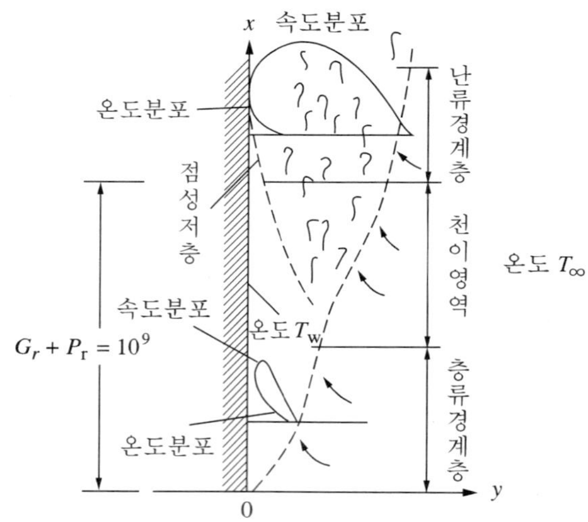

3.8.1 층류 경계층에서의 열전달

수직평판의 층류 경계층에서 자연대류 열전달에 대한 유동미분방정식을 해석적으로 푼 엄밀해가 있지만, 고도의 수학적 지식을 필요로 하기 때문에 복잡하므로 이 장에서는 간편한 적분법을 이용하기로 한다. 이 장에서 초점은 자연대류 열전달의 성상을 규정하는 물리량이 무엇인지를 우선 파악하는 것이다. 평판의 수직면을 x축, 수직면에 수직인 축을 y축이라 할 때, 평판 선단의 임의의 위치 x에서 단위 폭당 운동량 보존식은 식 (3.69)와 같이 나타낼 수 있다.

$$\frac{d}{dx}\int_0^{\delta} u^2 dy = -\nu\left(\frac{\partial u}{\partial y}\right)_{y=0} + g\beta\int_0^{\delta}(T - T_\infty)dy \tag{3.69}$$

여기서, β는 유체의 열팽창계수, δ는 속도경계층의 두께

자연대류 열전달은 강제대류 열전달의 유체온도와 같은 대표 유속이 없기 때문에 평판의 표면과 경계층의 바깥에서는 속도가 0이 되고, 경계층 내에 있는 위치에서는 속도분포가 최대가 된다. 이러한 속도분포에 부과되는 경계조건은 식 (3.70)과 같다.

$$\begin{aligned} &u = 0 && (y=0) \\ &u_\infty = 0 && (y=0) \\ &\frac{\partial u}{\partial y} = 0 && (y=\delta) \\ &g\beta(T_w - T_\infty) + \nu\frac{\partial^2 u}{\partial y^2} = 0 && (y=0) \end{aligned} \tag{3.70}$$

식 (3.70)의 경계조건을 만족시키는 유속분포를 구하면 식 (3.71)과 같다.

$$u = u_0\left(\frac{y}{\delta}\right)\left(1 - \frac{y}{\delta}\right)^2 \tag{3.71}$$

여기서, $u_0 = \dfrac{g\beta(T_w - T_\infty)\delta^2}{4\nu}$이고, 더불어 이 유속분포는 임의의 높이 $y = \delta/3$일 때 유속 u가 최대가 되고, 최대값 $u_{\max} = (4/27)u_0$일 때이다.

경계층 내 열에너지의 증가는 평판 평면으로부터 전달되는 열류에 의한 것으로 식 (3.72)와 같이 정의된다. 단, 온도경계층의 두께는 속도경계층의 두께 δ와 같은 것으로 가정하고 있다.

$$\frac{d}{dx}\left\{\int_0^{\delta} u(T - T_\infty)dy\right\} = -\alpha\left\{\frac{\partial(T - T_\infty)}{\partial y}\right\}_{y=0} \tag{3.72}$$

자연대류의 경계층 내에서 온도는 평판 표면에서 평판 표면온도 T_w를 취하지만, 표면에서 멀어짐에 따라 주위온도에 근접하는 분포가 된다. 이러한 온도에 부과되는 경계조건은 식 (3.73)과 같다.

$$\begin{aligned} &T = T_w && (y=0) \\ &T = T_\infty && (y=\delta) \\ &\frac{\partial T}{\partial y} = 0 && (y=\delta) \end{aligned} \tag{3.73}$$

식 (3.73)의 경계조건을 만족시키는 온도분포를 구하면 식 (3.74)와 같다.

$$\frac{T-T_\infty}{T_w-T_\infty}=\left(1-\frac{y}{\delta}\right)^2 \tag{3.74}$$

식 (3.71)의 유속분포와 식 (3.73)의 온도분포를 운동량 보존 식 (3.69) 및 열에너지 보존 식 (3.72)에 대입하고 적분을 하면 식 (3.75)와 (3.76)을 구할 수 있다.

$$\frac{d}{dx}\left(\frac{u_0^2}{105}\right)=g\beta(T_w-T_\infty)\frac{\delta}{3}-\frac{\nu u_0}{\delta} \tag{3.75}$$

$$\frac{d}{dx}\left(\frac{u_0\delta}{30}\right)=\frac{2\alpha}{\delta} \tag{3.76}$$

이들 두 식에서 u_0와 δ는 x의 함수이지만, 이들 두 값을 $u_0=c_1x^m$, $\delta=c_2x^n$이라고 단순하게 가정하고 식 (3.75)와 식 (3.76)에 대입하면 식 (3.77)과 같이 구할 수 있다.

$$\frac{2m+n}{105}c_1^2c_2x^{2m+n-1}=g\beta(T_w-T_\infty)\frac{c_2}{3}x^n-\frac{c_1}{c_2}\nu x^{m-n} \tag{3.77}$$

$$\frac{m+n}{30}c_1c_2x^{m+n-1}=\frac{2\alpha}{c_2}x^{-n}$$

식 (3.77)이 임의의 x에 대해 성립하기 위해서는 각각 두 식의 양변에서 x의 지수가 같아져야 한다. 따라서 x의 지수는

$$2m+n-1=n=m-n$$

$$m+n=1=-n$$

되어야 하므로 $m=1.2$, $n=1.4$가 된다. 이들 값을 식 (3.77)에 대입하여 c_1과 c_2에 대해서 풀고, u_0와 δ를 구하면 식 (3.78)과 같이 된다.

$$u_0=c_1x^{1/2},\quad \delta=c_2x^{1/4} \tag{3.78}$$

여기서, $c_1=4\left(\frac{5}{3}\right)^{1/2}\left(\frac{\nu}{\alpha}+\frac{20}{21}\right)^{-1/2}\left\{\frac{g\beta(T_w-T_\infty)}{\nu^2}\right\}^{1/2}\nu$

$$c_2=4\left(\frac{15}{16}\right)^{1/4}\left(\frac{\nu}{\alpha}+\frac{20}{21}\right)^{1/4}\left\{\frac{g\beta(T_w-T_\infty)}{\nu^2}\right\}^{-1/4}\left(\frac{\nu}{\alpha}\right)^{-1/2}$$

그리고 열전달계수 식 (3.28a)와 식 (3.74)로부터 국소 열전달계수 h_x는 식 (3.79)와 같이 되고, 국소 누셀트 수 N_x는 식 (3.80)과 같이 된다.

$$h_x = \frac{-\lambda\left\{\frac{\partial(T-T_\infty)}{\partial y}\right\}_{y=0}}{T_w - T_\infty} = \frac{2\lambda}{\delta} \tag{3.79}$$

$$Nu_x = \frac{xh_x}{\lambda} = \frac{2x}{\delta} \tag{3.80}$$

식 (3.80)에 식 (3.78)의 δ를 대입하고 정리하면 식 (3.81)과 같이 된다.

$$\begin{aligned} Nu_x &= 0.508(Pr+0.952)^{-1/4}Pr^{1/2}Gr_x^{1/4} \\ &= 0.508\left(\frac{Pr}{Pr+0.952}\right)^{1/4}(Gr_x \cdot Pr)^{1/4} \end{aligned} \tag{3.81}$$

식 (3.81)에서 Gr_x는 무차원수로서 그라숍 수(Grashof number)라 하고, 식 (3.82)와 같이 정의한다.

$$Gr_x = \frac{g\beta(T_w - T_\infty)x^3}{\nu^2} \tag{3.82}$$

레이놀즈 수가 강제대류의 특징을 나타내는 무차원수인데 반해 그라숍 수는 자연대류의 특징을 나타내는 무차원 수가 된다. 수직평판의 자연대류 열전달에서 층류에서 난류로 변할 때의 경계 그라숍 수는 $Gr = 10^9$ 정도이다. $0 < x < L$에서 평균 누셀트 수 Nu_L는 식 (3.83)과 같이 주어진다.

$$Nu_L = 0.667\left(\frac{Pr}{Pr+0.952}\right)^{1/4}(Gr_L \cdot Pr)^{1/4} \tag{3.82}$$

식 (3.82)에서 그라숍 수와 프란틀 수의 곱을 레일레이 수(Rayleigh number) Ra라 하고, 식 (3.84)와 같이 정의한다.

$$Ra_x = Gr_x \cdot Pr = \frac{g\beta(T_w - T_\infty)x^3}{\alpha\nu} \tag{3.84}$$

3.8.2 난류 경계층에서의 열전달

수직평판의 자연대류에서 난류경계층 부분의 열전달에 대한 이론적 해석이 어렵기 때문에 실험적 결과 등을 병행한 이론적 해석이 여러 가지로 시도되고 있다. 일예로 난류혼합에 의해 평판의 표면 가까이에서 큰 속도가 발생되어 이것이 강제대류의 유체속도와 같은 활동을 한다고 고려하는 것이다. 이 경우 속도분포는 역시 Prandtl의 1/7승 법칙을 따른다고 가정하고, 적분법에 의해 국소 누셀트 수 Nu_x가 $Gr > 10^9$을 만족하는 식으로 식 (3.85)와 같이 정의하고 있다.

$$Nu_x = 0.02979 \frac{Pr^{1/5}}{(1+0.494\,Pr^{2/3})^{2/5}} (Gr_x \cdot Pr)^{2/5} \tag{3.85}$$

또한 평균 누셀트 수는 $Nu_L = (5/6) Nu_x$가 된다. 아울러 공기의 경우, $Pr = 0.72$이므로 Nu_L은 식 (3.85a)와 같이 된다.

$$Nu_L = 0.021 (Gr_L \cdot Pr)^{2/5} \tag{3.85a}$$

이들 예측식은 중간 규모의 실험결과와 만족스럽게 일치하고 있다. 그러나 아주 큰 평판의 적용에 대해서는 아직까지 의문시 되고 있다. 면 전체가 난류경계층으로 피복될 때 h는 일정해야 한다는 견해도 있지만, 이 경우는 $Gr \propto x^3$에서부터 $Nu_x \propto Gr_x^{1/3}$로 되는 것을 요구한다. 또한 충분히 발달한 난류 경계층에서는 $Nu_x \propto (Gr_x Pr^2)^{1/2}$이어야 한다는 견해도 있어서 결론이 확정되지 않고 있는 실정이다.

그 밖에 층류와 난류의 유동조건에 대한 대류열전달의 상관관계를 누셀트 수로 [표 3.6]에 제시하였다.

3.9 해석방법(Analysis method of heat transfer)

3.9.1 이론적 방법

대류 열전달의 이론적 해석방법은 다음 3가지 방정식의 해를 구하고, 적분상수는 초기조건과 경계조건을 이용하여 구한다. 그러나 엄밀해를 구할 수 있는 열전달의 문제는 매우 단순한 몇 가지 경우에 한정되며, 대부분의 경우에는 이 방법으로 엄밀해를 구하기가 불가능하다.

① 연속방정식 : $$\frac{\partial \rho}{\partial t} = \rho \left(\frac{\partial u}{\partial x} + \frac{\partial v}{\partial y} + \frac{\partial w}{\partial z} \right) \tag{3.86}$$

② 운동방정식(Navier-Stokes 방정식)

$$\rho \left(\frac{\partial u}{\partial t} + u\frac{\partial u}{\partial x} + v\frac{\partial u}{\partial y} + w\frac{\partial u}{\partial z} \right) = -\frac{\partial \rho}{\partial x} + \mu \nabla^2 u$$

$$\rho \left(\frac{\partial v}{\partial t} + u\frac{\partial v}{\partial x} + v\frac{\partial v}{\partial y} + w\frac{\partial v}{\partial z} \right) = -\frac{\partial \rho}{\partial y} + \mu \nabla^2 v \tag{3.87}$$

표 2.6 대류 열전달의 상관관계

유동형태와 표면형상	$Nu=\dfrac{hl^a}{k}$
강 제 대 류	
층류 : 길이 l의 평판에 평행$(20<\mathrm{Re}<3\times10^5)$	$0.66\,\mathrm{Re}^{1/2}\mathrm{Pr}^{1/3}$
난류 : 길이 l의 평판에 평행$(\mathrm{Re}>3\times10^6)$	$0.037\,\mathrm{Re}^{4/5}\mathrm{Pr}^{1/3}$
직경 l의 구 주위의 흐름(일반식)	$2+0.6\,\mathrm{Re}^{1/2}\mathrm{Pr}^{1/3}$
자 연 대 류	
층류 : 길이 l의 수직평판에서 자연대류$(10^4<Gr\cdot\mathrm{Pr}<10^9)$	$0.59(Gr\cdot\mathrm{Pr})^{1/4}$
난류 : 길이 l의 수직평판에서 자연대류$(Gr\cdot\mathrm{Pr}>10^9)$	$0.13(Gr\cdot\mathrm{Pr})^{1/3}$
층류 : 길이 l의 뜨거운 수평평판에서 자연대류(face up) $(10^5<Gr\cdot\mathrm{Pr}<2\times10^7)$	$0.54(Gr\cdot\mathrm{Pr})^{1/4}$
난류 : 길이 l의 뜨거운 수평평판에서 자연대류 (face up) $(2\times10^7<Gr\cdot\mathrm{Pr}<3\times10^{10})$	$0.14(Gr\cdot\mathrm{Pr})^{1/3}$
수직 평행평판, 간격 l : $(Gr<2\times10^3)$ $(2\times10^3<Gr<2.1\times10^5)$ $(2.1\times10^5<Gr<1.1\times10^7)$	1 $0.2(Gr\cdot\mathrm{Pr})^{1/4}$ $0.071(Gr\cdot\mathrm{Pr})^{1/3}$

[a] $\mathrm{Re}=ul/v$, $\mathrm{Pr}=\nu/\alpha$, $Gr=gl^3\beta\Delta T/\nu^2$ $(\mathrm{Pr}=1)$

[b] 공기일 때 자연 대류와 강제 대류에 대한 $h=5\sim50\,W/\mathrm{m}^2\mathrm{K}$

$$\rho\left(\frac{\partial w}{\partial t}+u\frac{\partial w}{\partial x}+v\frac{\partial w}{\partial y}+w\frac{\partial w}{\partial z}\right)=-\frac{\partial\rho}{\partial z}+\mu\nabla^2 w-\rho g$$

(가속에 따른 관성력) = (압력구배) + (내부마찰력) + (부력)

③ 흐르고 있는 유체에 대한 열전도의 방정식

$$\frac{\partial T}{\partial t}+u\frac{\partial T}{\partial x}+v\frac{\partial T}{\partial y}+w\frac{\partial T}{\partial z}=\alpha\left(\frac{\partial^2 T}{\partial x^2}+\frac{\partial^2 T}{\partial y^2}+\frac{\partial^2 T}{\partial z^2}\right) \tag{3.88}$$

3.9.2 실험적 방법

대류열전달계수 h는 전열면의 형상, 유체의 유속 및 열전도율, 열확산율, 유체의 밀도, 비열 및 점성계수, 유체의 온도, 벽면온도 등의 함수이므로 이 많은 양의 변수를 하나하나 바꾸어서 방대한 수의 실험을 하기는 불가능하다.

3.9.3 상사법칙[law of similarity(similitude)]

상사법칙이란 열전달에 관한 두 개의 모델을 생각할 때, 이 두 모델의 열전달 상태가 되기 위해서는 어떤 조건(무차원수가 같을 조건)을 만족하면 되는가를 분명히 밝히는 법칙을 말한다.이 법칙은 열전달의 미분방정식을 기본으로 하고 있으므로 이것을 해석함으로써 몇 개의 무차원수를 구할 수 있다. 이들 무차원수는 차원해석(dimensional analysis)을 이용하여 구할 수도 있다.

알아두기

일반적으로 열전달의 작용은 유체의 흐름과 밀접한 관계가 있으며 흐름의 현상과 온도변화의 현상이 합성되어 있으므로 매우 복잡하다. 따라서 이것을 열전달문제와 같이 이론적으로 푼다는 것은 일반적으로 불가능하다. 그러므로 개개의 경우에 대해서 실험을 실시하고 그 결과에 이론적 관계(상사법칙)를 응용하여 열전달계수의 실험식을 작성하는 것이 일반적인 방법이다.

(1) 강제 대류

흐름의 유속이 아주 크기 때문에 부력에 의거한 자연대류의 속도는 무시할 수 있고, 운동방정식(Navier−Stokes 방정식)에서 부력항을 생략하고 흐르고 있는 유체에 대한 열전도의 방정식과 정리하여 열전달상태가 상사가 되는 두 모델의 조건은

$$Re = \frac{ul}{\nu} \tag{3.89}$$

로 표시되는 무차원수가 두 모델에 대해서 동일해야 한다는 결론이 얻어지는데 여기서 Re는 레이놀즈 수(Reynolds number)이다.

또한 $Pe = \dfrac{lu}{\alpha}$이고, 여기서 Pe를 페크렛 수(Peclet number)라 할 때, 강제 대류 열전달의 경우에는 무차원수 Pe 또는 Re 대신에 $Pr = Pe / Re = \nu / \alpha$라는 새로운 무차원수를 사용할 수 있는데, 여기서 Pr은 프란틀 수(Prandtl number)이다. Pr의 값은 유체의 물성치 ν와 α만으로 결정될 뿐 흐름의 상태와는 관계가 없다는 것이 특징이다. 따라서 강제대류열전달의 두 상태가 상사가 되기 위해서는 열전달면의 형상이 상사이어야 하며, 동시에 두 개의 무차원수 Pr와 Re 또는 Pr와 Pe의 값이 동일해야 한다.

(2) 자연 대류

부력에 의한 자연대류의 유속을 고려하면 두 열전달상태가 상사가 되기 위해서는 프란틀 수 Pr와 Gr의 값이 두 모델에 있어서 같아야 한다는 결론을 얻었다. 여기서, Gr는 그

라솝 수라고 한다.

$$Gr = \frac{g\beta l^3 \Delta T}{\nu^2} \tag{3.90}$$

여기서, g : 중력가속도

β : 체적팽창율(절대온도의 역수)

ν : 동점성계수

l : 물체의 대표길이

자연대류의 경우에는 흐름의 유속이 일정하게 되는 곳이 없으므로 무차원수 Pe, Re의 값을 결정할 수 없다. 따라서 이들 무차원수를 택할 수 없다는 것이다. 그러므로 자연대류 열전달에서의 상사조건은 기하학적형상이 상사이면서 동시에 두 무차원수 Pr, Gr의 값이 동일해야 한다.

(3) 혼합 대류

혼합대류는 자연대류와 강제대류에 의한 유속을 각기 고려해야 한다. 그러므로 두 열전달상태가 상사가 되기 위한 조건은 열전달면의 형상이 상사이고 동시에 3개의 무차원수 Re, Pr, Gr의 값이 두 모델에 대해서 동일해야 한다.

(4) 경계층내의 열유속에 의한 상사의 법칙

고체 벽의 열유속

$$q = h(T_\infty - T_w) \tag{3.91}$$

과 고체벽면에 근접한 부분에서는 유체의 흐름은 층류가 되며 벽 표면에 접하고 있는 유체의 속도는 0이 된다. 이 경계층 내에서는 위 열유속은 유체의 순수열전도에 의해서 전달된다고 생각되므로

$$q = -k\left(\frac{dT}{dx}\right)_\infty \tag{3.92}$$

위 두 식에서 $q = -h(T_\infty - T_w) = -k\left(\frac{dT}{dx}\right)_\infty$ 이 되고 이 식에 열전달의 미분방정식에서부터 상사법칙을 구했을 때의 관계식을 대입하여 정리하면 새로운 무차원수를 얻게 된다.

$$Nu = \frac{hl}{k} \tag{3.93}$$

여기서, Nu : 누셀트 수(Nusselt number)
k : 유체의 열전도도
(표면에 인접한 유체 아래층에 적용되는 Fourier의 열전도법칙)

3.10 응용 방법

앞서 설명한 바와 같이 열전달 계수는 일반적으로 무차원 계수의 형태로 나타난다. 이것은 유체나 고체에 관한 조건이 여러 가지 경우에서 열전달을 보편적으로 다루는데 편리하기 때문이다. 그러나 열전달량을 계산하기 위해서는 대류열전달계수 h의 값을 구체적으로 파악할 필요가 있다. 무차원 열전달계수의 식을 이용해서 대류열전달계수 h를 계산하기 위해서는 일반적으로 다음과 같은 순서로 진행한다.

① 유동의 기하학적 형상을 파악한다. 문제의 유동이 평판, 구형, 원통 등의 형상을 통과하는가? 대류 상관관계의 구체적인 형태는 기하학적 형상에 따라 결정된다.

② 적절한 기준온도를 명시한 뒤 해당온도에 대한 관련 유체의 특성을 평가한다. 이 경우 경계층 온도차가 적정 수준일 경우 박막 온도를 적용할 수 있다는 사실을 이미 설명한 바 있다. 그러나 경우에 따라서 상관관계 적용을 위해 자유유동 온도에 대한 특성을 평가해야 할 수도 있으며, 해당 상관관계에 비 상수특성효과를 반영하기 위한 특성 비가 포함되어 있을 수도 있다.

③ 유동이 층류인지 난류인지 파악한다. 이와 같은 유동형태의 판정을 위해 레이놀즈 수를 계산한 뒤, 그 값을 전이 판정기준과 비교한다. 예를 들어, 레이놀즈수가 $Re = 10^6$, 전이 판정기준이 $Re_{crit} = 5 \times 10^5$이고 평판에 수평 유동인 경우 혼합 경계층 조건이 존재한다는 사실을 쉽게 알 수 있다.

④ 국소 계수가 필요한지 아니면 표면 평균계수가 필요한지 판단한다. 이때 국소 계수는 표면의 특정 지점에 대한 유속을 결정하는 필요한 반면에 평균계수는 전체 표면에 대한 전달률을 구하는데 사용된다.

3.10.1 기체의 물성값

기체와 고체 사이의 열전달계수의 계산에 있어서는 ν, λ, Pr 등의 기체의 열적 특성값을 평가할 필요가 있다. 이들 값 중 기체에서 Pr의 값은 온도에 의해 거의 변하지 않지만 다른 값들은 일반적으로 온도에 따라 변한다. 대류열전달 평가에서 사용하는 온도는 경계층의 온도이어야 한다. 따라서 물체의 표면온도 T_w와 기체의 온도 T_∞는 일반적으로 식 (3.94)에 의해 온도를 계산한다. 식 (3.94)에서 일반적으로 $\chi=1/2$로 계산한다. 즉, 평균온도라고 하지만 자연대류 열전달에서는 $\chi = 0.62f$로 하는 경우도 있다.

$$T = \chi T_w + (1-\chi) T_\infty \tag{3.94}$$

온도 T에 대응하는 물성값은 문헌의 적절한 측정 데이터를 이용해서 평가하게 된다. 그 일부를 [표 3.9]에 제시하였다. 아울러 공기의 여러 가지 물성값을 온도에 따라서 계산할 수 있는 근사적 회귀식을 식 (3.95)에 제시하였다. 화재발생과 관계되는 온도의 범위에서는 이들 식을 이용해서 계산해도 큰 오차는 생기지 않는다고 생각된다. 한편, 대류열전달계수의 계산에는 직접적으로 관계되지 않음을 참고적으로 나타냈다.

$$\begin{aligned}
&\text{비열}(C_p) && C_p = 1.0 \\
&\text{점성계수}(\mu) && \mu = 2.5\times10^{-7}T^{3/4}(Pa\cdot s) \\
&\text{동점성계수}(\nu=\mu/\rho) && \nu = 7.2\times10^{-10}T^{7/4}(m^2\cdot s) \\
&\text{열전도율}(\lambda) && \lambda = 3.7\times10^{-7}T^{3/4}(kW/m\cdot K) \\
&\text{열확산계수}(\alpha=\lambda/C_p\rho) && \alpha = 1.0\times10^{9}T^{7/4}(m^2/s) \\
&\text{프란틀 수}(Pr=\nu/\alpha) && Pr = 0.72
\end{aligned} \tag{3.95}$$

3.10.2 열전달 계산 순서

열전달 계산은 일반적으로 다음 순서에 따라 진행한다.

① 경계층의 온도는 식 (3.94)에 의해 계산하고, 대응하는 기체의 물성값을 계산한다.

② 다음 흐름에 따라 유사인자를 계산한다.

(a) 강제대류

$$Re = \frac{u_\infty L}{\nu} \tag{3.96}$$

(b) 자연대류

$$Gr_x = \frac{g\beta|T_w - T_\infty|L^3}{\nu^2} \approx \frac{g|T_w - T_\infty|L^3}{\nu^2 T_\infty} \tag{3.97}$$

여기서, L은 대표 길이이며, 누셀트 수의 계산식마다 정의되어진다. 또한 Gr의 계산식에서 β는 기체의 팽창률로서 $\beta = 1/273.16 \approx 1/T_\infty$이기 때문에 Gr은 어느 식으로 계산해도 좋다.

③ 열전달의 조건에 대하여 적절한 식을 적용해서 누셀트 수 Nu를 계산한다.

④ 다음 식에 의해 열전달계수 h를 계산한다.

$$h = \frac{\lambda}{L} Nu \tag{3.98}$$

⑤ 다음 식에 의해 열유속 q를 계산한다.

$$q = h(T_w - T_\infty) \tag{3.99}$$

여기서, T_w와 T_∞는 고체표면과 기체의 온도이다. $q<0$인 경우에는 기체로부터 고체표면으로 열유속이 된다.

예제 3.12 표면온도가 T_w= 300K(23℃)인 평판을 따라 T_∞= 600K(323℃)의 고온공기가 유속 u_∞= 6.0m/s로 흐르고 있다. 이때 평판선단에서 4.0m 위치까지 대류열전달에 의한 평균 열유속은 얼마인가?

해설 앞서 설명한 계산 순서에 의하면 강제대류 열전달이므로

① 평균온도 $T = (T_w + T_\infty)/2 = 450K$로부터 식 **(3.95)**를 이용하여 공기의 물성값을 계산하면

$\nu = 7.2 \times 10^{-10} T^{7/4} = 7.2 \times 10^{-10} \times (450)^{7/4} = 3.17 \times 10^{-5}\, \text{m}^2/\text{s}$

$\lambda = 3.7 \times 10^{-7} T^{3/4} = 3.7 \times 10^{-7} \times (450)^{3/4} = 3.62 \times 10^{-5}\, \text{kW/m} \cdot \text{K}$

$Pr = 0.72$

② 강제대류이므로 평판선단에서 거리 L에 대한 Re_L은

$$Re_L = \frac{u_\infty L}{\nu} = \frac{6.0 \times 4.0}{3.17 \times 10^{-5}} = 7.57 \times 10^5$$

③ $5 \times 10^5 < Re_L < 10^7$이므로 경계층은 난류이며 식 **(3.68)**을 이용하면 Nu_L은

$Nu_L = 0.037 Pr^{1/3} Re^{4/5} = 0.037 \times (0.72)^{1/3} \times (7.57 \times 10^5)^{4/5} = 1.68 \times 10^3$

④ 식 **(3.89)**를 이용하여 열전달계수 h_L을 계산하면

$$h_L = \frac{\lambda}{L} Nu = \frac{(3.62 \times 10^{-5})}{4.0} \times (1.68 \times 10^3) = 0.0152\, \text{kW/m}^2\text{K}$$

⑤ 식 **(3.90)**을 이용하여 열유속 q를 계산하면

$q = h_L(T_w - T_\infty) = 0.0152 \times (300 - 600) = -4.56\, \text{kW/m}^2$

따라서 4.56kW/m^2의 열유속이 공기에서 평판으로 열이 전달된다.

예제 3.13 표면온도가 T_w= 600K(323℃)인 수직평판과 온도가 T_∞= 300K(23℃)인 주위공기 사이에 자연대류 열전달이 발생하고 있다. 하단에서 길이 L= 4.0m까지 평균 열유속은 얼마가 되는가?

해설 앞서 설명한 계산 순서에 의하면 자연대류열전달이므로

① 평균온도 $T=(T_w+T_\infty)/2=450K$로부터 식 (3.95)를 이용하여 공기의 물성값을 계산하면

$\nu=7.2\times10^{-10}T^{7/4}=7.2\times10^{-10}\times(450)^{7/4}=3.17\times10^{-5}\ \mathrm{m^2/s}$

$\lambda=3.7\times10^{-7}T^{3/4}=3.7\times10^{-7}\times(450)^{3/4}=3.62\times10^{-5}\ \mathrm{kW/m\cdot K}$

$Pr=0.72$

② 자연대류이므로 평판선단에서 거리 L에 대한 Gr_L은

$$Gr_L=\frac{g\,|T_w-T_\infty|L^3}{\nu^2 T_\infty}=\frac{9.8\times|600-300|\times4^3}{(3.17\times10^{-5})^2\times300}=6.24\times10^{11}$$

③ $10^9<Gr_L$이므로 경계층은 난류이며 식 (3.85a)를 이용하면 Nu_L은

$Nu_L=0.021(Gr_L\mathrm{Pr})^{2/5}=0.021\times(6.24\times10^{11}\times0.72)^{2/5}=962$

④ 식 (3.98)을 이용하여 열전달계수 h_L을 계산하면

$$h_L=\frac{\lambda}{L}Nu=\frac{(3.62\times10^{-5})}{4.0}\times962=0.0087\ \mathrm{kW/m^2K}$$

⑤ 식 (3.99)를 이용하여 열유속 q를 계산하면

$q=h_L(T_w-T_\infty)=0.0087\times(600-300)=2.61\ \mathrm{kW/m^2}$

따라서 $2.61\ \mathrm{kW/m^2}$의 열유속이 수평평판에서 공기로 열이 전달된다.

3.10.3 열전달 계수의 실험식 예

앞서 설명한 대류열전달 계수는 고체주위의 흐름 성상과 밀접하게 관련되고 있다는 것을 이해할 목적으로 가장 대표적인 예를 나타냈지만, 열전달 분야에는 여러 가지 경우의 열전달 계수를 이론적 또는 실험적으로 요구하고 있다. 또한 동일한 조건에 대해서도 엄밀해나 근사해 등 몇 가지의 계산식이 제시되어 있는 경우도 적지 않다.

이들 대부분은 공업상의 열전달 계산을 대상으로 한 것이지만, 화재공학분야의 열전달 문제에 대해서도 응용이 가능하다. 화재성상의 해석과 관련하여 유동형상에 따른 강제대류와 자연대류의 상관관계를 [표 2.7]과 [표 2.8]에 제시하였다. 대부분의 화재해석 문제에서는 국소 열전달 계수보다 평균 열전달 계수의 사용빈도가 높기 때문에, 표면에서는 평균 누셀트 수(Nu_L)로 나타내고 있다. 또한 열전달과 관계되는 유체는 기체로 간주된다.

예제 3.14 폭 B= 0.1m, 높이 H= 0.15m, 길이 L= 10m의 직사각형 단면의 닥트 속을 온도 T_∞= 360K(87℃)의 공기가 유속 0.2m/s로 흐르고 있다. 닥트 표면온도를 T_w= 320K(47℃)라 할 때, 공기로부터 닥트의 대류열전달 속도(kW)는 얼마가 되는가?

해설 Nu는 [표 **2.7**]의 관내류의 값을 이용한다.

① 평균온도 $T = (T_w + T_\infty)/2 = 340K$ 로부터 식 **(3.95)**를 이용하여 공기의 물성값을 계산하면

$\nu = 7.2 \times 10^{-10} T^{7/4} = 7.2 \times 10^{-10} \times (340)^{7/4} = 1.94 \times 10^{-5}\ \mathrm{m^2/s}$

$\lambda = 3.7 \times 10^{-7} T^{3/4} = 3.7 \times 10^{-7} \times (340)^{3/4} = 2.93 \times 10^{-5}\ \mathrm{kW/m \cdot K}$

② 닥트의 단면적 A와 원주길이 P는

$A = 0.10 \times 0.15 = 0.015\mathrm{m}^2$

$P = 2 \times (0.10 + 0.15) = 0.5\mathrm{m}$

③ 닥트의 상당 직경 D는

$D = 4A/P = 4 \times 0.015/0.5 = 0.12\mathrm{m}$

D를 대표 길이로 하여 Re_D를 계산하면

$$Re_D = \frac{u_\infty D}{\nu} = \frac{0.2 \times 0.12}{1.94 \times 10^{-5}} = 1.24 \times 10^3$$

④ 닥트 내의 흐름은 층류(**$Re_D < 2 \times 10^3$**)이므로 [표 **3.8**]의 Re_D를 적용하지 않고

$$Nu_D = \frac{h_D D}{\lambda} = 3.66 \text{이므로}$$

$$h_D = \frac{\lambda}{D} Nu_D = \frac{2.93 \times 10^{-5}}{0.12} \times 3.66 = 0.000894\ \mathrm{kW/m^2K}$$

⑤ 닥트의 면적은 $A_D = P \times L = 0.5 \times 10 = 5\mathrm{m}^2$이므로

대류열전달 속도는

$qA_D = h_L(T_w - T_\infty)A_D = 0.000894 \times (360 - 320) \times 5 = 0.18\mathrm{kW}$

예제 3.15 표면온도 T_w= 600K(323℃)인 직경 d= 0.4m, 길이 L= 3m의 원통이 온도 T_∞= 1,000K(723℃)의 고온가스에 노출되어 있다. 고온가스로부터 기둥으로 전달되는 자연대류 열전달 속도는 얼마인가?

해설 아주 정밀한 기둥이 아니면 원통의 면도 평판과 같이 취급해도 무방하므로 [표 **3.8**]의 수직평판의 자연대류 열전달의 식을 이용해서 계산한다.

① 평균온도 $T = (T_w + T_\infty)/2 = 800K$ 로부터 식 **(3.95)**를 이용하여

공기의 물성값을 계산하면

$\nu = 7.2 \times 10^{-10} T^{7/4} = 7.2 \times 10^{-10} \times (800)^{7/4} = 8.66 \times 10^{-5}\ \mathrm{m^2/s}$

$\lambda = 3.7 \times 10^{-7} T^{3/4} = 3.7 \times 10^{-7} \times (800)^{3/4} = 5.57 \times 10^{-5}\ \mathrm{kW/m \cdot K}$

$Pr = 0.72$

② 수직평판으로 고려하여 원통 기둥의 길이 L에 대한 Gr_L을 계산하면

$$Gr_L = \frac{g|T_w - T_\infty|L^3}{\nu^2 T_\infty} = \frac{9.8 \times |1{,}000 - 600| \times 3^3}{(8.66 \times 10^{-5})^2 \times 300} = 4.70 \times 10^{10}$$

③ 경계층은 난류($10^9 < Gr_L$)이므로 [표 3.6]의 수직평판의 난류 경계층의 열전달 식을 이용하면

$Nu_L = 0.13(Gr_L \cdot Pr)^{1/3} = 0.13 \times (4.70 \times 10^{10} \times 0.72)^{1/3} = 420$

④ 열전달계수 h_L은

$$h_L = \frac{\lambda}{L} Nu_L = \frac{5.57 \times 10^{-5}}{3.0} \times 420 = 0.0078\ \mathrm{kW/m^2K}$$

⑤ 원통 기둥의 표면적 $A_c = \pi d \times L = 3.14 \times 0.4 \times 3.0 = 3.768\mathrm{m^2}$이므로

대류열전달 속도는

$qA_L = h_L(T_w - T_\infty)A_c = 0.0078 \times (1{,}000 - 600) \times 3.768 = 11.8\,\mathrm{kW}$

㈜ 이 계산은 어디까지나 자연대류에 의한 열전달뿐이다. 하지만 화재실 내 가스는 정지하지 않기 때문에 강제대류의 열전달도 있다. 또한 이 정도의 온도에서는 복사에 의한 열전달이 상당히 크다. 예를 들어, 고온 가스와 기둥 표면을 흑체로 고려하면 복사 열전달 계수 h_r은

$h_r = \sigma(T_\infty^2 + T_w^2)(T_\infty + T_w) = 5.67 \times 10^{-11} \times (1{,}000^2 + 600^2)(1{,}000 + 600) \approx 0.23$

정도가 된다. 따라서 복사 열전달 계수와 비교하면 대류열전달은 아주 미미한 비율이라고 볼 수 있다.

표 2.7 여러 가지 외부 유동형상에 따른 강제대류의 상관관계

기하/유동	유형	식			제한	비고
평판/층류 (T_s=일정)	국소 평균 경계층 두께	$Nu_x = 0.332\mathrm{Re}_x^{1/2}\mathrm{Pr}^{1/3}$ $Nu_L = 0.664Re_x^{1/2}\mathrm{Pr}^{1/3}$ $\frac{\delta}{x} = 5\mathrm{Re}_x^{-1/2}$			$\mathrm{Re}_x<5\times10^5$ $0.6\le \mathrm{Pr} \le 50$	$T_t = (T_s + T_\infty)/2$ 에서 특성계산
평판/층류 ($\dot{q}_s{}^n$=일정)	국소	$Nu_x = 0.453\mathrm{Re}_x^{1/2}\mathrm{Pr}^{1/3}$			$\mathrm{Re}_x<5\times10^5$ $0.6\le \mathrm{Pr} \le 50$	T_f에서 특성계산 그러나 T_s는 알 수 없음. 대신에 $q_s{}^n$는 알고 있음. 따라서 $T_f = T_\infty + (T_s - T_n)/2(T_s - T_\infty) = \frac{q_s L/K}{0.6795\mathrm{Re}_L^{1/2}\mathrm{Pr}^{1/3}}$
평판/층류 (T_s=일정)	국소 경계층 두께 혼합평균 (층류·난류)	$Nu_x = 0.0296\mathrm{Re}_x^{4/5}\mathrm{Pr}^{1/3}$ $\frac{\delta}{x} = 0.37\mathrm{Re}_x^{-1/5}$ $Nu_L = (0.037\mathrm{Re}_L^{4/5} - 871)\mathrm{Pr}^{1/3}$			$\mathrm{Re}_x<10^8$ $0.6\le \mathrm{Pr} \le 60$ $\mathrm{Re}_{crit}=5\times10^5$에서 난류로 전이	T_f에서 특성계산
교차유동 원통	평균	$Nu_D = c\,\mathrm{Re}_D^T\,\mathrm{Pr}^{1/3}$			$0.4<\mathrm{Re}_D<4\times10^5$	T_f에서 특성계산
원형원통		Re_D	C	m		
		0.4~4	0.989	0.330		
		4~40	0.911	0.385		
		40~4000	0.683	0.466		
		4×10^3~4×10^4	0.193	0.618		
		4×10^4~4×10^5	0.027	0.805		
기타 사각형 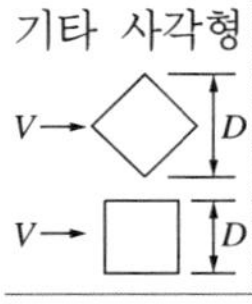		5×10^3~10^5	0.246	0.588		
		5×10^3~10^5	0.102	0.675		
육각형 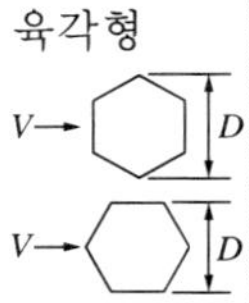		5×10^3~1.95×10^4	0.160	0.638		
		1.95×10^4~10^5	0.0385	0.782		

수직평판 		$5\times10^3 \sim 10^5$ $4\times10^3 \sim 1.5\times10^4$	0.153 0.228	0.638 0.731		
교차유동 구(球)	평균	$Nu_D = 2+(0.4\mathrm{Re}_D^{1/2}+0.06\mathrm{Re}_D^{2/3})\mathrm{Pr}^{0.4}\left(\dfrac{\mu_\infty}{\mu_s}\right)^{1/4}$			$3.5<\mathrm{Re}_D<7.6\times10^4$ $0.71<\mathrm{Pr}<380$ $1.0<\left(\dfrac{\mu_\infty}{\mu_s}\right)<3.2$	T_∞에서 특성계산
낙하액적	평균	$Nu_D=2+0.6\mathrm{Re}_D^{1/2}\mathrm{Pr}^{1/3}\left(25\left(\dfrac{x}{D}\right)^{-0.7}\right)$			x는 평정상태에서 측정된 떨어지는 거리	T_∞에서 특성계산
관내류	원관, 구형관 층류(발달 영역) 난류	$N_u=3.66$ $N_u=0.023Re^{1/2}Pr^{1/3}$			$Re<2\times10^3$ $10^4<Re$	원관 : 직경 구형관 : 상당직경 $=4\times A/P$ A : 단면적 P : 원둘레

표 2.8 여러 가지 외부 유동형상에 따른 자연대류의 상관관계

기하/유동	유형	식	제한	비고
수직평판 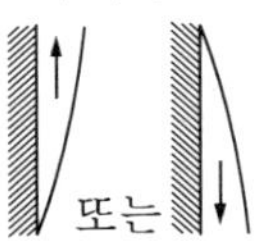	국소 (T_s=일정)	$N_x g(\mathrm{Pr})=\left(\dfrac{Gr_L}{4}\right)^{1/4}$	$Gr_x\le4\times10^8$ (층류)	$T_f=(T_s+T_x)/2$에서 특성계산
	평균 (T_s=일정)	$Nu_L=\dfrac{4}{3}\left(\dfrac{Gr_L}{4}\right)^{1/4}g(\mathrm{Pr})$	$Gr_x\le4\times10^8$ (층류)	T_f에서 특성계산
	평균 (T_s=일정)	$N_L=\left\{0.825+\dfrac{0.387Re_L^{1/5}}{[1+(0.492/\mathrm{Pr})^{9/16}]^{8/27}}\right\}^2$	없음	T_f에서 특성계산 $\left(\dfrac{D}{L}\right)\ge(35/Gr_L^{1/4})$이면 이들 관계는 수직원통에 적용가능
	국소 ($\dot{q}_s^n$=일정)	$N_x=0.6(Gr_x^*\mathrm{Pr})^{1/5}$	$10^5<Gr_x^*<10^{11}$	T_f에서 특성계산
	국소 ($\dot{q}_s^n$=일정)	$N_x=0.17(Gr_x^*\mathrm{Pr})^{1/4}$	$2\times10^{13}<Gr_x^*\mathrm{Pr}<10^{16}$	T_f에서 특성계산
	평균 ($\dot{q}_s^n$=일정)	$N_L=0.75(Gr_L^*\mathrm{Pr})^{1/5}$	$10^5<Gr_x^*\mathrm{Pr}<10^{11}$ (층류)	T_f에서 특성계산
수평평판	평균	$N_L=0.54Ra_L^{1/4}$	$10^5\le Ra_L\le10^7$	T_f에서 특성계산

(뜨거운 표면 위 또는 차가운 표면 아래)	(T_s=일정)	$N_L = 0.15Ra_L^{1/3}$	$10^7 \le Ra_L \le 10^{10}$	L은 $L = A_s/P$로 정의 여기서, A_s =평판표면면적 F= 평판의 수변길이(L)
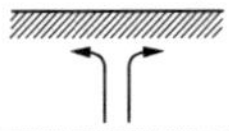	평균 ($\dot{q}_s^n$=일정)	$N_L^{(1)} = 0.16Ra_L^{1/3}$	$Ra_L \le 2\times 10^8$	
수평평판 (차가운 표면 위 또는 뜨거운 표면 아래)	평균 (T_s=일정)	$N_L = 0.27Ra_L^{1/4}$	$10^5 \le Ra_L \le 10^{10}$	β를 제외하고 모든 특성값은 $T_e = T_s - \frac{1}{4}(T_s - T_\infty)$ 에서 계산됨 β는 T_f에서 계산됨
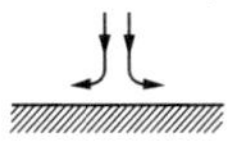	평균 ($\dot{q}_s^n$=일정)	$N_L^{(1)} = 0.16Ra_L^{1/3}$	$2\times 10^8 \le Ra_L \le 10^{11}$	
경사진 평판  뜨거운 표면	평균 ($\dot{q}_s^n$=일정)	$N_L = 0.56(Ra_L \cos\theta)^{1/4}$ (뜨거운 표면 아래) $N_L = 0.14[(Gr_L\mathrm{Pr})^{1/3}$ $-(Gr_c\mathrm{Pr})^{1/3}]$ $+0.56(RaL\cos\theta)^{1/4}$ $\theta = -15^*; Gr_c = 5\times 10^9$ $\theta = -30^*; Gr_c = 2\times 10^9$ $\theta = -60^*; Gr_c = 10^8$ $\theta = -75^*; Gr_c = 10^5$	$\theta < 88^*$ $10^5 < \mathrm{Ra}_L\cos\theta < 10^{11}$ $-15^* > \theta > -75^*$ $10^5 < \mathrm{Ra}_L\cos\theta < 10^{11}$	$T_e = T_s - \frac{1}{4}(T_s - T_\infty)$ 에서 특성계산 그라숍 수
수평실린더 	평균 (T_s=일정)	$Nu_D = \left\{0.6 + \frac{0.387Ra_D^{1/6}}{[1+(0.559/\mathrm{Pr})^{9/16}]^{8/27}}\right\}^2$	$10^{-5} < \mathrm{Ra_D} < 10^{12}$	T_f에서 특성계산
구 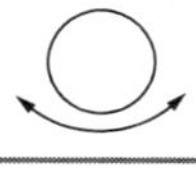	평균 (T_s=일정)	$N_D = 2 + 0.43\mathrm{Ra}_D^{1/4}$ $N_D = 2 + 0.5\mathrm{Ra_D}^{1/4}$	$1 < \mathrm{Ra_D} < 10^5$ $\mathrm{Pr} \approx 1$ $3\times 10^5 < \mathrm{Ra} < 8\times 10^8$	T_f에서 특성계산

예제 3.16 전기 스트립 히터를 조립해 풍동 내에서 화재실험을 수행하기 위한 폭 1m의 평판형 복사 히터를 제작하였다. 히터의 스트립 폭은 5cm이며, 각 스트립은 500℃의 온도를 유지하기 위해 개별 제어된다. 구조물의 관련사항은 다음 그림에 나타냈다. 평판에서 25℃의 공기가 60m/s의 속도로 흐를 경우, 전기 입력이 최대인 스트립은 어느 것인가? 단, 복사 열손실은 무시한다.

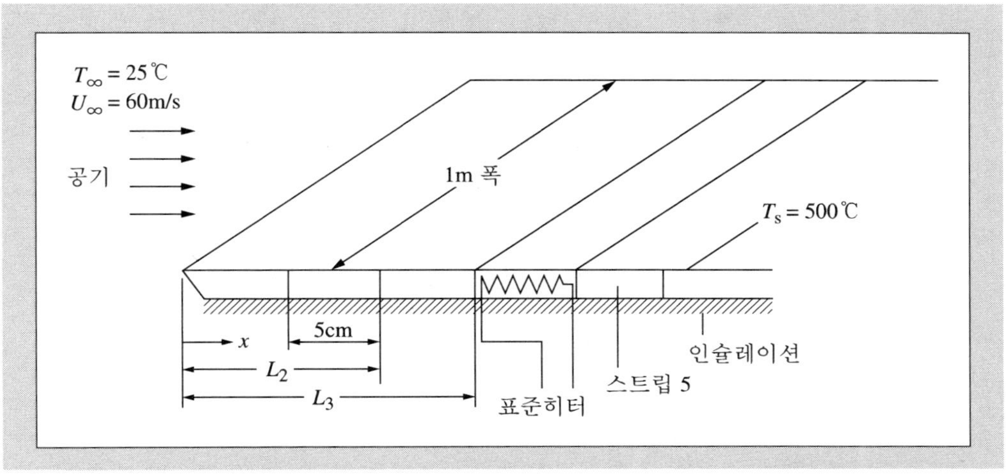

해설 ① 가정 : 정상상태조건/복사손실 무시/바닥면을 통한 열손실 없음

② 특성 : $T_f = 535$K : $P = 1$atm

공기 특성을 수록한 [표 3.9]로부터

$k = 42.9 \times 10^{-3}$ W/mK, $\nu = 43.5 \times 10^{-6}$ m²/s, $Pr = 0.683$

③ 분석

최대 전력을 필요로 하는 스트립 히터가 평균 대류계수가 가장 큰 히터가 된다. 선단으로부터 거리에 따른 국소 전달계수의 변화를 알고 있을 경우, 최대 국소값을 구할 수 있다. 앞 그림에서 알 수 있듯이 첫 번째로 예상할 수 있는 위치는 평판의 선단이다. 두 번째로 예상할 수 있는 위치는 난류 전이지점이다. 경계층의 난류 전이지점을 구하기 위해 레이놀즈 수가 5×10^5라고 가정해 보자. 그러면 다음과 같은 값을 갖는 x_c지점에서 전이가 일어난다는 사실을 알 수 있다.

$$x_c = \nu \frac{Re_{crit}}{u_\infty} = \frac{43.5 \times 10^{-6} \times 5 \times 10^5}{60}\text{m} = 0.36\text{m} \text{ 혹은 8번째 스트립}$$

따라서 다음과 같은 3가지 가능성을 예상할 수 있다.

㉠ 히터 스트립 No. 1 : 최대 국소 층류대류계수에 해당하므로

㉡ 히터 스트립 No. 8 : 최대 국소 난류대류계수에 해당하므로

㉢ 히터 스트립 No. 9 : 히터 전체에 대해 난류조건이 존재하므로

첫 번째 히터 스트립의 경우

$$q_{conv,1} = h_1 L_1 W(T_s - T_\infty)$$

여기서, h_1는 아래 방정식을 통해 구한다(표 3.7 참조할 것).

$$N_1 = 0.664\, Re_1^{1/2} Pr^{1/3} = 0.664\left(\frac{60 \times 0.05}{43.5 \times 10^{-6}}\right)^2 (0.683)^{1/3} = 153.6$$

따라서, $h_1 = \dfrac{Nu_1 k}{L_1} = \dfrac{153.6 \times 42.9 \times 10^{-3}}{0.05} = 131.8\text{W/m}^2\text{K}$

따라서, $q_{conv} = (131.8)(0.05)(1\text{m})(500-25) = 3129\text{W}$

8번째 스트립에 대한 전력 요구사항은 처음 8개 히터의 총 열 손실에서 처음 7개 히터의 열 손실을 빼는 방법을 통해 구할 수 있다. 즉,

$q_{conv,8} = h_{1-8} L_8 W(T_s - T_\infty) - h_{1-7} L_7 W(T_s - T_\infty)$

h_{1-7}값은 층류 조건에 적용할 수 있는 방정식(표 3.6 참조)으로부터 구한다.

따라서, $N_{1-7} = 0.664\ Re_7^{1/2}\ Pr^{\ 1/3} = 0.664\left(\dfrac{60 \times 7 \times 0.05}{43.5 \times 10^{-6}}\right)^2 (0.683)^{1/3} = 406.3$

$h_{1-7} = \dfrac{Nu_{1-7}\, k}{L_7} = \dfrac{406.3 \times 42.9 \times 10^{-3}}{7 \times 0.05} = 49.8\text{W/m}^2\text{K}$

반면에 8번째 히터는 혼합 경계층 조건의 특징을 갖고 있으므로 그에 따른 방정식(표 3.7 참조)을 적용한다.

$Nu_{1-8} = 0.037 Re_8^{4/5}\ Pr^{4/3}$

$Re_8 = 8 \times Re_1 = 5.52 \times 10^5$

$Nu_{1-8} = 510.5$

$h_{1-8} = \dfrac{Nu_{1-8}\ k}{L_8} = 54.7\text{W/m}^2\text{K}$

그러면 8번째 스트립으로부터 나오는 열전달률은 다음과 같다.

$q_{conv,8} = (54.7 \times 8 \times 0.05 - 49.8 \times 7 \times 0.05)(500-25) = 2113.8\,W$

9번째 히터 스트립에 대한 전력 요구사항을 구하는 방법으로

① 처음 9개 히터의 총 열 손실에서 처음 8개 히터의 열 손실을 빼는 방법과

② 국부 난류 표현식을 적분하는 방법(해당 히터 스트립 폭 전체에 대해 유동이 완전 난류이므로)이 있다.

후자의 방법을 적용할 경우, 다음과 같이 원하는 값을 구할 수 있다.

$$h_o = \left(\frac{k}{L_o - L_8}\right) 0.0296 \left(\frac{u_\infty}{\nu}\right)^{4/5} Pr^{1/3} \int_{L_8}^{L_9} \frac{dx}{x^{4/5}}$$

$$h_o = \left(\frac{42.9 \times 10^{-3}}{0.05}\right) 0.0296 \left(\frac{60}{43.5 \times 10^{-6}}\right)^{4/5} (0.683)^{1/3} \int_{L_8}^{L_9} \frac{dx}{x^{4/5}}$$

$$= 1825.22\left[(0.45)^{0.8} - (0.4)^{(0.8)}\right] = 86.7$$

$q_{conv,9} = 86.7 \times 0.05 \times 1(500-25) = 2059\,W$

따라서, $q_{conv,1} > q_{conv,8} > q_{\ conv,9}$

그러므로 첫 번째 히터 스트립이 최대의 전력을 필요로 한다는 것을 알 수 있다.

예제 3.17 다음 그림에 나타낸 화재확산방지용 유리문은 연돌을 통해 실내 공기가 유출하는 것을 줄이기 위한 장치이다. 유리문의 높이는 0.71m이고, 넓이는 1.02m이며, 온도는 232℃에 달한다. 실내 온도가 23℃라면 화재로부터 실내로 전달되는 대류 열전달률을 계산하라.

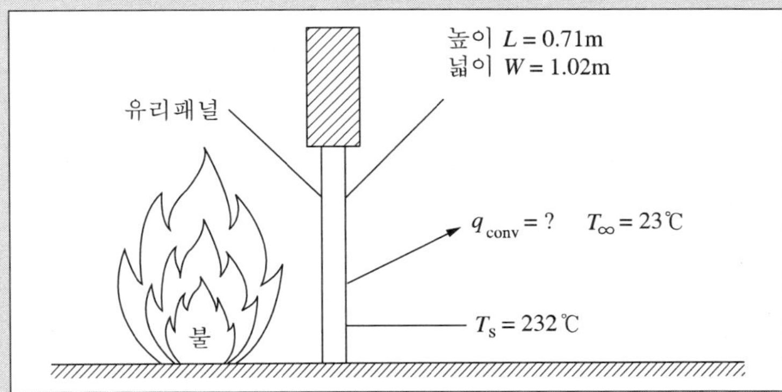

해설 ① 가정 : 화재확산방지용 유리문의 온도는 T_s로 균일하고 실내 공기는 정지 상태이다.

② 물성 : $T_f = 400$K : $P = 1$atm(공기 특성을 수록한 [표 2.9] 참조)

$k = 33.8 \times 10^{-3}$W/mK ; $\nu = 26.41 \times 10^{6}$m²/s ;

$\alpha = 38.3 \times 10^{-6}$; $Pr = 0.69$; $\beta = 1/T_f = 0.0025\text{K}^{-1}$

③ 분석 : 유리문으로부터 실내로 전달되는 자연대류의 열전달률은 다음과 같이 주어진다.

$$q = h A_s (T_s - T_\infty)$$

여기서, h는 [표 2.8]에 의해 다음 식으로부터 구할 수 있다.

$$Nu = \left\{0.825 + \frac{0.387 Re_L^{1/6}}{\left[1+(0.492/Pr)^{\alpha/16}\right]^{8/27}}\right\}^2$$

여기서, $Re_L = \dfrac{g\beta(T_s - T_\infty L^3)}{\alpha\nu} = \dfrac{9.8 \times 0.0025 \times (232-23) \times (0.71)^3}{38.3 \times 10^{-6} \times 26.4 \times 10^{-6}} = 1.813 \times 10^9$

$Re_L > 10^9$이므로 유리판 상에서 난류 전이가 발생하며,

[표 2.8]로부터 해당 관계식을 구한다.

$$Nu_L = \left\{0.825 + \frac{0.387(1.813 \times 10^9)^{1/6}}{[1+(0.492/0.69^{9/16})]^{8/27}}\right\}^2 = 147$$

따라서, $h = \dfrac{Nu_L \times k}{L} = \dfrac{147 \times 33.8 \times 10^{-3}}{0.71} = 7\text{W/m}^2\text{K}$

그리고 $q = 7\dfrac{\text{W}}{\text{m}^2\text{K}}(1.02\text{m} \times 0.71\text{m}) \times (232-23)℃ = 1{,}060\text{W}$

※ 참고 : 이 경우 복사 열전달을 계산해보면, 복사 열전달이 자연대류 열전달보다 크다

는 사실을 알게 될 것이다.

표 2.9 대기압 상태에서 공기의 열·물리학적 특성

T (K)	ρ (KG/M^3)	C_p (kJ/kg·K)	$\mu \cdot 10^7$ (N·s/m^2)	$\nu \cdot 10^{-6}$ (m^2/s)	$k \cdot 10^3$ (W/m·K)	$\alpha \cdot 10^{-6}$ (m^2/s)	Pr
100	3.5562	1.032	71.1	2.00	9.34	2.54	0.786
150	2.3364	1.012	103.4	4.426	13.8	5.84	0.758
200	1.7458	1.007	132.5	7.590	18.1	10.3	0.737
250	1.3947	1.006	159.6	11.44	22.3	15.9	0.720
300	1.1614	1.007	184.6	15.89	26.3	22.5	0.707
350	0.9950	1.009	208.2	20.92	30.3	29.9	0.700
400	0.8711	1.014	230.1	26.41	33.8	38.3	0.690
450	0.7740	1.021	250.7	32.39	37.3	47.2	0.686
500	0.6964	1.030	270.1	38.79	40.7	56.7	0.684
550	0.6329	1.040	288.4	45.57	43.9	66.7	0.683
600	0.5804	1.051	305.8	52.69	46.9	76.9	0.685
650	0.5356	1.063	322.5	60.21	49.7	87.3	0.690
700	0.4975	1.075	338.8	68.10	52.4	98.0	0.695
750	0.4643	1.087	354.6	76.37	54.9	109	0.702
800	0.4354	1.099	369.8	84.93	57.3	120	0.709
850	0.4097	1.110	384.3	93.80	59.6	131	0.716
900	0.3868	1.121	398.1	102.9	62.0	143	0.720
950	0.3666	1.131	411.3	112.2	64.3	155	0.723
1000	0.3482	1.141	424.4	121.9	66.7	168	0.726
1100	0.3166	1.159	449.0	141.8	71.5	195	0.728
1200	0.2902	1.175	473.0	162.9	76.3	224	0.728
1300	0.2679	1.189	496.0	185.1	82	238	0.719
1400	0.2488	1.207	530	213	91	303	0.703
1500	0.2322	1.230	557	240	100	350	0.685
1600	0.2177	1.248	584	268	106	390	0.688
1700	0.2049	1.267	611	298	113	435	0.685
1800	0.1935	1.286	637	329	120	482	0.683
1900	0.1833	1.307	663	362	128	534	0.677
2000	0.1741	1.337	689	396	137	589	0.672
2100	0.1658	1.372	715	431	147	646	0.667
2200	0.1582	1.417	740	468	160	714	0.655
2300	0.1513	1.478	766	506	175	783	0.647
2400	0.1448	1.558	792	547	196	869	0.630
2500	0.1389	1.665	818	589	222	960	0.613
3000	0.1135	2.726	955	841	486	1570	0.536

연습문제

1. 대류 열전달에서 분자 이동에 대한 기본 법칙을 설명하라.

2. 대류 열전달에서 자연대류와 강제대류, 혼합대류를 설명하라.

3. 표면온도 22℃, 면적 100m^{2}인 판의 한쪽 면이 20℃의 공기 중에 노출되어있다. 열전달율은 15kcal/m^{2}h℃이다. 이때 방열량을 구하라.

정답 3,000kcal/h

4. 표면이 250℃로 유지된 크기가 50×70cm인 평판의 표면을 20℃의 공기가 흐르고 있다. 이때 표면에서의 열전달 계수를 20W/m^2℃라 하면 열전달량은 얼마인가?

정답 2.156kW

5. 27℃ 물이 크기 1×2m이며 온도가 127℃인 평판 위를 흐른다. 만약, 대류 열전달 계수가 200W/m^2℃라 하면 대류에 의하여 평판에서 물로 전달되는 열량은 얼마인가?

정답 40kW

6. 가솔린이 연소되는 난류 액면화재에서 증발되는 가솔린 표면으로의 대류에 의한 열유속을 계산하라. 가솔린은 개략적으로 33℃에서 증발하며 난류화염의 평균온도는 800℃이다.

7. 크기가 8m×4m이며 두께가 200mm인 벽돌로 된 벽이 있다. 그 가운데에는 3m×1.5m의 유리창문이 있다. 내·외부의 온도가 각각 25℃와 0℃일 때 정상상태 열손실을 계산하라. 벽 양측의 대류전열계수는 8W/m^2·K로 가정하고 창문 형틀의 효과는 무시하라.

8. 어떤 방에서 화재가 발생하여 벽의 온도가 급격히 상승하여 1000℃가 되었으며 이 온도에서 상당시간 유지되었다. 한편 벽의 반대측은 큰 창고이며 내부온도가 통상 20℃ 정도이다. 벽이 200mm 두께의 벽돌 벽이라면 창고측 벽면의 정상상태 온도는 얼마가 되겠

는가? 벽돌의 열전도도는 온도에 대해서는 독립적이며 창고측 벽의 대류전열계수는 $12W/m^2 \cdot K$이다.

9. 크기가 25cm×25cm의 철판이 보온 받침대 위에 수평으로 놓여 150℃의 온도가 유지되고 있다. 이 표면이 다음과 같은 방법으로 냉각될 때 각각의 열손실률을 계산하라. 철판의 가장자리에서의 열손실과 보온대로의 열손실은 무시한다. 대기의 온도는 20℃이며 공기의 동점도 $\nu = 18 \times 10^6 m^2/s$인 것으로 가정하라.
   ① 자연대류인 경우 : $Nu = 0.54(Gr \cdot Pr)^{1/4}$
   ② 공기가 층류일 경우($u = 5m/s$) : $Nu = 0.66Re^{1/2} \cdot Pr^{1/3}$
   ③ 공기가 난류일 경우($u = 40m/s$) : $N = 0.037Re^{4/5} \cdot Pr^{1/4}$

10. 대류 열전달에서 속도 경계층과 열 경계층을 설명하라.

11. 1.6m/s의 속도로 대기가 평판 위를 흐르고 있다.선단에서 0.75m의 지점에서 레이놀즈 수를 계산하라. 공기의 온도는 0℃이다.

12. 60℃의 평판과 열적 평형에 있는 물이 0.75m/s의 속도로 흐르고 있다. 판의 끝 지점에 도달하였을 때 임계 레이놀즈 수가 되기 위해 필요한 판의 길이를 구하라.

13. 20℃, 1기압의 공기가 47m/s의 속도로 평판 위를 흐르고 있다. 선단으로부터 16cm 지점에서 ① 레이놀즈 수, ② 속도 경계층 두께 δ, ③ 판의 표면으로부터 $y =$ 0.5mm 거리에서 공기속도 u를 계산하라.

14. 1기압 20m/s의 속도로 평판 위를 흐르고 있다. 선단으로부터 55cm 떨어진 지점에서 임계 레이놀즈 수가 되기 위해 필요한 질소의 온도를 구하라.

15. 80℃로 유지된 판 위로 0℃의 대기가 흐른다. 주어진 지점에서의가 43℃/mm라면 국부 열전달 계수는 얼마인가?

16. 두께 2.5mm의 폴리카보네이트 플라스틱 위로 30℃의 물이 흐른다. 물과 접하고 있는 표면의 온도가 52℃이고 다른 표면의 온도는 85℃일 때 다음을 구하라.
   ① 물 흐름에 대한 열전달 계수, ② 경계층 내에서의 온도 구배, ③ 열유속을 구하라.

2

17. 다음 그림과 같은 복합판의 내부는 20℃의 정체공기에 노출되어 있고 외벽은 −5℃ 유동공기에 노출되어 있다. 내벽과 외벽의 표면에서의 열전달 계수는 각각 $9\text{Wm}^2\text{K}$와 $15\text{W/m}^2\text{K}$이다. 이 평판 사이의 열관류 계수와 열전달량을 계산하라.

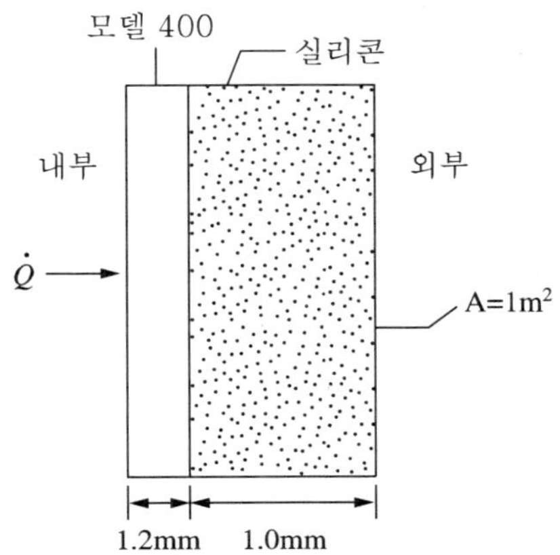

18. 다음 그림과 같은 복합벽에 대한 열관류 계수를 구하고, 이때 벽을 통한 열유속은 얼마인가?

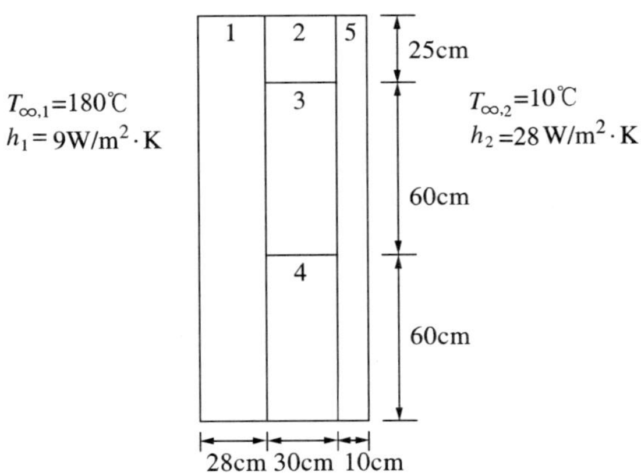

19. 60W 형광등이 70°F의 실내를 밝히고 있다. 만약 외부표면의 열전달 계수가 $4.5\text{Btu/h}\cdot\text{ft}^2\cdot{}^\circ\text{R}$이라면 등의 내부표면의 온도는 얼마인가? 등은 바깥지름이 1.50in이고 0.020in의 벽의 두께를 가진 4ft 길이의 중공 원통으로 취급한다. 단, 전등 벽에 대한 k값은 $0.6\text{Btu/h}\cdot\text{ft}\cdot{}^\circ\text{R}$이고, 60W 전체가 원통형 표면으로부터 열손실 된다고 가정한다.

제 4장 복사열전달

(Radiative Heat Transfer in Fire)

4.1 개요

열전도나 대류 열전달의 경우 에너지가 매질(고체, 유체)내를 이동하지만, 매질이 존재하지 않는 완전한 진공 내에서도 열이 이동된다. 이 경우는 전자기파(electromagnetic waves) 작용에 의한 기구를 가지며, 전자복사가 된다. 전자기파에 의한 에너지, 전자기파 중에서 온도차로 인하여 전파되는 에너지에 국한하여 정의할 때, 이것을 복사 열전달(radiation heat transfer)라고 한다.

다시 말해, 복사는 전도나 대류와는 달리 매개체를 필요로 하지 않고, 전자기파에 의해서도 열에너지를 이동하기 때문에 진공을 통해서도 이동될 수 있다. 이것은 뜨거운 물체를 차가운 밀폐 공간 속에 놓음으로써 실험적으로 증명할 수 있다. 하지만 대류는 밀폐 공간 내부를 진공상태로 함으로써 제거할 수 있고, 전도는 열전도도가 낮은 얇은 가닥으로 뜨거운 물체를 매달음으로써 없앨 수 있다. 그러나 열전달 현상을 제거했음에도 불구하고 뜨거운 물체는 밀폐 공간 내부표면으로 열에너지를 복사하는 것을 발견할 것이다. 실제로 물체와 밀폐 공간 내부표면 모두 복사를 한다. 절대영도 이상의 온도를 가지는 모든 물체는 열에너지를 복사한다. 열복사는 물체의 표면 가까이에서 하전입자가 가속되면서 일어난다. 열적으로 뒤섞인 전하는 방출되는 복사의 연속 스펙트럼을 만들면서 분산된 가속도를 갖고 있다. 다시 말하면, 열복사는 물체로부터 여러 다른 파장에서 방출된다. 저온에서의 파장은 주로 적외선 영역이며, 따라서 눈에는 보이지 않는다. 고온에서는 불 속에서의 뜨거운 장작의 경우처럼 물체가 붉어지기 시작한다. 계속되는 고온에서 물체는 전등의 필라멘트처럼 흰색으로 되어간다.

차가운 밀폐 공간 내부의 뜨거운 물체에 관한 실험에서 물체와 밀폐 공간 모두 복사를 하고 있지만 물체의 온도가 밀폐 공간 표면의 온도보다 높기 때문에 순수 복사 열전달은 물체로부터 내부표면으로 이루어진다. 앞서 설명했듯이 열이 온도가 높은 곳에서 낮은 쪽으로 흐르는 것은 열전달 메커니즘이 전도이든 대류이든 복사이든 상관없이 항상 흐른다.

복사 열전달 현상은 우리 주위에서 항상 일어난다. 우리가 캠프파이어 옆에서 따뜻하게 머물고 있을 때 주요한 열전달 기능은 복사다. 복사는 음식을 조리할 때 사용하는 오븐에서도 중요한 역할을 한다. 어느 뜨거운 여름날 시원하기 위해서 그늘진 곳을 찾는 것도 그렇다. 심지어 바깥 공기의 온도는 38℃ 또는 그 이상일 때에도 그늘에서는 빌딩이나 나무 같은 물체가 우리에게 직접 다가오는 태양의 복사열을 막아 주기 때문에 시원하게 느껴진다. 어느 추운 겨울 집안의 큰 창문 곁에 서있다면 우리 몸으로부터 나오는 열이 창문으로 복사되는 것을 느끼게 된다. 현대기술에서 복사는 용광로, 보일러, 오븐, 전자부품 그리고 우주선과 같은 장치의 전체 열성능(overall thermal performance)을 결정하는 중요한 역할을 하고 있다.

열복사는 근본적으로 표면(surface)현상이다. 열복사가 표면에 작용할 때, [그림 2.53]에서처럼 입사(入射) 복사되는 일부분은 반사되고 일부분은 흡수되고 일부분은 투과된다. 대부분의 공학재료는 열복사에 대해 불투명(opaque)하다. 즉, 투과가 되지 않는다. 이 범주에 속하는 재질은 금속, 나무, 벽돌, 그리고 대부분의 플라스틱 등이다. 입사되는 복사가 투과되는 재질을 반투명(semi-transparent)이라고 부르고 유리와 석영이 대표적인 예이다. 일반적으로 열복사를 완전히 투과시키는 고체, 액체 또는 기체는 없다. 오직 진공만이 복사를 완전히 투과시키는 것으로 간주된다. 즉, 복사 열전달에서 복사에너지는 빛과 동일한 성질을 가지며, 진행속도는 빛의 속도(광속)와 같고 또 빛과 동일한 반사, 굴절의 법칙을 따른다. 태양에서 발산하는 열복사는 가시광선과 같은 속도인 약 3×10^8sm/s로 전달된다. 완전한 진공내부를 진행할 때 복사에너지는 아무런 변화도 받지 않지만 물체(고체, 액체, 기체) 내부를 진행할 때는 일반적으로 일부는 흡수되고 일부는 반사되어 되돌아 나오며 나머지는 투과하게 된다. 어떤 형태의 물질은 전자 충격, 전하 방출과 같은 외부요인에 접촉되었을 때 복사선을 방출할 것이다. 절대온도가 0℃ 이상인 모든 물질은 외부요인과는 무관하게 복사를 방출한다.

그림 2.53 **표면에 작용하는 복사의 입사, 반사, 흡수와 투과현상**

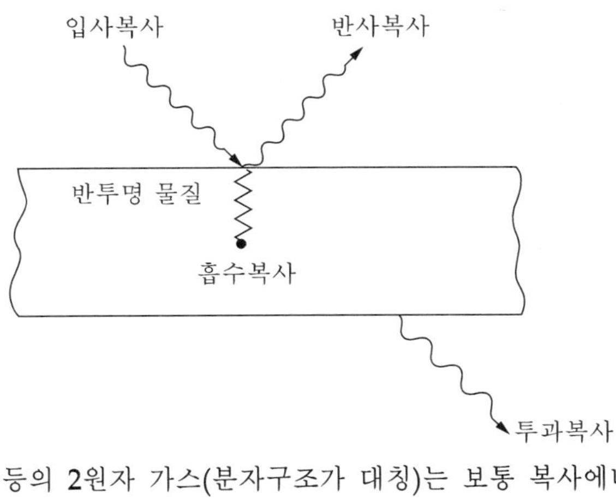

공기, 산소, 질소 등의 2원자 가스(분자구조가 대칭)는 보통 복사에너지의 완전투과체이

지만, 수증기, 탄산가스 등의 3원자 가스는 일부의 복사에너지를 흡수하거나 또 자신이 복사에너지를 발산하기도 한다. 대기 중에서는 수증기, 탄산가스, 탄화수소, 아황산가스 등에 의한 것 이외의 복사열손실은 무시할 수 있다. 즉, 화재와 같이 수증기, 탄산가스 등의 농도가 급격히 증가하는 곳에서는 복사에너지에 의한 열전달을 고려하여야 한다.

특성 길이(characteristic length)가 0.2m를 넘는 화염에 대해서는 복사가 지배적인 열전달 메커니즘으로 작용하고, 그보다 작은 소규모 화염에서는 대류가 더 큰 의미를 갖는다.

화재에서 열복사가 발생할 때 표면(예를 들면 벽, 천장, 바닥, 가구 등)간의 에너지 교환뿐만 아니라 다양한 기체와 그을음 입자들에 의한 방사(emission)와 흡수도 일어난다. 이러한 측면에서 실질적으로 상당히 큰 중요성을 갖는 기체 중에 수증기와 이산화탄소가 있다. 이 두 종류의 기체는 주요 열복사 스펙트럼 범위인 $1\sim100\mu m(1\mu m=10^{-6}m)$에서 강력한 복사/흡수체의 역할을 한다.

석유계 물질(예를 들면, 플라스틱류) 중 상당수는 열을 받으면 탄화수소 가스를 방출하는데 이 또한 강력한 흡수체다. 아울러 그을음 입자의 기여도는 관여 매질의 특성 평가에 있어서 매우 중요한 의미를 갖고 있으며, 상당수의 경우에 그을음 복사는 기체 복사보다 큰 영향을 미친다. 화재(fire system)에서 발생하는 복사에너지 교환에 대한 정확한 계산을 위해서 기하학적 형상과 파장에 대해 각 물질이 갖고 있는 특성의 의존성으로 인해 이상적인 조건 하에서 조차 막대한 비용이 소요되는 경우가 많다.

4.2 물리적 개념

복사는 두 가지 물리적 모델 중의 어느 하나로 설명될 수 있다. 19세기의 후반에 스코틀랜드의 물리학자인 맥스웰(James Maxwell)이 복사에 관한 전자기파 이론의 기초를 세웠다. 그는 가속화된 전하를 띤 입자가 전자기파라고 불리는 움직이는 전기장과 자기장을 만든다고 주장하였다. 맥스웰의 이론이 헤르츠(Heinrich Hertz)에 의하여 실험적으로 입증되었다. 공기를 통하여 음파와 같이 움직이는 전자기파는 한 위치에서 다른 위치로 전달된다. 그러나 음파와는 다르게 전자기파는 빛의 속도로 이동한다. 전자기파의 주기와 파장은 다음 관계식과 같이 그들의 속도에 관련된다.

$$c = \lambda \nu \tag{4.1}$$

여기서, c : 매체에서 광속도(m/s)

λ : 파장(m)

ν : 주기(Hz 또는 사이클/초)

진공에서 $c = 2.998 \times 10^8 \mathrm{m/s}$이다. 공기와 같은 기체 속에서의 광속도는 실제 진공에서와 같다. 그러나 투명한 액체나 고체 속에는 더 느리다. 예를 들면, 물속에서 광속도는 약 $2.25 \times 10^8 \mathrm{m/s}$이다. 전자기파인 복사속도와 파장은 매체의 함수이지만 주기는 복사원만의 함수라는 것이 밝혀졌다. 복사에 관한 제2의 물리적 모델은 1900년에 플랑크(Max Planck)에 의해서 밝혀졌다. 복사의 양자론이라 불리는 플랑크 이론은 전자기의 복사를 양자 또는 광양자라 불리는 에너지의 불연속 다발(packet)로 취급하였다. 이 모델에서 광양자의 에너지는 다음 식으로 계산된다.

$$E = h\nu \tag{4.2}$$

여기서, E : 에너지(J)

h : 6.626×10^{-34}J

s : 플랑크 상수

ν : 주파수(Hz)

식 (4.1)과 식 (4.2)에서 $E = hc/\lambda$를 얻는다. h와 c는 상수이므로 복사에 의한 에너지는 파장에 반비례함을 알 수 있다. 따라서 X선이나 감마선과 같이 아주 짧은 파장의 복사는 높은 에너지를 가지며 장시간 여기에 노출되면 생체계통에 심각한 손상을 초래한다.

열복사는 전자기 복사의 한 형태에 불과하다. 모든 전자기 복사는 동일한 일반적인 특성을 나타내지만 파장이 다른 복사는 물질에 작용하는 것이 다르다. 예를 들면, 보통의 창문 유리는 대부분의 태양복사가 투과되지만 보통의 물체표면에서 방출되는 긴 파장의 복사는 거의 투과되지 못한다. X선은 근육과 지방층을 쉽게 투과하지만 뼈에는 흡수된다. 파장의 단위는 보통 μm이고 $1\mu\mathrm{m}=10^{-6}\mathrm{m}$이다. [그림 2.54]에 나타낸 전자기의 스펙트럼은 다양한 형태의 전자기 복사의 대략적인 범위를 나타낸 것이다. 파장이 0.1μm에서 100μm 사이가 열복사의 영역이다. 열복사는 물질의 표면에서 원자 또는 분자의 진동에 관련된다. 진동의 크기가 그 물질의 표면온도로 나타난다. 열복사는 표면온도가 절대영도 이상에서는 어떠한 물체에서도 방출된다. 만약 표면온도가 절대영도라면 어떠한 원자 또는 분자의 진동도 없으며 그 물체는 전혀 복사하지 않는다.

[그림 2.54]와 같이 전자기 복사의 여러 가지 형태는 각각 다른 방법으로 생성된다. 도체에 흐르는 전류는 변조함으로써 전파가 발생하고, 도체의 전류를 변조하거나 결정체를 전기적으로 여기(excitation)함으로써 라디오파가 발생한다. 초단파는 klystron과 magnetron이라 불리는 특수한 전자장치에 의하여 발생되며 레이더, 공정가열, 음식의 조리 등에 응용된다. 열복사 중에서 적지만 대단히 중요한 부분인 가시광선은 인간의 눈으로 볼 수 있는 전자기 복사이다. 가시광선의 범위는 0.4μm(자주색)에서 0.76μm(붉은색)의 영역이다. 인간의 눈은 0.56μm(황색~녹색)의 파장에 가장 예민하다. [표 2.10]에 제시한 바와 같이

온도가 1000℃인 물체는 밝은 적색을 나타내며, 우리는 우리 눈의 주파수와 같은 파장 범위 내에 있는 열복사를 볼 수 있는 것이다.

태양으로부터 자외선의 복사가 가장 강하므로 햇볕에 타거나 그을리는 주된 원인이 된다. 다행히 대기 중 오존층이 대부분의 UV복사를 흡수한다. 대부분의 X선은 금속 목표물에 충돌하는 고 에너지의 전자를 감속하여 얻는다. X선은 의학의 진단도구로 이용되며 물질의 결합구조를 찾아내는 탐색방법으로 이용된다. 감마선은 핵반응에서 방출되며 인간의

그림 2.54 전자기파의 스펙트럼

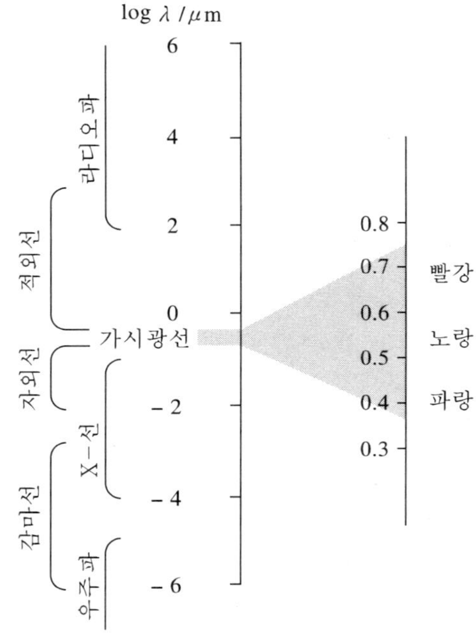

표 2.10 물체의 온도에 따른 색의 변화

온도(℃)	색의 변화	온도(℃)	색의 변화
550	선명한 빨강색	1100	오렌지색
700	흐린 빨강색	1400	흰색
900	체리 빨강색		

조직을 심각하게 파괴한다. 납으로 차폐함으로써 감마선을 흡수할 수 있는데 보통 보호막으로 이용된다. 우주선은 태양, 별, 그 밖의 다른 우주물질로부터 방출되는 전하를 띤 입자이다. 지구의 자장에 의하여 대부분의 우주선은 굴절하나 지구의 자장으로 침투하여 반 알렌(Van Allen) 복사대를 형성하게 된다. 열복사는 열전달에 관계되는 유일한 형태의 복사이다. 복사체로부터 방출되는 열복사량은 표면온도에 크게 의존한다. 온도에 직선적으로 변하는 전도와 대류와는 달리 복사는 온도의 4제곱에 비례한다. 따라서 복사는 표면온도가 높은 경우에는 대류를 압도할 때가 있다. 복사는 표면의 성질에도 크게 영향이 있으며, 특수한 표면조건을 만들거나 피복함으로써 어느 정도는 조절할 수 있다. 표면간의 복사는 표면이 상대적으로 대면하는 방향의 함수이다. 다음 절에서 복사에 관계되는 다른 개념을 설명한다.

4.3 복사력과 열전달량

[그림 2.55]와 같이 복사열은 방열면의 표면으로부터 발산할 때 복사에너지라는 파동의 에너지로 변하며, 이 복사에너지가 공간을 빛이나 전파가 진행하는 것과 마찬가지로 진행하여 수열면에 도달하면 재차 열에너지로 환원하게 된다.

그림 2.55 복사 열전달 개념

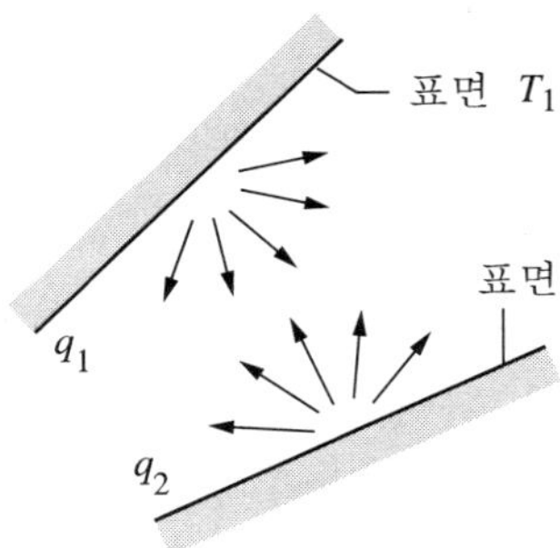

앞서 설명했듯이 표면온도가 절대영도 이상인 모든 물체는 복사열을 방출한다. [그림 2.55]와 같이 어떤 물체가 두 표면에서 방출할 수 있는 최대 복사량(maximum radiation)은 다음 식과 같다.

$$E_b = \sigma T^4 \tag{4.3}$$

여기서, E_b : 흑체 복사력(W/m^2)

σ : 스테판－볼츠만 상수($5.669 \times 10^{-8} W/m^2K^4$)

T : 흑체 표면온도(°K)

식 (4.3)을 스테판－볼츠만 법칙(Stefan-Boltzmann law)이라고 한다. 이 법칙에 따라서 표면으로부터 복사열을 방출하는 물체를 흑체(black body)라 부른다. 흑체는 열에너지의 이상적인 복사체(radiator)이다. 복사력은 열유속과 같은 단위를 갖는 것에 주목하고 또한 온도에 4제곱이 됨을 주목하기 바란다. 온도에 대해 선형함수인 대류나 전도와는 달리 복사는 온도에 4제곱 함수이며, 이것은 만약 고온이거나 자연대류가 존재할 경우 복사가 열전달 메커니즘 중에 매우 중요한 것이 될 수 있음을 의미한다. 식 (4.3)이나 다른 복사공식을 사용할 때는 꼭 절대온도 단위를 사용해야만 한다.

흑체는 이상적인 것으로 실제 표면을 비교하는 기준으로 작용한다. 실제 표면은 스테판－볼츠만 법칙에 의하여 복사를 방출하지 않는다. 실제 표면의 복사력(emissive power) E는 다음 관계식에 의해 구해진다.

$$E_b = \epsilon \sigma T^4 \tag{4.4}$$

여기서, ϵ : 복사능(복사율 : emissivity)

복사능은 어떤 고체 물체의 표면특성으로서 같은 온도에서 흑체와 실제 표면에서의 복사력을 비교하는데 사용된다. 복사능은 0에서 1 사이의 값을 갖는 무차원 수이다. 그러므로 실제 표면은 같은 온도에서 흑체보다 에너지를 적게 방출한다. 복사능 값의 목록이 부록에 제시하였다. 복사는 통상 두 개 또는 그 이상의 실제 표면사이에서 일어난다. 때때로 이들 표면사이에는 수증기나 먼지로 오염된 기체와 같은 방해 매개체가 있어 복사를 감소시킨다. 게다가 표면의 특성은 파장과 방향에 의존한다. 일반적으로 표면사이에서 일어나는 복사와 대류는 복잡한 표면현상이다.

[그림 2.56]은 표면적 A_1인 물체의 주변을 주위(Surrounding)라고 부르는 큰 표면으로 둘러싸여 있는 것을 나타낸 것이다. 물체의 표면온도와 복사능의 값은 각각 T_1, ϵ이고, 주위의 온도는 T_2이다. 물체의 온도가 주위의 온도보다 높다고 가정할 때 순수 복사 열전달량은 다음과 같다.

$$\dot{Q} = A_1 \epsilon \sigma (T_1^{\,4} - T_2^{\,4}) \tag{4.5}$$

다음 단원에서 설명하겠지만, 식 (4.5)는 주위가 흑체든 아니든 성립되며 따라서 표면의 복사능은 중요하지가 않다. 식 (4.5)는 어떤 물체가 모양에 상관없이 큰 표면으로 둘러싸여 있을 때, 이물체로부터의 순 복사 열전달을 구하고 싶을 때 사용된다. 실질적으로 우주선

그림 2.56 뜨거운 물체는 차가운 주위로 복사

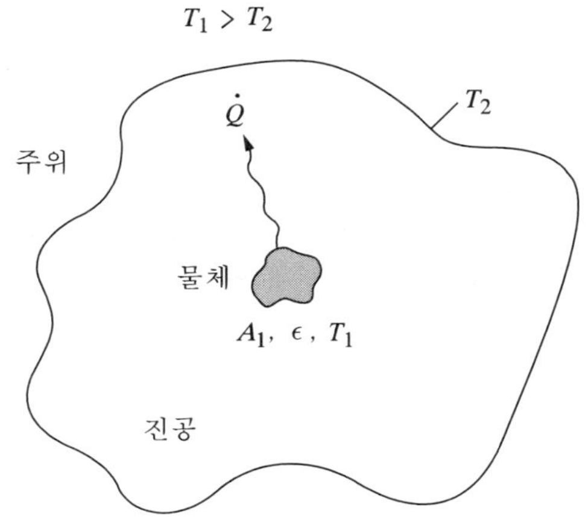

의 일부분을 물체라고 한다면, 이 물체로부터 주위대기나 우주공간으로 복사가 일어나고 있다는 것을 의미하는 것이다. 또 다른 물체로는 발전소 내에서 수증기를 수송하는 파이프이나 밀폐된 전자장치 내의 집적회로를 꼽을 수 있다. 식 (4.5)는 복사 열전달을 구하는데 있어 매우 유용한 식이 된다.

복사 열전달은 비교적 낮은 온도의 경우 열복사에 의한 열량은 적지만, 고온이 됨에 따라 복사현상이 많이 일어난다. 예를 들면, 300℃ 이하에서는 전도나 대류에 의한 열전달이 주를 이루고 복사현상은 무시할 정도이나 500℃가 넘으면 복사를 고려해야 하고, 고온의 태양광, 화염 또는 1000℃ 이상인 고온의 로(furnace)에서는 대부분의 열이 열복사에 의하여 전달된다고 볼 수 있다. 따라서 화재에서는 복사에 의한 열전달이 대부분이라고 볼 수 있으며, 실제 화재를 진압하는 소방관에게 가장 위험한 열이 복사열이다.

예제 4.1 화재의 발생으로 인한 벽의 온도가 40℃, 반사능이 0.8이라고 한다. 이 온도에서 벽으로부터의 전달되는 복사 열유속은 얼마인가? (단, 스테판-볼츠만 상수 $\sigma = 5.667 \times 10^{-8}$[W/m^2·K^4]이다)

해설 온도에 의한 열복사의 최고 가능출력을 열유속으로 나타내면

$$q = \epsilon\sigma T^4 = 0.8 \times 5.667 \times 10^{-8} \times (273 + 40)^4 \fallingdotseq 435.2\,\mathrm{W/m^2}$$

예제 4.2 열처리(heat treating) 공정 직후 쇠막대의 표면온도가 900℃가 되었다. 이 막대가 25℃로 유지되고 있는 넓은 방안에서 냉각되고 있다. 이 막대의 복사능이 0.3일 때 복사 열전달을 구하라. 이 막대의 표면적은 0.17m^{2}이다.

해설 쇠막대는 방에 비하면 매우 작은 크기이므로 식 (4.5)로부터 복사 열전달을 구할 수 있다. 식 (4.5)를 사용하기 전에 반드시 온도단위를 K로 변환시켜야 한다.

$T_1 = 20℃ + 273.15 = 293.15\text{K}$

$T_2 = 900℃ + 273.15 = 1173.15\text{K}$

$\dot{Q} = A_1 \epsilon \sigma T^4 = (0.17\text{m}^2)(0.3)(5.669 \times 10^{-8}\text{W/m}^2 \cdot \text{K}^4)\ [(1173^4 - 293^4)\text{K}^4] = 5452\text{W}$

실제로 열처리 공정에서 대류에 의한 열전달이 주요역할을 차지한다. 이 예제는 이런 종류의 복사 문제를 풀 수 있는 기본적인 접근방법을 예시한다. 대류와 복사가 동시에 일어나는 경우를 복합 열전달 방법이라 한다.

4.4 복합 열전달 방법

거의 모든 열전달은 열전달 메커니즘 중 2개 또는 3개 모두가 동시에 일어난다. 전도는 특별한 온도조건에 의해 고체내부에서의 온도구배가 배제된 특별한 경우를 제외한 모든 경우에 일어난다. 결과적으로 복합방법은 고체표면에서 대류와 복사가 동시에 일어나는 상황을 뜻한다. 통상적으로 이들 방법 중 하나가 다른 방법에 비하여 지배적으로 작용하여 표면에서의 전체 열전달의 대부분을 차지하게 된다. 예를 들면, 유체의 온도에 가까운 온도를 가진 표면을 액체가 가로지르고 있을 때는 대류가 지배적인 열전달 메커니즘이 된다. 반면에 차가운 정체가스 내에 고온의 표면이 있을 때는 복사가 지배적인 열전달 메커니즘이 된다. 대류나 복사 중 어느 메커니즘도 지배적인 방법이 아닌 경우에는 두 가지 메커니즘 모두 전체 열전달의 상당한 비율을 차지하기 때문에 두 가지 열전달 메커니즘을 모두 고려해야만 한다.

복사란 어디든지 일어나는 열전달 메커니즘이므로 모든 표면이 동일한 온도가 아니거나 절대온도로 0도가 아니면 어느 정도는 항상 일어난다. 동일온도이거나 절대영도는 극히 드문 경우이므로 복사는 모든 열전달 과정에서 고려해야 한다. 이것은 모든 열전달 계산에 복사가 반드시 포함되어야 한다는 의미는 아니다. 대류가 열전달 메커니즘을 지배하고 복사는 무시되는 경우가 많다. 그러나 복사를 무시하려면 어떻게 결정할 것인가? 가장 좋은 방법은 대류와 복사 열전달의 양쪽을 모두 계산하여 전체 열전달에 대한 복사의 비율을 비교하는 것이다. 만약 복사의 비율이 전체의 5% 또는 10%보다 작다면 정확도에 크게 영향 없이 무시할 수 있다. 복사를 무시할 수 있는 규칙이 있는 것이 아니며 적절한 판단에 따른다.

대류 열전달의 식은 온도에 선형으로 표시된다. 대류에 대한 주요 관계식, Newton의 냉각법칙, 그라숍 수, 자연대류에 사용된 매개변수는 온도에 선형함수이다. 복사나 대류가 다 같이 일어날 때에 복사에 관해서는 온도의 4제곱에 관계되기 때문에 온도에 비선형적인 식으로 표현된다. 많은 예제에서 알 수 있듯이 복사가 일어날 때 표면온도를 구해야 할 경우에는 수치해법의 방법을 써야 한다. 강제대류보다 자연대류에서는 열전달이 약하다. 복사는 강제대류가 일어나는 경우에는 종종 무시될 수 있다. 이것은 자연대류가 일어나는 경우에 복사가 더욱 중요하게 됨을 강조하는 것이다. 예를 들면, 바닥판 히터(baseboard heater)로 방을 데울 경우 또는 화재발생 초기 상태에서 자연대류와 복사가 일어난다. 팬이 없는 전자장치는 자연대류와 복사에 의하여 열을 방출한다. 또한 우리의 신체 내에서 발생한 열에너지는 자연대류와 복사에 의하여 외부환경으로 제거된다. 이와 같은 예에서 복사를 무시하는 것은 복사와 대류가 상대적이므로 전체 열전달 또는 표면온도를 예측할 때 심각한 오차를 유발할 수 있다.

[그림 2.57]에 나타낸 경우를 살펴보자. 열은 고체 평판을 통해 전도되어 평판 내에서 선형 온도구배($T_0 - T_w/x$)를 가지게 된다. 이 평판을 통해 전달되는 열전달은 Fourier 법칙으로 구할 수 있다.

$$\dot{Q} = kA\,\frac{(T_0 - T_w)}{x} \tag{4.6}$$

열은 평판의 오른쪽 표면으로부터 대류와 복사에 의해 온도가 T_∞인 주위로 전달된다. 정상상태 조건에서 열역학 제1법칙에 의하면 이 평판을 통해 전도된 열은 오른쪽 표면에서 대류와 복사를 통해 전달되는 에너지와 같아야만 한다. 따라서 다음 식과 같이 쓸 수 있다.

$$\dot{Q} = \dot{Q}_{cond} = \dot{Q}_{conv} + \dot{Q}_{rad} \tag{4.7}$$

여기서, $\dot{Q}_{cond}$: 전도에 의한 열전달

$\dot{Q}_{conv}$: 대류에 의한 열전달

$\dot{Q}_{rad}$: 복사에 의한 열전달

만약 대류가 일어나지 않는다면 $\dot{Q}_{conv} = 0$이 되고, 반면에 복사가 $\dot{Q}_{rad} = 0$이 된다. 무시할 정도라면 대류는 진공상태에서는 존재하지 않고 방출되는 복사는 표면이 절대영도의 온도를 갖는 경우를 제외하고는 항상 존재한다. [그림 3.61]의 경우는 화재시 화열에 의해 벽을 통과해 전달되는 열전달 메커니즘과 같다.

그림 2.57 **정상상태에서 전도로 평판을 통과하는 열전달은 대류와 복사되는 열전달과 같음**

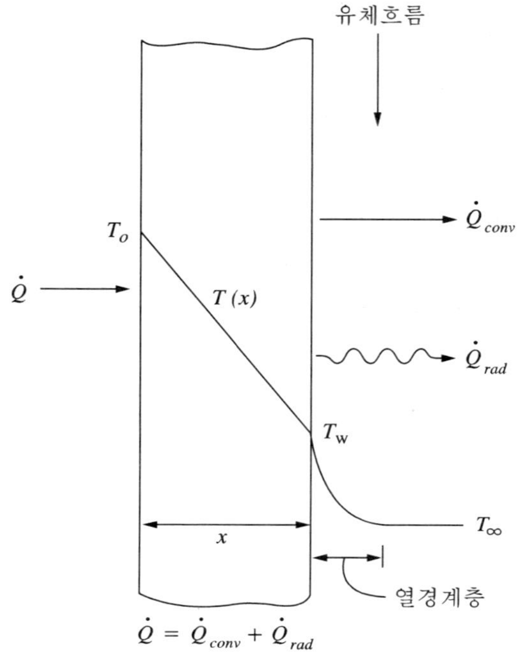

예제 4.3 다음 그림과 같은 화강암 벽이 있다. 왼쪽 면의 온도는 50℃로 일정하게 유지되고, 오른쪽 면은 22℃의 흐르는 공기에 노출되어 있다. 이 공기의 열전달 계수가 18W/m^2·℃이다. 복사를 무시할 경우 열유속을 구하라.

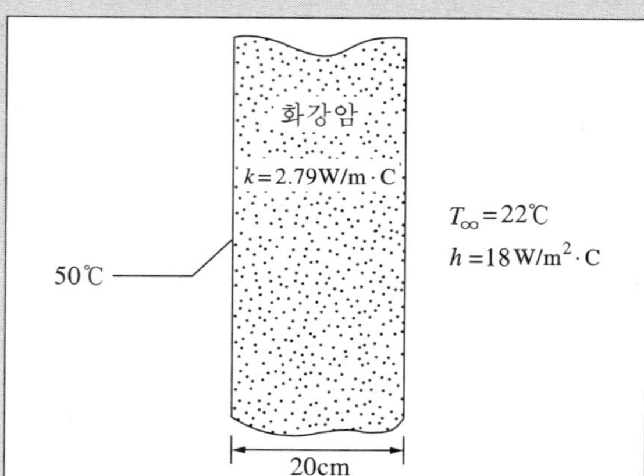

2

해설 열역학 제1법칙에 의하면 정상상태에서 벽을 통해 전도되는 열에너지는 표면으로부터 대류되는 열에너지와 같다. 그러므로 식 (4.7)로부터 $\dot{Q}_{cond} = \dot{Q}_{conv}$

$\dot{Q}_{cond}$에 관한 Fourier 법칙과 $\dot{Q}_{conv}$에 관한 Newton의 냉각법칙으로부터 다음과 같은 식을 얻을 수 있다.

$$kA\frac{(T_1 - T_2)}{x} = hA(T_2 - T_\infty)$$

열유속을 구하기 전에 오른쪽 표면의 온도인 T_2를 계산해야만 한다. 위의 식을 대수적으로 재정렬하고 T_2에 대해 풀면

$$T_2 = \frac{kT_1/x + hT_\infty}{k/x + h} = \frac{(2.79\text{W/m℃})(50\text{℃})/(0.2\text{m}) + (18\text{W/m}^2\text{℃})(22\text{℃})}{(2.79\text{W/m℃})/(0.2\text{m}) + (18\text{W/m}^2\text{℃})} = 34.2\text{℃}$$

T_2를 알고 있으므로 열유속을 구할 수 있다. 벽을 통해 흐르는 열은 경계층을 통해 흐르는 열과 같으므로 열유속 q를 구하기 위해 Newton의 냉각법칙이나 Fourier 법칙을 사용할 수 있다.

$$q = k\frac{(T_1 - T_2)}{x} = \frac{(2.79\text{W/m℃})(50 - 34.2)\text{℃}}{0.20\text{m}} = 220\text{W/m}^2$$

Newton의 냉각법칙을 이용하면

$$q = h(T_2 - T_\infty) = (18\text{W/m}^2\text{℃})(34.2 - 22)\text{℃} = 220\text{W/m}^2$$

예제 4.4 가로, 세로 각각 0.3m의 수직판이 30℃의 온도로 유지되어 있다. 한쪽 면은 단열되어 있고, 다른 쪽 면은 0℃의 저밀도 정체가스에 노출되어 있다. 이 판의 복사능은 0.95이며, 열전달 계수는 5.0W/m^{2}K이다. 판으로부터 가스로 전달되는 전체 열전달량을 계산하라.

해설 이 판은 대류와 복사에 의해 가스로 열을 전달하고 있다.

Newton의 냉각법칙에 의한 대류 열전달은

$$\dot{Q}_{conv} = hA(T_w - T_\infty) = (5.0\text{W/m}^2\text{K})(0.09\text{m}^2)\,[(30-0)\text{K}] = 13.5\text{W}$$

복사에 의한 열전달은

$$\dot{Q}_{rad} = A\epsilon\sigma(T_w - T_\infty)$$
$$= (0.09\text{m}^2)(0.95)(5.669\times10^{-8}\text{W/m}^2\text{K}^4)\,[(303^4 - 273^4)\text{K}^4] = 13.9\text{W}$$

식 (4.7)을 이용하여 판의 전체 열전달량은 대류와 복사 각각을 합한 값과 같으므로

$$\dot{Q} = \dot{Q}_{cond} + \dot{Q}_{conv} = 13.5\,W + 13.9\,W = 27.4\,W$$

이 예제에서 대류와 복사 열전달은 거의 같다. 만약 복사능이 0.95에서 0.10으로 바뀐다면 복사 열전달은 1.5 W로 감소한다. 만약 강제대류가 일어나서 열전달 계수가 높아진다면 대류 열전달은 훨씬 더 커지게 된다.

예제 4.5 예제 4.4에서 열전달량이 결정되었고, 평판의 표면온도를 구한다고 가정하자. 전체 열전달량이 50W라면, 이 판의 표면온도는 얼마가 되겠는가?

해설 판에서 이 주위로 전달되는 전체 열전달량은 대류와 복사에 의한 열전달의 합이다.

$$\dot{Q} = hA(T_w - T_\infty) + A\epsilon\sigma(T_w^{\ 4} - T_\infty^{\ 4})$$

표면온도 T_w를 제외한 이 방정식의 모든 항은 알고 있다. T_w항은 일반적인 수학적 계산법으로는 한쪽으로 정리할 수 없다. 그래서 수치해석(**numerical approach**)을 사용해야만 한다. 수치해석은 해석적으로 풀릴 수 없는 방정식을 풀기 위한 특별한 방법이다. 수치해석의 한 방법으로 비논리적인 시행 오차법(**trial and error**)을 사용한다. T_w의 값을 가정하여 대입한 후 방정식이 성립하는가를 점검한다. 그때 요구하는 답과 차이가 크면 적당한 T_w값을 다시 방정식에 대입하여 반복한다. 허용하는 작은 오차 내에서 이 방정식을 만족시키는 T_w값이 나올 때까지 이 과정을 계속한다.

다소 비논리적인 시행오차법은 그다지 효과적이지는 않다. 더 좋은 방법은 복사부분의 T_w항을 대수학적으로 푸는 것이다.

$$T_w = \left[\frac{\dot{Q} - hA(T_w - T_\infty)}{A\epsilon\sigma} + T_\infty^{\ 4}\right]^{1/4} \tag{4.8}$$

이때 반복법(**iteration**)이라 불리는 방법을 사용한다. T_w값을 가정하여 식 **(4.8)**에서 오른쪽 항에 대입한 후 왼쪽 항의 T_w에 대해 푼다. 주위기체의 온도가 **273K**이기 때문에 판의 온도는 **330K**로 측정한다. 이 값을 우변에 대입하고 새로운 T_w를 구한다. 새로운 값으로 **320.9K**를 얻는다. 이제 오른쪽 항에 다시 이 값을 대입하여 T_w의 새로운 값을 찾는다. 이번에는 **327.1K**를 얻는다. 더 이상 T_w의 값이 크게 변하지 않을 때까지 반복법을 계속한다. 이 것을 수렴(**convergence**)이라고 한다. 이 문제에 대한 반복법은 아래 표에 요약되어 있다. **7**회 또는 **8**회 반복한 후에 T_w의 값이 **1K** 미만에서 조금 변화하면 반복을 멈춘다. 판의 온도는 약 **325K**이다. 이 반복법은 프로그램이 가능한 휴대용 계산기에서 진행될 수 있다.

반복횟수	이전 값 T_w(K)	새로운 값 T_w(K)
1	330.0	320.9
2	320.9	327.1
3	327.1	322.9
4	322.9	325.8
5	325.8	323.8
6	323.8	325.1
7	325.1	324.3
8	324.3	324.9

앞의 문제를 풀기 위한 더 좋은 방법은 개인 컴퓨터상에서 구동되는 방정식 해법기(equation solver) 루틴을 사용하는 것이다. 몇몇 방정식 해법기 적용 패키지가 시중에 나와 있는데, 이들은 해석학적으로 풀기가 어려운 방정식을 푸는데 수치해석을 이용한다. 이 방정식 해법기는 효과적인 수치계산 방법으로 사용하여 손으로 계산하면 많은 시간이 걸려 얻는 문제에 대한 해답을 단 몇 초에 얻을 수 있다. 공학용 계산기에서 루트 파인더(root finder) 루틴을 이용해도 이 작업을 할 수 있을 것이다. 방정식 해법기와 루트 파인더는 복잡한 열전달 문제를 해결하는데 필수적인 도구이다

2

예제 4.6 길고 피복이 안 된 20gage 니크롬선이 대기압에 있는 300K의 공기를 담고 있는 280K의 밀폐공간에 수평으로 놓여 있다. 니크롬선의 온도는 1500K을 넘지 못한다. 니크롬선으로 통할 수 있는 최대 전기량을 다음의 경우에 따라 계산하라. ① 공기가 정체되어 있을 때 ② 공기가 20m/s의 유속으로 니크롬선을 가로질러 흐를 때, 또한 두 경우 모두에 대하여 니크롬선에서부터 복사와 대류 열손실을 구하라. 단, 니크롬선의 복사능 ϵ은 0.3이다.

해설 먼저 주어진 값을 정리한다. 니크롬선의 물성은

$R=162\,\Omega/\mathrm{m}$, $D=8.118\times10^{-4}\mathrm{m}$, $\epsilon=0.3$

니크롬선, 공기와 밀폐공간의 온도는

$T_w=1500\mathrm{K}$, $T_\infty=300\mathrm{K}$, $T_s=280\mathrm{K}$

경막온도 $T_f=(T_\infty+T_w)/2=900\mathrm{K}$에서 공기의 물성은

$\nu=102.9\times10^{-6}\mathrm{m^2/s}$, $k=0.062\mathrm{W/m\cdot K}$, $P_r=0.720$, $\beta=\dfrac{1}{T_f}=0.00111\mathrm{K^{-1}}$

① 자연대류의 열전달 계수를 계산하기 위하여 먼저 그라숍 수를 계산한다.

$$G_r=\frac{g\beta(T_w-T_\infty)D^3}{\nu^2}$$

$$=\frac{(9.8\mathrm{m/s^2})(0.00111\mathrm{K^{-1}})[(1500-300)\mathrm{K}](8.118\times10^{-3}\mathrm{m})^3}{(102.9\times10^{-6}\mathrm{m^2/s^2})}=0.660$$

레일리 수는

$Ra=G_rP_r=(0.660)\times(0.720)=0.475$

교차흐름에서 실린더에 대한 누셀트 수는

$$Nu=0.36+\frac{0.518R_a^{1/4}}{[1+(0.559/P_r)^{9/16}]^{4/9}}=0.36+\frac{0.518(0.475)^{1/4}}{[1+(0.559/0.720)^{9/16}]^{4/9}}=0.686$$

따라서 열전달 계수는

$$h=\frac{k\,Nu}{D}=\frac{(0.062\,\mathrm{W/m\,K})}{8.118\times10^{-4}\mathrm{m}}=52.4\mathrm{W/m^2K}$$

니크롬선에서 발생한 모든 전기 에너지는 열에너지로 전환되어 대류와 복사에 의하

여 주위로 손실된다. 니크롬선의 단위길이당 열전달은

$$\frac{\dot{Q}}{l} = I^2 R = \left(\frac{\dot{Q}}{l}\right)_{conv} + \left(\frac{\dot{Q}}{l}\right)_{rad} = h\pi D(T_w - T_\infty) + \varepsilon\sigma\pi D(T_w^{\ 4} - T_s^{\ 4})$$

전류 I에 대하여 풀면

$$I = \sqrt{\frac{\pi D}{R}[h(T_w - T_\infty) + \varepsilon\sigma(T_w^{\ 4} - T_s^{\ 4})]}$$

$$= \frac{\pi(8.118\times10^{-4})}{2.162}[52.4(1500-300)+(0.3)(5.669\times10^{-8})(1500^4-280^4)]^{1/2}$$

$$= 13.2A$$

대류에 의한 열손실은

$$\left(\frac{\dot{Q}}{l}\right)_{conv} = h\pi D(T_w - T_\infty)$$

$$= (52.4\mathrm{W/m^2K})\pi(8.118\times10^{-4}\mathrm{m})[(1500-300)\mathrm{K}] = 160\mathrm{W/m}$$

복사에 의한 열손실은

$$\left(\frac{\dot{Q}}{l}\right)_{rad} = \epsilon h\pi D(T_w - T_s)$$

$$= (0.3)(5.669\times10^{-8}\mathrm{W/m^2K^4})\pi(8.118\times10^{-4}\mathrm{m})[(1500\mathrm{K})^4-(280\mathrm{K})^4]$$

$$= 219\mathrm{W/m}$$

단위길이 당 전체 열손실은

$$\frac{\dot{Q}}{l} = (160+219) = 379\mathrm{W/m}$$

전체 열손실의 58%가 복사로 소실된다.

② 강제대류에 대해서 비슷한 절차로 계산되나 누셀트 수에 관한 다른 관계식을 사용한다. 레이놀즈 수는

$$Re = \frac{U_\infty D}{\nu} = \frac{(20\mathrm{m/s})(8.118\times10^{-4}\mathrm{m})}{102.9\times10^{-6}\mathrm{m^2/s}} = 158$$

누셀트 수는 다음 식으로 계산하면 되고, 상수 C는 Re가 40~4,000일 때 0.683이다.

$$Nu = CR_e^{\ m}P_r^{\ 1/3} = (0.683)(158)^{0.466}(0.720)^{1/3} = 6.48$$

①의 전류 I에 새로운 h의 값을 대입하면

$$I = \frac{\pi(8.118\times10^{-4})}{2.162}[495(1500-300)+(0.3)(5.669\times10^{-8})(1500^4-280^4)]^{1/2} = 28.3A$$

따라서 공기가 정체되어 있을 때보다 20m/s로 흐를 때가 니크롬선에는 2배 이상의 전류를 흘릴 수 있다. 강제대류에서 복사열 손실은 불변이지만 대류 열손실은

$$\left(\frac{\dot{Q}}{l}\right)_{conv} = h\pi D(T_w - T_\infty)$$

$$= (495\mathrm{W/m^2K})\pi(8.118\times10^{-4}\mathrm{m})[(1500-300)\mathrm{K}] = 1{,}515\mathrm{W/m}$$

단위길이당 전체 열손실은

$$\frac{\dot{Q}}{l} = (1{,}151 + 219) = 1{,}734\text{W/m}$$

전체 열손실의 13%만이 복사로 인한 것이다. 강제대류가 일어날 때 니크롬선으로부터 복사를 무시하는 것은 작은 오차를 유발하나 자연대류만이 일어날 때에는 전체 열손실의 반 이상을 복사에 기인하므로 심각한 오차를 일으킨다.

4.5 흑체 복사

절대영도 이상의 물체는 그 물체의 표면에서 복사열을 방출한다. [그림 2.54]의 전자파 스펙트럼에서와 같이 방출하는 복사 에너지는 어느 범위의 파장을 갖는다. 주어진 파장에 단위 표면적당 방출하는 복사를 단색광 복사력(spectral emissive power) E_λ라 부른다. 복사는 모든 방향, 즉 반구의 윗부분으로 균일하게 방출되므로 E_λ를 반구의 단색광 복사력(spectral hemispherical emissive power)이라고 부를 때도 있다. E_λ의 단위는 $\text{W/m}^2\,\mu m$이다. 전체 복사력 E는 단위 표면적당 모든 파장의 복사 에너지의 합이며 E_λ를 모든 파장에 대하여 적분하여 구한다.

$$E = \int_0^\infty E_\lambda \, d\lambda \tag{4.9}$$

어떤 물체의 전체 복사력은 물질자체와 표면의 물리적 성질, 표면온도에 관계된다. 서로 다른 물체는 표면온도가 동일하다고 해도 복사력이 서로 다르다. 모든 실제 표면과 비교될 수 있는 기준이 되는 표면을 설정하기 위하여 흑체라고 불리는 이상적인 표면을 정의한다. 흑체는 다음의 성질을 갖는다.

① 주어진 표면온도와 파장에서 흑체보다 더 많은 복사 에너지를 방출하는 물체는 없다. 즉, 흑체는 완전한 복사체이다.

② 흑체는 방향과 파장에 관계없이 입사되는 모든 복사 에너지를 흡수한다. 즉, 흑체는 완전한 흡수체이다.

③ 흑체는 모든 방향으로 복사 에너지를 방출한다. 즉, 흑체는 난반사하는 복사체이다.

천연 또는 인공으로 만든 어떠한 실제 표면도 흑체와 같이 거동하지는 못한다. [그림 2.58]과 같이 작은 구멍이 있는 등온의 큰 동공(cavity)은 흑체에 가까운 거동을 한다. 구멍으로 들어간 복사 에너지는 동공의 내면에 부딪치고 구멍을 빠져나오기 전에 여러 번 반사된다. 동공내 복사 에너지는 동공의 내면에 거의 전부 흡수될 때까지 반사한다. 더욱이

그림 2.58 흑체의 동공모델

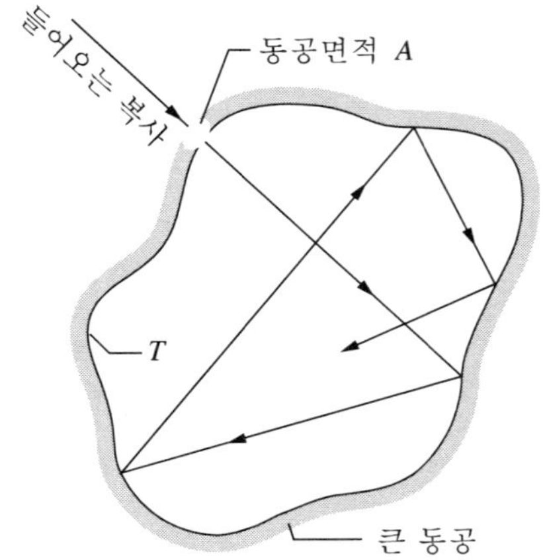

구멍에서 마지막으로 반사하여 나오는 복사 에너지는 입사할 때와 다른 방향으로 반사하여 나오므로 그것은 난반사된다. 따라서 동공은 실제로 완전한 흡수체이고 완전한 복사체라고 할 수 있으며, 구멍은 표면적 A와 온도 T에 있는 흑체와 유사하다. 구멍은 동공표면의 복사성질에 관계없이 흑체와 같은 거동을 한다는 사실을 알아야 한다.

흑체의 특성을 이해하고 기억하려면 단어 중에 '검다'라는 말에 관심을 가져야한다. 검은 것은 모든 입사복사를 흡수하고 반사를 하지 않기 때문에 흑체가 '검다'라고 일컬어진다. 만약 눈이 모든 파장의 열복사를 볼 수 있다면 흑체는 우리에게 검게 보일 것이다. 가시광선 중에서 통상의 검은 표면이 흑체라고 해서는 안 된다. 전자기 스펙트럼의 가시부분은 파장이 아주 좁은 영역(0.4μm에서 0.76μm)이다. 따라서 어떤 표면이 스펙트럼의 가시부분에서 검기 때문에 전체의 열복사 스펙트럼에 대하여 검다고 말할 수 없다. 흰색의 페인트와 눈과 같은 물질은 색깔은 흰색이지만 장파장(적외선) 열복사에서는 흑체와 유사한 거동을 한다. 1901년 플랑크는 흑체의 단색광 복사력 $E_{\lambda,b}$에 관한 관계식을 다음 식과 같이 제안하였다. 이 식을 플랑크의 분배(Planck's distribution)라고 한다.

$$E_{\lambda,b}(\lambda,\ T) = \frac{C_1}{\lambda^5\left[\exp(C_2/\lambda T)-1\right]} \qquad (4.10)$$

여기서, λ : 파장(μm)

T : 온도(K)

C_1 : 3.742×10^8 Wμm^4/m^2

C_2 : $1.439 \times 10^4 \mu$mK

흑체의 단색광 복사력 $E_{\lambda,b}$의 단위는 W/m$^2\mu$m이고 [그림 3.63]과 같이 온도와 파장의 함수로 표시된다. 플랑크의 분배에 대한 몇 가지 특징을 설명할 필요가 있다. 플랑크의 분배에 의하면 흑체복사는 파장에 따라 연속적으로 방출함을 나타낸다. 주어진 온도에서 복사력은 최대값으로 될 때까지 증가하고 파장이 더 커지면 감소한다. 주어진 파장에서 온도가 높아지면 복사력은 증가한다. 온도가 증가함에 따라 곡선의 정점이 파장이 짧은 왼쪽으로 이동한다. 이것은 대부분의 복사가 높은 온도와 짧은 파장으로 방출됨을 말한다. 태양은 5762K의 흑체라고 볼 수 있으며, 이 온도에서 최대 복사력은 가시광선의 영역에 있는 파장에서 일어난다. 그러므로 태양에서 방출된 대부분의 복사는 우리의 눈으로 감지될 수 있다. 약 800K 이하 온도에서 발산되는 복사는 적외선 영역에 있고 눈으로 감지할 수 없다. 대신 빛이 아닌 열로서 감지할 수 있다.

[그림 2.59]의 점선은 각 온도에 대한 곡선의 정점을 통과한다. 주어진 온도에서 최대값이 생기는 파장은 빈(Wien)의 변위법칙으로 계산된다.

그림 2.59 플랭크의 흑체분배

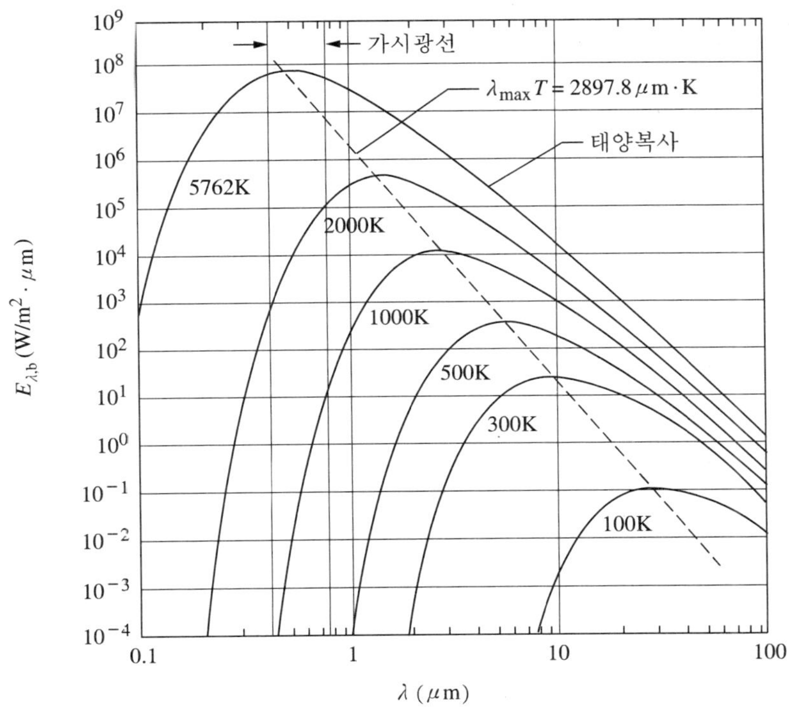

$$(\lambda T)_{max}\,\text{power} = 2897.8\,\mu\text{m} \cdot \text{K} \tag{4.11}$$

플랑크 분배곡선의 최대점을 구하면 빈의 변위법칙이 유도된다. 식 (4.11)을 일정한 T에서 λ에 대하여 미분하고 그 결과를 0으로 놓으면 식 (4.11)이 얻어진다. 태양복사 곡선의 최대값은 $\lambda = (2897.8\,\mu\text{m} \cdot \text{K})/(5762\text{K}) = 0.50\mu\text{m}$, 즉 가시광선 범위의 중간부분에서 얻어진다. 반면 실온에 있는 어떤 표면으로부터 방출되는 복사의 최대값은 적외선 범위인 $\lambda = (2897.8\,\mu\text{m} \cdot \text{K})/(293\text{K}) = 9.89\mu\text{m}$에서 얻어진다. 전등의 3000K인 텅스텐 필라멘트는 흰빛을 내며, 복사가 적외선범위에 있음을 나타내는 $\lambda = (2897.8\,\mu\text{m} \cdot \text{K})/(3000\text{K}) = 0.97\mu\text{m}$에서 흑체의 최대 복사력을 나타낸다.

플랑크의 분배에 의하면 단색광 흑체 복사력은 파장의 함수이다. 식 (4.10)을 식 (4.9)에 대입하고 적분하면 흑체의 전체 복사력 E_b를 얻을 수 있다.

$$E_b(T) = \sigma T^4 \tag{4.12}$$

여기서, 스테판－볼츠만 상수 $\sigma = 5.669 \times 10^8\,\text{W/m}^2 \cdot \text{K}$

식 (4.12)를 스테판－볼츠만의 법칙이라고 한다. 흑체의 전체 복사력 E_b의 단위는 W/m^2이고, 모든 파장으로 방출되는 열에너지를 의미하므로 [그림 2.60]의 주어진 온도에서 플랑크 분배곡선의 아래 부분의 전체면적과 같다. 스테판－볼츠만의 법칙으로부터 표면의 온도만 알려지면 흑체로부터 방출되는 전체 복사 에너지를 계산할 수 있다. 식 (4.12)에 반드시 절대온도의 단위가 사용되어야 한다.

그림 2.60 **플랑크 분배곡선**

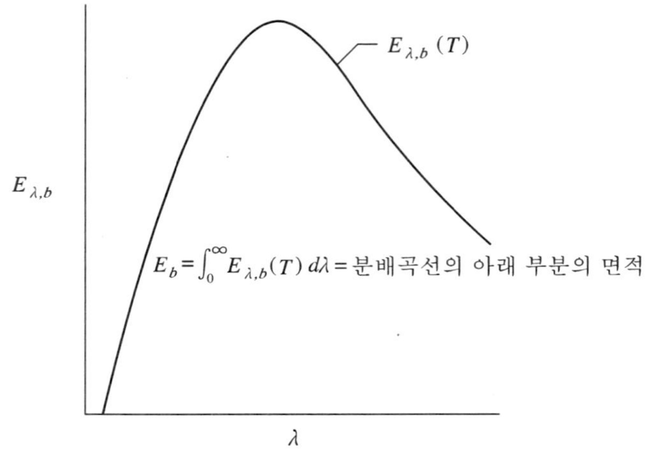

예제 4.7 지름 5.0cm의 긴 원통의 표면온도는 900K이다. 원통이 흑체와 같이 복사한다면 흑체의 전체 복사력과 원통의 단위길이당 방출되는 복사를 계산하라.

해설 흑체의 전체 복사력은 스테판–볼츠만의 법칙에 의해 계산하면

$$E_b(T) = \sigma T^4 \equiv (5.669 \times 10^{-8}\text{W/m}^2\text{K}^4)(900\text{K}^4) = 3.72 \times 10^4\text{W/m}^2 = 37.2\text{kW/m}^2$$

흑체 복사력 E_b가 복사 열유속 $q = \dot{Q}/A$이고, 여기서 $A = \pi Dl$이므로 원통의 단위길이당 복사 열전달은 다음과 같이 계산할 수 있다.

$$\frac{\dot{Q}}{l} = \pi D E_b = \pi \cdot DT^4 = \pi(0.05\text{m})(5.669 \times 10^{8}\text{W/m}^2\text{K}^4)(900\text{K}^4) = 5842\text{W/m}$$

흑체에서 어떤 범위의 파장으로 복사하는 경우에 관심이 있을 수 있다. 모든 파장에 관한 플랑크 분배보다는 관심 있는 파장범위에서 적분해야 한다. 파장 0에서 λ까지 흑체 복사력은

$$E_{0-\lambda,b}(T) = \int_0^{\lambda} E_{\lambda,b}(T)\, d\lambda \tag{4.13}$$

식 (4.13)의 적분은 수치적분으로 구하며 실제 사용하기 편리하도록 다음과 같은 무차원의 흑체복사 함수 f_i로 주어진다.

$$f_i(T) = \frac{\int_0^{\lambda} E_{\lambda,b}(T)\, d\lambda}{E_b(T)} = \frac{\int_0^{\lambda} E_{\lambda,b}(T)\, d\lambda}{\sigma T^4} \tag{4.14}$$

함수 f_i는 온도 T에 있는 흑체에서 방출하는 복사 중에서 파장이 0에서 λ까지 복사 에너지의 분율이다. 뒷장의 표에 f_i값이 λT의 함수로서 주어졌다. 표로 나타낸 복사함수를 사용하면 어떤 흑체복사 함수에서 다른 것을 뺌으로써 어느 파장범위에 대해서도 흑체 복사력을 계산할 수 있다. 파장 λ_1과 λ_2 범위에서 방출되는 흑체복사를 계산하려면 다음 페이지의 '흑체 복사 함수' 표에서 f_{i1}과 f_{i2}를 알고 이것을 빼면 된다.

$$f_{\lambda 1-\lambda 2}(T) = f_{\lambda 2}(T) - f_{\lambda 1}(T) \tag{4.15}$$

이와 같이 빼는 과정을 [그림 2.61]에 개략적으로 표시하였다. 그 다음 $f_{\lambda 1-\lambda 2}(T)$에 $E_b(T)$를 곱하면 λ_1에서 λ_2 범위의 파장에서 방출된 흑체복사를 얻을 수 있다.

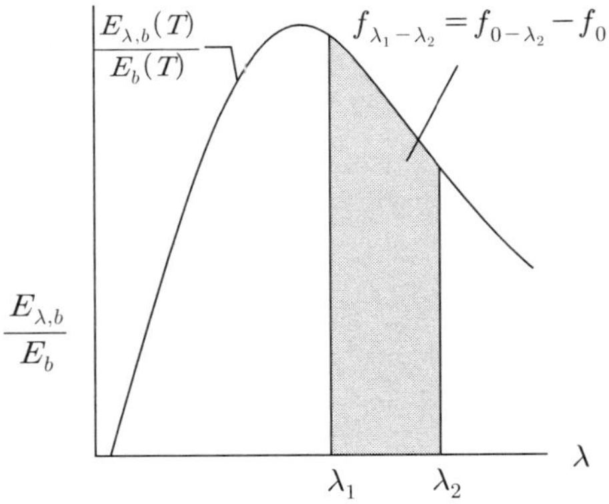

그림 2.61 흑체 복사 함수의 도식적 표현

흑체 복사 함수

λT (μm · K)	f_λ	λT (μm · K)	f_λ
200	0.000000	6200	0.754140
400	0.000000	6400	0.769234
600	0.000000	6600	0.783199
800	0.000016	6800	0.796129
1000	0.000321	7000	0.808109
1200	0.002134	7200	0.819217
1400	0.007790	7400	0.829527
1600	0.019718	7600	0.839102
1800	0.039341	7800	0.848005
2000	0.066728	8000	0.856288
2200	0.100888	8500	0.874608
2400	0.140256	9000	0.890029
2600	0.183120	9500	0.903085
2800	0.227897	10000	0.914199
3000	0.273232	10500	0.923710
3200	0.318102	11000	0.931890
3400	0.361735	11500	0.939959
3600	0.403607	12000	0.945098
3800	0.443382	13000	0.955139
4000	0.480877	14000	0.962898
4200	0.516014	15000	0.969981
4400	0.548796	16000	0.973814
4600	0.579280	18000	0.980860
4800	0.607559	20000	0.985602
5000	0.633747	25000	0.992215
5200	0.658970	30000	0.995340
5400	0.680360	40000	0.997967
5600	0.701046	50000	0.998953
5800	0.720158	75000	0.999713
6000	0.737818	100000	0.999905

예제 4.8 백열등의 필라멘트로부터 가시광선과 적외선 파장의 복사 에너지를 발산한다. 할로겐등은 필라멘트의 증발을 막기 위하여 할로겐 기체가 충전된 일종의 백열등이다. 할로겐등은 표준 백열등보다 더 높은 온도에 사용된다. 표준 백열등과 할로겐등의 필라멘트 온도를 각각 2500K와 4000K라 하고 흑체와 같이 복사한다고 하면, 이들 등의 가시광선 범위에서 방출하는 복사분율을 계산하라.

해설 가시광선의 파장범위는 **0.4**μ**m**에서 **0.76**μ**m**이다.

위의 표에서 흑체 복사 함수를 사용하고 필요하다면 직선으로 내삽하면 표준등 $\lambda_1 T = (0.4\mu\text{m})(2500\text{K}) = 1000\mu\text{m K}$, $f_{i1} = 0.000321$

$\lambda_2 T = (0.76\mu\text{m})(2500\text{K}) = 1900\mu\text{m K}$, $f_{i2} = 0.053035$

할로겐등 $\lambda_1 T = (0.4\mu\text{m})(4000\text{K}) = 1600\mu\text{m K}$, $f_{i1} = 0.019718$

$\lambda_2 T = (0.76\mu\text{m})(4000\text{K}) = 3040\mu\text{m K}$, $f_{i2} = 0.282206$

표준등에 대해

$f_{\lambda1-\lambda2} = f_{\lambda2} - f_{\lambda1} = 0.053035 - 0.000321 = 0.052714(5.27\%)$

할로겐등에 대해

$f_{\lambda1-\lambda2} = f_{\lambda2} - f_{\lambda1} = 0.282206 - 0.019718 = 0.262488(26.2\%)$

표준등은 가시광선 범위의 에너지를 5%만 방출하고 나머지는 적외선으로 방출한다. 따라서 표준등은 전기 에너지를 가시광선으로 전환하기 어렵다. 할로겐등은 가시광선 범위의 에너지를 26% 방출하여 표준등보다 더 효과적이다. 이것은 필라멘트가 더 뜨거워서 파장이 짧은 쪽으로 흑체분배 곡선의 정점이 이동하였기 때문이다.

4.6 복사의 성질

복사 열전달이란 원래 표면현상이다. 공학에서 사용하는 대부분의 물질은 표면의 수 μm 내에서 복사 에너지를 방출하고 흡수한다. 복사 에너지가 통과하지 못하는, 즉 복사 에너지를 투과시키지 못하는 물질을 불투명체라 부르고, 약간의 예외를 제외하면 고체는 대부분 복사에 불투명하다. 입사되는 복사의 일부를 통과하는 물질을 반투명체라 부른다. 불투명체에 복사 에너지가 들어갈 때에는 표면에만 크게 작용하고 반투명체인 경우에는 물체 내의 부피에 작용된다. 어떤 물질에 복사 에너지가 흡수될 때에 입사복사의 파장에 따라 달라진다. 예를 들면, 보통 유리는 가시적인 복사에 대하여 완전히 투명하지만 적외선 범위의 파장에 대해서는 거의 불투명하다. 물질에 입사되었으나 투과하지 않은 분율은 그 물질에서 흡수되고 그 표면에서 반사된다. 물질에 흡수된 복사분율은 물질의 표면에서 방출하거나 그 물질로 전도된다. 이 단원에서는 방출, 흡수, 반사, 투과과정을 특징짓는 물질의 복사성질을 취급한다.

4.6.1 복사능

앞 단원에서 이상적인 방출물체와 흡수물체로서 흑체를 정의하였고, 어떠한 물체도 흑체보다 주어진 온도에서 복사를 더 방출하거나 흡수할 수 없다고 설명하였다. 흑체는 실제

표면에 비교되는 기준이 된다. 실제표면을 흑체에 비교할 수 있는 복사성질을 복사능이라 부른다. 복사능이란 동일온도에서 실제표면과 흑체에서 방출된 복사의 비를 말한다. ϵ으로 표시되는 복사능은 무차원이고 0에서 1까지 변한다. 만약 $\epsilon = 1$이라면 그 표면은 흑체이다. 어떠한 실제표면도 정확히 흑체와 같이 거동할 수 없으나 흑체에 가까이 접근할 수 있다. 예를 들면, 아주 검은 페인트나 락카칠을 한 표면의 $\epsilon \approx 0.95$이다. 복사능은 표면온도, 파장 및 복사의 방향에 따라 달라진다. 파장의 함수로 표시되는 복사능을 단색광 복사능이라 하고 ϵ_i로 표시하고 방향의 함수로 표시되는 복사능을 방향복사(directional emissivity)라 하고 ϵ_θ로 표시한다. 여기서, θ는 복사와 표면의 법선으로 이루는 각도를 나타낸다. 이와 같은 복잡한 함수관계를 간략하게 나타내기 위하여 반구의 전체 복사능(total hemispherical emissivity)을사용하여 모든 파장과 방향에 대하여 평균 복사능을 표시한다. 복사성질이 방향에 무관하다면 '표면이 난반사이다'라고 하고, 파장에 무관하다면 '표면은 회색체이다'라고 말한다. 회색체의 난반사 표면의 복사능은 반구의 전체 복사능이다. 복사능이란 동일온도에서 실제표면과 흑체로부터 방출되는 복사의 비이므로 반구의 전체 복사능은

$$\epsilon(T) = \frac{E(T)}{E_b(T)} = \frac{E(T)}{\sigma T^4} \tag{4.16}$$

여기서, $E(T)$: 실제표면의 전체 복사력

이제부터는 다른 언급이 없는 한 반구의 전체 복사능을 단순히 복사능이라 한다. 식 (4.16)은 정리하면 실제표면의 복사력은

$$E(T) = \epsilon(T)\,\sigma T^4 \tag{4.17}$$

여기서, E의 단위 : W/m²

표 2.11 표면 상태에 따른 복사능

표 면	온도(K)	복사능(ε)
Steel, polished	100	0.006
Mild steel	100	0.2～0.3
Sheet steel, with rough oxide layer	24	0.8～0.9
Asbestors board	24	0.96
Fire brick	1000	0.75
Concrete tile	1000	0.63

연마된 표면의 복사능은 0.1보다 작고 페인트, 물, 건축자재 등의 복사능은 0.95보다 크다. [표 2.11]과 [그림 2.63]은 여러 가지 물질의 복사능을 나타낸 것이다.

그림 2.62 여러 가지 물질의 복사능

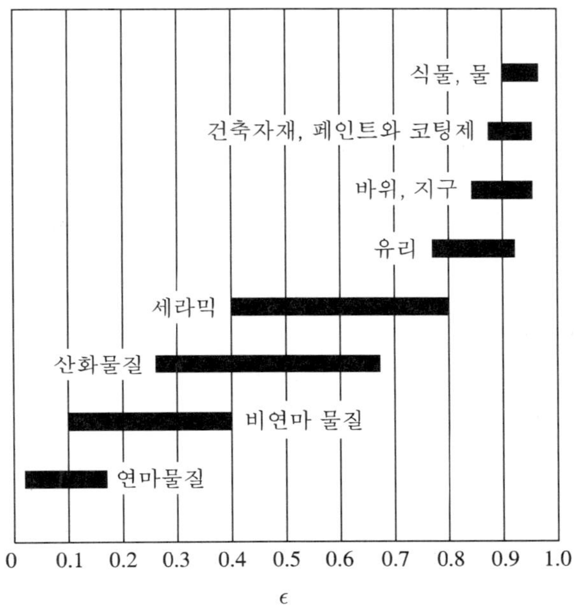

그림 2.63 복사능의 표면조건과 온도

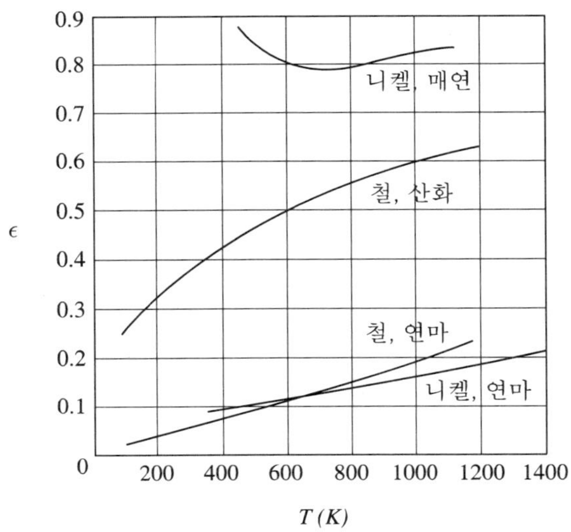

복사능은 표면조건에 크게 영향을 받는 함수이다. 연마된 표면의 복사능은 거친 표면이나 산화 또는 오염된 표면의 복사능보다 작다. 철과 니켈의 복사능을 온도의 함수로 [그림 2.63]에 나타냈다. 연마된 표면은 산화되거나 그을려진 표면보다 복사능이 작다. 매끈하거나 연마된 표면에 페인트나 락카칠을 하면 복사능을 크게 하는 효과가 있다. 특히, 우주선의 열전달 설계에서 전자장치와 광학장치온도를 적당히 유지하기 위하여 복사능과 다른 복사성질을 조절하는 수단으로 면을 피복한다.

[그림 2.64]는 다양한 표면에 대한 단색광 복사능을 표시한다. 단색광 복사능 ϵ_λ는 파장에 따라 심하게 변하며 복잡한 함수이다. 주어진 온도에서 회색 실제물체와 같은 복사 에너지를 방출한다. 이 사실은 식 (4.17)을 사용할 때 주어진 온도에서 실제물체와 같은 복사에너지를 나타내는 평균복사 에너지를 얻을 수 있음을 의미한다. 평균 복사능은 다음의 관계식으로 표시된다.

그림 2.64 단색광은 파장의 복잡한 함수

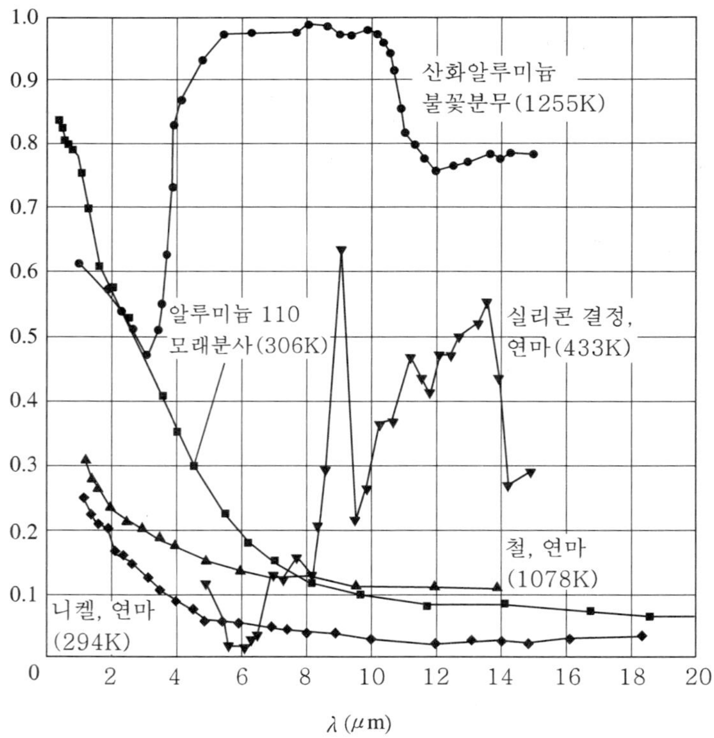

$$\epsilon(T) = \frac{\int_0^\infty \epsilon_\lambda(T) E_{\lambda,b}(T)\, d\lambda}{\sigma T^4} \tag{4.18}$$

ϵ_λ의 함수는 너무 복잡하여 해석적으로 적분할 수 없고 수치해법으로 적분할 수 있을 것이다. 그러나 더 간단한 방법은 전자기 스펙트럼을 다수의 불연속적파장의 띠(**wave band**)로 나누고, 여기서 각 띠의 ϵ_λ는 계단함수(**step function**)로 표시한다. 즉, ϵ_λ 함수는 일정하다. **[그림 2.64]**에 표시된 알루미늄 산화물(피복된 표면)의 단색광 복사능을 예로 들면, **[그림 2.64]**에서와 같이 계단함수로 근사되며 스펙트럼을 일정한 복사능을 갖는 **3**개의 파장의 띠로 나눌 수 있다. **3**개의 구분은 다음과 같다.

파장범위(μm)	복사능
$0 \le \lambda \le \lambda_1$	$\epsilon_\lambda = \epsilon_1$
$\lambda_1 \le \lambda \le \lambda_2$	$\epsilon_\lambda = \epsilon_2$
$\lambda_2 \le \lambda \le \infty$	$\epsilon_\lambda = \epsilon_3$

식 (4.18)에서 전체적분을 3개의 분할적분으로 나눔으로써, 즉 각각을 하나의 계단함수로 취급하면 평균 복사능을 계산할 수 있다. 각 계단함수의 복사능이 일정하므로 적분이 가능하다. 식 (4.18)을 다음과 같이 쓸 수 있다.

$$\epsilon(T) = \frac{\epsilon_1 \int_0^{\lambda 1} E_{\lambda,b}(T)\, d\lambda}{\sigma T^4} + \frac{\epsilon_2 \int_{\lambda 1}^{\lambda 2} E_{\lambda,b}(T)\, d\lambda}{\sigma T^4} + \frac{\epsilon_3 \int_{\lambda 2}^{\lambda 3} E_{\lambda,b}(T)\, d\lambda}{\sigma T^4} \tag{4.19}$$

식 (4.19)의 각 항을 식 (4.14)인 흑체의 복사함수 f_i와 동일하다. 따라서

$$\epsilon(T) = \epsilon_1 f_{0-\lambda 1}(T) + \epsilon_2 f_{\lambda 1-\lambda 2}(T) + \epsilon_3 f_{\lambda 2-\lambda 3}(T) \tag{4.20}$$

식 (4.20)은 3개의 값을 가지는 계단함수에 적용되지만, 표면의 단색광 복사능을 근사적으로 나타내는 데 필요한 어떤 수만큼의 값을 가지는 계단함수에도 적용될 수 있다.

예제 4.9 다음 그림에 표시한 산화알루미늄, 즉 피복된 표면의 단색광 복사능을 알고 있다. 평균 복사능과 1255K에서 복사력을 계산하라.

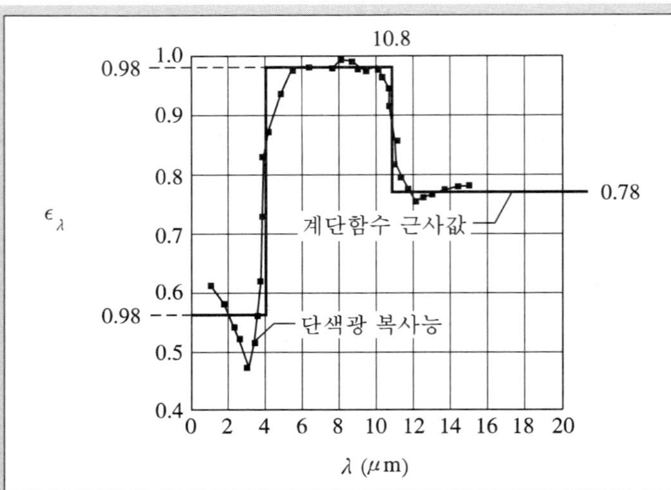

해설 표면의 평균 복사능을 구하기 위하여 위 그림 계단함수의 단색광 복사능을 근사적으로 나타낸다.

파장범위(μm)	복사능
$0 \le \lambda \le 4$	$\epsilon_1 = 0.56$
$4 \le \lambda \le 10.8$	$\epsilon_2 = 0.98$
$10.8 \le \lambda \le \infty$	$\epsilon_3 = 0.78$

$\lambda_1 = 4\mu m$ 와 $\lambda_2 = 10.8\mu m$ 에서 계단변화에 상응하는 흑체복사를 위 표에서 구하면

$\lambda_1 T = (4\mu m)(1255K) = 5020\mu m\,K$, $f_{\lambda i} = 0.636269$

$\lambda_2 T = (10.8\mu m)(1255K) = 13554\mu m\,K$, $f_{\lambda 2} = 0.959437$

그리고

$f_{0-\lambda 1} = f_{\lambda 1} - f_{\lambda 0} = 0.636269 - 0 = 0.636269$

$f_{\lambda 1-\lambda 2} = f_{\lambda 2} - f_{\lambda 1} = 0.959437 - 0.636269 = 0.323168$

$f_{\lambda 1-\infty} = f_{\infty} - f_{\lambda 2} = 1 - 0.959437 = 0.040563$

이 값을 식 (4.20)에 대입하면

$$\epsilon(T) = \epsilon_1 f_{0-\lambda 1} + \epsilon_2 f_{\lambda 1-\lambda 2} + \epsilon_3 f_{\lambda 2-\infty}$$
$$= (0.56)(0.636269) + (0.98)(0.323168) + (0.78)(0.040553) = 0.705$$

따라서 이 표면은 0.705의 일정한 복사능을 표시하는 회색체가 1255K에서 방출하는 동일한 복사량을 방출한다. 식 (4.17)을 사용하여 이 표면의 복사력을 계산하면

$$\epsilon(T) = \epsilon(T)\sigma T^4$$
$$= (0.705)(5.669 \times 10^{-8} W/m^2K)(1255K) = 9.91 \times 10^4 W/m^2 = 99.1 kW/m^2$$

4.6.2 흡수능, 반사능, 투과능

절대영도 이상의 온도에 있는 모든 물체는 복사 에너지를 방출하므로 모든 물체에서 방출되는 복사 에너지가 항상 다른 물체에 부딪친다. 표면에 입사되는 복사 열유속을 조사량(irradiation)이라고 말하며 G로 표시한다. 조사량의 단위는 W/m²이다. 복사가 어느 표면에 부딪치면 [그림 2.65]와 같이 일부는 흡수되고 일부는 반사되고, 또 일부는 투과된다. 입사된 복사 중에서 흡수되고 반사되고 또 투과된 분율을 흡수능 α, 반사능 ρ, 투과능 τ라 부른다. 이와 같은 조사량 G의 분율로 정의되는 복사물성은

$$\alpha = \frac{\text{흡수 복사량}}{\text{입사 복사량}} = \frac{G_{abs}}{G} \tag{4.21}$$

$$\rho = \frac{\text{반사 복사량}}{\text{입사 복사량}} = \frac{G_{ref}}{G} \tag{4.22}$$

$$\tau = \frac{\text{투과 복사량}}{\text{입사 복사량}} = \frac{G_{tr}}{G} \tag{4.23}$$

여기서, G_{abs}, G_{ref}와 G_{tr} : 각각 조사량 G의 흡수, 반사, 투과된 분율

그림 2.65 **물질에 따른 복사 형태(흡수, 반사와 투과)**

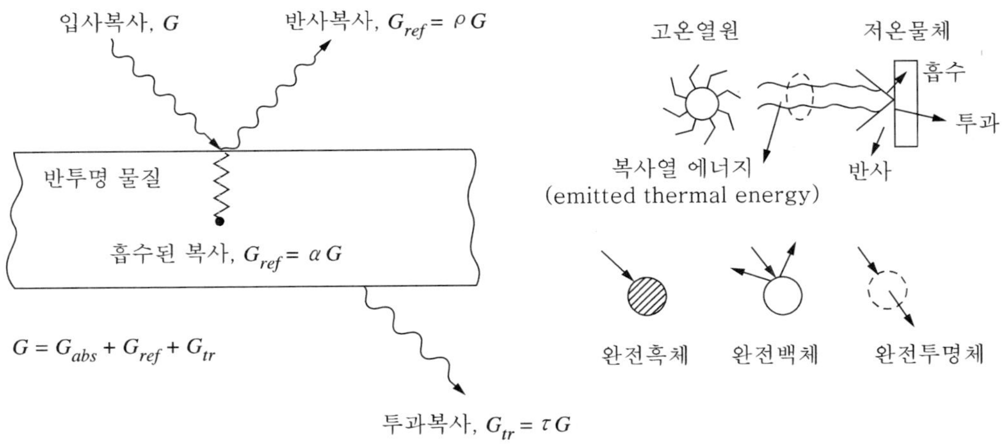

흑체(block body) : $\alpha = 1$, $\rho = 0$, 복사에너지를 모두 흡수하는 물질
백체(white body) : $\alpha = 0$, $\rho = 1$, 복사에너지를 모두 반사하는 물질
회색체(gray body) : 복사에너지를 일부반사, 일부흡수

흡수능, 반사능, 투과능은 0에서 1 사이의 값인 무차원수이다. 에너지보존 법칙이라 불리는 열역학 제1법칙에 따르면 표면에 입사된 복사는 흡수, 반사, 투과된 복사의 합과 같다.

$$G = G_{abs} + G_{ref} + G_{tr} \tag{4.24}$$

식 (4.24)를 G로 나누면

$$\alpha + \rho + \tau = 1 \tag{4.25}$$

어느 하나의 복사물성이 다른 두 물성으로부터 계산될 수 있으므로 식 (4.25)는 매우 중요한 관계식이다. 물질이 불투명하다면 $\tau = 0$이고 식 (4.25)는

$$\alpha + \rho = 1 \tag{4.26}$$

불투명체의 α 또는 ρ를 알 수 있으면 다른 물성은 쉽게 알 수 있다. 식 (4.21), 식 (4.22)와 식 (4.23)의 복사물성은 반구의 전체 물성(total hemispherical properties)이며, 즉 모든 파장과 방향에 대하여 평균한 것이다. 복사능과 같이 흡수능, 반사능, 투과능도 방향과 파장에 따라 특성이 달라진다. 흡수능, 투과능과 달리 반사능은 입사각과 반사각에 따라 달라진다. [그림 2.66]에 반사되는 복사특성을 표시하였다. 표면이 가시광선에 거울과 같이 거동하면 입사각은 반사각과 같고, 그 표면을 반사경(specular)이라고 부른다.

그림 2.66 **표면에서 반사된 복사** (a) 거울과 같이 거동 (b) 모든 방향으로 균일하게 퍼져감, (c) 반사경 반사와 난반사의 두 거동

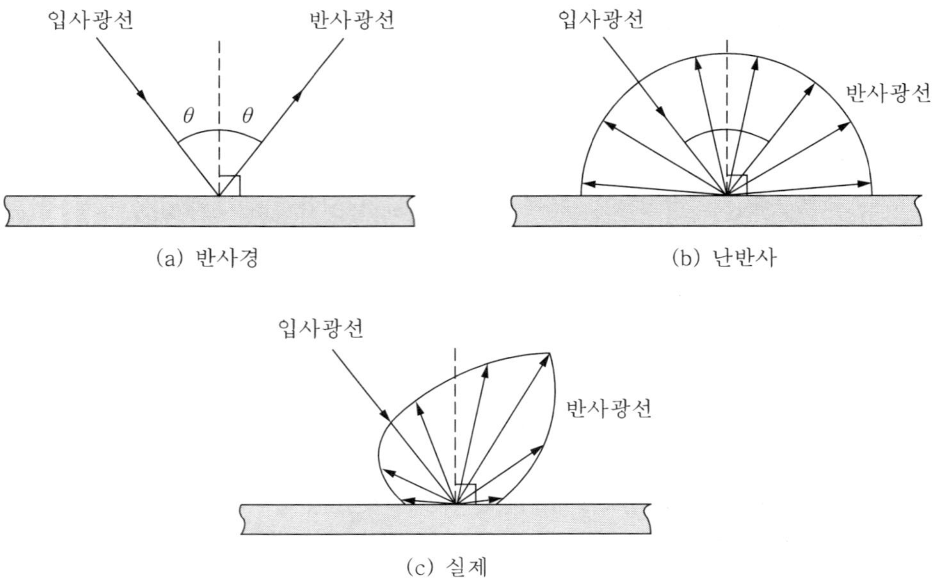

입사복사가 모든 방향으로 균일하게 반사한다면 그 표면이 난반사한다고 말한다. 매끄럽게 연마된 표면에서 반사경 반사를 가정할 수 있으며, 반면에 조잡한 표면에서는 난반사한다고 가정한다. 실제표면에서는 두 경우의 중간의 반사거동을 나타낸다. 실제표면으로부터 반사되는 복사를 모델링하기가 극히 어려우므로 완전한 반사경 또는 완전한 난반사의 거동을 한다고 가정하는 것이 대부분이다. 실제 열전달에서 사용되는 대부분의 표면은 아주 매끈하거나 연마되지 않기 때문에 이 책에 예시되는 모든 물체와 대부분의 실제응용에서는 완전한 난반사를 가정한다. 몇 종류의 대표적 물질에 대한 [그림 3.68]과 같이 복사는 표면온도의 함수임을 명심한다. 복사능과 다르게 흡수능은 복사원의 온도에 따라 다르다. 예를 들면 땅, 식물, 가옥과 도로 같은 300K 주위물체로부터 방출되는 복사에 대하여 가옥에 칠한 흰색 페인트의 흡수능은 대략 0.95이다. 그러나 태양 복사원의 온도는 5762K이고 동일한 흰색 페인트에 대한 흡수능은 약 0.2이다.

예제 4.10 Black Body(흑체)에 대해 설명하라.

해설

① 흡수능 $\alpha = 1$이 되는 물체로서 이 경우 받은 복사에너지를 전부 흡수하고 반사나 투과는 없게 된다.

② 완전 흑체에서 복사에너지는 절대온도의 4승에 비례하고, 열전달 면적에 비례한다. 이를 Stefan–Boltzmann법칙이라 한다.

$q = \epsilon \sigma T^4$

여기서, ϵ : 복사능(같은 온도에서 흑체와 그 물체의 복사력의 비, $0 < \epsilon < 1$)

σ : Stefan–Boltzmann 상수

T : 절대온도

③ 실제물체(Real body)의 복사에너지는 같은 온도에 있는 흑체의 복사에너지보다 작다.

④ Kirchhoff 법칙에 의해 어떤 물체가 주위와 온도 평형에 있으면 그 물체의 복사능과 흡수능은 같다.

4.6.3 키르히호프 법칙

표면의 복사능과 흡수능이 동일한 경우를 고려해보자. [그림 2.67]과 같이 등온의 큰 동공 속에 있는 작은 물체를 생각하자. 흑체에 관하여 앞 단원에서 설명한 바와 같이 등온의 큰 동공은 표면의 성질에는 무관하게 흑체라고 볼 수 있다. 물체는 충분히 작아서 동공이 흑체로 거동하는데 아무 지장이 없다고 가정한다. 정상상태에서는 물체와 동공간에는 열

그림 2.67 키르히호프 법칙-동공 속의 물

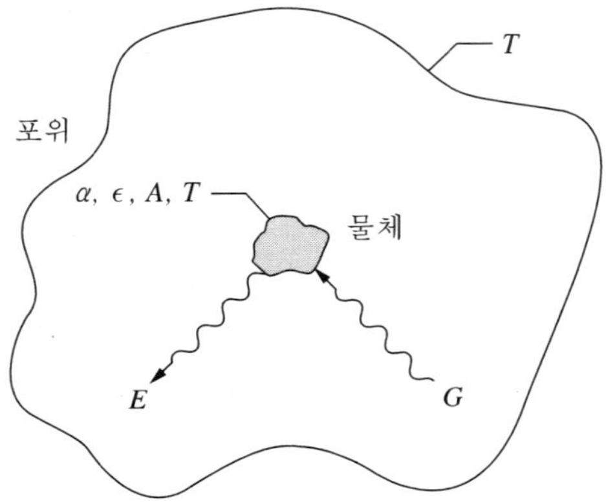

적평형이 성립되고 그들의 온도는 동일하다. 단위면적당 물체로 흡수된 복사는

$$G_{abs} = \alpha G = \alpha \sigma T^4 \tag{4.27}$$

단위면적당 물체로부터 방출된 복사는

$$E = \epsilon \sigma T^4 \tag{4.28}$$

물체와 동공간에는 열적평형 상태이므로 물체에 흡수된 에너지는 방출된 에너지와 같다.

$$A \epsilon (T) \sigma T^4 = A \alpha (T) \sigma T^4 \tag{4.29}$$

식 (4.29)를 $A \sigma T^4$으로 나누면

$$\epsilon (T) = \alpha (T) \tag{4.30}$$

식 (4.30)을 키르히호프(Kirchhoff)의 법칙이라고 한다. 이 법칙은 온도 T에 반구의 전체 복사능(total hemispherical emissivity)은 동일온도에 있는 표면으로부터 도달된 복사의 반구의 전체 흡수능(total hemispherical absorptivity)과 동일하다는 것을 의미한다.

식 (4.30)의 키르히호프 법칙은 표면의 온도가 복사원의 온도와 동일할 때에는 정확히 성립된다. 표면과 복사원의 온도차가 수백 도 정도 차이가 있어도 그 법칙을 적용한 결과는 좋다. 특수한 경우에 키르히호프 법칙을 적용할 수 있다고 가정하면 식 (4.26)에서 $\epsilon = \alpha$의 관계를 이용하여 불투명체에 대한 3개의 복사물성으로부터 다른 두 개의 물성을 개선할 수 있다.

이 단원의 요점을 종합하면 열전달에 관계되는 대부분의 물질은 열복사에 불투명하다.

주어진 온도에서 복사성질은 방향과 파장에 따라 변하지만, 반구의 전체 복사량을 사용한다면 열전달 면적은 단순해진다. 키르히호프 법칙을 이용함으로써 복사 문제를 더욱 단순화할 수 있다. 부록 F에 수록된 각 물질의 복사능을 참조하기 바란다.

4.7 표면간의 복사

앞 단원에서는 복사 열전달 문제의 핵심인 표면 사이의 복사에 관한 기초적인 사항을 취급하였다. 표면 사이의 공간이 진공일 수도 있고 액체 또는 기체로 채워질 수도 있다. 복사는 진공에서 간섭을 받지 않으나 유체, 특히 액체에서는 감쇄된다. 간섭하는 매체가 깨끗한 기체, 즉 먼지, 그을음, 수증기, 또는 다른 입자를 포함하지 않은 기체라면 감쇄현상은 보통 무시되고 표면 대 표면의 복사에 관한 문제는 쉽게 결정된다. 표면 사이에 그러한 중간매체(paticipating media)가 있으면 복사 문제는 한층 더 복잡해진다. 하지만, 중간매체의 영향은 고려하지 않는다.

4.7.1 흑체

흑체가 열복사의 완전한 복사체이고 흡수체라는 것은 복사 에너지가 흑체에 입사되었을 때 모두 흡수되고 반사는 전혀 일어나지 않는다는 것을 의미한다. 흑체에서 전혀 반사되지 않는다는 사실로부터 물체를 간단히 해석할 수 있다. [그림 2.68]의 흑체 두 표면을 생각해보자. 표면적과 온도를 각각 A_i, A_j와 T_i, T_j라 한다. T_i와 T_j는 절대영도 이상이므로 두 표면 모두 복사한다. 그러나 $T_i > T_j$이므로 순수 복사 열전달이 표면 i에서 j로 이동

그림 2.68 흑체 두 표면의 복사 열전달

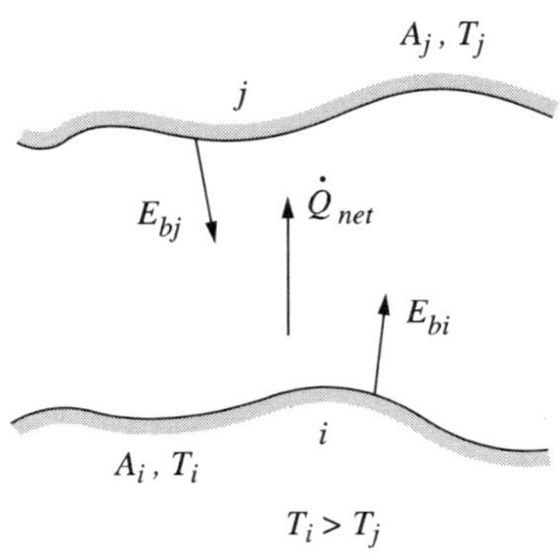

한다. 흑체의 전체 복사력은 식 (4.12)로 계산되므로 순수 복사 열전달은 다음과 같이 표현된다.

$$\dot{Q}_{net} = \dot{Q}_{ij} = A_i E_{bi} F_{ij} - A_j E_{bj} F_{ji} \tag{4.31}$$

상호적인 관계식 $A_i F_{ij} = A_j F_{ji}$을 사용하면 순수 복사 열전달은

$$\dot{Q}_{ij} = A_i F_{ij} \sigma (T_i^4 - T_j^4) \tag{4.32}$$

식 (4.32)로 흑체의 두 표면간의 순수 복사 열전달을 계산한다. 특정온도에 있는 N개의 표면으로 형성된 밀폐공간에 이것을 확대하면 표면 i로부터 각각 다른 표면으로 복사하는 열전달의 합과 같다. 순수 복사 열전달의 부호가 열전달 방향을 나타낸다는 것을 아는 것이 중요하다. 식 (4.32)의 양의 $\dot{Q}_{ij}$값은 표면 i에서 j쪽으로 열이 흐르는 것을 나타내는 것이며, 반면에 음의 값은 그 반대이다. 비슷하게 식 (4.33)의 양의 $\dot{Q}_{ij}$값은 표면 i에서 다른 표면 쪽으로 순수 열전달이 일어나고, 반면에 $\dot{Q}_{ij}$가 음의 값이면 그 반대이다. 밀폐공간 속의 각 표면은 특정온도에 있기 때문에 한 표면으로부터 자체 표면으로 시계인자 F_{ij}가 0이 아니라도 순수 열전달은 일어나지 않는다.

$$\dot{Q}_{ij} = \sum_{j=1}^{N} \dot{Q}_{ij} = \sum_{j=1}^{N} A_i F_{ij} \sigma (T_i^4 - T_j^4) \tag{4.33}$$

4.7.2 난반사, 회색체

흑체의 반사능은 0이다. 그러므로 흑체간의 복사는 반사가 없기 때문에 계산하기 쉽다. 실제로 흑체로 거동하는 표면은 거의 없으며, 실제표면을 흑체로 가상하면 심각한 오차를 초래한다. 밀폐공간 속에서 복사 열교환은 여러 번 반사하면서 일어난다. 해석을 간단히 하기 위하여 다음과 같이 가정한다. 첫째, 두 표면간의 복사를 불투명체간의 복사라고 생각한다. 표면은 난반사한다. 즉, 표면은 모든 방향으로 균일하게 방출하고 반사한다. 표면은 회색체이다. 즉, 복사물성이 파장에 무관하다. 마지막으로 모든 표면은 등온이다.

이 단원의 앞에서 표면의 단위면적당 입사되는 복사를 조사량 G로 정의하였다. 표면을 떠나는 복사 에너지는 두 부분으로 나눌 수 있다. 다른 표면으로부터 도달하는 입사량 G의 반사하는 부분과 자체의 온도 때문에 그 표면으로부터 방출하는 복사부분으로 나눌 수 있다. 이것을 [그림 2.69]에 나타냈다. 단위면적당 표면을 떠나는 전체복사를 방출 복사량(radiosity) J라 한다. 표면 i의 방출 복사량은

$$J_i = \epsilon_i E_{bi} + \rho_i G_i \tag{4.34}$$

그림 2.69 방출 복사량은 반사된 복사와 방출된 복사의 합

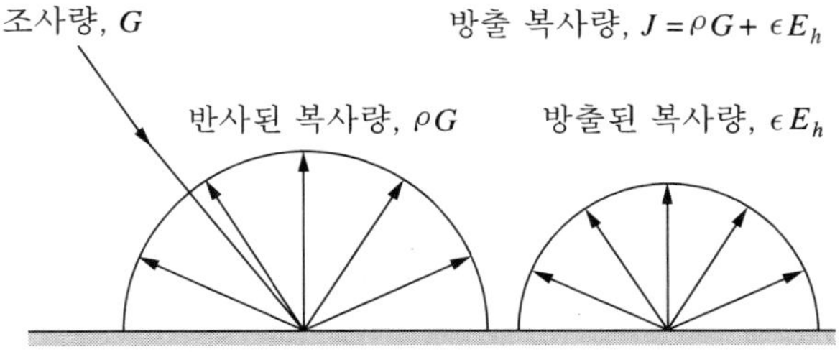

여기서, $E_{bi} = \sigma T^4$: 흑체의 복사력

G_i : 조사량

ϵ_i : 복사능

ρ_i : 반사능

조사량과 같이 방출 복사량은 열유속의 단위이다. 키르히호프의 법칙을 사용하면 $\epsilon_i = \alpha_i$이고, 식 (4.26)을 식 (4.34)에 대입하면

$$J_i = \epsilon_i E_{bi} + (1-\epsilon_i)\,G_i \tag{4.35}$$

흑체인 경우 $\epsilon_i = 1$이고, 식 (4.35)의 방출 복사량은 다음과 같이 흑체의 복사력과 같아진다.

$$J_i = E_{bi} = \sigma T^4 \tag{4.36}$$

4.7.3 전기적인 유사성

조사량 G를 표면으로 입사하는 전체복사라고 하고 단위면적당 방출 복사량 J를 표면을 떠나는 전체복사라고 정의하면 그 표면에서 순수 복사 열전달을 정의할 수 있다.

$$\dot{Q} = A_i(J_i - G_i) \tag{4.37}$$

열전달 방향은 G_i와 J_i의 크기에 따른다. 만약 $J_i > G_i$이면 표면으로부터 복사 열전달이 있고 $\dot{Q}_i$는 양수이다. 만약 $J_i < G_i$이면 표면 쪽으로 순수 복사 열전달이 있고 $\dot{Q}_i$는 음수이다. 식 (4.35)를 G_i에 대하여 풀어서 식 (4.37)에 대입하면

$$\dot{Q}_i = A_i\left(J_i - \frac{J_i - \epsilon_i E_{bi}}{1-\epsilon_i}\right) = \frac{A_i\epsilon_i}{1-\epsilon_i}(E_{bi} - J_i) \tag{4.38}$$

제2장에서 1차원 정상상태의 열전도를 전기적인 유사성으로 모델링하였다. 식 (4.38)를 다음과 같이 정리하면 비슷한 방법을 나타낼 수 있다.

$$\dot{Q}_i = \left(\frac{E_{bi} - J_i}{R_i} \right) \tag{4.39}$$

$$\text{여기서, } R_i = \frac{1-\epsilon_i}{A_i \epsilon_i} \tag{4.40}$$

식 (4.39)는 옴의 법칙과 유사하다. 여기서, $\dot{Q}_i$는 전류에 $(E_{bi} - J_i)$는 전위차에, 그리고 R_i는 저항에 대응된다. R_i는 복사의 표면저항을 나타내며, [그림 2.70]에서 전기 저항체로 표시된다. 표면저항 R_i는 표면 A_i와 복사능 ϵ_i만의 함수이다. 표면저항은 면적의 역수단위로 표시되며 복사능이 증가하면 감소한다. 흑체의 ϵ_i는 1이므로 흑체의 표면저항은 0이다. 따라서 $E_{bi} = J_i$이다.

응용분야에서 흔히 접하게 되는 특수한 표면을 재복사 표면(reradiating surface)이라고 부른다. 재복사 표면은 받은 열에너지만큼을 복사한다. 실제 이와 같은 형태의 표면은 [그림 2.71]과 같이 뒷면은 열에 잘 단열되어 있고 복사표면이 대류현상에 아무 영향이 없다.

그림 2.70 복사표면 저항

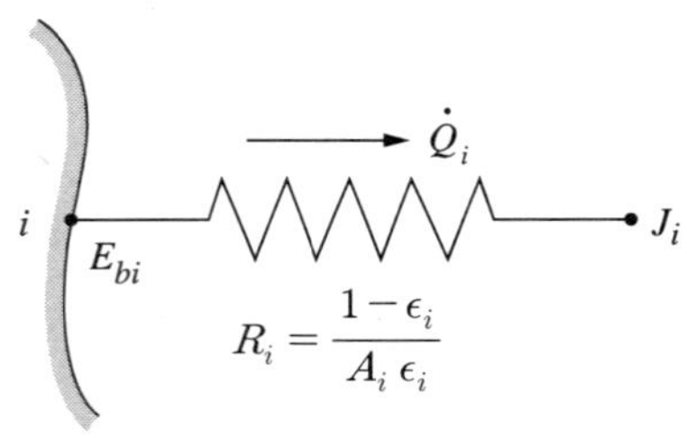

그림 2.71 뒷면이 완전 단열된 평판은 전기저항과 유사 - 재복사 표면에서 순수 복사 열전달=0

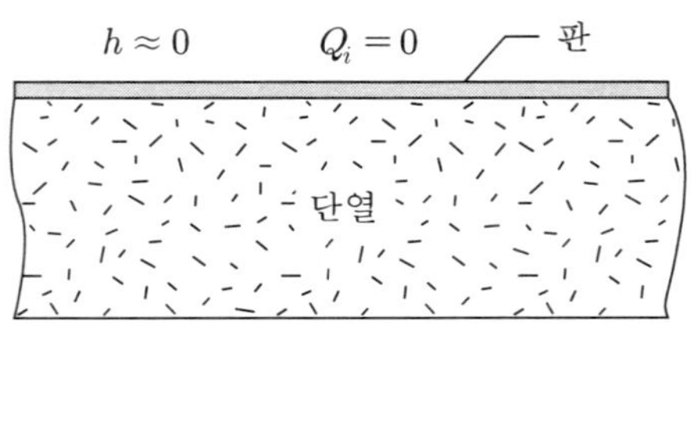

재복사하므로 열전달은 전혀 없다. 따라서 $G_i = J_i = E_{bi} = \sigma T^4$이다. 재복사 표면의 온도는 방출 복사량이 알려지면 쉽게 결정될 수 있으며 복사능에 무관하다. 재복사 표면을 해석하는데 복사능이 필요한 인자가 아니므로 표면저항이 무시된다.

전기회로와의 유사성을 확장하여 복사열을 교환하는 두 표면에 적용해보자. 불투명하고 난반사하는 회색체의 두 표면 i와 j가 서로 복사하는 경우를 생각한다. 각 표면은 일정온도에 있다. 표면 i에서부터 j로 순수 복사 열전달은 표면 i를 떠나서 표면 j에서 차단되는 복사량에서 표면 j를 떠나서 표면 i에 차단되는 복사를 뺀 것이 된다.

$$\dot{Q}_{ij} = A_i J_i F_{ij} - A_j J_j F_{ji} \tag{4.41}$$

상호적인 관계식을 사용하면 식 (4.41)은

$$\dot{Q}_{ij} = \frac{J_i - J_j}{R_{ij}} \tag{4.42}$$

여기서, $R_{ij} = \dfrac{1}{A_i F_{ij}}$ (4.43)

식 (4.42)는 옴의 법칙에 유사하다. 여기서, $\dot{Q}_{ij}$는 전류에, $(J_i - J_j)$는 전위차에, 그리고 R_{ij}는 저항에 상응한다. 저항 R_{ij}는 복사에 관한 공간저항(space resistance)이며 표면적 A_i와 시계인자 F_{ij}의 함수이다. 공간저항은 면적의 역수단위이고 시계인자가 클수록 작아진다. 또 $F_{ij} = 1$일 때 최소가 된다. 표면 i와 j 사이의 복사 열전달은 [그림 2.72]와 같이 직렬의 3개 저항체의 회로를 흐르는 전류와 유사하다. 두 개의 저항은 표면에서 복사저항을 표시하여 제3의 저항은 두 표면 사이의 복사저항을 표시한다. 표면저항은 복사능에 관계되지만 공간저항은 시계인자에 관계된다. 표면저항은 흑체에 대하여 0이고 심하게 반사하는 표면인 경우에는 큰 값을 나타낸다. 공간저항은 $F_{ij} = 1$일 때 최소값이고 $F_{ij} = 0$일 때 무한대의 값이 된다. 이 경우에는 표면은 서로 볼 수가 없고 복사열은 직접 교환되지

그림 2.72 두 표면간에 전달되는 복사-두 표면저항과 하나의 공간저항으로 표시

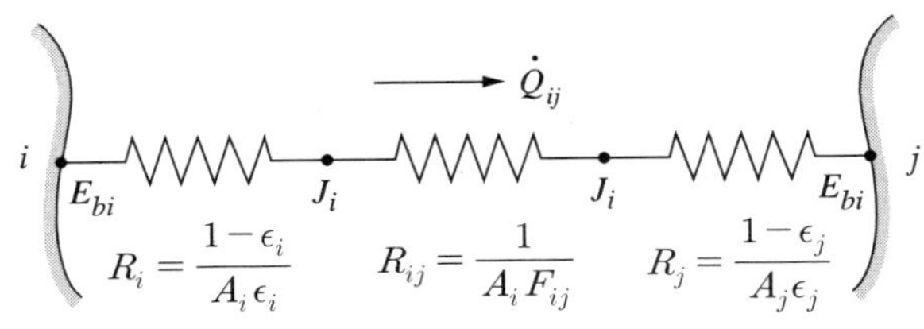

못한다. 제2장에서 복합 벽의 1차원 열전도는 전체 온도차와 전체 열저항으로 나타낼 수 있었다. 유사한 방법으로 두 표면간의 복사도 전체 복사력의 차이와 전체 복사저항으로 표현할 수 있다.

$$\dot{Q}_{ij} = \frac{E_{bi} - E_{bj}}{R_i + R_{ij} + R_j} \tag{4.44}$$

이 식에 각 표면의 흑체 복사력과 복사저항의 식을 대입하면

$$\dot{Q}_{12} = \frac{\sigma\left(T_1^{\ 4} - T_2^{\ 4}\right)}{\dfrac{1-\epsilon_1}{A_1\epsilon_1} + \dfrac{1}{A_1F_{12}} + \dfrac{1-\epsilon_2}{A_2\epsilon_2}} \tag{4.45}$$

여기서, $i = 1$, $j = 2$

식 (4.45)는 난반사하고 회색체인 두 표면이 서로 복사 에너지를 교환만 하는 일반화된 식이다. 다시 말하면 식 (4.45)는 밀폐공간을 형성하고 있는 두 표면간의 복사 열전달을 구하는 데 이용된다.

식 (4.45)의 특수한 형태가 몇 가지 기하학적 구조에 대하여 [표 2.12]에 표시되었다. 앞에서 설명한 바와 같이 작은 물체로부터 주위로 방출되는 복사는 주위의 표면성질에 무관하므로 주위를 흑체라고 가정할 수도 있고 다른 형태의 표면이라고도 할 수 있다. 무한크기의 평행한 두 판 사이의 복사일 경우에는 두 평행표면이 인접해 있어서 서로만을 볼 수 있고, 그 외 다른 것은 볼 수 없는 경우에 그 관계식을 사용한다. 무한히 긴 동심 원통과 구의 경우에 사용되는 관계식은 분모의 면적비를 제외하면 전자와 동일하다. 정육면체의 밀폐공간은 같은 크기의 6개의 정사각형 표면으로 구성되며 한 표면으로부터 다른 표면으로의 시계인자는 1/5이다.

예제 4.11 동심의 긴 원통 2개의 지름이 4cm와 12cm이다. 작은 원통의 바깥 표면온도는 800K이고 큰 원통의 내 표면온도는 300K이다. 작은 원통과 큰 원통의 복사능이 각각 0.7과 0.4라고 하며 단위길이당 원통간의 복사 열전달을 구하라.

해설 $T_1 = 800\text{K}$, $\epsilon_1 = 0.7$, $r_1 = 0.02\text{m}$, $\text{T}_1 = 300\text{K}$, $\epsilon_1 = 0.4$, $r_1 = 0.06\text{m}$ 이고,

작은 실린더의 표면적은 $A_1 = 2\pi r_1 l$ 이므로 단위길이당 열전달은

$$\frac{\dot{Q}}{l} = \frac{2\pi r_1\sigma\left(T_1^{\ 4} - T_2^{\ 4}\right)}{\dfrac{1}{\epsilon_1} + \dfrac{1-\epsilon_2}{\epsilon_2}\left(\dfrac{r_1}{r_2}\right)} = \frac{2\pi(0.02)(5.660\times10^{-8})(800^4 - 300^4)}{\dfrac{1}{0.7} + \dfrac{1-0.4}{0.4}\left(\dfrac{0.02}{0.06}\right)} = 1483\text{W/m}$$

표 2.12 난반사 및 회색체의 복사 관계식

큰 밀폐공간 내에 포위된 작은 물체	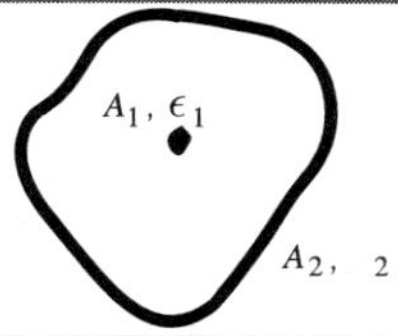	$\frac{A_1}{A_2} \approx 0, \ F_{12} = 1$ $\dot{Q}_{12} = A_1 \sigma \epsilon_1 (T_1{}^4 - T_2{}^4)$
무한히 큰 평행의 판	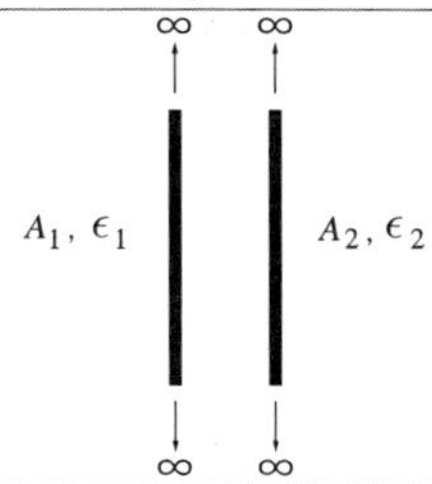	$A_1 = A_2 = A, \ F_{12} = 1$ $\dot{Q}_{12} = \dfrac{A\sigma(T_1{}^4 - T_2{}^4)}{\dfrac{1}{\epsilon_1} + \dfrac{1}{\epsilon_2} - 1}$
무한히 긴 동심의 실린더	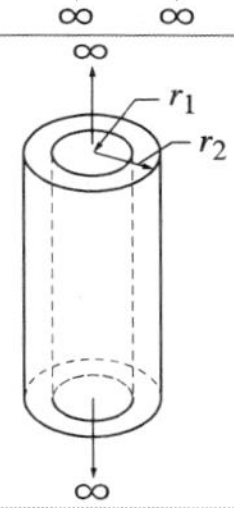	$\frac{A_1}{A_2} = \frac{r_1}{r_2}, \ F_{12} = 1$ $\dot{Q}_{12} = \dfrac{A_1\sigma(T_1{}^4 - T_2{}^4)}{\dfrac{1}{\epsilon_1} + \dfrac{1-\epsilon_2}{\epsilon_2}\left(\dfrac{r_1}{r_2}\right)}$
동심의 구	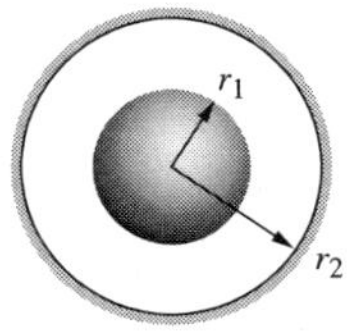	$\frac{A_1}{A_2} = \left(\frac{r_1}{r_2}\right)^2, \ F_{12} = 1$ $\dot{Q}_{12} = \dfrac{A_1\sigma(T_1{}^4 - T_2{}^4)}{\dfrac{1}{\epsilon_1} + \dfrac{1-\epsilon_2}{\epsilon_2}\left(\dfrac{r_1}{r_2}\right)^2}$
정사면체의 밀폐공간	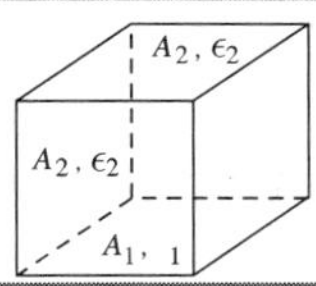	$A_1 = A_2 = A, \ F_{12} = 1/5$ $\dot{Q}_{12} = \dfrac{A\sigma(T_1{}^4 - T_2{}^4)}{\dfrac{1}{\epsilon_1} + \dfrac{1}{\epsilon_2} + 3}$

4.7.4 네트워크 방법

[그림 2.73]과 같은 저항회로는 전기적인 유사성을 많은 표면의 밀폐공간으로 연장하여 적용할 수 있다. 그림에서 표면 i로부터 표면저항을 통하여 전류가 흐르고 다시 분기하여 N개의 공간저항을 통하여 흐른다. 여기서, N은 밀폐 공간 속의 표면의 개수이다. 이것을 열전달로 설명하면 어떤 표면으로부터 표면저항을 통하여 흐르는 순수 복사 열전달은 각

각의 공간저항을 통하여 각각의 표면으로 흐르는 복사 열전달의 합과 같다는 것이다. 이 표현을 수식으로 나타내면

$$\dot{Q}_i = \frac{E_{bi} - J_i}{R_i} = \sum_{j=1}^{N} \frac{J_i - J_j}{R_{ij}} \tag{4.46}$$

그림 2.73 공간저항을 통한 복사 열전달

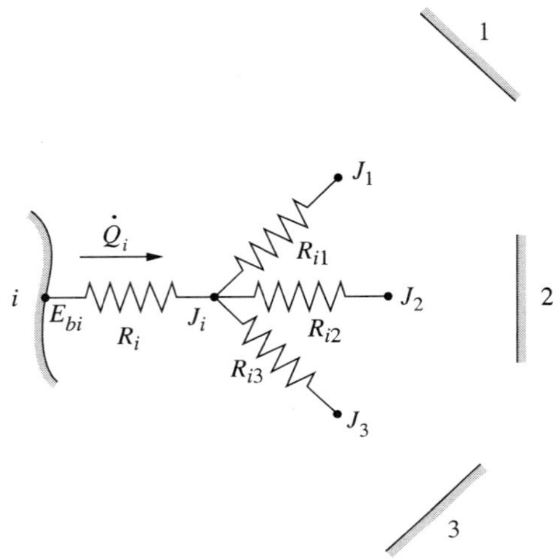

식 (4.46)은 N개의 선형대수 방정식이며 표면 N의 밀폐공간에 대하여 미지의 방출 복사량(radiosity) N개를 포함한다. 이와 같은 방정식을 전기적인 유사성으로 해결하는 방법을 네트워크 방법(network method)이라 한다. Oppenheim에 의하여 소개된 네트워크 방법은 다음의 절차와 같다.

① 각 밀폐공간 표면에 대한 표면저항을 그린다.
② 각 표면저항의 끝을 공간저항에 연결한다.
③ 각 마디(node)에서 전류(순수 복사 열전달)의 대수합을 0이라 놓는다.
④ 각 표면의 복사량에 대하여 일련의 방정식을 푼다.
⑤ 식 (4.46)을 사용하여 밀폐공간의 각 표면의 열전달 속도 또는 온도를 구한다.

[그림 2.74]와 같이 3개의 표면으로 된 밀폐공간을 생각해보자. 앞서 설명한 절차에 따라서 대응되는 전기회로를 먼저 그린다. 그리고 각 마디를 들어가는 열흐름의 대수합을 0이라 한다.

그림 2.74 3개 표면의 밀폐공간에 대한 등가 전기회로

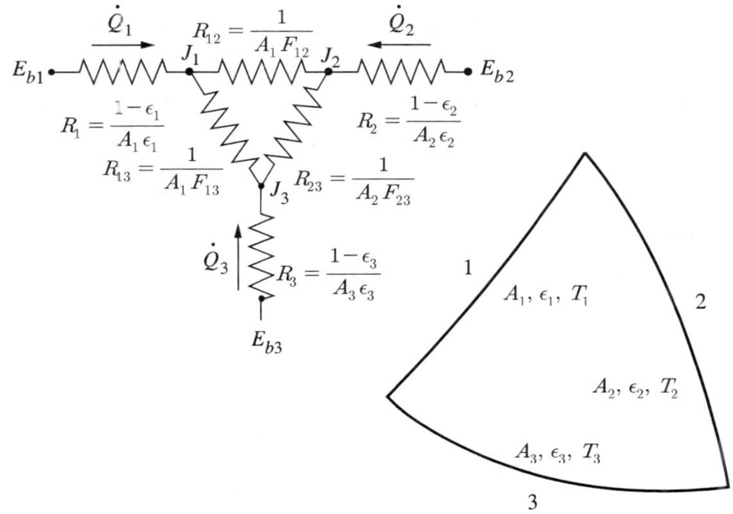

$$\text{마디 1}: \frac{E_{b1} - J_1}{R_1} + \frac{J_2 - J_1}{R_{12}} + \frac{J_3 - J_1}{R_{13}} = 0 \tag{4.47a}$$

$$\text{마디 2}: \frac{J_1 - J_2}{R_{12}} + \frac{E_{b2} - J_2}{R_2} + \frac{J_3 - J_2}{R_{23}} = 0 \tag{4.47b}$$

$$\text{마디 3}: \frac{J_1 - J_3}{R_{13}} + \frac{J_2 - J_3}{R_{23}} + \frac{E_{b3} - J_3}{R_3} = 0 \tag{4.47c}$$

이들 방정식에서 복사량 J_1, J_2, J_3를 푼다. 그 다음 식 (4.46)을 사용하여 미지수인 열전달 속도나 표면온도를 구한다. 네트워크 방법을 사용할 때 표면이 특별한 성질이 있다면 해석하기 쉽다. 만약 표면이 흑체이거나 재복사한다면 $J_i = E_{bi} = \sigma T^4$이다. 따라서 표면 저항은 0이다. 재복사 표면에서는 $\dot{Q}_i = 0$이다. 만약 표면의 온도 대신 순수 복사 열전달 $\dot{Q}_i$가 알려진다면 $(E_{bi} - J_i)/Ri$항을 알려진 $\dot{Q}_i$로 대치한다. 밀폐공간의 복사 문제를 해석할 때 방정식을 풀기 위하여 반드시 표면온도나 열전달이 알고 있어야 한다.

네트워크 개략도를 시각적으로 표현할 수 있다는 점에서 네트워크 방법은 매우 흥미있는 방법이다. 이 방법은 많은 표면으로 형성된 밀폐공간에 사용될 수 있으나 표면의 수가 4개 이상이 되면 네트워크 개략도는 혼란스럽고 읽기가 어렵다. 네트워크 방법을 해결하는 다른 방법은 매트릭스 방법(matrix method)이다. 이 방법은 식 (4.46)을 매트릭스 형태로

바꾼다. 방정식을 매트릭스 형태로 전환하면 매트릭스 변환이나 반복계산으로 풀 수 있다. 여기서는 네트워크방법으로 해결될 수 있는 비교적 간단한 밀폐공간의 문제로 국한한다.

예제 4.12 다음 그림과 같은 원통형 밀폐공간의 길이와 반지름은 각각 2m와 1m이다. 꼭대기 표면의 온도는 1000K이고 복사능은 0.8이다. 옆의 굽은 표면의 온도는 400K이고 복사능은 0.3이다. 바닥표면은 흑체라 할 수 있고 온도는 700K이다. 각 표면의 순수 복사를 구하라.

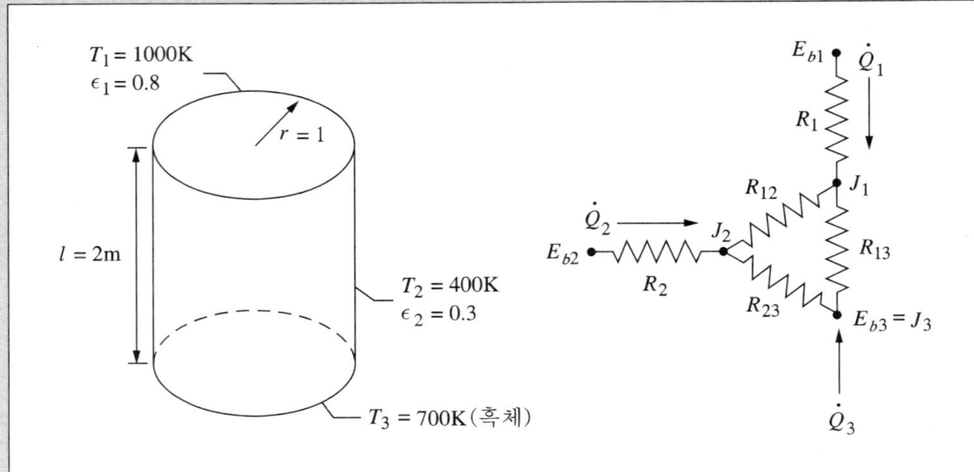

해설 등가의 전기회로의 그림은 위 그림과 같이 그릴 수 있다. 바닥표면이 흑체이므로 복사력이 방출 복사량과 같다. 따라서 표면 3의 표면마디(surface node)과 공간마디(space node)는 일치한다.

표면저항과 공간저항을 계산하기 전에 시계인자를 먼저 계산하여야 한다. 시계인자 F_{13}은 크기가 같은 동축의 평행한 원반이므로 다음과 같이 구할 수 있다.

$$R = \frac{r}{l},\ X = \frac{2R^2+1}{R^2} = 6$$

따라서 시계인자 F_{13}은

$$F_{13} = \frac{1}{2}\left[X - \sqrt{X^2-4}\right] = 0.5\left[6-(36-4)^{1/2}\right] = 0.172$$

합의 규칙에 따라

$$F_{12} + F_{13} = 1$$

$$F_{12} = 1 - F_{13} = 1 - 0.172 = 0.828$$

두 개의 표면저항은

$$R_1 = \frac{1-\epsilon_1}{A_1\epsilon_1} = \frac{(1-0.8)}{\pi(1\text{m})^2(0.8)} = 0.0796\text{m}^{-2}$$

$$R_2 = \frac{1-\epsilon_2}{A_2\epsilon_2} = \frac{(1-0.3)}{2\pi(1\text{m})(2\text{m})(0.3)} = 0.186\text{m}^{-2}$$

3개의 공간저항은

$$R_{12} = \frac{1}{A_1F_{12}} = \frac{1}{\pi(1\text{m})^2(0.828)} = 0.384\text{m}^{-2}$$

$$R_{13} = \frac{1}{A_1F_{13}} = \frac{1}{\pi(1\text{m})^2(0.172)} = 1.85\text{m}^{-2}$$

표면의 흑체 복사력은

$$E_{b1} = \sigma T_1^{\ 4} = (5.669\times10^{-8}\text{W/m}^2\text{K})(1000\text{K})^4 = 56690\text{W/m}^2$$

$$E_{b2} = \sigma T_2^{\ 4} = (5.669\times10^{-8}\text{W/m}^2\text{K})(400\text{K})^4 = 1451\text{W/m}^2$$

$$E_{b3} = \sigma T_3^{\ 4} = (5.669\times10^{-8}\text{W/m}^2\text{K})(700\text{K})^4 = 13611\text{W/m}^2$$

흑체 복사력과 복사저항은 식 (4.47a)와 식 (4.47b)에 대입하면

$$\frac{56690-J_1}{0.0796} + \frac{J_2-J_1}{0.384} + \frac{13611-J_1}{1.85} = 0$$

$$\frac{J_1-J_2}{0.384} + \frac{1451-J_2}{0.186} + \frac{13611-J_2}{0.384} = 0$$

따라서 J_1과 J_2를 구하면

$$J_1 = 48463\,\text{W/m}^2,\ J_2 = 16009\,\text{W/m}^2$$

방출 복사량을 구했으므로 식 (4.46)을 사용하여각 표면에서 순수 복사 열전달을 구하면

$$\dot{Q}_1 = \frac{E_{b1}-J_1}{R_1} = \frac{(56690-48463)\text{W/m}^2}{0.0796\text{m}^{-2}} = 103{,}354\text{W}$$

$$\dot{Q}_2 = \frac{E_{b2}-J_2}{R_2} = \frac{(1451-16009)\text{W/m}^2}{0.186\text{m}^{-2}} = -78{,}269\text{W}$$

표면 3에서 순수 복사 열전달은 저항 R_{13}과 R_{23}을 통하여 흐르는 열흐름의 합과 같다. 따라서

$$\dot{Q}_3 = \frac{E_{b3}-J_1}{R_{13}} + \frac{E_{b3}-J_2}{R_{23}}$$

$$= \frac{(13611-48463)\text{W/m}^2}{1.85\text{m}^{-2}} + \frac{(13611-16009)\text{W/m}^2}{0.384\text{m}^{-2}} = -25{,}084\text{W}$$

$\dot{Q}_2$와 $\dot{Q}_3$의 음의 부호는 이 표면에 순수 복사 열전달의 방향이 그 표면으로부터가 아니라 그 표면 쪽으로 흐른다는 의미이다. 결과를 검토하기 위하여 열역학 제1법칙에 의해 밀폐공간에 대한 순수 열전달의 합이 0임을 증명하면

$$\dot{Q}_1 + \dot{Q}_2 + \dot{Q}_3 = 103{,}354 - 78{,}269 - 25{,}084 = 1 \approx 0$$

합이 완전히 0이 아닌 것은 반올림의 오차 때문이다. 순수 복사 열전달 속도를 유지하려면 밀폐공간의 표면온도가 일정하게 유지되어야 하며, 따라서 꼭대기 표면을 103,354W로 가열되어야 하고 측면과 바닥면을 각각 78,269W와 25,084W로 냉각되어야 한다.

예제 4.13 예제 4.12에서 흑체를 재복사 표면으로 생각하면 결과는 어떠한가?

해설 재복사 표면은 뒷면이 단열되어 있고 복사면은 대류를 무시할 수 있는 표면을 말하며, 이와 같은 조건에서

$$\dot{Q}_3 = 0,\ E_{b3} = J_3$$

표면 **3**에서 순수 복사 열전달은 **0**이므로 표면 **1**에서 잃어버린 열에너지는 표면 **2**에서 얻은 열에 너지와 동일하다.

$$\dot{Q}_1 + \dot{Q}_2 = 0$$

따라서 문제는 일련의 평행한 네트워크와 같은 간단한 문제로 된다.

예제 **4.12**의 그림에서 저항 R_{13}과 R_{23}은 R_{12}에 평행하게 연결되고 R_{12}는 R_2과 R_2와 직렬로 연결된다. 따라서 전체복사 저항은

$$R_{tot} = R_1 + \frac{1}{\dfrac{1}{R_{12}} + \dfrac{1}{R_{13}} + \dfrac{1}{R_{23}}} + R_2$$

$$= 0.0796 + \frac{1}{\dfrac{1}{0.384} + \dfrac{1}{1.85} + \dfrac{1}{0.384}} + 0.186 = 0.593\text{m}^{-2}$$

전체 등가 전위차는 $(E_{b1} - E_{b2})$이므로

표면 **1**에서 순복사 열전달 면적은

$$\dot{Q}_1 = \frac{E_{b1} - E_{b2}}{R_{tot}} = \frac{(56690 - 1451)\text{W/m}^2}{0.593\text{m}^{-2}} = 93{,}152\text{W}$$

표면 **2**에서 전체 열전달은

$$\dot{Q}_2 = -\dot{Q}_1 = -93{,}152\text{W}$$

4.8 복사 차폐

온도가 서로 다른 두 면 1과 2가 복사 열전달을 하고 있을 때, 그 중간에 얇은 철판 등과 같은 면 3을 삽입하면 초기보다 두 면 사이에는 복사 열전달이 상당히 완화된다. 중간에 삽입되는 면 3과 같은 얇은 면을 복사 차폐(radiation shield)라고 한다. 복사 차폐는 복사능(흡수능)이 작을수록 효과가 높지만, 이러한 면은 화재의 상황에서 드물고, 또한 개념을 제시해 두면 응용이 쉬우므로 여기서는 단순히 면을 모두 흑체라고 정의한다.

4.8.1 복사 차폐면이 1장일 경우

[그림 2.75a]와 같이 온도가 T_F와 T_0인 무한히 넓은 두 개의 흑체면 F와 O사이에 열적으로 얇은 흑체면 1이 삽입된 경우를 고려해보자. 면 F와 O로부터 방출되는 복사 열유속을 각각 q_F와 q_0라고 하면 식 (4.48)과 같이 정의된다.

$$q_F = \sigma T_F^4$$
$$q_0 = \sigma T_0^4 \tag{4.48}$$

그림 2.75 복사 차폐

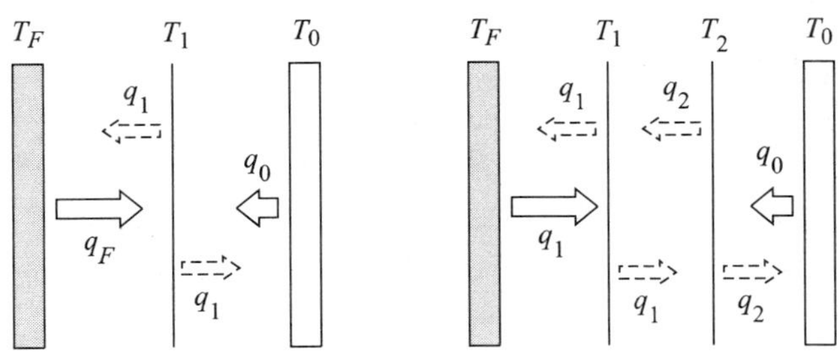

(a) 복사 차폐면 1장 (b) 복사 차폐면 2장

만약 복사 차폐면 1이 없을 경우 q_F가 그대로 면 O에 입사 열유속이 되고, 또한 실질적으로는 $(q_F - q_0)$이 면 F로부터 면 O에 전달되어 열유속이 된다. 그러나 복사 차폐면 1은 면 F로부터 q_F, 면 O로부터 q_0의 열유속에 의해 복사열을 받아 온도가 T_1이 되고 있다고 하면, 복사 차폐면 1의 열유속 q_1은 식 (4.49)와 같이 된다.

$$q_1 = \sigma T_1^4 \tag{4.49}$$

그리고 열유속 q_1은 [그림 2.75a]에 나타낸 것처럼 면 F와 O의 양면으로 복사열을 방출하고 있게 된다. 따라서 복사 차폐면 1의 열유속은 식 (4.50)과 같이 된다.

$$q_F + q_0 = 2q_1$$
$$q_1 = \frac{q_F + q_0}{2} \tag{4.50}$$

[그림 2.75b]에 나타낸 바와 같이 복사 차폐면 1의 열유속 q_1은 면 O에 입사열이 된다. 만일 $q_F \gg q_0$라면 면 O의 입사열은 면 1이 없는 경우에 비해 거의 1/2로 감소하게 된다. 또한 면 O로 전달되는 실제 열유속 q_{net}는 식 (4.51)과 같이 되기 때문에 정확히 1/2로 감소한다.

$$q_{net} = q_1 - q_0 = \frac{q_F - q_0}{2} \tag{4.51}$$

아울러 식 (4.50)에 식 (4.48)과 식 (4.49)를 적용하면 복사 차폐면 1의 온도를 식 (4.52)와같이 구할 수 있다.

$$T_1 = \left(\frac{T_F^4 + T_0^4}{2}\right)^{1/4} \approx 0.84(T_F^4 + T_0^4)^{1/4} \tag{4.52}$$

4.8.2 복사 차폐면이 복수일 경우

만약 [그림 2.75b]에 나타낸 것처럼 면 F와 O사이에 두개의 복사 차폐면 1과 2가 삽입되었다고 하면, 이 면들의 복사 열유속은 열에너지 보존 법칙으로부터 식 (4.53)과 같이 나타낼 수 있고, 복사 차폐면 1과 2의 열유속 q_1과 q_2는 식 (4.54)와 같이 된다.

$$q_F + q_2 = 2q_1 \ , \quad q_1 + q_0 = 2q_2 \tag{4.53}$$

$$q_1 = \frac{2q_F + q_0}{3} \ , \quad q_2 = \frac{q_F + 2q_0}{3} \tag{4.54}$$

식 (4.52)에서 정의한 것처럼 복사 차폐면 1과 2의 온도는 식 (4.55)와 같이 된다.

$$T_1 = \left(\frac{2T_F^4 + T_0^4}{3}\right)^{1/4} \ , \quad T_2 = \left(\frac{T_F^4 + 2T_0^4}{3}\right)^{1/4} \tag{4.55}$$

또한 면 O의 실제 열유속은 식 (4.56)과 같이 나타낼 수 있고, 복사 차폐면이 없을 때에 비해서 1/3로 감소한다.

$$q_{net} = q_2 - q_0 = \frac{q_F - q_0}{3} \tag{4.56}$$

따라서, N장의 복사 차폐면이 있다면 면 O의 실제 열유속은 식 (4.57)과 같이 된다.

$$q_{net} = \frac{q_F - q_0}{N+1} \tag{4.57}$$

2

예제 4.14 아래 그림과 같이 방화셔터로 구획된 실에 화재가 발생하여 화재실의 온도 $T_F = 900℃$가 되었다. 방화셔터로부터 다른 면으로 전달되는 복사 열유속 q와 온도 T는 얼마가 되겠는가? 단, 화재실 내의 가스를 흑체라고 가정하고, 방화셔터 반대쪽 공간은 외기 온도 $T_\infty = 27℃$와 동일한 것으로 한다.

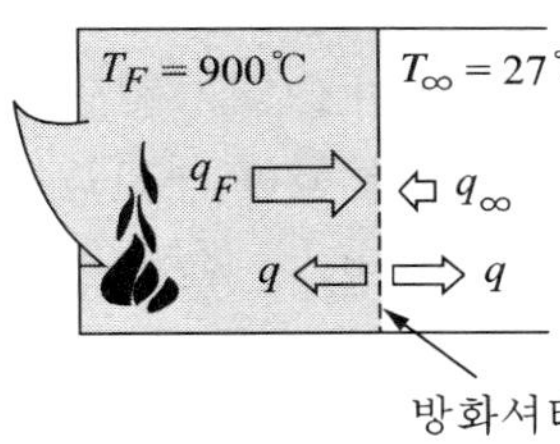

해설
① 화재실 내의 가스로부터 방화셔터로 전달되는 입사 열유속 q_F은

$$q_F = \sigma T_F^4 = 5.67 \times 10^{-11} \times (900+273)^4 = 107\ \text{kW/m}^2$$

② 대기로 전달되는 입사 열유속 q_∞은

$$q_\infty = \sigma T_\infty^4 = 5.67 \times 10^{-11} \times (27+273)^4 = 0.46(\ll 107)\ \text{kW/m}^2$$

③ 방화셔터로부터 전달되는 복사 열유속 q는

$$q = \frac{q_F + q_\infty}{2} \approx \frac{q_F}{2} = 54\ \text{kW/m}^2$$

④ 방화셔터의 온도 T는

$$T = \left(\frac{T_F^4 + T_\infty^4}{2}\right)^{1/4} \approx 0.84\,T_F = 0.84 \times (900+273) = 985K(712℃)$$

4.9 연소생성물의 열복사 특성

4.9.1 기체의 복사 특성

임의의 기체가 갖고 있는 복사능은 미소 파동수 변화에 따라, 수백 수천 배씩 변화하는 파장에 따라 크게 달라진다. 그러나 공학적 계산(관련 변수에 대한 측정 및 추정이 어려움)에 대한 정확도 확보를 위해 높은 해상도의 복사능 스펙트럼이 필요한 경우는 거의 없다. 복사열선속의 파장 의존성이 우려될 경우에는 지수함수의 광대역 모델을 이용하여 기체의 특성을 계산할 수도 있다. 변수를 추정해 복사 열유속을 계산하는 과정과 관련된 불확실성을 고려할 때 전체 복사능과 같은 평균 특성은 유용한 도구 역할을 한다.

수증기와 이산화탄소에 대한 새로운 전체 복사능 표을 각각 [그림 2.76]과 [그림 2.77]에 나타냈다. 각 기체의 분압과 온도, 그리고 기체 체적 형상에 대한 평균 광선 길이를 알고 있으면 이들 표로부터 기체의 복사능을 구할 수 있다. 표의 복사능에 대한 보정계수는 수증기 복사능에 미치는 압력의 영향, 이산화탄소 복사능에 미치는 압력의 영향 그리고 두 기체로 이루어진 혼합물의 대역 중첩에 대해 관련 문헌으로부터 구할 수 있다. 대부분의 소방공학의 예에 대한 압력보정계수는 1.0이며 중규모 및 대규모 화재에 대한 대역 중첩 보정 수치 $\Delta\epsilon$는 대략 $1/2\,\epsilon_{co_2}$이다. 운반되는 기체가 투명하다면(예를 들면, 공기) 복사능은 다음과 같이 주어진다.

$$\epsilon_g = C_{H_2O}\,\epsilon_{H_2O} + C_{CO_2}\epsilon_{CO_2 - \Delta\epsilon \approx \epsilon_{H_2O}} + \frac{1}{2}\epsilon_{CO_2} \tag{4.58}$$

그림 2.76 수증기의 전체 복사능

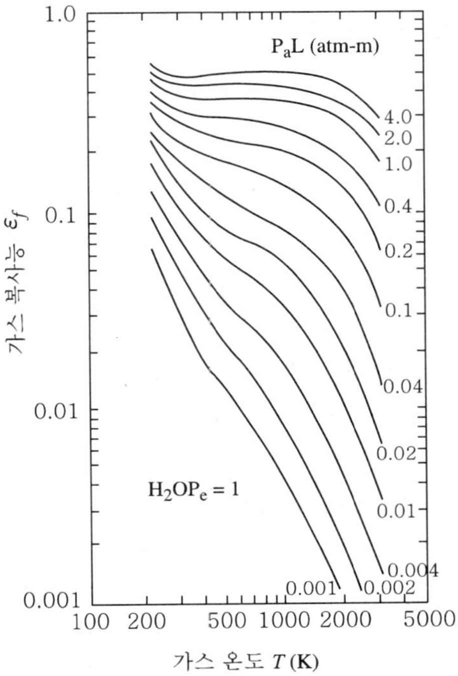

2.77 이산화탄소의 전체 복사능

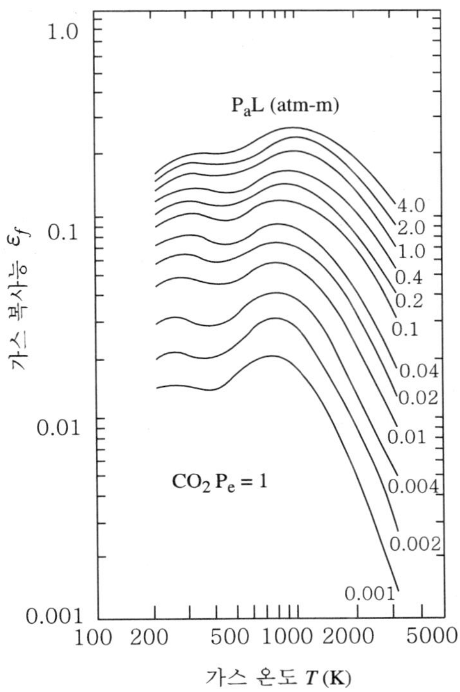

그림 2.78 다양한 기체의 플랑크 평균흡수계수

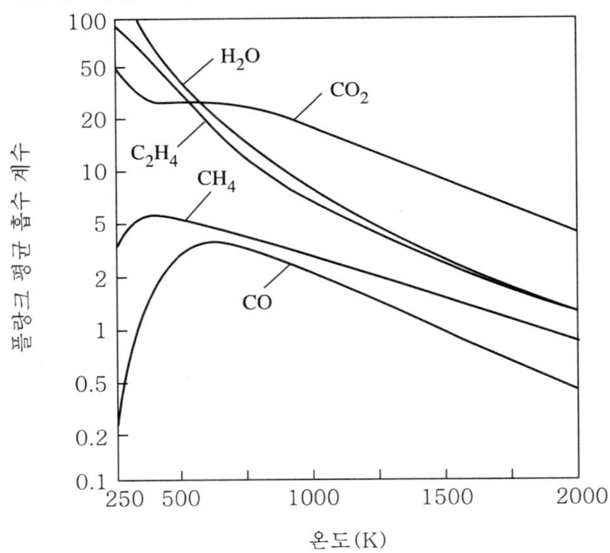

광학적으로 얇은 한계 범위 내에 존재하는 기체에 대한 전체 복사능은 플랑크의 평균흡수계수로부터 계산할 수 있다. 화재와 관련해 중요한 의미를 갖는 다양한 기체에 대한 플랑크 평균흡수계수의 그래프를 [그림 2.78]에 나타냈다. 그래프를 이용하면 전체 복사능을 구할 수 있다(전체 특성이 스펙트럼의 평균값을 대신한다고 가정).

4.9.2 그을음의 복사 특성

비 균질 매질(그을음이 포함된 경우)의 경우 흡수와 복사와 함께 산란이 중요한 복사 메커니즘 역할을 한다. 단일 입자의 흡수와 산란 거동은 전자기장의 식을 풀어 설명할 수 있다. 그러나 이 경우에는 여러 가지의 물리적 이상화와 기계적 근사가 필요하다. 가장 일반적으로 적용되는 가정에는 ① 완전 구형 입자, ② 균일 또는 무작위 분산 입자, ③ 입자사이 간격이 매우 커서 각 입자에 대한 복사를 독립적으로 다룰 수 있다는 가정 등이 있다.

그을음 입자는 불완전한 그을음 연소의 결과로 발생하며 구체, 덩어리, 긴 사슬 등의 형태로 관찰되는 경우가 많다. 그을음 입자는 적외선 파장에 비해 아주 작은 경우가 많아(50~1000 Å, 1 Å $=10^{-10}$m$=10^{-4}\mu$m) 복사 특성 계산에 Raylength 한계를 적용할 수 있다. 그을음 입자의 특성은 보통 광학적 특성, 크기, 형태 그리고 화학조성(수소－탄소 비) 등으로 표현한다. 열전달 관점에서 그을음 구름에서 나오는 복사는 입자의 크기 분포에 따라 큰 영향을 받으며 화학조성과는 무관하다고 볼 수 있다. 고온에서는 그을음의 광학적 특성의 온도 변화에 대한 민감도가 상대적으로 떨어지지만, [그림 2.79]에 나타낸 바와 같이 연기 내부의 그을음에 대한 상온 수치는 상당한 편차를 보이고 있다. 그을음에 대해 적절한 광학 상수값을 선택함으로서 전자기장의 식으로부터 다음 관계식을 구할 수 있다.

$$k_\lambda = \frac{C_0}{\lambda} f_v \tag{4.59}$$

여기서, f_v : 그을음 체적분율(보통 10^{-6} 정도)

복합 굴절률 $m=n-ik$에 따라 2~6의 상수 값을 갖는 C_0는 다음과 같이 주어진다.

$$C_0 = \frac{36\pi nk}{(n^2-k^2+2)^2+4n^2k^2} \tag{4.60}$$

식 (4.49)와 식 (4.50)을 이용해 광학적으로 얇은 한계 범위 내에서 플랑크 평균흡수계수를 구할 수 있다.

그림 2.79 그을음의 광학상수

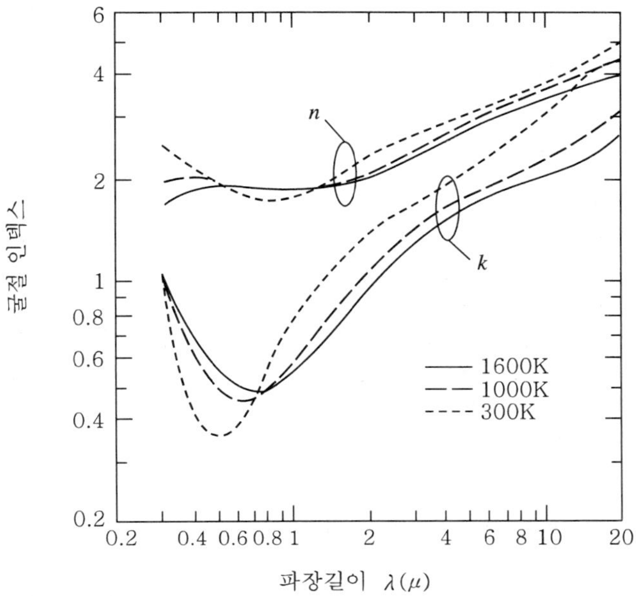

$$\kappa_p = 3.83\,\frac{C_0}{C_2}\,f_v\,T \tag{4.61}$$

여기서, C_2 : 플랑크의 두 번째 상수($1.4388 \times 10^{-2}\mathrm{m}\cdot\mathrm{K}$)

광학적으로 두꺼운 한계 범위에 대한 Rosseland 평균흡수계수는 다음 식과 같다.

$$\kappa_R = 3.6\,\frac{C_0}{C_2}\,f_v\,T \tag{4.62}$$

광학적 두께 전체에 적용할 수 있는 평균계수는 다음 식과 같을 수 있다.

$$\kappa_m = 3.72\,\frac{C_0}{C_2}\,f_v\,T \tag{4.63}$$

식 (4.63)은 그을음 계산과 관련해 식 (4.59)에 사용된다. 다양한 가연물의 발광 화염 내에 존재하는 그을음 입자에 대한 일반적인 온도, 체적분율 그리고 평균흡수계수를 [표 2.13]에 나타냈다.

표 2.13 그을음 입자의 복사 특성

	연료, 성분	$K_s(m^{-1})$	$f_v \times 10^6$	$T_s(K)$
가스연료	Methane, CH_4	6.45	4.49	1289
	Ethane, C_2H_6	6.39	3.30	1590
	Propane, C_3H_8	13.32	7.09	1561
	Isobutane, $(CH_3)3CH$	16.81	9.17	1554
	Ethylene, C_2H_4	11.92	5.55	1722
	Propylene, C_3H_6	24.07	13.6	1490
	n-butane, $(CH_3)(CH_2)_2(CH_3)$	12.59	6.41	1612
	Isobutylene, $(CH_3)_2CCH_2$	30.72	18.7	1409
	1,3-butadiene, $CH_2CHCHCH_2$	45.42	29.5	1348
고체연료	Wood, $\approx(CH_2O)_n$	0.8	0.362	1732
	Plexiglas, $(CH_5H_8O_2)_n$	0.5	0.272	1538
	Polystyrene, $(C_8H_8)_n$	1.2	0.674	1486

4.9.3 기체-그을음 혼합물의 복사 특성

기체-그을음 혼합물의 전체 복사능을 계산하기 위해 기본적인 화염관련 변수(예를 들면 그을음 체적분율, 그을음의 흡수계수, 화염의 온도 및 기하하적 길이 그리고 관여하는 구성 기체의 분압 등)에 대한 정보가 필요하다. 이러한 변수들은 특정 상황에 대해 실제 측정 결과를 구할 수 없는 다양한 유형의 가연물에 대해 추정할 수 있다. 균질 기체-그을음 혼합물에 대한 전체 복사능을 예측하기 위한 간단한 형태의 식을 도출해내기 위해 최근의 연구에서 다음 식이 훌륭한 근사 결과를 제공해준다는 사실이 밝혀졌다.

$$\epsilon_t = (1 - e^{-\kappa S}) + \epsilon_g e^{-\kappa_S S} \tag{4.64}$$

여기서, S : 물리적 경로길이

ϵ_g : 기체만의 전체 복사능

κ_S : 그을음의 유효흡수계수

발광 화염과 연기 내에 존재하는 기체-그을음 혼합물에 대한 플랑크 평균흡수계수를 [그림 2.80]에 나타냈다. 연기 영역 내의 기체 운동에 의해 그을음 입자의 농도가 희석되거나 농축될 수 있으므로 현재로서는 연기 내에 있는 그을음의 체적분율을 구하는 방법은 추정 외에 직접 측정이 유일한 방법이다.

2

그림 2.80 발광 화염과 연기의 평균흡수계수

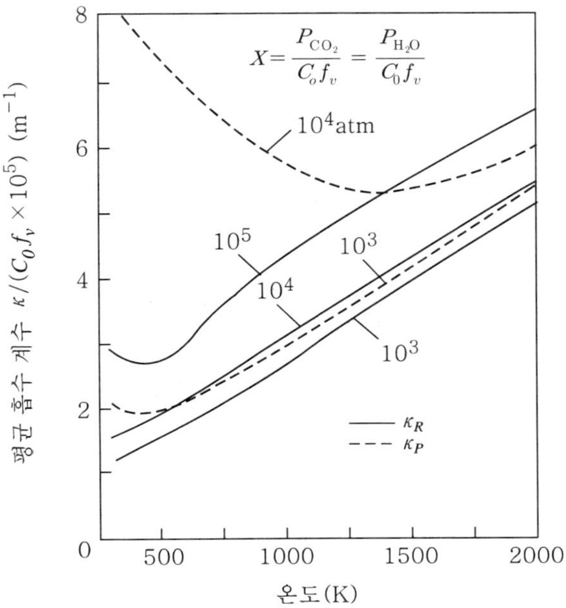

4.10 화재에서 복사력과 복사능

물체는 반드시 최고 출력으로만 복사되는 것은 아니고 표면효과나 흡수효과에 의해 출력이 감소되기도 한다. 실제 출력의 최고값에 대한 분율을 복사능(복사율)이라고 앞서 정의하였고, ϵ으로 표시한다. 고체나 액체 표면의 ϵ은 전형적인 화재 복사 상황에서 0.8 ± 0.2 정도이다. 가스나 화염에서의 ϵ는 화염두께에 의존한다. 화재 복사 상황에서 복사력(emissive power)은 식 (4.13)으로부터 식 (4.65)와 같이 나타낼 수 있다.

$$E_{\lambda,b} = \frac{2\pi c^2 h \lambda^{-5}}{\exp(ch/\sigma T) - 1} \tag{4.65}$$

여기서, $E_{\lambda,b}$: 흑체 단색 복사력(mono-chromatic black body emissive power), 흑체로부터 단위 면적당 방출되는 전체 에너지 양

λ : 파장(μm)

c : 빛의 속도(=2.998 × 10^8m/s)

h : Planck 상수
σ : 스테판－볼츠만 상수
T : 절대온도(K)

식 (4.54)을 $\lambda = 0$에서 $\lambda = \infty$까지 적분하면

$$E_b = \int_0^\infty E_{\lambda,b}\, d\lambda = \frac{2\pi^5 \sigma^4 T^4}{15c^2h^3} \tag{4.66}$$

실체의 표면으로부터의 복사능은 1보다 작고($\epsilon < 1$) 파장에 따라 달라진다. 따라서 이는 다음과 같이 정의된다.

$$\text{복사능 } \epsilon\text{(emissitivity)} : \epsilon_\lambda = \frac{E_\lambda}{E_{\lambda,b}} \tag{4.67}$$

$$E_\lambda = \epsilon_\lambda E_{\lambda,b} \tag{4.68}$$

여기서, $E\lambda$는 λ와 $\lambda + d\lambda$ 사이에서 실체 표면의 복사력이다. 그러나 ϵ이 파장과는 독립적인 회색체(이상적인 비흑체)의 개념을 도입하는 것이 편리하며, 개략적으로 Stefan－Boltzmann 식 (4.3)의 이용이 가능하다. 고체에 대한 ϵ의 전형적인 값은 [표 3.11]과 같다.

4.11 화재에서 복사강도

어느 물체의 복사능과 그것과 동일한 온도(열평형상태)의 열복사에 대한 흡수율과는 동일하다. 또한 복사에너지는 빛이나 전파 등과 마찬가지로 공간을 직진하므로 방열면과 수열면의 형상이나 상호위치에 따라 방열면으로부터 나온 복사에너지의 전부는 수열면에 도달하지 않는다. 따라서 실제에 있어서는 식 (4.5)에 두 개의 계수를 포함시켜 다음과 같이 표시되어야 한다.

$$\dot{Q} = F_\epsilon F_{12} \sigma A ({T_1}^4 - {T_2}^4) \tag{4.69}$$

여기서, F_ϵ : 복사능 계수(emmisivity function)
F_{12} : 형상계수(geometric view factor or view factor)

Kirchhof의 법칙에 의하면 열역학 제1법칙에 의해 ϵ값이 흡수능(흡수율)과 같게 되며, 따라서 흑체의 경우가 완전흡수체가 되며 이 때 $\epsilon = 1$이다.

$$\dot{Q} = E = \sigma \cdot A \cdot T^4 = \epsilon \cdot \sigma \cdot A \cdot T^4 \text{ [kW]} \tag{4.5}$$

그림 2.81 복사강도(I_n)과 복사력(E)의 관계

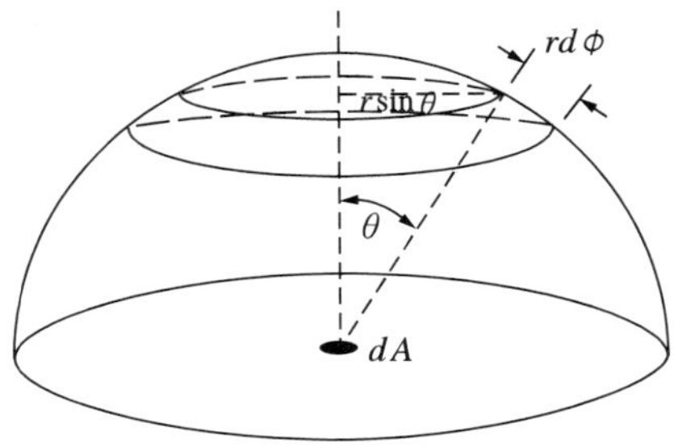

2.82 복사강도(I_n)

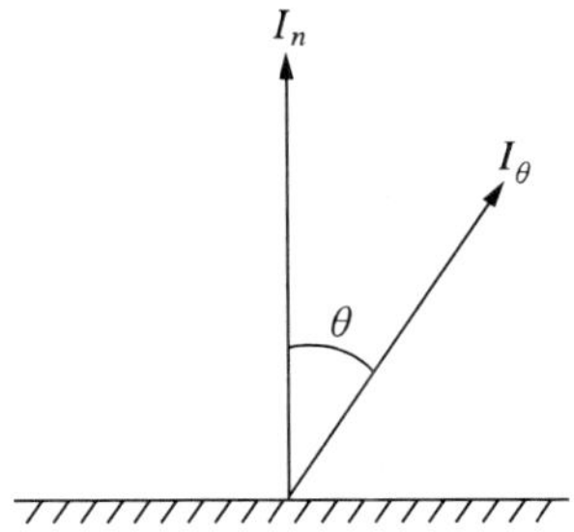

식 (4.5)는 회색체의 단위면적으로부터 그 위의 반구 속으로 방출되는 전체복사를 나타낸다(그림 2.81 참조). 복사는 여러 방향으로 확산되기 때문에 어떤 주변 물체로의 전열속도를 계산하는 데는 어떤 방향으로이든지 복사되는 에너지의 양을 계산할 필요가 있다. 이것으로부터 복사강도를 다음과 같이 정의한다.

"단위표면적당 표면위의 축에서 작은 원추 각도내의 단위각도당 또한 단위초당 복사되는 에너지" Lambert의 cosine법칙에 의하면 θ 각도 내에서 복사강도는 [그림 2.82]으로부터

$$I = I_n \cos\theta \tag{4.70}$$

I_n과 E의 관계는 I_n의 정의와 Lambert의 cosine 법칙에 의해

$$dE = I_n \cos\theta \, dA_1 \cdot dw \tag{4.71}$$

고체 각도의 미분값 dw는 정의에 의해

$$dw = dA_2 / r_2 \tag{4.72}$$

$$dA_2 = 2\pi \sin\theta \cdot r d\theta \tag{4.73}$$

식 (4.72), (4.73)을 식 (4.71)에 대입하면,

$$dE = 2 I_n \sin\theta \cos\theta \, d\theta \, dA_1 \tag{4.74}$$

식 (4.74)에서 dA_1으로부터 열유속으로 표현하고, $\theta = 0$에서 $\theta = \pi/2$까지 적분하면

$$E = 2\pi I_n \int_0^{\frac{\pi}{2}} \sin\theta \cdot \cos\theta \cdot d\theta = \pi I_n \tag{4.75}$$

4.11.1 형상 계수

식 (4.5)는 어떤 표면에서 방사되는 열전달양을 나타낸다. 방사체로부터 거리가 있는 한 점에서 복사강도를 계산하기 위해서는 기하학적 계수 또는 형상 계수(configuration factor)를 이용해야만 한다. [그림 2.83]에서와 같이 두 표면을 생각해면 표면 1이 복사력 E_1으로 방사하고 있는 경우라고 가정하고, 표면 2 위의 작은 요소 표면 dA_2에 도달되는 복사강도의 계산식은 다음과 같이 된다.

$$\dot{Q} = E \cdot \int_0^{A_1} \frac{\cos\theta_1 \cos\theta_2}{\pi r^2} \cdot dA_1 \tag{4.76}$$

$$\dot{Q} = \psi E \tag{4.77}$$

여기서, Φ를 배치계수라 하며 일반적으로 Fl_2로 나타낸다.

그림 2.83 형상계수(Φ)의 유도

[그림 2.84]에 나타낸 바와 같이 화재 또는 열면으로부터 멀리 떨어진 목표물로의 복사열류의 계산을 고려해보자. 방사원은 온도 T_2의 열면 또는 화염이라고 가정한다. 거리 C만큼 떨어진 곳에 있는 목표물이 받는 복사열류는 T_2의 온도에서 방사된 열류보다는 감소될 것이다. 여기서 감소된 에너지 부분을 형상 계수라 하며 Fl_2로 표시한다. 이것은 목표물에서 방사체를 향해 보이는 복사선의 부분을 말하며(그림 2.85 참조), Fl_2는 거리 C와 방사원의 제2의 목표로서의 크기, 그리고 이 두 가지의 방위에 따라 결정된다. [그림 2.84]와 같은 형상에서 Fl_2는 [표 2.14]와 [그림 2.86]을 이용하여 얻을 수도 있다.

그림 2.84 화염이나 열면으로부터 목표물로의 복사

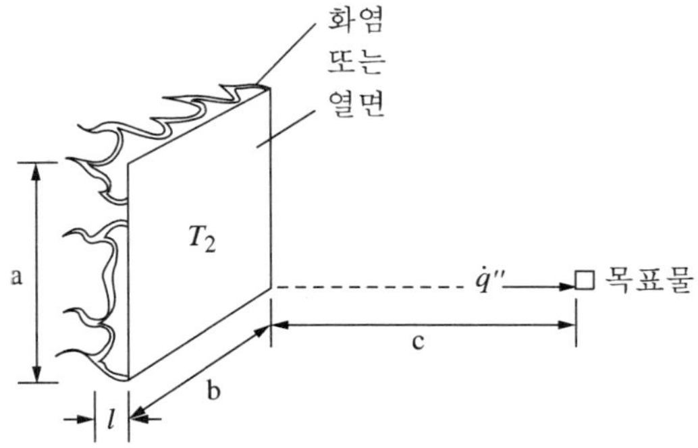

그림 2.85 목표물에서 본 형상 계수

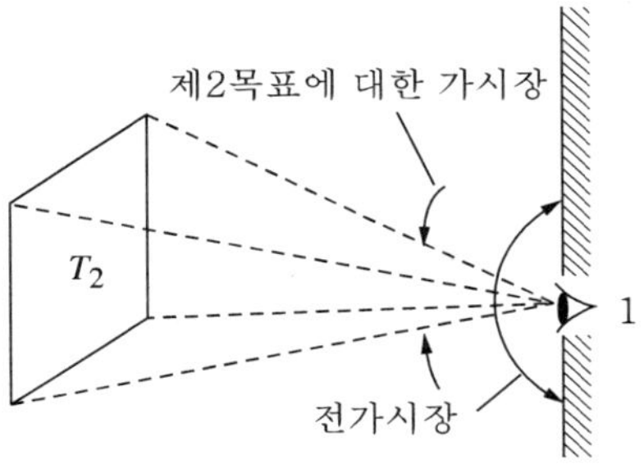

그림 2.86 형상 계수(Fl_2)

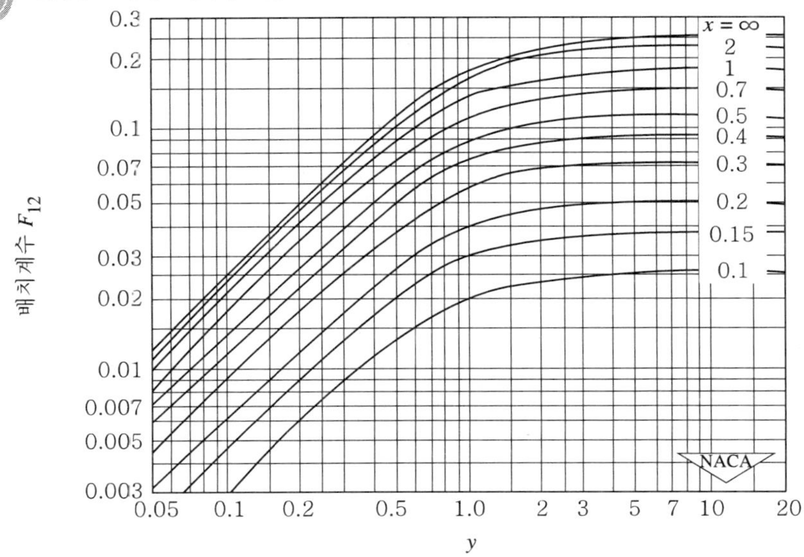

표 2.14 일반적인 형상계수

형상	형상계수
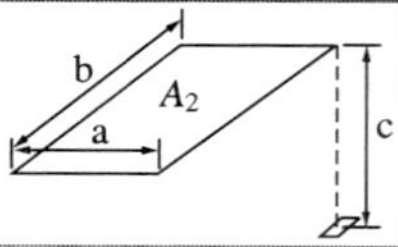	$X=a/c \quad Y=b/c$ $F_{d_{1-2}}=\frac{1}{2\pi}\left[\frac{X}{\sqrt{1+X^2}}\tan^{-1}\left(\frac{Y}{\sqrt{1+X^2}}\right)+\frac{Y}{\sqrt{1+Y^2}}\tan^{-1}\left(\frac{X}{\sqrt{1+Y^2}}\right)\right.$
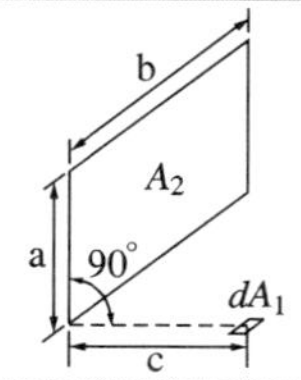	$X=a/c \quad Y=b/c \quad A=1/\sqrt{X^2+Y^2}$ $F_{d_{1-2}}=\frac{1}{2\pi}\left[\tan^{-1}(1/Y)-AY\tan^{-1}A\right]$
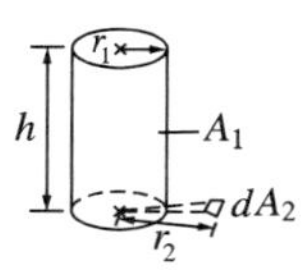	$R=r_1/r_2 \quad L=h/r_2 \quad x=\sqrt{(1+L^2+R^2)^2-4R^2}$ $F_{d1-2}=\frac{1}{2\pi}cos^{-1}R+\frac{1}{\pi}\left[\tan^{-1}\left(\frac{R}{\sqrt{1-R^2}}\right)\right.$ $\left.-\frac{1+L^2-R^2}{X}\tan^{-1}\left(\frac{X\tan(0.5\cos^{-1}R)}{1+L^2+R^2-2R}\right)\right]$
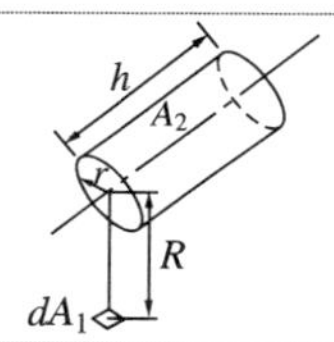	$L=h/r \quad H=R/r \quad X=(1+H)^2+L^2 \quad Y=(1-H)^2+L^2$ $F_{d1-2}=\frac{1}{\pi H}\tan^{-1}\left(\frac{L}{\sqrt{H^2-1}}\right)$ $+\frac{L}{\pi}\left[\frac{X-2H}{H\sqrt{XY}}\tan^{-1}\sqrt{\frac{X(H-1)}{Y(H+1)}}-\frac{1}{H}\tan^{-1}\sqrt{\frac{H-1}{H+1}}\right]$
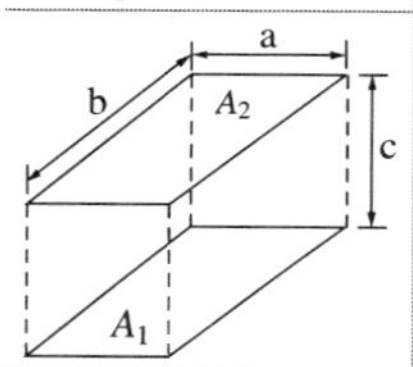	$X=a/c \quad Y=b/c$ $F_{1-2}=\frac{2}{\pi XY}\left[\ln\sqrt{\frac{(1+X^2)(1+Y^2)}{1+X^2+Y^2}}+X\sqrt{1+Y^2}\tan^{-1}\left(\frac{X}{\sqrt{1+Y^2}}\right)\right.$ $\left.+Y\sqrt{1+X^2}\tan^{-1}\left(\frac{X}{\sqrt{1+X^2}}\right)-X\tan^{-1}X-Y\tan^{-1}Y\right]$
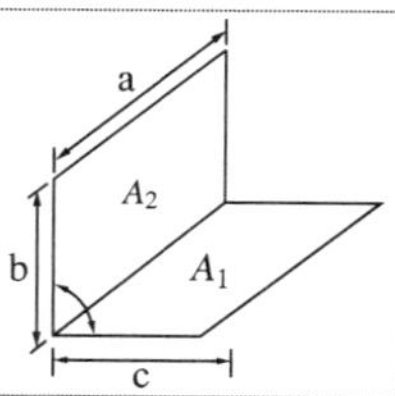	$X=b/a \quad Y=c/a$ $F_{1-2}=\frac{1}{\pi Y}\left[Y\tan^{-1}\left(\frac{1}{Y}\right)+X\tan^{-1}\left(\frac{1}{X}\right)-\sqrt{X^2+Y^2}\tan^{-1}\left(\frac{1}{\sqrt{X^2+Y^2}}\right)\right.$ $\left.+\frac{1}{4}\ln\left\{\frac{(1+X^2)(1+Y^2)}{1+X^2+Y^2}\left[\frac{X^2(1+X^2+Y^2)}{(1+X^2)(X^2+Y^2)}\right]^{X^2}\left[\frac{Y^2(1+X^2+Y^2)}{(1+Y^2)(X^2+Y^2)}\right]^{Y^2}\right\}\right]$
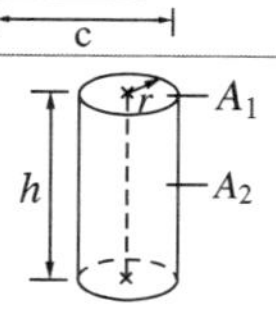	$H=h2r$ $F_{1_2}=2(\sqrt{1+H^2}-H)$
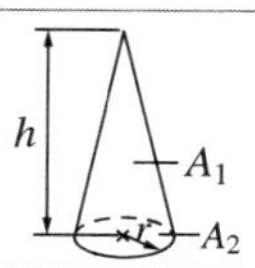	$H=h/r$ $F_{1_2}=1/\sqrt{1+H^2}$

목표물에서 받는 열유속는 다음과 같이 나타낼 수 있다.

$$q = \epsilon \cdot \sigma \cdot T^4 F_{12} \tag{4.78}$$

예제 4.15 그림 3.88 예로 계산해보기로 한다. 목재연료 화염의 경우로 ① 높이가 1m, ② 넓이가 0.5m, 두께 1이 0.5m이고, 목표물과는 3m 떨어져 있으며 k는 0.8m^{-1}이며, 온도는 800℃라고 할 때 복사에 의한 열량을 계산하라.

해설 $T_2 = 800 + 273 = 1073K$

우선 Fl_2를 결정하면 $x = \frac{a}{c} = \frac{1}{3} = 0.333$, $y = \frac{b}{c} = \frac{0.5}{3} = 0.167$

[그림 3.90]의 그래프로부터 $Fl_2 = 0.017$이 된다.

화염의 복사능은 일반적으로 식 (4-18) $\epsilon = 1 - \exp(-kl)$에서 구한다.

$\epsilon = 1 - \exp(-kl) = 1 - \exp[-(08.\mathrm{m}^{-1})(0.5\mathrm{m})] = 0.33$

$q = \epsilon \cdot \sigma \cdot T^4 F_{12} = (0.33)(5.67 \times 10^{-11}\mathrm{KW/m^2K^{-1}})(1073\mathrm{K})^4(0.017) = 0.42\mathrm{KW/m^2}$

이러한 목표물에 대한 복사열량의 계산은 잠재적 손상과 원격발화의 가능성을 평가하기 위해 매우 중요하다. 이와 같은 계산은 화염의 모양이나 특성에 의존되기 때문에 실행이 불가능하거나 아니면 매우 지루한 것이 된다. 다행히도 다른 공식이 하나 있기는 한데, 이것은 화염으로부터 그 화염 직경의 두 배 이상 거리($c > 2l$)에 적용되는 한 정확하다(아래 그림 참조).

$$q = \frac{X_r \cdot \dot{Q}}{4\pi c^2} \tag{4.79}$$

여기서, $\dot{Q}$: 화재의 연소에너지 방출율(kW)

X_r : 전체 방출에너지 중 방사된 에너지 분율

그림 2.87 화염과 같은 점열원으로부터 목표물에 전달되는 복사열량

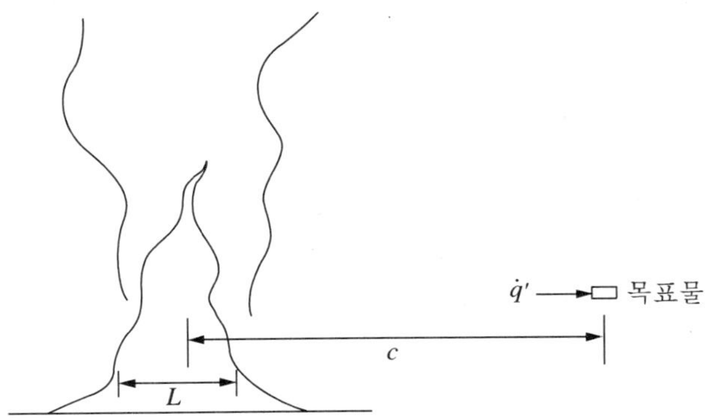

이것은 주어진 연료에 대한 일정한 상수는 아니나 일반적으로 메탄과 같은 낮은 검댕 매연 발생연료에서 폴리스틸렌 같은 높은 검댕 매연발생 연료에 걸쳐 0.15에서 0.60의 범위이다. 아래 표에 이들의 대표적인 값을 제시하였다.

대표적인 복사에너지 분율

연료($l > 0.5$m)	X_r(%)
Methanol, methane	15~20
Butane, benzene, wood cribs	20~40
Hexane, gasoline, polystyrene	40~60

탄화수소 액면화재에서 연소에너지 중 복사 분율

탄화수소	액면크기(m)	복사출력/연소출력(%)
Methanol	1.2	17.0
LNG on land	18.0 0.4~3.05 1.8~6.1 20.0	16.4 15.0~34.0 20.0~25.0 36.0
LNG on water	8.5~15.0	12.0~31.0
LPG on land	20.0	7.0
Butane	0.3~0.76	19.9~26.9
Gasoline	1.22~3.05 1.0~10.0	40.0~13.0 60.1~10.0
Benzene	1.22	36.0~38.0
Hexane	-	40
Ethylene	-	38

예제 4.16 예제 4.14에서 목재화염에 대해 다른 방법으로 계산을 해보자. X_r=0.35라 가정하고 1 m 높이의 목재화염에서 대략 25kW의 열량을 방출한다면?

해설

$$q = \frac{X_r \dot{Q}}{4\pi c^2} = \frac{(0.35)(25\text{kW})}{4\pi(1\text{m}^2)} = 0.696\,\frac{\text{kW}}{\text{m}^2}$$

이 값은 예제 **4.14**에서 계산한 결과 **0.42kW/m²**와 매우 비슷하지만, 그 차이는 두 식의 개략적인 성질과 목재화염에 대한 데이터의 부정확성 때문일 것이다. 그러나 그 차이가 기대치 내라고 볼 수 있지만 일반적으로 화재의 계산에서는 정확도가 낮을 경우에는 **±50%**, 보통은 **±30%**로 한다.

4.11.2 발광화염과 뜨거운 연기성 가스로부터의 복사

몇 가지 예외가 있긴 하지만 액체나 고체는 발광성 확산 화염을 내며 연소된다. 특징적인 노란색 광휘는 주로 반응영역에서도 연료 측의 화염 내부에서 형성되는 대략 10~100mm 직경의 미세한 탄소함유 입자로부터의 방사효과에 의한 결과이다. 이들 입자는 화염의 산화영역을 통과할 때 소모될 것이며, 그렇지 않으면 서로 더욱 반응하여 연기를 생성할 것이다. 화염 내에 있을 동안 그 입자들은 높은 온도가 되고, 각각은 하나의 미세한 흑체 또는 회색체로 행동한다. 그리고 방사 스펙트럼은 연속적이 된다. 화염의 순 복사력은 이러한 입자의 농도와 그 두께 또는 화염의 평균 빔 길이(l)에 의존된다. 복사능은 단색체 흡수계수와 관련이 있는 Kirchhoff 법칙의 관계로 나타낼 수 있다.

$$\epsilon = 1 - \exp(-kl) \tag{4.80}$$

여기서, k : 유효복사계수(흡수계수)로서 농도에 비례
l : 화염두께

k에 대한 몇 개의 실험값을 [표 2.15]에 제시하였으며, 화염온도를 알 수 있다면 개략적인 복사력의 값을 계산할 수 있게 된다. 흡수계수는 화염의 특성값으로서 복사가 화염에 침투하는 용이성의 척도가 된다. 난류화염에서 k는 일반적으로 0.1~1.0m^{1}의 범위이다. 보통 연료의 화염은 두께가 2m 또는 그 이상이 되며 ϵ 값은 거의 1이 되고 최고 복사출력을 나타낸다. 그러나 매우 큰 화재에서 검댕이는 실제로 화염을 가려서 주위로의 복사열류를 감소시킬 수 있다. 이러한 상황은 큰 화재가 작은 화재보다 많은 복사열류를 생성한다는 일반적인 인식과는 반대가 된다. 화염 내에서 검댕이 입자의 존재는 열손실을 초래하는데 일반적으로 화염에 검댕이가 많을수록 그 평균온도가 낮아진다고 할 수 있다.

비발광성 메탄올 화염은 평균온도가 1200℃ 정도가 되는 한편, 발광성 화염인 등유나 벤젠은 훨씬 낮아서 각각 990℃와 921℃를 나타낸다. 이론적으로 보면 검댕이 입자의 직경이 복사파장[대부분 $\lambda > 1\mu$m(103nm)]보다 크다면 복사능은 검댕이의 용적분율에 비례하는데 이 분율은 입자가 차지하게 되는 화염용적의 비율이라 할 수 있다. 이는 복잡한 광

표 2.15 유효복사계수(k)

물 질 명	k (m^{1})	물 질 명	k (m^{1})
Disel Oil	0.43	Wood cribs	0.8
Polymethylmethacrylate	0.5	Wood cribs	0.51
Polystyrene	1.2	Assorted furniture	1.13

그림 2.88 흡수 매체층에서 단색체 복사의 흡수

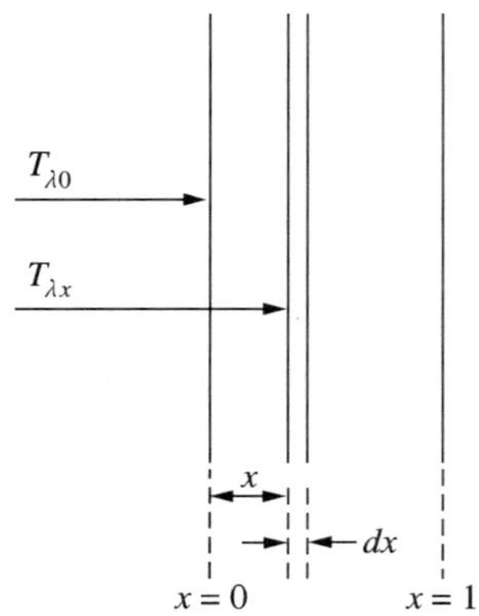

학적 기법을 이용하여 측정할 수 있으며 확산화염 내에서 검댕이 입자농도의 측정에 이용된다(그림 2.87 참조).

뜨거운 연기로부터 복사는 밀폐 공간 내 화재의 성장에 기여하는 주요한 요소로 알려져 있다. 구획화재의 성장기 동안 뜨거운 연기성 가스는 천장 아래에 축적되고 아래쪽으로 복사되므로 완전성장 연소의 개시를 촉진시킨다. 연기층은 비균질성이기 때문에 낮은 층에서의 복사 재흡수는 아주 중요한 현상이 된다.

4.12 화염 및 화재에 대한 응용

4.12.1 화염의 열유속 계산

화염으로부터 나오는 복사 열유속 예측은 화재 전파위험의 결정과 화재감지 장치의 개발에 중요한 의미를 가지고 있다. 실제 상황의 화염 형태는 임의적이고 시간에 따라 변화하기 때문에 이로 인해 상세한 복사 해석은 매우 지루하고 비경제적인 특성을 갖게 되었다. 대부분의 계산에 있어서 화염은 평면 층, 선대칭 원통과 원추 등과 같은 간단한 기하학적 형상으로 이상화 된다.

κ_λ가 경로길이에 대해 독립적이라고 가정하면, 복사강도는 다음 식과 같은 결과를 얻을 수 있다.

그림 2.89 원통형 화염의 개략도

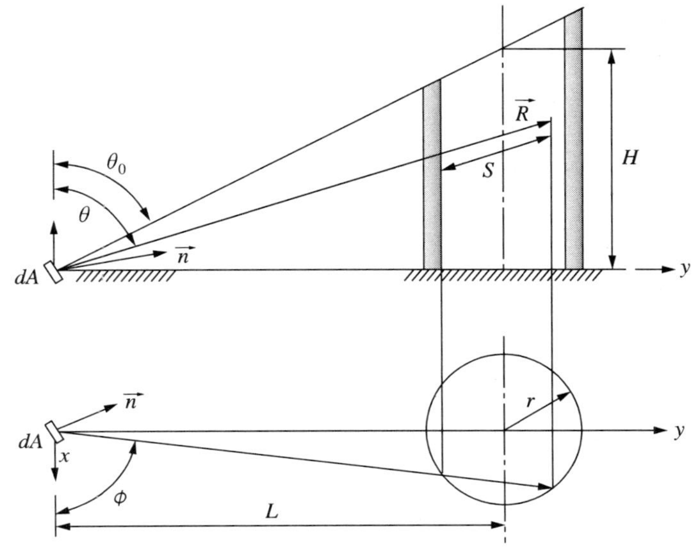

$$I_\lambda = I_{b\lambda}\left[1-\exp\left(\frac{-2\kappa_\lambda}{\sin\theta}\sqrt{r^2-L^2\cos^2\Phi}\right)\right] \tag{4.81}$$

여기서, θ, Φ, r, L : [그림 2.88]에 정의된 기하학적 변수

목표 요소에 대한 단색 복사 열유속은 다음과 같이 주어진다.

$$\frac{dq}{d\lambda} = \int_\Omega \frac{I_\lambda}{|\overrightarrow{R}|}(\vec{n}\cdot\vec{R})\,d\Omega \tag{4.82}$$

여기서, $\vec{n}$: 목표 요소 dA에 수직인 단위 벡터

$\vec{R}$: dA의 원통 화염에서 먼 연장된 가시선 벡터

식 (4.82)의 적용은 매우 지루하지만, 정상적인 $L/r \geq 3$인 정상적인 상황에서는 식 (4.82)를 다음과 같이 정리할 수 있다.

$$\frac{dq}{d\lambda} = \pi I_{b\lambda}\,\epsilon_\lambda(F_1+F_2+F_3) \tag{4.83}$$

여기서, 형상계수와 복사능은 다음과 같이 정의할 수 있다.

$$F_1 = \frac{u}{4\pi}\left(\frac{r}{L}\right)^2[\pi-2\theta_0+\sin(2\theta_0)] \tag{4.84a}$$

$$F_2 = \frac{v}{2\pi}\left(\frac{r}{L}\right)^2[\pi - 2\theta_0 + \sin(2\theta_0)] \tag{4.84b}$$

$$F_3 = \frac{w}{\pi}\left(\frac{r}{L}\right)\cos^2\theta_0 \tag{4.84c}$$

$$\epsilon_\lambda = 1 - \exp(0.7\mu_\lambda) \tag{4.85}$$

위의 정의에 사용된 변수들은 다음과 같이 주어진다.

$$\theta_0 = \tan^{-1}\left(\frac{L}{H}\right) \tag{4.86a}$$

$$\mu_\lambda = 2r\,\frac{\kappa_\lambda}{\sin(1/2\theta + 1/4\pi)} \tag{4.86b}$$

$$\overline{n} = u\overline{i} + v\overline{j} + w\overline{k} \tag{4.86c}$$

대상 화염이 균질이라고 가정할 수 있고, 모든 파장에 대해 식 (4.83)을 적분하면 전체 열유속은 다음 식과 같이 단순하게 표현할 수 있다.

$$q = \epsilon_m E_b \sum_{j=1}^{3} F_j \tag{4.76}$$

예제 4.17 다음 그림과 같이 목재로 지은 실내(2.4×3.6×2.4 m)의 천장 중앙에 화재감지기가 설치되어 있다. 스프링클러 설비는 직경 0.5m, 높이 1.0m 이하인 화재를 소화할 수 있다. 이 경우에 상부 천장 코너 중 한 곳에 대한 최악의 발화 시나리오를 이용해 화재감지기에 설정해야 하는 열유속을 구하라.

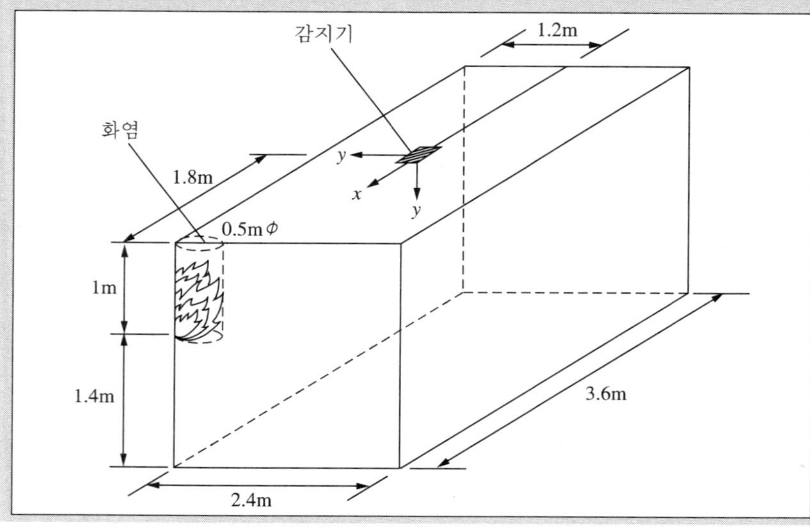

예설

우선 기존의 해석을 적용할 수 있는지 검증하기 위해 $L/r \geq 3$이 성립하는지 확인한다.

$$\frac{L}{r} = \frac{\sqrt{(1.2^2)+(1.8^2)}}{0.25} = 8.65 > 3$$

감지기에 대한 단위수직벡터 $\vec{n} = \vec{k}$로 주어지고, 원주각도(polar angle) $\theta_0 = \tan^{-1}(1.8180) = 1.068$는 식 (4.86a)로부터 구하며, 형상계수는 식 (4.84a), (4.84b), (4.84c)로부터 구한다.

$$F_1 = F_2 = 0.0$$

$$F_3 = \frac{1}{\pi}\left(\frac{0.25}{1.818}\right)\cos^2(1.068) = 0.0102$$

식 (4.76)로부터 필요한 열유속은 다음과 같이 구할 수 있다.

$$q = (1-e^{-\kappa_m S})(\sigma T_f^{\,4})F_3 = (1-e^{0.8\times 0.5})\,[5.67\times 10^{-11}\times(1730)^4]\,(0.0102) = 1.7\text{kW/m}^2$$

만약, 이 예제의 기하학적 형상에 대해 $L/r < 3$이 성립한다면 정확한 값을 갖고 있는 $L/r = 3$인 경우와 $L/r = 0$인 경우 사이에 보간법이 필요할 것이다. 이 예제에서 감지기의 방향이 연소중인 코너를 향하고 있다면(즉, $\bar{n} = 0.55\,\bar{i} + 0.83\,\bar{j}$) 열유속 계산 결과는 9.0kW/m^{2}로 크게 증가할 것이다. 이는 복사 열전달 계산에 있어서 강력한 영향력을 행사하는 방향의 의미를 보여주는 것이다.

4.12.2 연기층의 열유속 계산

천장 아래 연기층이 형성되어 있는 실내 화재 상황에서 발생하는 복사 열전달을 생각해 보자. 일반적인 연기층의 최대 온도는 보통 1,100~1,500K 정도이고, 그 구성 성분은 강력한 관여매질(예를 들면 이산화탄소, 수증기, 그을음 입자 등)이다. 연기층에서 나오는 열유속은 가구나 바닥용 카펫과 같은 원거리 표면의 발화와 직접적으로 관련지어져 왔다. 복사전달 해석과 예제 계산에 [그림 2.89]에 나타낸 개략도를 고려하기로 한다. 이러한 계산은 정확성을 약간 훼손하는 대신 합리적인 결과를 제공하는 매우 단순화된 방식을 바탕으로 하고 있다. 연기층을 통과하는 경로길이 S는

$$I(S) = \frac{\sigma T^4}{\pi}\left\{1-\left(\frac{T_w}{T}\right)^4\right\}e^{-\kappa S} \tag{4.88}$$

미소 목표 요소에 대한 단색 복사 열유속이 식 (4.83)에 제시되었다. 그러나 천장 층과 구획실 표면이 갖고 있는 기존 형상에 대해서는 식 (4.83)의 적분에 많은 시간이 소요된다(적분 상한과 하한이 경로길이의 각도에 따라 크게 변하기 때문). 이 계산은 연기층의 하

단 표면이 등온상태라는 1차원 근사로 가정함으로써 단순화할 수 있다. 이러한 가정을 통해 회색 표면 간의 비 관여 매질 내에서 일어나는 단순한 복사 교환 관계식을 이용해 문제를 처리할 수 있다(연기층 아래 청정 공기의 흡수량은 무시할 수 있음). 기본적인 계산방식으로부터 방호구역 내의 각 표면에 대한 방사량과 조사량을 구할 수 있다.

$$J_i = \epsilon_i \sigma T_i^4 + (1-\epsilon_i) G_i \tag{4.89a}$$

$$G_i = \sum_j F_{i-j} J_j \tag{4.89b}$$

j_i 및 G_i에 대해 연립방정식을 푼 후, 다음 식으로부터 임의의 표면에 대한 순수 열유속을 계산할 수 있다.

$$q_i = J_i - G_i \tag{4.90}$$

그림 2.90 연기층 요소에 대한 열유속 계산(예)

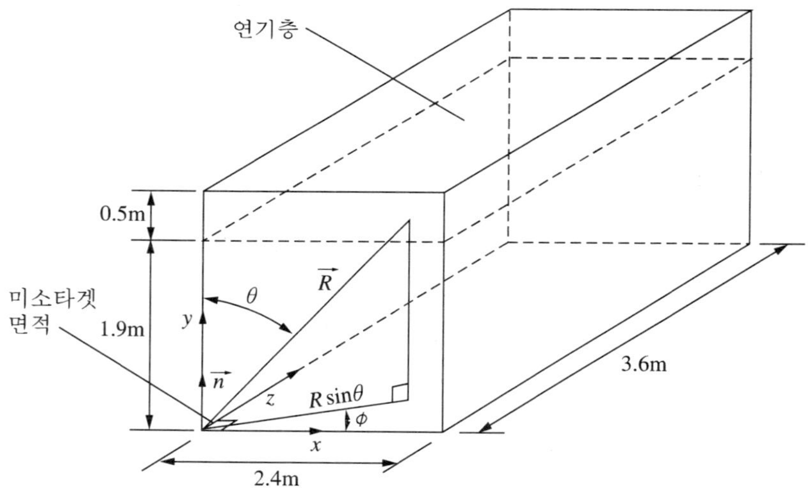

예제 4.18 그림 3.94와 같이 0.5m 두께의 연기층이 3.6×2.4×2.4m 크기의 실내 천장 부근을 부유하고 있다. 바닥의 재료는 목재이고 4방향의 벽은 아연화 유성 페인트를 칠한 콘크리트이다. 계산을 통해 구획실의 각 표면 온도가 일정하게 유지된다는 가정을 전제로 실내 바닥 코너의 열유속을 결정하라(연기층 온도는 1400K, 측면 벽 온도는 800K, 바닥 온도는 300K). 바닥의 한 쪽 코너에 0.01m^{2}의 미소 목표 면적이 존재하고, 이 경우에도 바닥 온도는 300K라고 가정한다.

2

해설 연기층 바닥을 표면 1, 실내 바닥을 표면 2, 그리고 바닥코너의 미소 목표 면적을 표면 3이라고 하자. 4개의 벽면은 하나의 표면 4로 볼 수 있으므로 해석에 필요한 면은 총 4개뿐이다. 형상계수 F_{12} 및 F_{31}은 [표 3.14]에서 구할 수 있고, 이 형상계수로부터 형상계수 계산을 이용해 나머지 형상계수들을 구할 수 있다.

$F_{12}=0.3242$

$F_{31}=0.1831$

$F_{13}=\dfrac{A_2}{A_1}F_{31}=0.0002$

$F_{14}=1-F_{12}-F_{13}=0.6756$

비슷한 방법으로 다른 형상계수들도 구할 수 있다.

$F_{21}=0.3242$	$F_{31}=0.1831$	$F_{41}=0.2560$
$F_{22}=0$	$F_{32}=0$	$F_{42}=0.2561$
$F_{23}=0$	$F_{32}=0$	$F_{43}=0.0003$
$F_{24}=0.6758$	$F_{34}=0.8169$	$F_{44}=0.4876$

목재와 아연화 페인트에 대한 복사능은 각각 0.9 및 0.94이고, 연기층에 대한 복사능은 목재 화염에 대한 평균흡수계수(표 3.13)로부터 추정할 수 있다.

$\epsilon_1=1-e^{-\kappa_m S}=1-e^{-0.8\times0.5}=0.33$

각 표면에서 나오는 흑체 복사 열유속은, 예를 들어 식 (4.4)의 간단한 관계식으로부터 구할 수 있다.

$(\sigma T^4)_1=5.6696\times10^{-8}(1400)^4=217.8\text{kW/m}^2$

식 (4.89a)와 (4.89b)로부터 8개 식으로 이루어진 연립방정식을 풀어 각 표면을 들고 나는 복사선속을 구한다.

$J_1=88.7\text{kW/m}^2$ $G_1=17.7\text{kW/m}^2$

$J_2=4.7\text{kW/m}^2$ $G_2=43.3\text{kW/m}^2$

$J_3=3.9\text{kW/m}^2$ $G_3=34.8\text{kW/m}^2$

$J_4=23.9\text{kW/m}^2$ $G_4=34.3\text{kW/m}^2$

식 (4.90)으로부터 목표 요소의 순수 복사 열선속은 다음과 같이 된다.

$q_3=J_3-G_3=-30.9\text{kW/m}^2$

여기서 음(−) 부호는 평형상태의 유지를 위해 열이 목표 요소로부터 제거되어야 함을 의미한다. 이 예제는 다음 그림과 같이 저항 회로망 방식으로도 풀 수 있다.

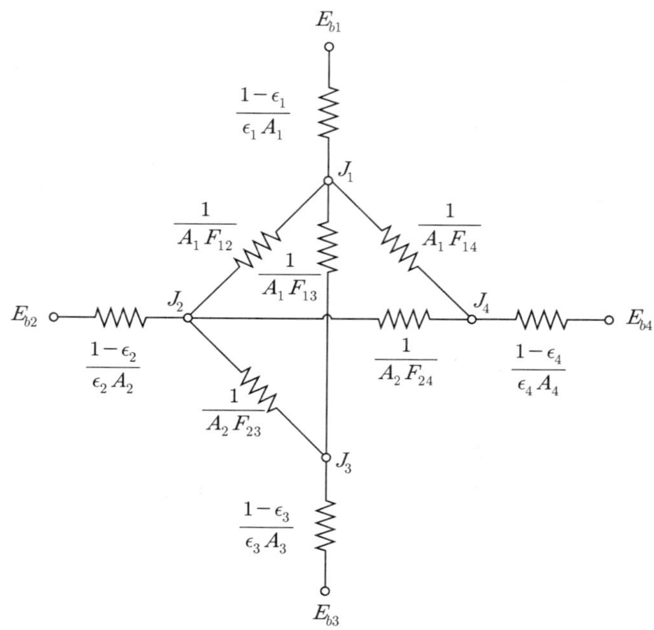

4.12.3 가연물의 열분해율

가연물의 열분해는 가열시 기상(氣相), 즉 연소 전에 기화 과정(고체 가연물의 경우 액화 과정이 선행되는 경우도 있음)을 거치는 응결 가연물의 연소에 대해 주된 관심을 가지고 있다. 이 과정은 복사 열유속의 영향을 크게 받는다. 가연물이 외부적으로 공급되는 엔진이나 버너 등의 내부 연소와는 달리 가연물은 반드시 물질 자체의 기화를 통해 공급되어야 한다. 경우에 따라서는 기화율은 화재 성장률에 비례하므로 화재위험의 척도 역할을 하기도 한다. 열분해율의 판정은 에너지와 질량보존을 근거로 하고 있으므로 가연물 표면에 도달하는 전체 열유속을 반드시 알고 있어야 한다. 정상상태 조건을 가정하면 에너지를 다음과 같이 표현할 수 있다.

$$q_e + q_c + q_r + q_{rr} = m'' \Delta H \tag{4.91}$$

여기서, q : 열유속(아래는 각각 외부, 대류, 복사 그리고 재복사 등을 의미)

m'' : 열분해율

ΔH : 기화 잠열

에너지 관련 항(화재로부터 멀리 떨어져 있는 환경과의 열유속 교환을 의미하는 외부

선속의 항은 제외)을 계산하기 위해서는 해당 가연물의 화재의 형태와 열역학적 특성이 필요하다.

3차원 계의 복사를 동반한 난류 연소에 대한 해석은 수년간 연소분야의 궁극적인 연구 목적이었다. 최근 발전에도 불구하고, 현재의 첨단기술이 처리할 수 있는 문제는 층류와 단순한 형상의 난류 연소로 극히 제한적이다. 열복사는 경계층 유동에서 발생하는 정체점 연소과 풀 파이어(pool fire－가연성 또는 인화성 액체나 용융) 구성에 대한 실험적 연구와 같은 극히 소수의 특수한 예에 한해서 고려 대상에 포함되어 왔다. 이 단원에서 두 가지 예제를 통해 열분해율의 모델링에 복사열전달을 포함시키면 화재 성장률 추정에 적용될 수 있다.

연소 현상에 대한 몇 가지 기본 개념을 검토해야 한다. 화염은 연소를 제어하는 지배적인 물리적 과정에 따라 확산이나 예혼합으로 분류하는 경우가 많다. 확산 화염에서는 종별의 전달에 걸리는 특성 시간이 화학반응에 대해 필요한 경우보다 훨씬 더 길다. 초기에 산소가 가연물로부터 분리되어 있는 화염은 확산 화염으로 간주하는 경우가 많다. 예혼합 화염에서는 연소 구간에 도달하기 전에 가연물 및 산소가 함께 혼합되어 전달 및 반응에 대한 특성 시간을 서로 비교할 수 있는 정도가 된다. 복사 해석에서 화학반응에 대한 세부사항(단순한 반응에 대해서도 여러 가지 중간 반응과 종별 중간 생성물의 보존원리가 개입되는 경우가 많음)은 다음과 같은 1단계 비가역 전체 관계식으로 단순화 되는 경우가 많다.

$$\text{가연물} + \text{산소} \rightarrow \text{생성물} + \text{열} \tag{4.92}$$

자주 사용되는 또 하나의 중요한 단순화가 '화염 박판(flame sheet)' 근사이다. 화염 박판 근사란 가연물 및 산소가 접촉과 거의 동시에 반응해 무한히 얇은 반응구간을 형성한다는 가정이다. 이 근사는 화학반응속도가 물리적 확산과정에 의해 지배되는 화염 연구(예를 들면, 일반 실내 화재) 측면에서 매우 유용하다. 화염 박판 근사에 대비되는 개념이 '화염층(flame layer)'의 근사이다. 화염층의 근사는 화학반응이 유한한 속도로 발생해 유한한 두께를 갖는 반응구간을 형성한다고 가정한다. 화염층 근사는 발화, 소화, 화염 안정성 그리고 기타 과도화염현상에 적용할 수 있다.

(1) 경계층 내의 열분해율

복사 계산의 복잡성으로 인해 광학적으로 얇은 한계 범위 내의 1차원 복사에 한해서만 경계층 분석이 시도되었다. Kinoshita과 Pagni는 화염 박판이라는 근사를 바탕으로 정체점 유동을 분석했다. 복사 열전달이 열분해과정에 미치는 실제 영향은 미소했다(이는 광학적으로 얇은 대류 환경에서 예상되는 상황). 그러나 분석과정에 복사를 포함시킴으로서 열분해를 지배하는 무차원 변수의 상대적 중요성은 크게 달라졌다. 열분해율과 과잉(미연소)

열분해 가스는 벽 온도 및 연소열(복사 외 분석이라면 2차적인 중요성을 갖고 있을 부분)에 크게 의존했다. 일반적으로 복사의 영향은 1) 보상차원의 표면복사 및 2) 화염으로부터 저온 환경으로 전달되는 화염 복사 손실을 통해 열분해율을 떨어뜨리는 효과를 갖고 있다. 이로 인해 화염온도는 떨어지고 전도 열선속도 감소한다.

(2) 풀 파이어 내의 열분해율

대류열전달과 복사 피드백에 대한 정보 부족으로 에너지 보존을 적용해 풀 파이어(pool fire) 내의 가연물 열분해율을 구하기가 어려웠다. 열분해율의 예측은 제한적인 실험 데이터의 상관관계에 여전히 크게 의존하고 있지만, 대류와 복사 기여도를 이론적으로 구하기 위한 노력이 이루어지고 있다. 외부 열 공급을 무시할 수 있고 복사항이 다음과 같이 주어질 수 있다는 가정을 전제로 식 (4.91)로부터 열분해율을 구할 수 있다.

$$q_{rr} = \epsilon_s \sigma \left({T_s}^4 - {T_\infty}^4 \right) \tag{4.93}$$

$$q_r = \sigma {T_f}^4 \left[1 - e^{\kappa_f L_m} \right] \tag{4.94}$$

여기서, ϵ_s : 가연물 복사능(액체와 탄화물의 경우 보통 1.0)

T_f : 균질 등온 기체 체적으로 표현되는 화염 온도

식 (4.94)의 정확성은 평균광선길이 L 과 화염흡수계수 κ_f에 대해 선정된 값에 따라 달라진다. Orloff과 deRis는 다음과 같은 관계식을 적용할 것을 제안한 바 있다.

$$\kappa_f = -\frac{1}{L_m} \ln \left(1 - \frac{x r q_a^m L_m}{36 x_a \sigma {T_f}^4} \right) \tag{4.95}$$

$$L_m = 3.6 \frac{V_f}{A_b} \tag{4.96}$$

여기서, x_a : 가연물의 종류에 따라 0.6~0.95의 값을 갖는 연소 완전성 비율 척도

x_r : 화염 내에서 복사에 의해 손실되는 열의 비율

q_a^m : 화염의 열출력 용량(상당수의 화염에서 대개 1,200kW/m² 정도임)

V_f : 화염 체적

T_f : 화염 온도

A_b : 가연물 풀(pool)의 면적

Orloff와 deRis는 대류 열유속에 대해 다음과 같은 표현식을 제안하기도 했다.

$$q_c = \frac{h_c}{C_p} \left[\frac{\Delta H (x_a - x_r) r}{x_a} - C_p (T_s - T_\infty) \right] \left(\frac{y}{e^y - 1} \right) \tag{4.97}$$

여기서, $y = \left(\frac{m'' C_p}{h_c}\right)$

r : 화학 양론적 가연물 대 공기의 질량비

대규모 화재는 온도와 기체 종별 농도 면에서 비 균질성이 눈에 띄게 심하며, 이로 인해 단일 구간 화염 모델을 가용 실험 데이터와 연계시키기가 어렵다. 최근에는 2구간 모델이 제안된 바 있다. 2구간 모델은 대형 PMMA(Plexiglas) 화재의 열분해율을 예측하는데 성공적인 도구이고, 이때 화염은 ① 열분해를 거친 가연물 기체로 이루어진 하단의 저온층과 ② 생성 가스와 그을음으로 이루어진 상단의 고온 층 등 2개의 원추형 균일층으로 모델링된다. PMAA를 제외한 가연물에 대한 모델을 검증하기 위해서는 대규모 풀 파이어(pool fire)에 대한 보다 많은 실험적 데이터가 필요하다.

4.12.4 발화에 대한 응용

발화는 연소 개시와 관련된 인화성을 제한하는 거동의 일부로서 화학반응속도가 중요한 역할을 하는 속도 제어 메커니즘이다. 발화현상의 예측은 분석에서 선정한 발화 기준에 따라 크게 달라진다. 이러한 기준은 현재 진행되고 있는 열띤 논쟁의 핵심으로 단정적으로 정의하기는 매우 어렵다. 발화이론에 대한 상당수의 실질적 적용은 발화온도에 대한 지식을 바탕으로 하고 있고, 이로 인해 결국 가연물 표면에서 방향이 결정되는 열선속은 가장 중요한 물리량이 된다. 화재 예측을 위해서는 가연물 표면이 주어진 열선속에 노출된 후의 발화지연시간을 구해야 한다. 발화의 과도적인 특성으로 인해 준·정상 가정을 적용할 수 없을 경우에는 완전 과도에너지 식을 고려해야 하는데, 이로 인해 상당수의 발화 예에 대해 복사 해석의 난이도가 매우 높아진다.

유도발화와 자연발화는 광범위한 발화 분류 중 두 가지의 중요 등급이다. 유도발화는 스파크나 유도 화염과 같은 국소 가열을 통해 이루어지는 경우가 많으며, 그 다음에는 화염이 가연물의 나머지 부분으로 확산된다. 반면에 자연발화는 가연성 기체 혼합물의 온도 상승으로 인해 발생하며, 일단 연소가 시작되면 더 이상 외부 열 공급을 필요로 하지 않는다. 자연발화가 일어나기 위해서는 같은 물질이라도 유도발화에 비해 높은 온도가 필요하다. 자연발화 메커니즘에서는 물리적 이해와 실제 계산방식의 결핍으로 인해 현재까지는 복사열전달을 무시하는 경우가 많았고 이 부분에 대해서는 복사 계산의 가치를 높이기 위한 보다 많은 연구가 필요하다.

방호구역 화재에서는 다소 다른 현상이 발생한다. 즉, 화재로부터 공급되는 과도한 열로 인해 화염으로부터 멀리 떨어져 있는 물질이 발화된다. 이차 또는 원격 발화라고 하는 이러한 현상은 소방기술자들에게 있어서 중요한 화염확산현상으로 큰 관심사가 되고 있다. 정상상태 분석을 통해 기체를 다루고, 고체 가연물은 과도 분석을 통해 처리하는 준-정상 분석은 상당히 정확한 결과를 내는 것으로 밝혀졌다. 1차 분석에 있어서 화학반응 항은 무시할 수 있다(하지만, 더 고차 모델에서는 그 영향을 무시할 수 없음). 간단한 형상을 갖고 있고 기체에 둘러싸인 반-무한 고체는 1차원 복사 분석으로 설명할 수 있다. 과도에너지 보존방정식을 다음과 같이 표현할 수 있도록 경계면 부근의 고체 영역에 초점을 맞추도록 한다.

$$\frac{\partial T}{\partial t} = \alpha \frac{\partial^{2} T}{\partial x^{2}} \tag{4.98}$$

여기서, α : 해당 고체의 열확산율

식 (4.98)에 대한 경계조건은 다음과 같이 주어진다.

$$T = T_i \qquad : t = 0 \qquad x \to \infty \tag{4.99a}$$

$$k\frac{\partial T}{\partial x} + \epsilon_s q_r = h_c(T - T_i) \qquad : x = 0 \tag{4.99b}$$

식 (4.99b)는 가연물 표면에서 전도, 대류 그리고 복사가 균형을 이루고 있음을 의미하고, 식 (4.99a)는 온도 레벨을 구하는데 사용된다. 라플라스 변환기법을 이용하면, 식 (4.98)은 쉽게 풀 수 있으며, 그 결과는 다음과 같다.

$$T(x,\ t) = \left(T_1 + \frac{\epsilon_s q_r}{h_c}\right)\left[erfc\left(\frac{x}{2\sqrt{\alpha t}}\right) - \exp\left(h_c x + \alpha h_c^2 t\right) erfc\left(\frac{x}{2\sqrt{\alpha t}} + \frac{h_c}{k}\sqrt{\alpha t}\right)\right] \tag{4.100}$$

발화지연시간(초기 열선속 적용 시점으로부터)은 복사 열선속 q_r를 알고 있으면 식 (4.100)으로부터 정확히 계산할 수 있다. 발화지연시간의 계산은 q_r의 변화에 따라 크게 영향을 받는다. q_r은 천장 화염 아래의 연기층과 가연물 표면에 존재하는 상대적으로 차가운 열분해가스가 갖고 있는 복사 특성에 따라 달라진다. 이러한 효과를 '복사차단(radiation blockage)' 효과라고 하며, 이는 화염 복사 연기층의 조성 및 특성을 알고 있다면 복사차단효과를 정확히 계산할 수 있다. 가연물 표면을 향하는 열에너지를 차단하는 또 다른 요소는 매우 높은 파장 의존성을 보이는 복사능 ϵ_s이다. 예를 들어, PMMA와 같은 가연물은 2.5μm 미만의 파장 범위(일반적인 화염 및 연기 온도에서 나오는 복사강도가 최대인 범위) 내에서 복사에너지를 잘 흡수하지 못 하는 반면, 2.5μm를 초과하는 범위에서는 복사 흡수성이 탁월하다. 아울러 표면의 전체 복사능은 가연물 표면이 열분해로 인해 탄화하기 시작하거나 액화하면서 변할 수 있다. 표면 조건에 따라 크게 달라질 수 있는 가연물 표면의 복사 특성을 고려할 때는 주의를 기울여야 한다.

4.12.5 복사열에 의한 연소

(1) 화재구획 밖의 물체로 전달되는 복사열

출화실의 화재의 성상이 심해지면 건물의 다른 공간, 더욱이 인접하고 있는 다른 건물을 연소할 수 있는 위험이 생긴다. 그 원인으로는 첫째, 인접건물이나 공간이 화재공간과 가까운 경우에는 창에서 분출되는 고온의 화재나 기류에 직접 맞닿는 것이고, 둘째, 분출화염이나 화재구획의 복사열에 의한 것이다. 복사열에 의한 연소는 어느 정도 거리가 있는 경우 일어날 수 있다.

[그림 2.90]에서와 같이 복사열을 받는 면적을 Al, 또 복사원의 온도, 면적, 복사열을 각각 T_2, A_2 및 ε_2라고 하면, 복사원에서 수열면으로 전달되는 복사 열전달량 $\dot{Q}_{21}$은 다음 식과 같다.

그림 2.91 화재구획 밖으로 전달되는 복사열

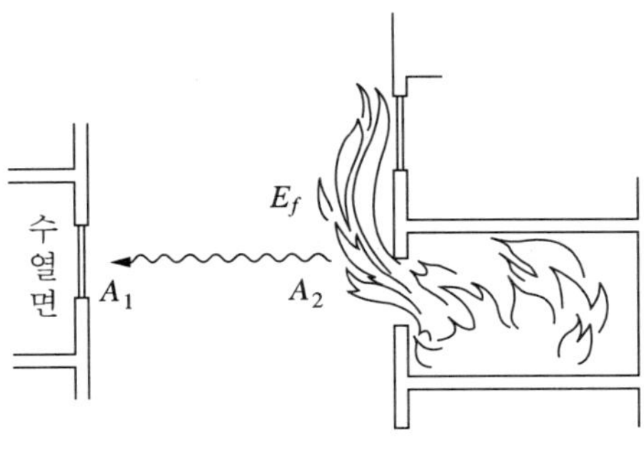

$$\dot{Q}_{21} = E_f\, A_2\, F_{21} = \epsilon_2\, \sigma\, A_2\, T_2^{\ 4}\, F_{21} \tag{4.101}$$

여기서, E_f는 복사원의 복사력이고, A_2는 화재구획의 개구면적만이라고 보는 경우와 분출화염도 포함된 합계로 보는 두 가지 경우가 있다. 전자의 경우는 T_2는 화재구획온도 T_g로 보는 경우가 많고, 후자의 경우는 A_2는 개구면적의 2배 정도로 잡는 경우가 많으나 분출화염의 부분은 통상 화재구획보다 어느 정도 온도가 낮고 또 검은 연기 등으로 복사열이 차단되기 때문에 실제 측정에 따라 복사능력 E_f를 전자의 1/2 정도 예상한다.

식 (4.101)에서 형상계수 상반법칙 $A_2F_{21} = A_1F_{12}$를 이용하면,

$$\dot{Q}_{21} = \epsilon_2 \sigma A_2 T_2^{\ 4} F_{12} \tag{4.102}$$

가 된다. 또 착화를 문제로 할 경우에는 면적 A_1 중 입사 열유속 q_{21}이 가장 큰 문제가 되므로 A_1을 그 점의 면적요소 dA_1를 구하면 된다.

$$q_{21} = q_{21}/dA_1 = \epsilon_2 \sigma T_2^{\ 4} F_{d2} \tag{4.103}$$

여기서, Fd_2 : dA_1에서 A_2로 보는 형상계수

(2) 단열이 아닌 구획벽을 통한 복사열의 이동

건축물에는 방화계획의 일부에 철판재의 방화문, 방화셔터 등 단열성이 작은 구획재료가 사용된 것도 적지 않다. 이러한 구획재는 화염이나 불티에 의하지 않아도 다량의 열이 전달되어 연소를 일으킬 가능성이 있다. [그림 2.91]에서와 같이 단열이 되지 않는 구획재가 화재구획과 비화재공간을 구분하고 있을 때, 수학적 모델링을 간단히 하기 위해 양쪽 공간 모두 복사능을 1로 하고, 구획재료의 열전달에는 대류 열전달도 있지만 이를 무시하면 화재구획에서 구획재료에 의한 복사에 의한 열전달량 $\dot{Q}_1$은 다음과 같다.

그림 2.92 단열이 아닌 구획벽을 통한 복사열의 이동

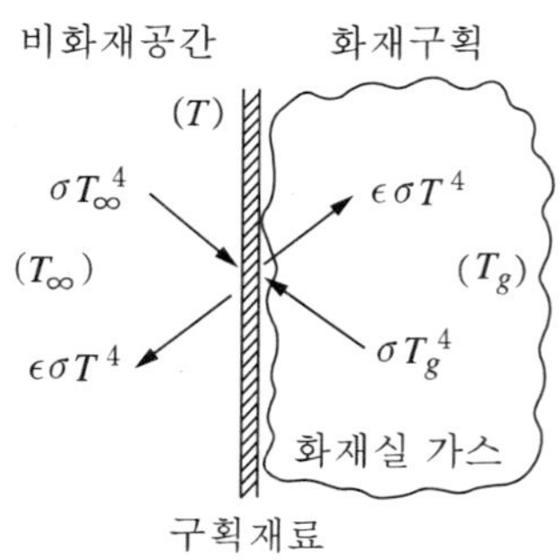

$$\dot{Q}_1 = \epsilon \sigma A (T_g^{\ 4} - T^4) \tag{4.104}$$

여기서, T_g : 화재구획의 온도[K]

T : 구획재료의 온도[K]

A : 구획재료의 면적[m²]

ϵ : 구획재료의 복사능

비화재공간에서의 열전달량 $\dot{Q}_2$는 다음과 같다.

$$\dot{q}_2 = \epsilon\sigma A\,(T^4 - T_\infty{}^4) \tag{4.105}$$

여기서, T_∞ : 비화재공간의 온도[K]

위 식에서 $\dot{Q}_1 = \dot{Q}_2$이므로 구획재의 온도 T는 다음과 같이 구할 수 있다.

$$T = \left(\frac{T_g{}^4 - T_\infty{}^4}{2}\right) \tag{4.106}$$

통상 $T_g \gg T_\infty$이므로 식 (4.106)에서 $T_\infty{}^4$를 무시하면 $T = T_g/2^{\frac{1}{4}} \simeq 0.8479\,T_g$가 된다. 따라서 식 (4.104)는 다음과 같이 쓸 수 있다.

$$\dot{Q}_1 = \dot{Q}_2 = \frac{1}{2}\epsilon\sigma\,(T^4 - T_\infty{}^4) \tag{4.107}$$

만약 $\epsilon = 1$이라면 열적으로 얇은 구획은 복사열이 완전히 투과할 경우의 약 1/2의 복사열을 투과하는 것이 된다.

연습문제

1. 파장이 $\lambda = 0.1$, 0.5와 2μm에서 태양복사의 단색광 흑체 복사력을 구하라.

2. 300, 1000, 3000과 6000K 복사원의 흑체의 전체 복사력을 구하라.

3. 2m×2m크기의 정사각형 표면에서 30초 동안 1MJ을 복사한다. 그 표면을 흑체라고 가정하면 표면온도는 몇 도인가?

4. 백열등 필라멘트의 온도는 3,000K이다. 필라멘트를 흑체로 가정할 때 가시광선 영역에서 발산하는 복사분율을 구하라.

5. 부록의 복사능을 사용하여 다음의 온도에 있는 표면의 복사력을 구하라.
   ① 밝은 알루미늄 포일 $T = 295$K
   ② 연마된 금 $T = 400$K
   ③ 니켈 산화물 $T = 1,200$K
   ④ 내화점토 벽돌 $T = 1,260$K
   ⑤ 거친 콘크리트 $T = 310$K

6. 복사능이 0.8이라면 불투명체 표면의 흡수능은 얼마인가?

7. 2400K에 있는 표면의 단색광 복사능이 그림과 같이 계단함수로 근사된다면, 이때 표면의 평균 복사능과 전체 복사력을 구하라.

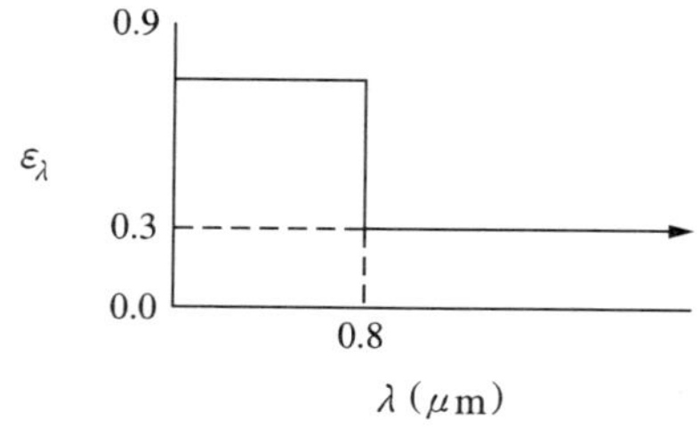

8. 다음 그림과 같이 길고 동일측면의 도관 모양인 노(furnance)가 있다. 두 측면온도는 1300K, 500K이고 복사능은 0.7, 0.4이다. 셋째 표면의 온도는 650K이고 흑체라고 가정한다. 노의 각 표면의 단위면적당 순수 복사 열전달을 구하라.

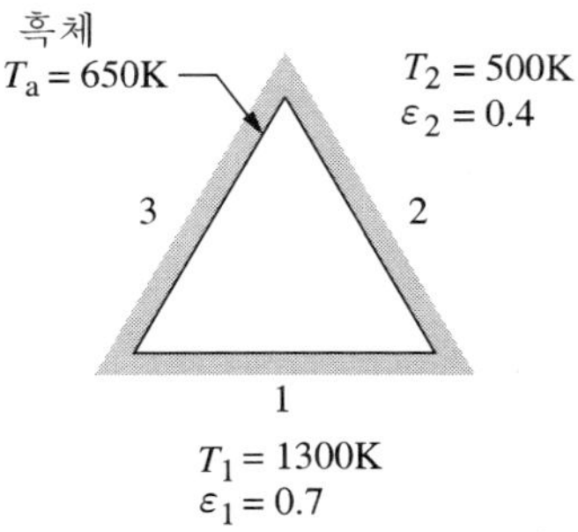

9. 온도가 300K, 복사능이 0.95인 큰 진공밀폐 공간 속에 다음 그림과 같은 긴 표면이 놓여 있다. 수직표면의 복사능은 0.2이고 온도는 350K이다. 바닥표면의 복사능은 0.6이고 10kW/m^2로 가열된다. 바닥표면의 온도를 구하라.

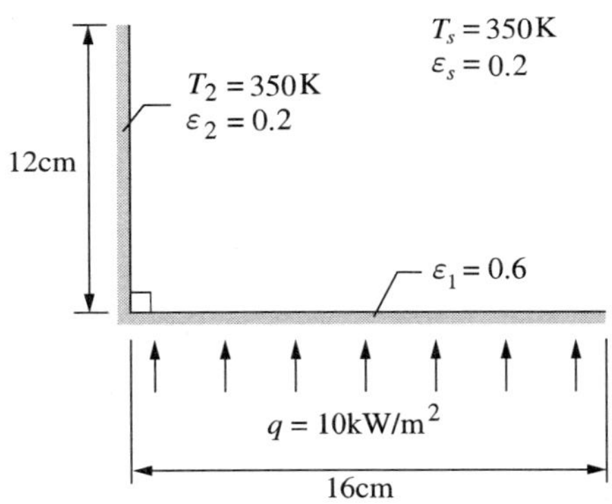

10. 크기가 1m×1m이고 두께가 15cm인 주철판이 20℃ 공기가 있는 큰 공간 속에 놓여 있다. 그 판의 한쪽 면에 부착된 10kW의 전기히터가 균일하게 판을 가열하고 있으며 뒤쪽 면은 단열되어 있다. 만약 공기가 판에 평행하게 3m/s의 유속으로 흐른다면 판의 양면의 정상온도를 구하라. 단, 주철판의 복사능은 $\varepsilon = 0.5$이다.

11. 액면화재에서의 열전달 효과의 제한요소로 대기 중 복사감쇠현상이 있다. 이는 방사체와 수열체 사이의 매체에 의한 복사흡수의 결과이다. 이를 이론적으로 상세히 설명하라.

제 5장 열량측정

(Measurement of Heat Quantities)

5.1 개요

열방출률은 구획실 화재에 영향을 미치는 물질의 위험 수준을 결정하는 주된 변수가 되고, 열방출률이 중요한 이유는 여러 가지가 있다. 첫째, 열방출률은 질량 손실률과 직접적인 연관이 있다. 물질의 독성 화재위험은 독성가스 방출률에 의한 것인데, 이 가스 방출률은 총 질량 손실률에 가스 발생률의 곱으로 표현된다. 따라서 독성가스 발생률이 큰 물질 A일지라도 동일 노출 조건 하에서 질량 손실률이 현저히 낮다면 독성가스 발생률이 낮고, 질량 손실률이 높은 물질 B보다 화재 위험성은 낮게 된다. 예를 들면, 대부분의 방염처리는 독성가스 발생률을 증가시키는 반면에 질량 손실률을 현저히 떨어뜨림으로써 화재위험을 떨어뜨린다. 두 번째, 구획실 내에서 연소하는 물질에 의해 방출되는 열은 고온 기체 층과 구획실의 벽과 천장의 온도를 상승시키는 결과를 낳는다. 고온 표면으로부터 발산되는 복사에너지의 일부는 가연물 표면에 직접 가해지므로 구획실 외부에서 연소되는 경우에 비해 더욱 질량 손실률이 증가하게 된다. 열방출률이 증가하면 이와 같은 열 반사효과가 더욱 커진다.

구획실 화재위험성 평가를 수행하고자 할 경우에는 고품질의 열방출률 데이터가 필요하며, 그에 따라 열방출률을 정확히 측정할 장치와 방법이 필요하다. 물질의 화재위험을 평가하는 데는 기본적으로 두 가지 방법이 존재한다. 첫 번째는 실물 규모의 실험을 통한 평가이다. 일반적으로 이 방법을 적용하기 위해서는 관련된 모든 화재상황과 최종 사용조건을 포함하는 수차례의 대규모 화재시험을 시행해야 한다. 두 번째 방법은 벤치-스케일의 시험 데이터(주로 열방출률)와 함께 적절한 계산방법을 활용해 실물 규모의 내화성능을 추정하는 것이다. 두 번째 접근방법은 여러 가지 용도로 활용할 수 있을 뿐 아니라 시간과 비용 측면에서 효율이 높아 화재모델과 계산방법의 예측 성능에 대한 지속적인 개선과 함께 보다 널리 사용되는 대안으로 자리잡았다. 이와 같은 상황을 감안해 이 장에서는 벤치-스케일 열량측정에 초점을 맞추도록 한다.

5.2 열방출률 측정방법

5.2.1 센서블 엔탈피 상승 방식

연소 시험편의 화염을 둘러싸고 있는 기상(氣相) 검사체적의 '에너지 수지'를 생각해 보자. 유량이 m_a이고 온도가 T_a인 공기가 검사체적으로 유입된다. 이 공기의 엔탈피는 다음과 같이 쓸 수 있다.

$$h_a = h_a^0 + c_p(T_a - T_0) \tag{5.1}$$

여기서, h_a : 온도가 T_a인 공기의 엔탈피(kJ/kg)

h_a^0 : 기준 온도 T_0에서 공기의 엔탈피(kJ/kg)

c_p : $T_0 \sim T_a$ 범위에서 공기의 평균 비열(kJ/kgK)

T_a : 연소 구역에 유입되는 공기의 온도(K)

T_0 : 기준온도(K)

노출표면에 충돌하는 열유속의 일부는 시험편 내부로 전도된다. 이러한 열유동은 해당 고체의 온도를 증가시키고, 그 중 일부는 가연성 증기를 생성하는데 소모된다. 이 가연성 증기는 m_v의 속도로 생성되고, 온도가 T_v인 검사체적으로 유입된다. 모든 가스/기체의 비열이 근사적으로 상수값(온도에 대해 독립적)을 갖는다는 가정 하에서 해당 가연물 증기의 엔탈피는 다음 식과 같이 쓸 수 있다.

$$h_e = {h_v}^0 + c_p(T_e - T_0) \tag{5.2}$$

여기서, h_e : 온도 T_e에서 휘발성 물질의 엔탈피(kJ/kg)

${h_v}^0$: 기준온도 T_0에서 휘발성 물질의 엔탈피(kJ/kg)

T_0 : 연소 구역에 유입되는 휘발성 물질의 온도(K)

가연물 증기는 공기와 혼합되어 화염속에서 연소 생성물로 변환된다. 연소 생성물(어느 정도의 과잉 공기 포함)의 총 유량이 m_e일 때 엔탈피는 다음 식과 같이 주어진다.

$$h_e = {h_e}^0 + c_p(T_e - T_0) \tag{5.3}$$

여기서, h_e : 온도 T_e에서 연소생성물의 엔탈피(kJ/kg)

h_e^0 : 기준온도 T_0에서 연소생성물의 엔탈피(kJ/kg)

T_e : 연소 구역으로부터 유출되는 연소생성물의 온도(K)

T_e는 질량 가중치를 적용한 T_a와 T_b의 평균값보다 높다(화염 내 연소로 인해 방출되는 열 q 때문). 그러나 이 열 중에 가스의 온도 상승에 기여하는 양은 일부에 지나지 않는다. 이 일부를 열방출률의 대류분율이라고 한다. 그 외의 나머지 부분에 해당하는 q는 손실되는 것이고 $q_{f \cdot l}$로 표시한다. 대부분의 경우 $q_{f \cdot l}$는 실험장치의 벽(밀폐형인 경우)이나 주위 환경(개방형인 경우)으로 퍼져 나가는 복사열의 형태로 손실된다. $q_{f \cdot l}$의 일부는 가연물 표면으로 전달되는 대류와 복사열 귀환으로 구성되어 있다. 기상 과도현상을 무시할 수 있다고 가정하고, [그림 2.92]의 검사체적에 열역학 제1법칙을 적용하면 다음 관계식을 얻을 수 있다.

$$q_{f \cdot l} = m_a h_a + m_v h_v - m_e h_e \tag{5.4}$$

그림 2.93 기상(氣相)에너지의 수지

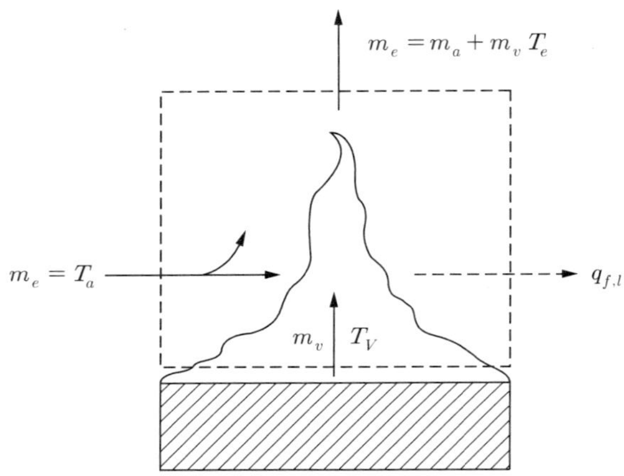

한 예로, 동일한 유량을 갖는 공기와 휘발성 물질(온도는 모두 T_0)이 가상의 연소실 내에서 혼합된다고 생각해 보자. 이때 연소반응은 [그림 2.92]의 열량계와 동일하고 수분 응결 현상 없이 연소생성물의 온도가 기준온도까지 떨어진다고 가정한다. 이러한 가상 조건이 [그림 2.93]에 제시하였다. [그림 2.93]에 제시된 연소실의 검사체적에 열역학 제1법칙을 적용하면 다음 관계식을 얻을 수 있다.

$$q = m_a h_a{}^0 + m_v h_v{}^0 - m_e h_e{}^0 \tag{5.5}$$

여기서, q는 화염 내의 연소로 인해 방출되는 총 열방출률을 의미한다. 열방출률은 [그림 2.92]와 [그림 2.93]이 동일하지만 분산 방식은 서로 다르다. 휘발성 물질의 단위질량당 방출되는 열을 표현함으로서 유효 연소열을 다음 식과 같이 표현할 수 있다.

$$m_v \Delta h_{e,eff} \equiv q \tag{5.6}$$

그림 2.94 가상의 연소실

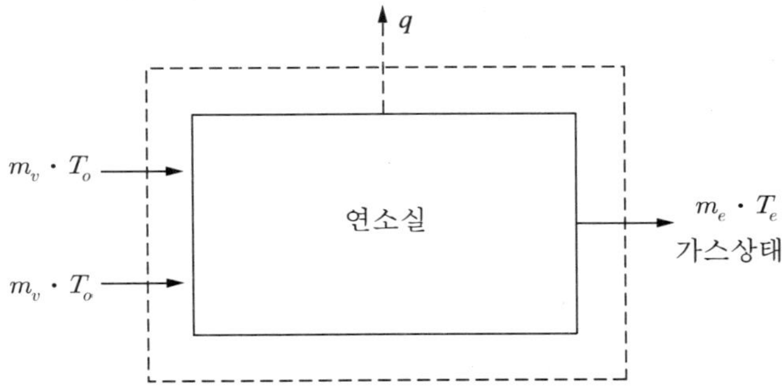

단위 노출면적당 유효 연소열은 다음과 같다.

$$m_v'' \Delta h_{e,eff} \equiv q'' \tag{5.7}$$

$\Delta h_{e,eff}$는 열량계에서 일어나는 연소반응에 해당하는 값이다. 이미 서술한 바와 같이 $\Delta h_{e,eff}$는 산소 봄베 열량계에서 측정한 순연소열인 $\Delta h_{e,net}$와 구분되어야 한다. 목재와 같은 물질을 탄화시킬 경우 $\Delta h_{e,eff}$와 $\Delta h_{e,net}$간의 차이가 매우 현저하게 나타난다. 산소 봄베 열량계에서는 목재 질량의 대부분이 소모되어 소량의 불연성 재(보통 질량 대비 1% 미만)만 남게 된다. 마른 목재의 순 연소열 $\Delta h_{e,net}$는 16~18kJ/g 정도이다. 실제 화재조건에 노출될 경우, 질량의 70~80%가 휘발성 물질(거의 완전 연소)로 전환된다. 벤치-스케일 열량계에서 측정한 휘발성 물질의 연소열 $\Delta h_{e,eff}$는 12~13kJ/g에 지나지 않는다. 고체 탄화물 찌꺼기(주성분 탄소)를 발생시키면서 생성되는 순 연소열은 30kJ/g 정도이다. 산소 봄베 열량계에서 이 탄화물도 대부분 연소된다($\Delta h_{e,net}$가 $\Delta h_{e,eff}$보다 25~50% 정도 높은 이유). 탄화물을 생성시키지 않는 물질의 경우에도 벤치-스케일 열량계의 휘발성 물질 연소가 불완전할 경우에는 $\Delta h_{e,eff}$가 $\Delta h_{e,net}$에 비해 현저하게 낮을 수 있다. 이 경우 연소생성물에는 측정 가능한 양의 가연성 성분(예를 들면, CO, 그을음, 연소되지 않은 탄화수소류 등)이 포함되어 있다. $\Delta h_{e,net}$에 대한 $\Delta h_{e,eff}$의 비는 연소효율 χ로 정의한다. 메탄처럼 완전 연소되는 가연성 가스의 경우에는 χ이 1에 가깝다. 가스를 포함하는 다량의 탄화물을 동반하는 화염을 발생시키는 가연물의 경우에는 χ가 훨씬 더 낮을 수도 있다. 예를 들어, 아세틸렌에 대한 χ값은 0.75이다.

식 (5.1), (5.2), (5.3), (5.5)를 식 (5.4)에 대입하면 다음 관계식을 얻을 수 있다.

$$q - q_{f \cdot l} = c_q m_e (T_e - T_0) - c_p m_a (T_a - T_0) - c_p m_v (T_v - T_0) \tag{5.8}$$

대부분의 가연성 물질의 경우, 화학양론적 공기 대 연료의 비는 3~16 정도이다. 아울러 벤치－스케일 열량계는 보통 과잉공기상태에서 운전된다. 예를 들어, 원추형 열량계의 표준 초기 유량은 30g/s 정도이다. 이 장의 뒷부분에 논의될 산소 소비방식을 바탕으로 할 때, 10kW 화재에 대한 공기의 화학 양론적 유량은 [10kW/3kJ per g of air]=3.3g/s이다. 따라서 원추형 열량계의 급기량은 화학양론적 수치 대비 9배(또는 휘발성 물질 발생률 대비 9×3=27배) 이상이다. 실제 비는 그보다 훨씬 더 큰 것이 보통이다. 그러므로 m_v는 m_a에 비해 무시할 수 있으며, 그에 따라 식 (5.8)은 다음과 같이 근사할 수 있다.

$$q - q_{f.l} \approx m_a c_p (T_e - T_a) \tag{5.9}$$

식 (5.9)는 센서블 엔탈피 방식에 대한 근거를 제시해 준다. 열방출률은 열량계를 통과하는 가스의 온도상승($T_e - T_a$)으로부터 계산한다. 이 원리에 따른 열량계의 개략도를 [그림 2.94]에 나타냈다.

이 방법을 실제로 시행하는 데는 몇 가지 문제점이 있다. 가장 큰 문제는 화염 내에서 방출되는 열중 일부만이 센서블 엔탈피 또는 가스온도 상승에 사용된다는 것이다. 이로 인해 손실 항 $q_{f.l}$를 보상 또는 측정하기 위한 또 다른 방법이 필요하다. 일부 열량계는 대부분의 손실을 포착하는 수냉식 벽을 가지고 있다. 이러한 손실은 냉각수의 엔탈피 증가를 측정하여 추정할 수 있다. 하지만 부가장치와 기계사용으로 그런 종류의 열량계는 다소 복

그림 2.95 센서블 엔탈피 상승 열량계

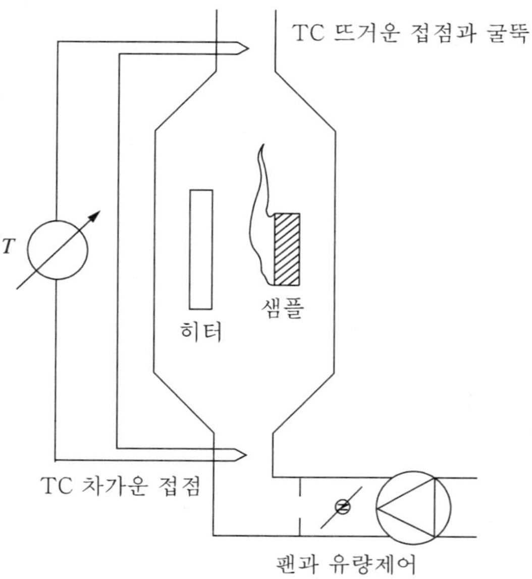

잡하고 작동하기 어렵다. 보다 널리 사용되고 있는 또 하나의 방법으로, 손실이 가연물과 관계없다는 가정을 바탕으로 하는 가스버너 보정방식을 활용해 $q_{f \cdot l}$를 구한다. 손실분율 χ_R은 다음과 같이 정의한다.

$$q - q_{f \cdot l} \equiv (1 - \chi_R) q \tag{5.10}$$

손실분율에 대해 χ_R라고 한 이유는, $q_{f.l}$이 대부분 복사열로 구성되어 있기 때문이다. 열량계가 일정한 공기유량에서 작동될 경우 식 (5.9)는 다음 식과 같이 쓸 수 있다.

$$q \approx \frac{m_e c_p}{1 - \chi_R}(T_e - T_a) \equiv k(T_e - T_a) \tag{5.11}$$

보정계수 k는 이미 알고 있는 q값을 이용한 가스버너 보정을 통해 구한다. 특정범위의 열방출률에 대한 보정을 반복해 k를 q 또는 T_e의 함수로 구할 수 있다. 시험편이 히터에 둘러싸여 있을 경우에도 기준온도 T_r을 T_a대신 사용하면 식 (5.11)을 적용할 수 있다. $T_r - T_a$의 온도차가 발생하는 이유는 히터와 공기 유동간에 열전달이 일어나기 때문이다. 따라서 T_r은 히터 설정의 함수(보정절차를 통해 결정)이다.

5.2.2 치환방식

실무적인 이유에서 센서블 엔탈피 상승 방식을 기반으로 하는 열량계는 밀폐형을 이용한다. 시험편과 히터는 금속 상자(이 상자는 부분 또는 전체적으로 단열되어 있는 경우도 있음)안에 배치한다. 이 경우 열적 환경변화에 대한 밀폐공간의 동적 응답으로 인해 센서블 엔탈피 상승방식을 실제로 시행하는데 큰 문제가 발생한다. 발화 후에 연소 시험편에 의해 방출되는 열의 일부가 복사를 통해 밀폐 공간 벽으로 전달된다. 이 열의 일부는 벽에 저장되어 벽의 온도가 상승하게 되고 그 결과 상자를 통해 흐르는 공기와의 열전달이 촉진된다. 결과적으로 곧바로 정상상태 연소조건에 이르는 물질의 경우 T_e가 해당 정상상태 온도에 도달할 때까지 시간이 더 걸린다. 시험편에서 나오는 열방출률이 감소할 때나 시험편이 전소되어 열방출률이 0으로 돌아갈 때도 이와 비슷한 현상이 발생한다. 비정상상태 연소조건에서는 순간 열방출률에 해당하는 온도에 따라 T_e 도달이 지속적으로 늦어진다. 이러한 문제를 수학적으로 다루기 위해 여러 가지 방법이 제안된 바 있지만 만족스러운 결과를 낸 경우는 없었다.

치환방식은 열지연과 관련된 문제를 해소하기 위해 개발되었다. 이 방식을 적용할 경우에는 물질의 열방출률을 결정하기 위해 주어진 조건에서 해당 방식을 2회 수행해야 한다. 1차 수행시에는 [그림 2.95]에 나타낸 것과 유사한 설비를 사용한다. $T_e - T_a$의 온도차는

그림 2.96 **치환용 열량계를 이용한 2차 수행**

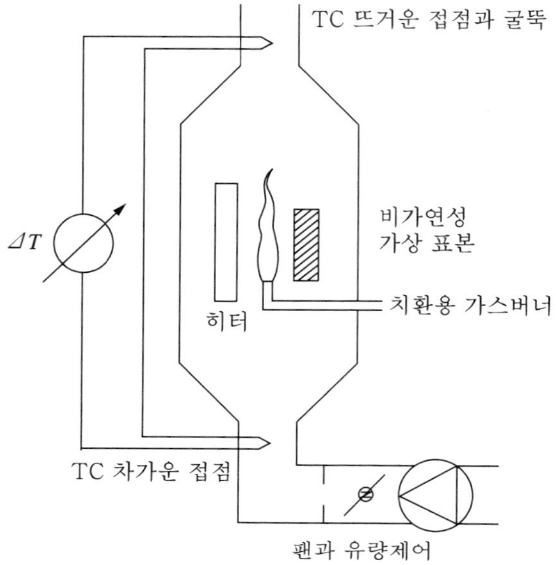

시간의 함수로 측정한다. 2차 수행 시에도 시험장치, 공기유량과 복사도는 동일하다. 하지만 시험편은 불연성 시험편으로 바꾸고 치환용 가스버너를 설치한다. 버너의 가스유량을 조절해 $T_e - T_a$의 온도차가 1차 수행 중에 측정된 곡선을 따르도록 한다. [그림 2.95]는 2차 수행 계략도를 제시한 것이다.

2차에 걸친 시행에서 동적 특성은 동일할 것으로 예상된다. 따라서 열지연 관련 문제는 해소되고, 시험편의 열방출률은 2차 수행시에 사용된 버너의 가연물 유량으로부터 구한다. 2차 수행시 복잡한 제어 시스템이 필요하기 때문에 이 방식의 수행은 그다지 간단하지 않다. 게다가 2차에 걸친 시험으로 물질 평가를 위해 시행해야 하는 시험 회수가 2배로 늘어난다.

5.2.3 보정방식

보정식 열량계는 치환식 열량계와 비슷하지만, 시험편이 노출된 상태에서 버너가 작동한다는 점에서 차이가 있다. 개략도를 [그림 2.96]에 제시하였다. 처음에는 버너의 유량을 정할 때 그에 해당하는 열방출률이 임의의 시험 대상 열방출률을 초과하도록 한다. 시험을 진행하는 동안 버너로 통하는 가스유량 제어시에는 $T_e - T_a$가 일정하게 유지되도록 한다. 버너로 통하는 유량의 감소에 해당하는 열방출률은 시험편에서 나오는 열방출률과 같다.

보정방식을 사용하면 열량계 밀폐공간의 동적 응답과 관련된 문제도 해소된다. 이론상으로 보정식 열량계는 일정 온도 하에서 작동한다. 이로 인해 $q_{f \cdot l}$가 가연물의 영향을 받지 않는다는 가정(실제로는 그렇지 않음, 즉 $q_{f \cdot l}$는 화염의 그을음 발생정도에 따라 큰 영향을 받음)과 관련된 또 다른 문제점을 해결할 수 있다. 그러나 실제 시험편에 대한 조사를 촉진시키는 버너 화염의 복사를 방지하기 위해서는 시험편과 버너를 분리해야 한다. 결국 열량계 밀폐공간은 실제로 등온 상태가 아니므로 그와 관련된 문제는 해결되지 않은 상태로 남게 된다. 치환방식 열량계의 경우와 마찬가지로 버너의 유량제어 설비로 인해 보정식 열량계도 조작이 복잡하고 난해하다. 따라서 보정식 열량계는 연구용도에는 적합하지만 일상적인 시험에는 부적합하다.

그림 2.97 보정식 열량계

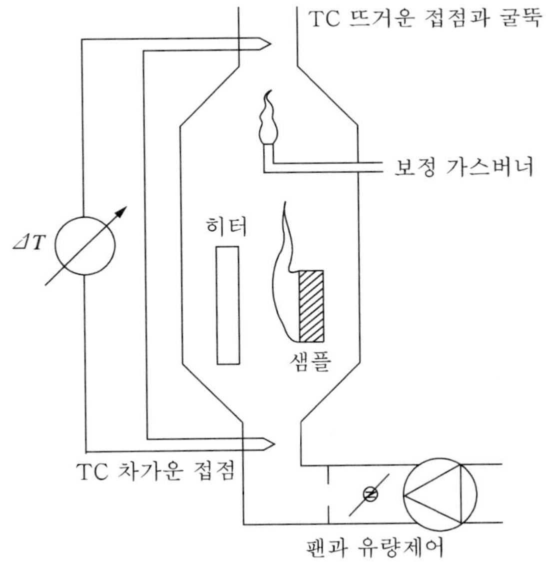

5.2.4 산소 소비 방식

산소 소비 방식을 활용하기 위한 기본 요구사항으로 모든 연소생성물은 배기덕트를 통해 수집 및 제거해야 한다. 적절한 혼합이 이루어졌을 가능성이 있는 하류에서 유량과 함께 가스의 조성을 측정한다. 산소소비 열량계의 개략도를 [그림 2.97]에 나타냈다. 배기덕트에서 유량을 측정할 경우에는 공기 유입량을 측정할 필요가 없다. 따라서 $q_{f \cdot l}$의 일부가 열량계 벽에 의해 반사되어 시험편 표면에 도달하는 현상을 방지하기 위해 산소소비 열량계는 개방형인 경우가 많다. 이런 경우 복사도(히터에서 발생하는 복사도 포함)를 제어하지 못하게 된다.

그림 2.98 산소 보정식 열량계

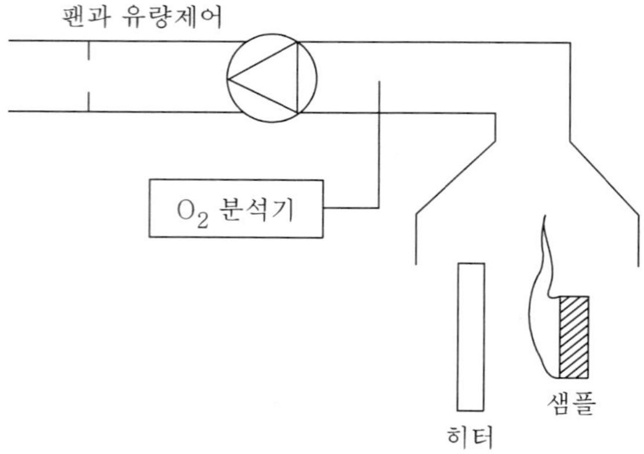

그림 2.99 기상(氣相) 산소수지

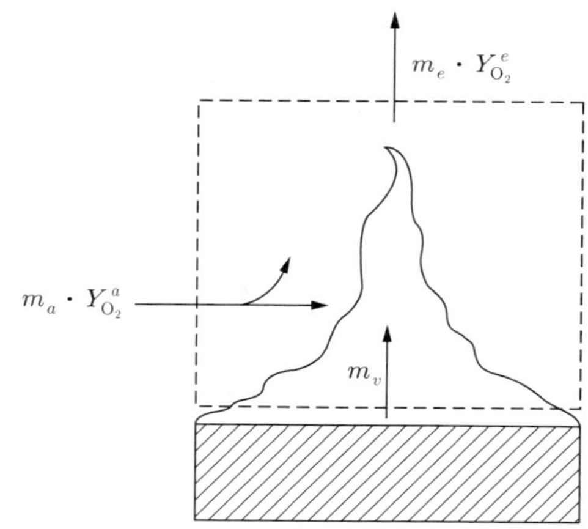

산소 소비 방식은 실제로 간단하지 않다. [그림 2.98]에 제시된 연소설비에 Thorton의 규칙을 적용하면 다음과 같은 열방출률 방정식을 얻게 된다.

$$q = E\left(m_a Y_{o_2}{}^{a} - m_e Y_{o_2}{}^{e}\right) \tag{5.12}$$

여기서, E : 소비되는 산소의 단위질량당 열방출량(≈13.1kJ/g)

$Y_{o_2}^{a}$: 연소공기 내에 존재하는 산소의 질량분율(0.232g/g : 마른 공기 기준)

$Y_{o_2}^{e}$: 연소생성물 내에 존재하는 산소의 질량분율(g/g)

식 (5.12)의 사용과 관련된 문제점은 기존 식보다 3배로 많다. 우선, 산소 분석기의 측정 대상은 가스 시험편에 존재하는 산소의 질량 분율이 아니라 몰분율이다. 몰분율은 해당 수치에 산소의 분자량 대 가스 시험편의 분자량의 비를 곱해 질량 분율로 변환할 수 있다. 후자의 경우 보통 공기의 분자량(≈29g/mol)에 가까운 값을 가진다. 두 번째로는 수증기는 '상자성체 분석기'(Paramagnetic analyzer)를 통과하기 전에 시험편으로부터 제거해 건조 상태의 몰분율이 측정되도록 한다. 이 문제점은 건조와 습윤 상태의 시험편에 존재하는 산소의 몰분율을 측정하는 산화지르코늄 분석기를 사용함으로써 해소할 수 있다. 그러나 산화지르코늄 분석기는 상자성체 계측기기에 비해 성능이 현저히 떨어지므로 정확한 산소 소비방식의 열량측정에 적용하기 적합하지 않다. 세 번째로 유량계는 질량유량이 아닌 체적유량을 측정한다. 배기 덕트의 체적유량(동일한 압력 및 온도에 대해 표준화한 것)은 연소반응으로 인한 팽창 때문에 공기의 유입속도와는 약간 다른 경우가 많다.

(1) O_2 측정

O_2를 측정하기 전 가스 시험편 유동으로부터 수증기(냉각장치와 수분 흡수제 이용) 전량을 제거해야 한다. 이를 통해 시험편 가스가 O_2와 N_2로만 구성되어 있다는 가정을 하게 된다. 결과로부터 얻게 되는 열방출률 식은 다음과 같다.

$$q = E\,\frac{\Phi}{1+\Phi(a-1)}\,m_e\,\frac{M_{\mathrm{O_2}}}{M_a}\,(1-X_{\mathrm{H_2O}}^{a}-X_{\mathrm{CO_2}}^{a})\,X_{\mathrm{O_2}}^{A^a} \tag{5.13}$$

$$\Phi = \frac{X_{\mathrm{O_2}}^{A^a}-X_{\mathrm{O_2}}^{A^e}}{(1-X_{\mathrm{O_2}}^{A^e})\,X_{\mathrm{O_2}}^{A^a}} \tag{5.14}$$

여기서, Φ : 산소고갈계수

a : 체적팽창계수

$M_{\mathrm{O_2}}$:산소의 분자량(28gmol^{-1})

M_a : 연소공기의 분자량(29gmol^{-1} : 마른공기기준)

$X_{\mathrm{H_2O}}^{a}$: 연소공기 내에 존재하는 수증기의 몰분율

$X_{\mathrm{CO_2}}^{a}$: 연소공기 내에 존재하는 이산화탄소의 몰분율

$X_{\mathrm{O_2}}^{A^a}$: 연소공기 내에 존재하는 산소의 몰분율

$X_{\mathrm{O_2}}^{A^e}$: 배기 유동 내에 존재하는 산소의 몰분율

가연물의 조성을 알지 못하므로 a에는 적당한 평균값을 대입해야 한다. 마른 공기 중에서 탄소가 완전연소 할 경우 $a=1$이다. 가연물이 순수한 수소일 경우 a는 1.21이다. a의 평균값에 대한 권장 수치는 1.105이다. $X^a_{H_2O}$는 해당 연구실의 상대습도와 온도로부터 계산할 수 있으며, 온도가 제어되는 연구실의 경우 그 값은 보통 수 % 미만이다. 마른 공기의 $X^a_{CO_2}$는 330ppm이다. 연소공기(시험 전)와 배기 유동 중 측정한 산소의 몰분율에 대한 기호에는 A라는 위 첨자가 표시되어 있다. 이 표시는 산소에 대한 실제 몰분율과 측정 결과(측정은 건조 상태의 가스 시험편을 이용) 간의 구분을 위한 것이다.

완전연소(즉, 탄소 전량이 CO_2로 전환)가 일어날 경우 식 (5.13)의 예상 오차는 ±10%이다. CO와 그을음의 생성량이 많거나 연소생성물 중 상당량이 CO_2와 H_2O 이외의 물질(예를 들면, HCl)로 구성되어 있을 경우에는 오차가 더 커질 수도 있다. 오차가 발생하는 이유 중 하나는 E와 a의 불확실성 때문이다. 보다 정확한 수치를 대입할 수 있을 경우에는 일반 수치(13.1kJ · g^{-1}과 1.105)대신 정확한 수치를 이용해 정확도를 개선할 수 있다.

(2) O_2와 CO_2 측정

배기가스 시험편이 분석기에 도달하기 전 수증기만 제거한다. 열방출률은 식 (5.13)을 수정(표현식 내의 괄호 안에 $X^a_{CO_2}$가 포함되지 않음)해서 구할 수 있다.

$$\Phi = \frac{X^{A^a}_{O_2}(1-X^{A^a}_{CO_2}) - X^{A^e}_{O_2}(1-X^{A^a}_{CO_2})}{(1-X^{A^e}_{O_2}-X^{A^e}_{CO_2})\,X^{A^a}_{O_2}} \tag{5.15}$$

여기서, $X^{A^a}_{CO_2}$: 공기 중에 존재하는 이산화탄소의 몰분율 측정 결과(≈330ppm)

$X^{A^e}_{CO_2}$: 배기 유동 중에 존재하는, 측정된 이산화탄소의 몰분율

일반적으로 CO_2 측정 결과를 추가한다고 해서 q의 정확도가 크게 개선되지는 않는다.

(3) O_2와 CO_2, CO 측정

가연물 중 상당 분량이 CO_2 대신 CO로 전환될 경우 불완전연소를 반영하기 위해 관련 식을 수정해야 할 수도 있다. 이 경우 다음 식을 이용하여 열방출률을 구한다.

$$q = \left[E\Phi - (E_{CO}-E)\frac{1-\Phi}{2}\frac{X^{A^e}_{CO}}{X^{A^e}_{O_2}}\right]\cdot\frac{m}{1+\Phi(a-1)}\frac{M_{O_2}}{M_a}(1-X^a_{H_2O})X^{A^a}_{O_2} \tag{5.16}$$

$$\Phi = \frac{X^{A^a}_{O_2}(1-X^{A^e}_{CO_2}-X^{A^e}_{CO}) - X^{A^e}_{O_2}(1-X^{A^e}_{CO_2})}{(1-X^{A^e}_{O_2}-X^{A^a}_{CO_2}-X^{A^e}_{CO})X^{A^a}_{O_2}} \tag{5.17}$$

여기서, E_{CO} : CO를 CO_2로 연소시키기 위해 소모되는 산소의 단위질량당 열방출률 ($\approx 17.6 kJg^{-1}$)

$X_{CO}^{A^e}$: 배기 유동에 존재하는 일산화탄소의 몰분율 측정결과

CO의 상관관계가 중요한 의미를 갖는 상황이 어떤 경우인지 궁금해 할 수도 있다. [그림 2.99]는 실제 열방출률에 대한 CO를 무시하고 구한 열방출률의 비를 나타낸 것이다.

그림 2.100 CO 생성을 무시할 경우 q의 오차에 미치는 영향

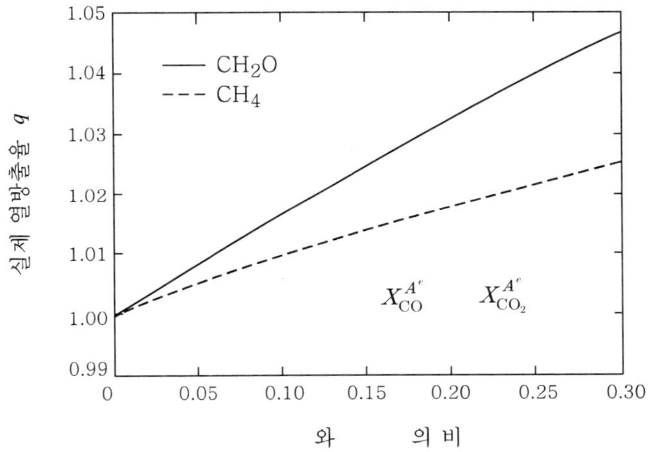

이 경우 해당 값은 메탄과 $(CH_2O)_n$의 조성을 갖는 가연성 가스의 배기 유동 내에 존재하는 CO_2대비 CO의 비에 대한 함수로 표현되었다.

후자의 분자식은 Roberts에 의한 너도밤나무의 열감생성물(thermal degradation products)에 대한 경우이다. 여기서 검토된 CO의 효과에 대해선 해당 가연물은 수소 전량이 연소하기 위해 필요한 충분한 산소를 포함하고 있기 때문에 최악의 사례를 나타내고 있다. 메탄은 오차의 실질적 하한계를 보여주고 있다(메탄이 수소 대 탄소의 비가 가장 높은 탄화수소이므로). 실험을 통해 밝혀진 바에 따르면, 환기 부족 화재 조건에서 발생하는 CO의 상한계는 가연물 kg당 0.2kg에 달한다(당량비가 1을 초과할 경우).

여기서 고려 대상 가연물에 대한 상한계는 $X_{CO_2}^{A^e}$에 대한 $X_{CO}^{A^e}$의 비인 0.27에 해당하는 값이다. [그림 3.104]에 제시된 바와 같이, 최악의 조건이 아닌 경우라도 CO의 생성을 무시할 경우 발생하는 오차는 5% 미만이다.

(4) O_2와 CO_2, CO, H_2O 측정

연소생성물은 O_2, CO_2, CO, H_2O와 N_2만으로 구성되어 있는 경우가 많다. 이 경우 팽

창계수를 추정할 필요 없이 해당 값을 직접 계산할 수 있다. 열방출률은 다음 식을 이용해 계산한다.

$$q = \left[E\Phi - (E_{CO} - E)\,\frac{1-\Phi}{2}\,\frac{X_{CO}^{A^e}}{X_{O_2}^{A^e}} \right] m_a \,\frac{M_{O_2}}{M_a}\,(1 - X_{H_2O}^a)\,X_{O_2}^{A^a} \tag{5.18}$$

$$\frac{m}{M_a} = \frac{(1 - X_{H_2O}^e)(1 - X_{O_2}^{A^e} - X_{CO_2}^{A^e} - X_{CO}^{A^e})}{(1 - X_{H_2O}^a)(1 - X_{O_2}^{A^a} - X_{CO_2}^{A^a})} \cdot \frac{\dot{m}}{18 + 4(1 - X_{H_2O}^e)(X_{O_2}^{A^e} + X_{CO_2}^{A^e} + 2.5)} \tag{5.19}$$

여기서, $X_{H_2O}^e$: 배기 유동 내에 존재하는 수증기의 실제 몰분율

산소고갈계수 Φ는 식 (5.17)로부터 구한다. 산소소비기법은 순 열방출률을 측정하는 가장 정확하면서도 편리한 방법이다. 이 경우 열지연으로 인해 발생하는 문제가 해소되고 측정지연과 응답시간을 상대적으로 쉽게 반영할 수 있다. 해당 기법의 단점은 고가의 계측기기(시판되는 기종 중 최고 레벨의 산소 분석기만 사용 가능)와 정밀한 보정과 유지보수 계획이 필요하다는 점이다. 그럼에도 불구하고, 이 방식은 단점보다는 장점이 더 많은 방식으로 알려져 있다.

(5) 열방출률 측정대상은 고체인가, 휘발성 물질인가?

"산소 소비 방식의 열방출률 측정대상은 휘발성 물질일까 아니면 고체 가연물일까?"라는 흥미로운 질문을 제기할 수 있다. 앞서 기술한 바와 같이 열 관련 방식은 휘발성 물질에서 나오는 열방출률을 근사적으로 측정한다. 그러나 Huggett의 상수(13.1kJ · g^{-1})는 수많은 종류의 물질에 대한 순 연소열의 평균값에 근거를 두고 있다. 그러므로 산소봄베 열량계에 가연물이 공급되는 방식과 같이 산소소비 열량측정법의 경우에도 주위온도의 자연상태 가연물에 대한 열방출률이 주어진다고 예상할 수도 있다. 특정 합성섬유 중합체에 대해서는 해당물질의 순 연소열을 단량체의 연소열과 비교함으로써, 이 질문을 보다 자세히 검토해 볼 수 있다. 산소소비 열량계에서 단량체를 연소시키고자 할 경우에도 시험 조건이 동일하다면 완전연소 생성물은 중합체인 경우와 동일할 것이다. 따라서 열방출률 측정 결과는 두 가지 경우에 대해 동일할 것이다. 그러나 순 연소열은 단량체의 경우가 더 크다. 중합체의 순연소열과의 차이는 중합 과정에서 방출되는 유효 열로 인한 것이다. [표 2.16]에는 9개의 중합체와 해당 단량체의 순 연소열에 대한 값을 나타낼 것이다. 전자는

Huggett가 측정한 값이고 후자는 관련 문헌에 수록되어 있는 중합열을 더한 값이다. [표 2.16]을 통해 확인할 수 있는 바와 같이 산소 소비 방식의 측정대상은 고체 가연물의 순 열방출률이다. 휘발성 물질의 열방출률은 항상 상대적으로 더 높지만, 중합체 가연물 중 일부만이 다시 단량체로 분해되므로 그 차이는 [표 2.16]의 마지막 열에 제시된 값을 넘지 않는다.

2

표 2.16 일부 중합체와 이들 구성 단량체의 순 연소열

폴리머	$\Delta h_{G,net}$ (kJ·g^{-1} 연료)	$\Delta h_{G,net}$ (kJ·g^{-1} O_2)	모노머	$\Delta h_{G,net}$ (kJ·g^{-1} 연료)	$\Delta h_{G,net}$ (kJ·g^{-1} O_2)	차이 (%)
Polyethylene	−43.3	−12.65	$C_2H_4(g)$	−47.2	−13.78	8.9
Polypropylene	−43.3	−12.66	$C_3H_6(g)$	−45.9	−13.39	5.8
Polybutadiene	−42.8	−13.14	$C_4H_6(l)$	−44.1	−13.56	3.2
Polystyrene	−39.9	−12.97	$C_8H_8(l)$	−40.5	−13.19	1.7
Polyvinylchloride	−16.4	−12.84	$C_2H_3Cl(g)$	−18.0	−14.10	9.8
Polyvinylidene chloride	−8.99	−13.61	$C_2H_2Cl_2(l)$	−9.77	−14.79	8.7
Polyvinylidene fluoride	−13.3	−13.32	$C_2H_2F_2(g)$	−15.6	−15.61	17.2
Polymethylmethacrylate	−24.9	−12.98	$C_5H_8O_2$	−25.4	−13.26	2.2
Polyacrylonitrile	−30.8	−13.61	$C_3H_3N(l)$	−32.2	−14.25	4.7
평균		−13.09			−13.99	6.9

5.3 벤치–스케일 열량계

5.3.1 OSU(Ohio State University) 장치

OSU 장치는 가장 널리 사용되고 가장 잘 알려진 벤치–스케일 열량계 중 하나이며, 장치의 개략도를 [그림 2.100]에 나타냈다. 이 장치는 단열된 금속상자로 구성되어 있다. 연소실과 연돌 간의 원추형 벽 부분은 속이 비어 있다. 공기가 이 빈 공간을 통해 흘러 들어와 열전대의 열접점의 2차 측에서 연소생성물과 혼합된다. 그러나 벽의 열손실 중 상당량이 완전히 회수되지 않는다.

① 측정방법 : 열방출률 측정에는 센서블 엔탈피 상승 방식을 이용한다. 유입공기의 온도와 유출 가스의 측정에는 3개의 K형 열전대로 이루어진 열전대열(thermopile ; 다

수의 열전대를 직렬로 접속시킨 것)을 이용한다. 열접점은 도풍관(baffle plate) 상단에 연돌 단면의 대각선을 따라 대칭으로 배치된다. 냉접점은 공기분배장치 플레이트의 아래에 배치된다. 전기보정장치를 이용해 열지연에 대한 온도 신호를 보정한다.

그림 2.101 OSU 장치의 개략도

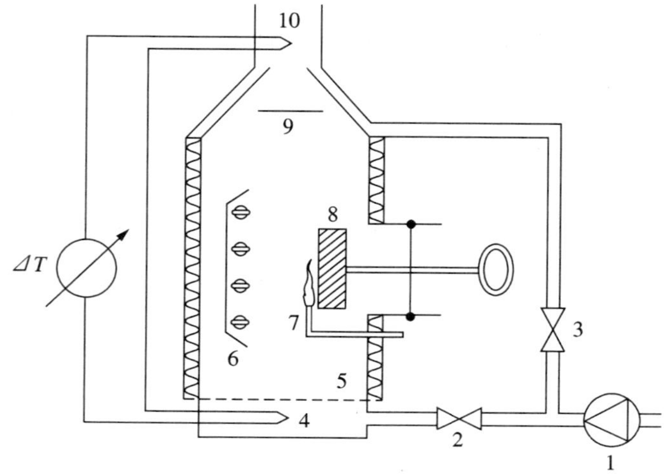

1 공기공급팬 5 공기분산판 8 샘플과 고정자
2 주유량제어 6 가열요소 9 차단장치
3 바이패스 유량제어 7 가스파이프 10 TC 뜨거운 접점
4 TC 차가운 접점

라인 버너 보정을 통해 식 (5.11)의 계수 k를 구한다.

② 구성 : 히터와 시험편은 0.2m × 0.41m × 0.64m 규격의 상자 안에 배치한다. 상자의 측면 벽은 단열되어 있으며, 속이 빈 상단 벽 부분은 공기로 냉각시킨다.

③ 히터 : 수직 복사 열원은 대략적인 규격이 0.3m × 0.3m이고 4개의 탄화규소 가열소자로 구성되어 있다. 철제 마스킹 플레이트를 가열소자 전방에 배치해 시험편에 비치는 입사 열유속 분포의 균일성을 개선한다. 수직 시험편을 향하는 최대 입사 열유속은 0.65kW · m^{-2} 정도이다.

④ 점화장치 : 선택적으로 장착하는 점화원은 2mL/s의 메탄에 14mL/s의 공기를 혼합해 만든 파일럿 화염이다. 이 파일럿 화염은 시험편 바닥에 충돌(점 발화)하거나 시험편(유도 발화) 상단에 기체 상태로 있거나 사용되지 않는다.

⑤ 시험편 크기와 방향 : 수직 방향으로 시험할 경우에는 노출 면적의 규격이 0.15 ×

0.15m인 시험편을 가열소자와 평행하게 배치한다. 가열소자로부터 나오는 복사열을 시험편으로 반사시키는 알루미늄 호일을 이용해 시험편을 수평 방향으로 시험할 수도 있다. 이 경우에는 최대 복사도가 $50kW \cdot m^{-2}$로 줄어들고, 시험편 크기는 0.11 × 0.15m이다. 반사판 이용 방식의 불편함으로 인해 OSU 장치에 의한 수평 방향 시험은 권장하지 않는다.

⑥ 공기유동 : 총 공기유량은 40 J/s인데, 이 중 10 J/s만이 연소실을 통과하고 나머지 30 J/s는 상단의 중공 벽 부분을 통과한다. 그럼에도 불구하고 연소실을 통과하는 공기 유량만으로도 36kW의 화제를 유지할만한 충분한 공기가 공급된다. 시험편으로부터 나오는 열방출률이 20kW를 초과하는 경우에는 매우 드물기 때문에 OSU 장치 내의 연소 조건은 항상 과잉 환기 상태이다. 공기 유량은 표준 오리피스를 이용해 정확히 측정한다.

⑦ 추가 측정 대상 : ASTM E906 표준에는 질량 손실 측정이 포함되어 있지 않고, 연돌 내에 설치한 백색광원을 이용하는 연가 측정 설비가 규정되어 있다.

5.3.2 산소 소비 방식으로 개조된 OSU 장치

열방출률 측정 방식으로 산소 소비량을 기준으로 하는 열량측정을 선호하게 되면서 미국, 캐나다, 스웨덴 등의 여러 연구기관들이 OSU 장치를 개조하였다. 원래 장착되어 있던 열전대를 제거하고 가스 시험편 추출용 프로브와 가스 분석 장비가 추가로 장착하였고, 공기유량도 조정한 것이다.

(1) NBS에서 개조된 OSU 장치

화염 점화원에 노출된 매트리스의 연소에 대한 연구의 일환으로 수많은 매트리스 소재가 NBS에서 개조된 OSU 장치를 이용해 시험되었다. 이 장치는 기존 OSU 장치와 비교하여 다음과 같은 수정이 가해졌다.

- 센서블 엔탈피 상승 방식 대신 산소 소비량 측정기법 적용
- 속이 빈 상단 벽 부분을 통과하는 공기 유동을 차단해 산소 측정 감도 증대
- 연소실을 통과하는 공기 유량이 12 J/s까지 증가
- 시험편 크기를 0.1 × 0.1m로 축소
- 알루미늄 반사 호일을 보다 내구성이 강한 철판으로 교체

이 연구결과를 통해 개조된 OSU 장치에서 측정한 열방출률과 실물규모 실험의 성능을 기초로 한 매트리스에서의 열방출률 간에 양호한 일치 사실이 밝혀졌다.

(2) 캐나다 국립연구위원회(NRCC)에서 개조된 OSU 장치

산소소비방식은 다른 3가지 열 관련 방식에 비해 더 바람직한 것으로 밝혀진 바 있다. 그 결과 NRCC에서는 산소소비 열량측정과 보다 낮은 공기 유량에서 열방출률 측정에 맞게 OSU 장치를 개조했다. 공기 조정기와 유량계를 교체해 연소실과 속이 빈 상부를 통과하는 유량이 각각 $0.8 \sim 10 L \cdot s^{-1}$ 및 $0.8 \sim 30 L \cdot s^{-1}$의 값을 갖도록 했다. 유량이 더 적은 경우 화염이 더 오래 지속된다는 사실이 관찰되었다. 시험장치 내에서 모든 연소가 일어나도록 해당 장치의 연돌을 더 길게 만들었다. $25 kW \cdot m^{-2}$에 노출된 목재 시험편의 경우에는 거의 완전연소가 일어나고 장치 외부 화염도 전혀 발생하지 않는 상태에서 두 가지 경우에 대한 공기유량을 모두 $2.5 L \cdot s^{-1}$로 줄일 수 있다고 보고하였다.

(3) Lund 대학교에서 개조된 OSU 장치

스웨덴 Lund 대학교에서도 OSU 장치를 산소 소비 열량측정법에 맞도록 개조한 것으로 속이 빈 상단 벽 부분을 통과하는 공기유동을 차단하고 장치의 굴뚝길이를 늘렸다.

(4) 미국 임산물연구원(FPL)에서 개조된 OSU 장치

FPL장치는 산소소비 열량측정을 위해 계측기기의 추가 장착 외에 크게 두 가지를 수정하였다. 시험편 바로 밑에 보조 열유속 측정 장치를 추가해 시험 중에 입사 복사능을 감시하도록 하였다. 이 보조 측정장치를 이용해 구한 측정 결과로부터 연소 중인 목재 시험편에 대한 입사 복사도는 시험 중에 크게 증가한 것으로 나타났다. 예를 들어, 10분간의 연소기간이 종료되는 시점에 미송 합판 시험편에 대한 입사 복사능은 초기 $35 kW \cdot m^{-2}$에 비해 20%로 증가하였다. 이와 같이 복사능이 증가하는 이유는 OSU 열량계 내의 히터 장치에 일정한 전력이 공급(온도 조절식이 아님)되므로 시험 중에 열량계 벽의 온도가 상승(또는 하강)할 수 있기 때문이다. OSU 열량계 내의 노출 조건이 일정하지 않다는 사실은 해당 장치의 주요 단점이다(이 문제점을 해결하기는 거의 불가능함). 이 경우 보조 열유속 측정장치를 추가할 것을 권장한다. 이와 같은 방식을 통해 적어도 시간에 따라 변화하는 노출 조건을 알게 된다. FPL이 장치에 가한 두 번째 수정 사항은 시험 중에 시험편의 질량손실을 측정하기 위한 로드셀의 추가한 것이다. 장치의 기하학적 형태와 시험편 삽입 방식으로 인해 로드셀 추가는 다소 어려운 작업이다. 로드셀을 적용한 FPL의 설계 방식은 만족스럽다는 평가를 받았고, OSU 장치 내에서 질량 손실을 측정할 수 있다는 가능성도 입증했다.

5.3.3 NBS I 열량계

이 장치는 NBS 소속의 Parker와 Long에 의해 개발되었다. 이 장치는 바닥의 연소실, 중간의 제어실, 상단의 혼합실 등으로 구성되어 있고, 장치의 특징은 다음과 같다.

① 측정기법 : 열방출률은 보정 방식으로 결정된다. 제어실 내의 보조 버너로 흐르는 프로판의 유량을 조정해 혼합실의 온도를 379～470℃의 일정한 레벨로 유지한다. 제어실로 공급되는 추가 공기는 이 부분의 벽을 통해 일어나는 열 손실을 크게 제거한다.

② 구성 : 3개의 히터와 함께 시험편이 0.33m × 0.33m × 0.36m 규격의 연소실 내에 배치된다.

③ 히터 : 연소실은 3개 벽면이 최대 100kW · m^{-2}의 열유속을 시험편에 공급할 수 있는 가스 패널로 구성되어 있다. 시험편에 대한 입사 복사도는 구리 원판형 열유속 측정장치를 이용해 측정한다.

④ 점화장치 : 시험편의 점화에 파일럿 장치가 사용되지 않는다.

⑤ 시험편 크기 및 방향 : 수직 시험편은 0.114m × 0.15m 면적에 25mm의 두께를 갖고 있다. 시험편 홀더는 3개의 복사 패널 벽과 마주보고 있는 나머지 한 개의 연소실 벽 개구부에 끼워 넣는다.

⑥ 공기 유동 : 연소실에 대한 급가속도는 63L · s^{-1}이다. 연소생성물은 69L · s^{-1}의 급가속도로 제어실 내에서 추가로 희석 과정을 거친다. 희석용 공기는 제어실의 다공성 벽을 통해 유입되어 배기가스의 온도를 떨어뜨리는 역할을 한다. 이를 통해 측정 오차가 줄어들고 혼합실 재료 내의 열응력도 감소한다. 오차의 주된 원인은 일정 온도의 배기가스가 일정한 열 함량과 직결된다는 가정이다. 이는 근사적으로만 올바른 가정이며, 배기 유동 및 공기 내의 다양한 가스/기체 간의 비열 차이로 인해 어느 정도 오차가 발생하게 된다.

⑦ 추가 측정 대상 : 이 장치는 계측기기가 전혀 포함되어 있지 않으며, 시험편의 질량 손실 및 연기 불명료도는 측정하지 않는다.

5.3.4 FPL 열량계

이 장치는 위스콘신주 매더슨 소재 FPL 소속의 Brenden에 의해 개발된 것으로서 이 장치는 다음과 같은 특징을 갖고 있다.

① 측정기법 : 열방출률은 치환 방식을 통해 구한다. 2차 작동 중 연소실 내의 분배용 버너로 통하는 프로판의 유량을 조정해 배기가스의 온도-시간 곡선이 시험편을 이용한 시험기간 동안 측정한 온도-시간 곡선을 추적하도록 한다. 연소실의 벽과 시험편 홀더의 비노출 측면은 수냉식으로 냉각한다. 벽과 시험편을 통해 일어나는 열

손실은 냉각수의 엔탈피 상승을 측정해 고려대상에 포함시킨다.

② 구성 : 이 장치는 0.76m × 0.43m × 1.09m 정도의 규격을 갖는 수냉식 연소실로 구성되어 있다.

③ 히터 : 시험편은 예혼합형 가스버너 화염에 노출된다. 시험 시행 시에는 대략 $0.5L \cdot s^{-1}$의 천연가스에 $5L \cdot s^{-1}$의 공기를 혼합해 사용하며, 이때 시험편에 대한 생성 열유속은 $30 \sim 40kW \cdot m^{-2}$이다.

④ 점화장치 : 버너 화염이 시험편에 충돌하여 점화 파일럿 역할을 한다.

⑤ 시험편 크기 및 방향 : 수직 시험편은 0.45m × 0.45m의 크기에 0.1m의 최대 두께를 갖고 있다.

⑥ 공기 유동 : 예혼합형 버너에 공급되는 공기 외에 연소실의 바닥에 2차 공기가 공급된다. $14L \cdot s^{-1}$의 2차 급기속도로 다양한 나무 제품에 대한 시험이 시행되었다. 공기의 총 유량은 $130L \cdot s^{-1}$까지 높일 수 있다.

⑦ 추가 측정 대상 : 이 장치에는 추가 장착된 계측기기가 없다.

5.3.4 FMRC 화재확산장치

FMRC 화재확산장치는 대류 열방출률과 함께 연기와 연소생성물의 생성률을 측정한다. 처음에는 배기가스의 엔탈피 상승을 근거로 대류 열방출률만 측정했다. 1970년대 이후에 보고된 시험 결과에는 산소 소비량이나 이산화탄소 생성량으로부터 계산한 총 열방출률도 포함되어 있다. 1980년대에 프랑스, 독일, 미국 등에 있는 산업연구원에서 FMRC 화재확산장치가 제작되었다. Tewarson은 이 장치를 이용해 화재모델링에 필요한 화재위험 지수와 재료의 물질 특성을 결정했다. 그는 환경 조건(예를 들면, 연소공기 내의 산소농도)이 열방출률과 연소거동에 미치는 영향도 조사했다. FMRC 화재확산장치는 다음과 같은 특징을 갖고 있다.

① 측정기법 : 총 열방출률 산소 소비 방식을 이용해 구한다. Tewarson도 이산화탄소 생성량을 이용해 열방출률을 계산했다. 그러나 발생되는 일산화탄소 단위질량당 생성되는 에너지의 양은 소비되는 산소의 단위질량 당 생성되는 에너지량에 비해 가연물 의존성이 훨씬 더 크므로 이 기법은 산소 소비 방식만큼 널리 수용되고 있지 않다.

② 구성 : 시험은 반개방형 환경에서 시행된다. 시험편은 길이 0.61m, 직경 0.17m의 수정관(quartz tube) 내에 배치한다. 산소와 질소 혼합기체를 수정관 바닥에 공급한다. 수정관 상단의 적당한 거리에 스테인리스 스틸의 깔대기와 수직방향의 배기덕트를

설치한다. 수정관과 배기설비 간의 공간으로 희석 공기가 유입된다. 배기덕트를 통과하는 가스의 총 유량은 사전에 보정 절차를 거친 오리피스의 압력강하를 측정해 결정한다.

③ 히터 : 수정관 외부에 동축으로 설치되어 있는 4개의 히터를 이용해 최대 $70kW \cdot m^{-2}$의 입사 열유속을 발생시킨다. 고온에서 작동하는 전기히터 복사열의 스펙트럼 분포는 대부분의 화재 사례를 대표하지 않는다.

④ 점화장치 : 시험편 중앙 상단 약 10mm 지점에 소형 파일럿 화염을 배치한다.

⑤ 시험편 크기 및 방향 : 시험편은 원형이며, 직경은 0.1m이다. 최대 두께는 50mm이다. 시험편은 수평 방향으로 시험된다.

⑥ 공기유동 : 수정관 바닥으로 공급되는 총 가스 유량은 $0 \sim 8.3L \cdot s^{-1}$ 범위에서 설정할 수 있다. 연소공기 내의 산소함량은 0~60% 범위에서 변화한다. 주위 공기보다 낮은 산소농도를 이용해 환기－지배형 화재를 재현한다. 주위보다 높은 산소농도를 이용해 보다 규모가 큰 화재를 재현하는 화염 복사량을 증가시킨다. 순수한 질소를 이용해 기화열을 구한다.

⑦ 추가 측정 대상 : 이 장치에는 배기 경로 상에 시험편의 질량 손실, 연기 불명료도, 연기의 부식성, 그을음과 가스 종류별 농도를 측정하는 계측기기가 추가로 장착되어 있다.

5.3.5 ISO 열방출률 시험장치

이 장치는 산소 소비 방식의 열량측정에 맞도록 개조 과정을 거쳐 개발되었고 장치의 특징은 다음과 같다.

① 측정기법 : 열방출률은 산소소비방식으로 구한다.

② 구성 : 시험편과 히터는 $0.1m \times 0.38m \times 0.38m$ 규격의 단열상자 내에 배치한다.

③ 히터 : $0.3m \times 0.38m$ 규격의 복사 패널은 9개의 전기소자로 구성되어 있다. 시험편에 비치는 최대 복사도는 $60 \sim 70kW \cdot m^{-2}$이다. 가열소자에 공급되는 전력을 제어해 시험 중에 복사 패널의 온도를 일정하게 유지한다.

④ 점화장치 : 수소를 이용하는 소형 파일럿 화염을 시험편 전방에 배치한다.

⑤ 시험편 크기 및 방향 : 시험편의 노출 면적은 $0.205m \times 0.20m$이며, 최대 두께는 125mm이다. 시험장치 전체를 회전시켜 어느 방향으로든 시험편을 시험할 수 있다.

⑥ 공기 유동 : 시험 시행시 공기 유량은 $8.3L \cdot s^{-1}$이다. 흡기 덕트 내에 설치된 가열 장치를 이용해 공기를 100℃까지 가열할 수 있다. 수직 방향으로 시험편을 시험할 경우에는 공기 유동의 방향이 위에서 아래로 향한다. 이로 인해 화염으로부터 시험편

표면으로 보다 균일한 열 귀환이 발생한다. 수평 방향으로 시험편을 시험할 경우에는 한쪽 측면에서 다른 쪽으로 공기가 흐른다.

⑦ 추가 측정 대상 : 이 장치에는 시험편의 질량 손실이나 기타 변수를 측정하는 계측기기가 정착되어 있지 않다.

5.3.6 NBS II 열량계

이 장치는 큰 시험편을 실험하기 위해 NBS I 열량계로부터 도출되었고 장치의 특징은 다음과 같다.

① 측정기법 : 열방출률은 보정 방식으로 결정된다. 버너로 공급되는 가스유량을 조정해 연돌 내의 온도를 400℃ 정도로 일정하게 유지한다.

② 구성 : 복사 패널, 시험편, 그리고 보정용 버너를 1.07m × 1.37m × 1.0m 정도의 규격을 갖는 챔버내에 같이 배치한다. 수직 방향으로 시험할 경우에는 2개의 시험편을 뒷면이 서로 마주보도록 설치해 뒷면에 대한 단열 경계조건을 근사적으로 재현한다.

③ 히터 : 2개의 가스 패널을 연소실 벽 중 두 면의 전방에 배치해 0.3m × 0.6m의 열이 형성되도록 한다. 4개의 가스 패널을 나머지 2개 벽면의 전방에 배치해 0.6m × 0.6m의 열이 형성되도록 한다. 가스 패널의 배열의 중앙에 시험편을 배치한다. 시험편에 대한 복사도는 25～80kW · m^2로 선정할 수 있다.

④ 점화장치 : 수직 시험편의 상단 및 수평 시험편의 모서리에 대한 점화 파일럿으로서 전기 스파크를 이용한다. 그 외에도 다양한 파일럿 화염 구성을 선택적으로 사용할 수 있다.

⑤ 시험편 크기 및 방향 : 처음에는 0.3m × 0.3m의 시험편을 수직방향으로 시험했다. Babrauskas는 이 장치를 이용해 0.15m × 0.3m의 규격의 매트리스 시험편을 수평방향으로 시험하기도 했다. 시험편에 인접한 열유속 측정장치를 이용해 시험 중 입사 복사능을 감시한다.

⑥ 공기 유동 : 연소실 바닥과 예혼합형 가스 패널 버너에 공기를 공급한다. 생성물은 연소실 상단의 연돌을 통해 배출된다.

⑦ 추가 측정 대상 : 시험편은 로드셀 위에 설치한다. 연돌에 설치된 계측기기는 연기 불명료도와 함께 산소, 이산화탄소, 일산화탄소 등의 농도를 측정할 수 있다.

5.3.7 원추형 열량계

원추형 열량계는 가장 일반적으로 사용되는 벤치－스케일 열방출률 시험 장치이며, 주요 특징은 다음과 같다.

① 측정기법 : 열방출률은 산소소비방식을 이용해 결정한다. 배기덕트의 가스 유량은 덕트의 오리피스 플레이트에서 발생하는 압력 강하와 해당 플레이트의 온도로부터 계산한다.

② 구성 : 원추형 히터, 스파크 점화 장치, 시험편 홀더 그리고 로드셀이 후드 바로 밑에 배치되어 있다. 표준 구성 방식은 연소구역에 대한 공기의 접촉이 자유로운 개방형이다.

③ 히터 : 이 장치의 히터는 단열된 원추형 외피 내에 감겨 있는 5kw 출력의 전열기기로 구성되어 있다(이 장치의 명칭이 원추형 열량계인 이유). 시험시에는 히터를 수평 또는 수직 방향으로 고정할 수 있다. 수평 방향으로 시험을 시행할 경우에는 시험편을 원추형 히터의 바닥판 하단 약 25mm 지점에 시험편을 배치한다. 연소생성물 및 화염이 상승해 히터 상단의 원형 개구부를 통과해 나온다. 시험편에 비치는 최대 복사도는 100kW · m^2을 넘는다.

④ 점화장치 : 수직 시험편의 상단 및 수평 시험편의 중앙 지점 상단에 점화 파일럿으로서 전기 스파크를 이용한다.

⑤ 시험편 크기 및 방향 : 수직 및 수평방향 모두 시험편 규격은 0.1 × 0.1m이다.

⑥ 공기 유동 : 연소생성물 및 희석 공기는 고온 팬을 이용해 후드와 배기덕트를 통해 배출된다. 초기 유량은 10~32L · s^{-1} 범위에서 조정할 수 있다. 시험 중 체적 유량은 상대적으로 일정하게 유지된다. 일부 원추형 열량계에는 추가 계측기기가 설치되어 있어, 필요할 경우 배기덕트를 통과하는 질량유량을 제어하고 유지할 수 있다.

⑦ 추가 측정 대상 : 시험편은 로드셀 위에 설치한다. 대부분의 원추형 열량계에는 연기 흡광율(ASTM E1354 및 ISO 5660-2에 기술되어 있는 레이저 광원 사용)과 함께 그을음, 이산화탄소, 일산화탄소와 기타 가스의 농도를 측정하는 계측기기가 포함되어 있다.

5.3.8 Tratek 열량계

스웨덴 목재 연구원에서 NBS를 바탕으로 개발된 개방형 산소 소비 방식 열량계이며 현재 원추형 열량계로 대체되었고, 다음과 같은 특징을 갖고 있다.

① 측정기법 : 열방출률은 산소소비방식으로 구한다. 산소농도 측정 시에는 산화지르코늄 셀을 이용한다. 이 분석 장치의 장점은 고온과 습윤 상태의 가스 시험편에서 산소 농도를 측정할 수 있다는 점이다(이를 통해 계산이 크게 단순해짐). 그러나 산화지르코늄 셀의 정확도는 상자성 산소분석장치에 비해 다소 떨어진다. 이러한 이유로 스

웨덴 목재연구원은 원추형 열량계를 입수한 후에 해당 장치를 상자성 분석기로 교체했다. 배기덕트의 가스 유량은 중심선 속도(피토관으로 측정)와 가스 온도로부터 계산한다.

② 구성 : 히터, 파일럿 화염, 시험편 홀더, 그리고 저울이 후드 밑면에 장착되어 있다. 표준 구성 방식은 연소 구역에 공기가 자유롭게 접촉할 수 있는 개방형이다.

③ 히터 : 히터는 크기가 0.3m × 0.3m 정도로 관 모양의 중파 적외선램프로 구성되어 있다. 시험편에 대한 최대 복사도는 50kW · m^2이다. 히터와 시험편 간의 거리를 변경해 복사도 레벨을 조정한다. 히터의 다양한 작동조건을 검토해 목재와 유류 화염으로부터 나오는 복사열의 스펙트럼 분포와 가장 일치하는 결과를 발생시키는 조건을 선정했다.

④ 점화장치 : 시험편 상단에 소형 파일럿 화염을 설치할 경우, 가장 신속하게 노출 면적 전체로 화염이 확산된다는 사실이 밝혀졌다.

⑤ 시험편 크기 및 방향 : 시험편 크기는 0.15m × 0.15m이다. 시험편은 수직방향(가열패널과 수평)으로 설치한다.

⑥ 공기 유동 : 연소생성물과 희석 공기는 후드와 배기덕트를 통해 배출된다. 배기덕트를 통과하는 초기 유량은 변경할 수 있지만, 시험 시행시에는 20L · s^{-1} 정도의 유량을 적용했다.

⑦ 추가 측정 대상 : 질량 손실을 측정하기 위한 시험편을 저울 위에 놓는다. 백색광원장치를 이용해 배기덕트 내의 연기 불명료도를 측정한다.

5.4 대규모 열방출률 열량계

실물규모의 화재시험하는 데에는 두 가지 주된 이유가 있다. 첫 번째는 위험평가에 사용되는 컴퓨터 화재모델의 검증이고, 두 번째는 벤치-스케일 시험으로는 대표성을 확보할 수 없는 제품과 부재의 내화성능에 대한 검토이다. 상당수의 실물 규모 시험 장치에는 열방출률을 측정하기 위한 계측기기가 장착되어 있다. 실물 규모 실험 구성은 다음과 같이 몇 가지 유형으로 구분할 수 있다.

5.4.1 확장형 열방출률 열량계

이 열량계는 벤치-스케일 열량계의 규모를 늘린 형태로서 1m^2 이상의 시험편을 일정한 열이나 사전에 프로그램된 열에 노출시킬 수 있도록 되어 있다.

가장 오래된 확장형 열방출률 열량계는 FMRC의 '건축자재 열량계'이다. 1.22m × 1.22m 규격의 시험편을 10~30분(시간을 크게 단축)간 표준 ASTM E119 온도-시간 곡선에 노출시킨다. 최대 열유속은 150kW · m^{-2}이다. 시험편의 방향은 수평으로 아래쪽을 향하고 있으며, 미리 혼합한 헵탄 버너로 작동되는 가열로에 노출되도록 한다. 열방출률은 치환방식으로 결정한다.

최근 많은 대규모 패널 시험장치가 개발되었고, 이 시험장치들은 대규모 복사형 가스 패널과 함께 가스 패널에 평행한 판 형태의 시험편으로 구성되어 있다. 가스 패널 및 시험편은 후드와 배기 장치 밑에 배치할 수 있도록 되어 있다. 열방출률은 산소 소비 방식으로 측정한다. 이 유형의 열량계는 1.22m × 2.08m의 시험편을 최대 30kW · m^{-2}의 복사능에 노출시킬 수 있다. 주로 건축물 부재에서 나오는 열방출률을 평가하기 위해 같은 종류의 중간 규모 열량계도 개발되었고 시험편 크기는 1m × 1m이고 최대 복사도는 60kW · m^{-2}이다. 이 방식은 현재 ASTM에 의해 E1623이라는 이름으로 표준화되어 있다.

5.4.2 가구 열량계

가구 열량계는 의자, 소파, 매트리스 등과 같은 물체에서 나오는 열방출률을 측정하는데 사용한다. 주된 용도는 화재위험평가의 일부를 구성하는 구획실 화재모델과 연기이동 모델에 시험하기 위한 것이다. 시험편은 로드셀 플랫폼 위에 올려놓고(후드 및 배기 장치 밑). 배기덕트 내에는 유량과 함께 산소와 기타 가스의 농도, 연기 불명료도를 측정하기 위한 계측기기가 장착되어 있다. 미국에서는 ASTM에 의해 하나의 제품 또는 적재 상태의 의장 및 매트리스에 대한 표준 방식이 개발되었다.

5.4.3 산업용 열량계

MegaWatt 범위의 화재에 대한 산업용 열량계는 1980년 전후에 FMRC에 의해 제작되었다. FM Products Collector라고 불리기도 했던 이 열량계는 물품 창고와 기타 대표적인 용도의 건물에서 스프링클러헤드가 작동하는 규모의 시험용 화재로부터 나오는 열과 기타 연소생성물을 측정하도록 설계되었다.

5.4.4 기타 대규모 화재시험

산소 소비 방식으로 인해 거의 모든 화재시험에 대한 열방출률을 측정할 수 있게 되었다. 아주 작은 화재(KW단위)에서 100MW에 이르는 대형 화재까지 측정되고 있다는 보고가 있다. 표준 내화시간 시험에 산소소비 열량 측정법이 적용되고 있다.

5.4.5 열방출률 측정의 불확실성

측정값의 정확도란 실제값과의 일치 정도를 의미한다. 측정 결과 실제값 사이의 차이를 측정 오차라고 한다. 측정 오차는 편향 오차와 정밀도 오차 등 두 개의 구성 요소로 이루어져 있다.

편향 오차는 고정적인 오차 또는 시스템과 관련된 오차로 여러 차례의 실험을 반복하거나 재현해도 그 값이 변하지 않는다. 예를 들어, 산소소비방식을 기준으로 열방출률을 결정하기 위해 사용되는 E값[식 (5.13), (5.16), (5.18)]은 편향 오차의 원인이 될 수 있다. 즉, 조성을 모르는 가연물에 대해 일반적인 E 값을 적용하면 언제 어디서 아무리 여러 차례에 걸쳐 그 시험을 수행해도 오차가 언제나 동일하게 나타나게 된다.

정밀도 오차는 무작위적인 특성을 갖고 있다. 예를 들어, 산소소비 열량계의 배기덕트에서 난류 유동이 방생할 경우 양방향 프로브에 대해 차압의 변동이 발생하게 된다. 그에 따라 단일 지점의 속도 측정 결과가 평균값에 비해 약간 달라질 수 있다.

측정의 불확실성이란 특정 확률(보통 95%)로 실제값이 존재할 가능성이 있는 측정값 전후의 구간을 의미한다. 상당수의 경우에 측정값은 함수적 관계를 통해 다른 독립적인 측정 결과로부터 계산하게 된다. 예를 들어, 산소 소비량을 바탕으로 측정하는 열방출률은 식 (5.13)에 따라 차압, 온도 및 산소농도의 측정 결과로부터 계산된다. 표준 수학적 기법을 이용해 관련 방정식과 관련된 모든 오차 원인에 대한 불확실성을 구할 수 있다. 불일치의 원인은 불확실성 분석과정에 동적 오차와 시험편, 작업자, 열유속 등의 편차가 반영되지 않았기 때문이다.

2

참고문헌

1. NFPA, Fire Protection Handbook, 19th Edition, 2003
2. NFPA, The SFPE Handbook of Fire Protection Engineering, 3rd ed, 2005
3. ASHRAE, The 2003 ASHRAE Handbook, 2003
4. V. Babrauskas and S.J. Grayson, Heat Release on Fire, Elsevier Applied Science London and New York, 1992
5. Bjőrn Karlsson and James G. Quintiere, Enclosure Fire Dynamics, CRC Press, 2000
6. Gordon J. Van Wylen and Richard E. Sonntag, Fundamentals of Thermodynamics, Hjon Wiley and Sons, Inc., 1976
7. 이창식, 김우승, 공업 열역학, 동명사, 1998
8. Kirk D. Hangen, Heat Transfer with Applications, Prentics Hall, Inc., 1999
9. Anthony F. Mills, Basic Heat and Mass Transfer, Richard D. Irwin, Inc., 1995
10. Adrian Bejan, Heat Transfer, Jhon Willy & Sons, Inc., 1999
11. 日本建築センター：建築物の総合肵火設計法一第4巻耐火設計法., 1989

부록 A : 물리적 상수, 단위, 환산인자

물리적 상수

이상기체 상수	$R = 8.314\,\text{kJ/kmol}\cdot\text{K}$ $= 1.9858\,\text{Btu/lbmol}\cdot{}^\circ\text{R} = 1545.35\,\text{ft}\cdot\text{lb}_f\text{/lbmol}$
아보가드로 수	$N = 6.022\times10^{23}$ molecules/mol
진공에서 빛의 속도	$c = 2.998\times10^{8}\,\text{m/s}$
플랑크 상수	$h = 6.626\times10^{-34}\,\text{J}\cdot\text{s}$
스테판-볼츠만 상수	$\sigma = 5.669\times10^{-8}\,\text{W/m}^2\cdot\text{K}^4 = 0.1714\times10^{-8}\,\text{Btu/h}\cdot\text{ft}^2\cdot\text{R}^4$
표준중력가속도	$g = 9.80665\,\text{m/s}^2 = 32.174\,\text{ft/s}^2$
대기압	$P_{atm} = 0.101325\,\text{MPa} = 1.01325\,\text{bar} = 14.696\,\text{lb}_f\text{/in}^2$ $= 2116\,\text{lb}_f\text{/ft}^2 = 760\,\text{mmHg}$ (at 0℃)
4℃, 1atm 물의 밀도	$\rho = 1000\,\text{kg/m}^3 = 62.43\,\text{lb}_m\text{/ft}^3$
절대영도	$T = 0\,\text{K} = 0\,{}^\circ\text{R} = -273.15℃ = -459.67{}^\circ\text{F}$
1atm에서 물의 어는점	$T = 0℃ = 273.15\,\text{K} = 32{}^\circ\text{F} = 491.67\,{}^\circ\text{R}$
1atm에서 물의 끓는점	$T = 100℃ = 373.15\,\text{K} = 212{}^\circ\text{F} = 671.67{}^\circ\text{R}$

환산인자

밀도	$1\,\text{kg/m}^3 = 0.0624\,\text{lb}_m\text{/ft}^3 = 3.6127\times10^{-5}\,\text{lb}_m\text{/in}^3$
에너지, 일, 열	$1\,\text{Btu} = 1055.06\,\text{J}$ $\quad 1\,\text{ft}\cdot\text{lb}_f = 1.35582\,\text{J}$ $\quad 1\,\text{erg} = 10^{-7}\,\text{J}$ $1\,\text{cal} = 4.1868\,\text{J}$ $\quad 1\,\text{kWh} = 3412\,\text{Btu}$
열유속	$1\,\text{W/m}^2 = 0.3171\,\text{Btu/h}\cdot\text{ft}^2$
내부 열발생	$1\,\text{W/m}^3 = 0.9665\,\text{Btu/h}\cdot\text{ft}^3$
열전달, 동력	$1\,\text{W} = 3.4121\,\text{Btu/h}$ $\quad 1\,\text{hp} = 745.7\,\text{W}$ $\quad 1\,\text{lb}_f\cdot\text{ft/s} = 1.3558\,\text{W}$
열전달 계수	$1\,\text{W/m}^2\cdot\text{K} = 0.1761\,\text{Btu/h}\cdot\text{ft}^2\cdot{}^\circ\text{R}$
잠열, 비에너지	$1\,\text{kJ/kg} = 0.4299\,\text{Btu/lb}_m$
압력	$1\,\text{kN/m}^2 = 1\,\text{kPa} = 20.8855\,\text{lb}_f\text{/ft}^2 = 0.2953\,\text{inHg} = 4.0146\,\text{inH}_2\text{O}$ $1\,\text{atm} = 101.325\,\text{kPa} = 760\,\text{mmHg} = 14.6959\,\text{lb}_f\text{/in}^2$ (at 0℃)
비열	$1\,\text{kJ/kg}\cdot\text{K} = 0.2388\,\text{Btu/lb}_m\cdot{}^\circ\text{R}$
온도	$T(\text{K}) = T(℃) + 273.15 = \dfrac{T({}^\circ\text{R})}{1.8}$ $T({}^\circ\text{F}) = 1.8\,T(℃) + 32$
열전도도	$1\,\text{W/m}\cdot\text{K} = 0.5778\,\text{Btu/h}\cdot\text{ft}\cdot{}^\circ\text{R}$
열확산도	$1\,\text{m}^2\text{/s} = 10.7639\,\text{ft}^2\text{/s} = 38.750\,\text{ft}^2\text{/h}$
점도, 동역학	$1\,\text{kg/m}\cdot\text{s} = 10\,\text{poise} = 0.6720\,\text{lb}_m\text{/ft}\cdot\text{s} = 2419\,\text{lb}_m\text{/ft}\cdot\text{h}$
점도, 운동학	$1\,\text{m}^2\text{/s} = 10{,}000\,\text{stoke} = 10.7639\,\text{ft}^2\text{/s} = 38{,}750\,\text{ft}^2\text{/h}$

부록 B : 금속고체의 열특성

1. 300K에서 금속고체의 열특성

금속	T_{mp} (K)	ρ (kg/m^3)	c_p (J/kg·K)	k (W/m·K)	$\alpha \times 10^{-5}$ (m^2/s)
Aluminum					
pure	933	2702	903	237	9.71
duralumin	775	2770	875	174	7.18
alloy 195, cast	883	2790	883	168	6.82
1100	925	2713	921	222	8.88
2024	775	2770	875	177	7.30
3003	922	2740	921	192	7.61
5052	894	2685	921	138	5.58
6061	889	2713	963	180	6.89
6063	907	2713	963	218	8.34
7075	830	2796	963	121	4.49
Beryllium	1550	1850	1825	200	5.92
Bismuth	545	9780	122	7.86	0.659
Cadmium	594	8650	231	96.8	4.84
Copper					
pure	1356	8933	385	401	11.7
OFHC	1356	8941	385	391	11.4
ETP	1347	8913	385	388	11.3
red brass	1280	8714	385	61	1.82
yellow brass	1190	8470	377	116	3.63
bronze, commercial	1297	8830	377	52	1.56
Constantan, 40% Ni	1533	8920	410	22.7	0.621
wire, drawn		8900	385	287	8.38
Germanium	1210	5360	322	59.9	3.47
Gold	1336	19,300	129	317	12.7
Indium	430	731	234	82	47.9
Iron					
pure	1810	7870	447	80.3	2.28
armco	1810	7870	447	72.7	2.07
cast iron, 4% C	1450	7272	420	51	1.67
AISI 1010 steel		7830	434	64	1.88
AISI 1042 steel		7840	460	52	1.44
AISI 4130 steel		7840	460	43	1.19
AISI 302 stainless		8055	480	15.1	0.391
AISI 304 stainless	1670	7900	477	14.9	0.395
AISI 316 stainless		8238	468	13.4	0.348
AISI 410 stainless		7770	460	25	0.699

금속	T_{mp} (K)	ρ (kg/m^3)	c_p (J/kg·K)	k (W/m·K)	$\alpha \times 10^{-5}$ (m^2/s)
invar, 36% Ni		8137	460	13.9	0.371
kovar, 29% Ni		8360	460	14.0	0.364
Lead	600	11,340	129	35.3	2.41
Magnesium					
pure	929	1740	1024	156	8.76
AZ31B	871	1772	1026	76	4.18
Molybdenum	2890	10,240	251	138	5.37
Nickel					
pure	1728	8900	444	90.7	2.30
hastelloy B		9240	381	12.2	0.347
inconel X-750	1665	8510	439	11.7	0.313
nichrome, 20% Cr	1672	8400	420	12	0.340
Monel 400	1600	8830	419	21.5	0.581
Palladium	1827	12020	244	71.8	2.45
Platinum	2045	21450	133	71.6	2.51
Rhenium	3453	21100	136	47.9	1.67
Silicon	1683	2330	712	148	8.92
Silver	1235	10,500	235	429	17.4
Solder 60% Sn-40% Pb	456	8332	188	51	3.26
Tantalum	3269	16600	140	57.5	2.47
Tin	505	7310	227	66.6	4.03
Titanium					
pure	1953	4500	522	21.9	0.932
6% Al-4% V		4420	610	5.8	0.215
5% Al-2.5% Sn		4484	523	7.8	0.333
Tungsten	3683	19300	132	174	6.83
Vanadium	2163	6100	489	30.7	1.03
Zinc	693	7140	89	116	4.18
Zirconium					
pure	2125	6570	278	22.7	1.24
zircaloy		6560	285	14.2	0.760

2. 온도에 따른 금속고체의 열확산도 k (W/m·K)

금속	T (K)										
	100	200	300	400	500	600	800	1000	1200	1500	2000
Aluminum											
pure	302	237	237	240	236	231	218				
duralumin		138	174	187	188						
alloy 195, cast			168	174	180	185					
2024	65	163	177	186	186	186					
Beryllium	990	301	200	161	144	126	106	91	79		
Bismuth	16.5	9.69	7.86	7.04							
Cadmium	203	99.3	96.8	94.7							
Copper											
pure	482	413	401	393	386	379	366	352	339		
OFHC		406	391	378	375						
ETP			388	374	365	357	342	331	321		
yellow brass		95	116	136	147	148					
bronze, commercial		42	52	52	56	59					
Constantan 40% Ni		19.0	22.7								
Germanium	232	96.8	59.9	43.2	35.3	27.3	19.8	17.4			
Gold	327	323	317	311	304	298	284	270	255		
Iron											
pure	134	94.0	80.3	69.5	62.1	54.7	43.3	32.8	28.3	32.1	
armco	95.6	81.0	72.7	65.7	59.0	53.1	42.2	32.3	28.7	31.4	
cast iron, 4% C			51	44	39	36	27	23			
AISI 1010 steel			64	59	54	49	39	31			
AISI 1042 steel			52	50	48	45	37	29	26	30	
AISI 4130 steel			43	42	41	40	37	31	27	31	
AISI 302 stainless			15.1	17.3	19.0	20.0	22.8	25.4			
AISI 304 stainless		12.6	14.9	16.6	18.0	19.8	22.6	25.4			
AISI 316 stainless			13.4	15.2	17.0	18.3	21.3	24.2			
AISI 410 stainless		25	25	26	27	27	29				
invar, 36% Ni		11.6	13.9	15.9	17.5	19.0	22.1				
Lead	39.7	36.7	35.3	34.0	33.0	31.4					
Magnesium	169	159	156	153	151	149	146				
Molybdenum	179	143	138	134	130	126	118	112	105	98	90
Nickel											
pure	164	107	90.7	80.2	72.0	65.6	67.6	71.8	76.2	82.3	
hastelloy B			12.2					22.4	25.9		
inconel X-750	8.7	10.3	11.7	13.5	15.1	17.0	20.5	24.0	27.6	33.0	
nichrome, 20% Cr			12	14	16	17	21				
Monel 400		19.6	21.5	26.5	27.7	29.6	33.7	37.8			
Palladium	76.5	71.6	71.8	73.6	77.0	79.7	86.9	94.2	102	110	
Platinum	77.5	72.6	71.6	71.8	72.0	73.2	75.6	78.7	82.6	89.5	99.4
Rhenium	58.9	51.0	47.9	46.1	45.0	44.2	44.1	44.6	45.7	47.8	51.9

금속	T (K)										
	100	200	300	400	500	600	800	1000	1200	1500	2000
Silicon	884	264	148	98.9	80	61.9	42.2	31.2	25.7	22.7	
Silver	444	430	429	425	419	412	396	379	361		
Tantalum	59.2	57.5	57.5	57.8	58.2	58.6	59.4	60.2	61.0	62.2	64.1
Tin	85.2	73.3	66.6	62.2							
Titanium	30.5	24.5	21.9	20.4	20.0	19.4	19.7	20.7	22.0	25.0	
Tungsten	208	186	174	159	146	137	125	118	113	107	100
Vanadium	35.8	31.3	30.7	3.3	32.3	33.3	35.7	38.2	40.8	44.6	50.9
Zinc	117	118	116	111	107	103					
Zirconium											
pure	33.2	25.2	22.7	21.6	21.1	20.7	21.6	23.7	26.0	28.8	33.0
zircaloy 4		13.3	14.2	15.2	16.2	17.2	19.2	21.2	23.2		

3. 온도에 따른 금속고체의 비열 c_p (J/kg·K)

금속	T (K)										
	100	200	300	400	500	600	800	1000	1200	1500	2000
Aluminum											
pure	482	798	903	949	996	1033	1146				
2024	473	787	875	925	984	1042	2823	3018	3227	3519	
Beryllium	203	1114	1825	2191	2000	2604					
Bismuth	112	120	122	127							
Cadmium	198	222	231	242							
Copper											
pure	252	356	385	397	412	417	433	451	480		
bronze, commercial		785	420	460	545						
Germanium	190	290	322	337	343	348	357	375	395		
Gold	109	124	129	131	133	135	140	145	155		
Iron											
pure	216	384	447	490	530	574	680	975	609	654	
armco	215	384	447	490	530	574	680	975	609	654	
AISI 1010 steel			434	487	520	559	685	1168			
AISI 1042 steel			460	500	530	570	700	1430			
AISI 4130 steel			460	500	530	570	690	840			
AISI 302 stainless			480	512	531	559	585	606			
AISI 304 stainless			477	515	539	557	582	611	640	682	
AISI 306 stainless			468	504	528	550	576	602			
Lead	118	125	129	132	136	142					
Magnesium	649	934	1024	1074	1170	1170	1267				
Molybdenum	141	224	251	261	268	275	285	295	308	330	380
Nickel											
pure	232	383	444	485	500	512	530	562	594	616	
inconel X-750		372	439	473	490	510	546	626			
nichrome, 20% Cr			460	480	500	525	545				
Palladium	168	227	244	251	256	261	271	281	291	307	
Platinum	100	125	133	136	139	141	146	152	157	165	179
Rhenium	97	127	136	139	142	145	151	156	162	171	186
Silicon	259	556	712	790	829	867	913	946	967	992	
Silver	187	225	235	239	244	250	262	277	292		
Tantalum	110	133	140	144	145	146	149	152	155	160	172
Tin	188	215	227	243							
Titanium	300	465	522	551	572	591	633	675	620	686	
Tungsten	87	122	132	137	140	142	145	148	152	157	167
Vanadium	258	430	489	515	528	540	563	597	645	714	867
Zinc	297	367	389	402	419	436					
Zirconium											
pure	205	264	278	300	312	322	342	362	344	344	344
zircaloy 4			285	300	327	327	348	369			

부록 C : 비금속의 열특성

1. 300K에서 건축자재의 열특성

건축자재	ρ (kg/m^3)	c_p (J/kg·K)	k (W/m·K)	$\alpha \times 10^{-7}$(m^2/s)
building boards				
acoustic tile	290	590	0.058	3.39
asbestos-cement board	1900	1000	0.58	3.05
fiberboard, sheathing	290	1300	0.06	1.59
gypsum or plaster board	800	1090	0.16	1.83
hardboard, medium density	800	1300	0.105	1.01
hardboard, laminated	880	1340	0.82	6.95
paperboard, laminated	480	1380	0.072	1.09
particle board				
low density	590	1300	0.102	1.33
high density	1000	1300	0.170	1.31
plywood	540	1210	0.12	1.84
waferboard	590		0.091	
masonry materials				
masonry units				
brick, common	1920	835	0.72	4.49
brick, face	2083		1.3	
brick, fired clay	1920	790	0.9	5.93
clay tile, hollow				
1cell deep, 76mm thick		880	0.54	
2cells deep, 152mm thick			0.56	
3cells deep, 305mm thick			0.69	
concrete blocks				
limestone aggregate, 200mm thick,	2210		0.55	
2cores	1375		0.49	
low mass aggregate, 150mm thick, 2	2100	920	1.1	5.69
or 3cores				
sand and gravel aggregate, 200mm	960		0.33	
thick, 2 or 3cores	640		0.18	
concretes	1920		1.40	
aggregate, low density	1600		0.97	
	1280		0.65	
cement, mortar and stucco	960		0.30	
	320		0.12	
	2240		1.60	
foam and cellular	1920		1.14	
	1600		0.79	
limestone	2400		2.2	

건축자재	ρ (kg/m^3)	c_p (J/kg·K)	k (W/m·K)	$\alpha \times 10^{-7}$(m^2/s)
	2240	900	1.9	9.42
	2080		1.5	
sand and gravel or stone aggregate				
	1860	840	0.72	4.61
	720	1340	0.22	2.28
plastering materials	1680	840	0.81	5.74
cement plaster, sand aggregate				
gypsum plaster, perlite aggregate	1900	1000	0.27	1.42
gypsum plaster, sand aggregate	1100	1260	0.13	0.94
roofing materials		1260	1.48	
asbestos-cement shingles				
asphalt shingles				
slate	140		0.055	
woods	425		0.114	
soft woods	508		0.131	
balsa	559		0.141	
cedar	615		0.153	
cypress	420		0.113	
fir	350		0.11	
pine				
redwood	642		0.159	
spruce	410		0.13	
hard woods	590		0.17	
ash	704		0.172	
aspen	540		0.15	
beech	671		0.164	
birch	704		0.17	
elm				
maple				
oak				

2. 300K에서 단열재의 열특성

단열재	ρ (kg/m^3)	c_p (J/kg·K)	k (W/m·K)	$\alpha \times 10^{-7}$(m^2/s)
blankets and batts				
aluminosilicate fiber	64		0.035	
felt, semirigid organic bonded	48	0.037		
fiberglass	16		0.046	
textile fiber, organic bonded	24	0.040		
boards and slabs				
calcium silicate	200		0.055	
cellular glass	136	750	0.051	5.00
cellular polyurethane	24	1590	0.025	6.55
cement fiber slab	415		0.074	
expanded perlite, organic bonded	16	1260	0.052	25.8
expanded polystyrene, extruded	43	1220	0.029	5.53
expanded polystyrene, molded beads		24	0.035	
expanded rubber, rigid	72	1680	0.032	2.65
fiberglass, organic bonded	100	960	0.036	3.75
magnesia	184		0.050	
mineral fiber, resin binder	240	710	0.042	2.46
mineral fiberboard, core or roof insulation	265	0.049		
phenolic, rigid	48		0.017	
wool felt	320		0.045	
loose fill				
cellulose	44	1380	0.039	6.42
fiberglass	21	710	0.040	26.8
perlite, expanded	64	1090	0.048	6.88
vermiculite, expanded	120	1340	0.068	4.23
spray applied				
cellulosic fiber	76		0.046	
fiberglass	64		0.039	
polyurethane foam	32		0.025	
ureaformaldehyde foam	19		0.036	

3. 300K에서 플라스틱, 고무, 탄성체의 열특성

플라스틱, 고무, 탄성체	ρ (kg/m^3)	c_p (J/kg·K)	k (W/m·K)	$\alpha \times 10^{-7}$(m^2/s)
plastics				
acetal(delrin)	1410	1470	0.277	1.34
acrylic(plexiglass)	1180	1466	0.208	1.20
cellulose acetate	1280	1508	0.251	1.30
epoxy resin	1207	1173	0.20	1.41
polytetrafluoroethylene(teflon)	2200	1047	0.242	1.05
nylon				
general purpose	1110	1680	0.17	0.912
6/6	1140	1680	0.25	1.31
6/12	1070	1680	0.22	1.22
phenolic				
general, woodflour and flock	1400	1570	0.03	0.136
high shock, chopped fabric	1395	1360	0.02	0.105
high shock, glass fiber	1825	1260	0.03	0.130
polybuthylene	913		0.22	
polyucarbonate(lexan)	1205	1260	0.199	1.31
polyester(fiberglass)				
unreinforced	1310	1900	0.16	0.643
glass reinforced	1510	1260	0.20	1.05
polyimide				
kapton	1420	1090	0.12	0.775
polystyrene				
general purpose	1040	1360	0.13	0.919
glass reinforced	1290	1070	0.202	1.46
polyethylene				
low density	918	2260	0.329	1.59
medium density	930	2260	0.329	1.57
high density	958	2110	0.329	1.63
polypropylene	905	1880	0.185	1.09
polyvinylchloride(PVC)	1380	1170	0.15	0.929
rubbers and elastomers				
natural isoprene	980		0.141	
CR(chloroprene)	1240		0.19	
EPDM(ethylene propylene)	860		0.26	
NBR(nitrile)	980		0.248	
SBR(styrene butadiene)	940		0.248	
polyurethane	1140		0.16	
silicone	1350			

4. 300K에서 세라믹과 유리의 열특성

세라믹과 유리	ρ (kg/m^3)	c_p (J/kg·K)	k (W/m·K)	$\alpha \times 10^{-7}$ (m^2/s)
ceramics				
alumina(Al_2O_3)				
single crystal(sapphite)	3970	765	46	15.2
polycrystalline	3970	765	36	11.9
beryllia(BeO)				
single crystal	3000	1030	272	88.0
boron carbide	2500		28.3	
boron nitride	1910	720	22.7	16.5
chromium alumina	210	670	50	355
magnesia(MgO)				
single crystal	3600	960	55.1	15.9
porcelain	2300	750	2.2	1.28
porceram 9606	2610	976	3.37	1.32
silica(SiO_2)				
parallel to crystal axis	2650	745	10.4	5.27
normal to crystal axis	2650	745	6.21	3.15
silicon carbide	3160	675	490	230
thoria(ThO_2)	9110	235	13	6.07
titanium carbide	6370		17.1	
tungsten carbide	13200		27.7	
zirconia($ZrCO_2$)	5600		0.92	
uranium oxide(UO_2)	10890	240	7.9	3.02
glasses				
crown	2500		1.22	
lead	3400		0.61	
pyrex	2170	716	1.06	
0.682				
soda			0.72	
soda lime	2500	750	1.4	
0.747				
window	2800		0.700	

5. 300K에서 복합재료의 열특성

복합재료	ρ (kg/m^3)	c_p (J/kg·K)	k (W/m·K)	$\alpha\times10^{-7}$(m^2/s)
thermoplastic matrix				
rynite 545, 45% glass-fiber reinforced, polyester (Dupont)	1690		0.31	
thermocomp WC-1006, 30% carbon fiber, polyester (LNP Corp.)			0.64	
valox 420-SEO, 30% glass fiber, polyester (general electric)	1530	1260	0.06	0.31
RC-1006, 30% carbon fiber, polyamide (LNP Corp.)	1280		1.02	
GC-1006, 30% carbon fiber, polysulfone (LNP, Corp.)	1370		0.78	
GF-1006, 30% glass fiber, polysulfone (LNP Corp.)	1450		0.29	
thermoset matrix				
kinel 504, glass reinforced(Rhone-Poulenc)			0.49	
SP211, Vespel resin, graphite/teflon filled (Dupon)			0.75	
phenolic resin, flock reinforced	1400	1550	0.35	1.61
epon 934, e glass-filled epoxy (shell	1720	1260	0.40	1.85
chemical) (fiberite)			0.33	
epoxy resin, Kevlar 49 continuous fiber				
perpendicular to fibers	1250		0.17	
parallel to fibers	1250		1.75	
epoxy resin, Kevlar 49 continuous fiber				
perpendicular to fibers	1460	1190	1.0	5.76
parallel to fibers	1460	1190	15	86.3
HMS graphite-epoxy(hercules)				
perpendicular to fibers	1580	880	2	14.4
parallel to fibers	1580	880	55	396
carbon and ceramic matrix				
three-directional orthogonal carbon-carbon				
Z direction	1900		246	
XY direction	1900		149	
three-directional ceramic-ceramic				
silica-silica			0.66	
alumina-alumina			1.62	
alumina-silica			0.68	
boron nitride-boron nitride			9.0	
whisker-reinforced ceramic				
Alumina, 20% vol SiC whiskers			32	

6. 300K에서 여러 고체의 열특성

기타 물질	ρ (kg/m^3)	c_p (J/kg·K)	k (W/m·K)	$\alpha \times 10^{-7}$(m^2/s)
asphalt	2110	920	0.740	3.81
aerogel	29.9		0.059	
asbestos				
felt			0.091	
gasket, sheet			0.319	
magnesia 85%	216		0.067	
bakelite	1270	1590	0.233	1.15
carbon				
amorphous	1950		1.6	
diamond	3500	509	2300	12910
cardboard			0.07	
chalk	2290	900	0.83	4.03
charcoal, wook	240	840	0.05	2.48
coal	1400	1000	0.17	1.21
cork				
board	128		0.039	
granulated	117	1880	0.046	2.09
cotton fiber	80	1340	0.042	3.92
earth				
soil, dry		754	0.130	
soil, wet, loosely packed	1730		1.067	
soil, wet, tightly packed	1860		1.44	
clay	2080	921	1.73	9.03
sand	1520	921	0.317	2.26
felt	330		0.05	
foods				
apple	840	3777	0.42	1.32
banana	980	3350	0.481	1.47
beef	1061	2902	0.48	1.56
carrot	321	3878	0.67	5.38
cherry	1050	3780	0.52	1.31
egg		3530	0.96	
halibut	1070	3550	0.570	1.50
ham	1030	3100	0.447	1.40
peach	960	3900	0.52	1.39
potato	1055	3626	0.51	1.33
graphite, powder	700		1.186	
ice				
0℃	917	2093	2.21	11.5
100℃	928	1460	3.489	25.8
leather	998		0.159	
mica	2900	838	0.523	2.15

기타 물질	ρ (kg/m^3)	c_p (J/kg·K)	k (W/m·K)	$\alpha \times 10^{-7}$(m^2/s)
mylar			0.197	
paper	930	1300	0.13	1.08
paraffin	900	2900	0.24	0.920
rock				
ranite	2630	775	2.79	13.7
limestone	2320	810	2.15	11.4
marble	2680	830	2.80	12.6
sandstone	2150	745	2.90	18.1
sawdust	190		0.05	
snow				
freshly fallen	100		0.598	
0℃	500		2.2	
tar				
pitch	1100	2500	0.88	3.20
bituminous	1200		0.71	
thermal grease, DOW 340	2436		0.21	
tissue, human				
skin			0.37	
fat layer			0.2	
muscle			0.41	
vaseline			0.174	

부록 D : 액체의 열특성

1. H_2O

T (K)	ρ (kg/m³)	c_p (J/kg·K)	$\mu\times 10^7$ (kg/m·s)	$\nu\times 10^8$ (m²/s)	$k\times 10^3$ (W/m·K)	$\alpha\times 10^{-8}$ (m²/s)	Pr	$\beta\times 10^6$ (K⁻¹)
273	999.8	4217	17525	175.3	569	13.50	12.99	−68.05
283	999.7	4193	12992	129.9	586	13.98	9.30	199.6
293	998.3	4182	10015	100.3	602	14.42	6.96	241.5
303	995.7	4179	7970	80.04	617	14.83	5.40	292.6
313	992.3	4179	6513	65.64	630	15.19	4.32	350.7
323	988.0	4181	5440	55.06	643	15.57	3.54	413.9
333	983.2	4185	4630	47.09	653	15.87	2.97	480.3
343	977.7	4190	4005	40.96	662	16.16	2.54	548.6
353	971.6	4197	3510	36.13	669	16.41	2.20	617.3
363	965.2	4205	3113	32.25	675	16.63	1.94	685.2
373	958.1	4216	2790	29.12	680	16.83	1.73	751.8
383	950.7	4229	2522	26.53	683	16.99	1.56	816.1
393	942.9	4245	2300	24.39	685	17.11	1.43	877.9
403	934.6	4263	2110	22.58	687	17.24	1.31	937.1
413	925.8	4285	1950	21.06	687	17.32	1.22	993.7
423	916.8	4310	1810	19.74	686	17.36	1.14	1048
433	907.3	4339	1690	18.63	684	17.37	1.07	1101
443	897.3	4371	1585	17.66	681	17.36	1.02	1153
453	886.9	4408	1493	16.83	676	17.29	0.974	1206
463	876.0	4449	1412	16.12	671	17.22	0.936	1261
473	864.7	4497	1338	15.47	664	17.08	0.906	1320
493	840.3	4614	1215	14.46	648	16.71	0.865	1463
513	813.6	4770	1114	13.69	629	16.21	0.845	1659
533	783.9	4985	1030	13.14	604	15.46	0.850	1944
553	750.5	5300	961	12.81	573	14.41	0.889	2369
573	712.2	5770	901	12.65	540	13.14	0.963	3006
593	666.9	6590	830	12.45	503	11.45	1.09	3968
613	610.1	8270	748	12.26	460	9.117	1.34	5460
633	528.3	14990	644	12.19	401	5.064	2.41	8108

$$\rho = 2446 - 20.6741\,T + 0.11576\,T^2 - (3.12895\times 10^{-4})\,T^3 + (4.05050\times 10^{-7})\,T^4 - (2.05460\times 10^{-10})\,T^5$$

$$c_p = \exp\left[\frac{8.290\,41 - 0.0125\,57\,T}{1-(1.523\,73\times 10^{-3})\,T}\right]$$

$$\mu\times 10^7 = \exp\left[\frac{1.12646 - 0.039\,638\,T}{1-(7.297\,69\times 10^{-3})\,T}\right]$$

$$k\times 10^3 = 62.282 - 1.76841\,T + 0.03499\,T^2 - (1.15706\times 10^{-4})\,T^3 + (1.53599\times 10^{-7})\,T^4 - (7.74770\times 10^{11})\,T^5$$

$$\beta\times 10^6 = \left(\frac{1}{\rho}\right)\left[\begin{array}{l} 20.6741 - 0.23152\,T + (9.38685\times 10^{-4})\,T^2 \\ \quad - (1.62020\times 10^{-6})\,T^3 + (1.02730\times 10^{-9})\,T^4 \end{array}\right]\mu\times 10^2$$

2. 여러 포화액의 열특성

SAE5W−30 엔진오일

T (K)	ρ (kg/m^3)	c_p (J/kg·K)	$\mu\times 10^2$ (kg/m·s)	$\nu\times 10^6$ (m^2/s)	$k\times 10^3$ (W/m·K)	$\alpha\times 10^{-7}$ (m^2/s)	Pr	$\beta\times 10^3$ (K^{-1})
250	897.8	1667	366	4106	138.9	0.934	44000	0.720
260	885.4	1703	140	1582	138.7	0.920	17200	0.725
270	879.0	1740	61.6	701	138.5	0.906	7740	0.730
280	872.5	1776	30.4	348	138.2	0.892	3900	0.736
290	866.1	1813	16.5	190	138.0	0.879	2160	0.741
300	859.7	1849	9.63	112	137.8	0.867	1290	0.747
310	853.3	1886	6.03	70.7	137.6	0.855	827	0.752
320	846.9	1922	3.99	47.1	137.3	0.844	558	0.758
330	840.4	1959	2.76	32.9	137.1	0.833	395	0.764
340	834.0	1995	1.99	23.9	136.9	0.823	290	0.770
350	827.6	2032	1.49	18.0	136.6	0.812	222	0.776
360	821.2	2068	1.14	13.9	136.4	0.803	173	0.782
380	808.3	2141	0.725	8.97	135.9	0.785	114	0.794
400	795.5	2214	0.496	6.23	135.5	0.757	82.3	0.807
420	782.7	2287	0.358	4.58	135.0	0.754	60.7	0.820
440	769.8	2360	0.271	3.52	134.6	0.741	47.5	0.834

$$\rho = 1052.3 - 0.6420\,T$$

$$c_p = 753.7 + 3.560\,T$$

$$\log(\mu\times 10^2) = 58.2987 - 0.538\,17\,T + (1.928\,27\times 10^{-3})\,T^2 - (3.164\,48\times 10^{-6})\,T^3 + (1.979\,22\times 10^{-9})\,T^4$$

$$k\times 10^3 = 0.1447 - (2.3073\times 10^{-5})\,T$$

$$\beta\times 10^3 = \frac{0.6420}{\rho}$$

SAE10W−30 엔진오일

T (K)	ρ (kg/m^3)	c_p (J/kg·K)	$\mu\times 10^2$ (kg/m·s)	$\nu\times 10^6$ (m^2/s)	$k\times 10^3$ (W/m·K)	$\alpha\times 10^{-7}$ (m^2/s)	Pr	$\beta\times 10^3$ (K^{-1})
250	903.7	1655	517	5724	137.1	0.922	62000	0.710
260	897.3	1692	185	2064	136.8	0.908	22700	0.715
270	890.9	1728	77.2	866	136.6	0.893	9700	0.721
280	884.4	1764	36.4	412	136.4	0.880	4680	0.726
290	878.0	1800	19.1	217	136.2	0.867	2500	0.731
300	871.6	1837	10.8	124	135.9	0.855	1450	0.737
310	865.2	1873	6.64	76.7	135.7	0.843	910	0.742
320	858.8	1909	4.31	50.2	135.5	0.832	603	0.748
330	852.3	1946	2.94	34.5	135.3	0.821	420	0.753
340	845.9	1982	2.09	24.7	135.0	0.811	305	0.759
350	839.5	2018	1.54	18.4	134.8	0.801	230	0.765
360	833.1	2054	1.17	14.1	134.6	0.792	178	0.771
380	820.2	2127	0.735	8.96	134.1	0.774	116	0.783
400	807.4	2199	0.497	6.15	133.7	0.758	81.1	0.795
420	794.6	2272	0.357	4.49	133.2	0.743	60.4	0.808
440	781.7	2344	0.268	3.43	132.7	0.718	47.8	0.821

$$\rho = 1064.2 - 0.6420\,T$$

$$c_p = 748.6 + 3.630\,T$$

$$\log(\mu\times 10^2) = 63.8544 - 0.593\,52\,T + (2.138\,31\times 10^{-3})\,T^2 - (3.522\,57\times 10^{-6})\,T^3 + (2.209\,61\times 10^{-9})\,T^4$$

$$k\times 10^3 = 0.1427 - (2.2763\times 10^{-5})\,T$$

$$\beta\times 10^3 = \frac{0.6420}{\rho}$$

SAE20W−20 엔진오일

T (K)	ρ (kg/m^3)	c_p (J/kg · K)	$\mu\times 10^2$ (kg/m · s)	$\nu\times 10^6$ (m^2/s)	$k\times 10^3$ (W/m · K)	$\alpha\times 10^{-7}$ (m^2/s)	Pr	$\beta\times 10^3$ (K^{-1})
250	918.2	1643	972	10590	135.0	0.895	118000	0.724
260	911.5	1679	284	3112	134.8	0.881	35300	0.730
270	904.9	1715	101	1116	134.6	0.867	12900	0.735
280	898.2	1751	42.2	470	134.4	0.855	5500	0.740
290	891.6	1787	20.2	226	134.1	0.842	2680	0.746
300	884.9	1823	10.7	121	133.9	0.830	1460	0.751
310	878.3	1859	6.17	70.2	133.7	0.819	857	0.757
320	871.6	1895	3.84	44.0	133.5	0.808	545	0.763
330	865.0	1931	2.53	29.3	133.3	0.798	367	0.769
340	858.3	1967	1.76	20.5	133.0	0.788	260	0.775
350	851.7	2003	1.27	14.9	132.8	0.778	192	0.781
360	845.0	2039	0.955	11.3	132.6	0.770	147	0.787
380	831.7	2111	0.583	7.01	132.1	0.752	93.2	0.800
400	818.4	2183	0.390	4.76	131.7	0.737	64.6	0.813
420	805.1	2255	0.278	3.45	131.2	0.723	47.7	0.826
440	791.8	2327	0.208	2.63	130.8	0.710	37.0	0.840

$\rho = 1084.4 - 0.6650\,T$

$c_p = 743.1 + 3.600\,T$

$\log(\mu\times 10^2) = 83.2643 - 0.794\,12\,T + (2.916\,65\times 10^{-3})\,T^2 - (4.870\,78\times 10^{-6})\,T^3 + (3.087\,431\times 10^{-9})\,T^4$

$k\times 10^3 = 0.1406 - (2.2426\times 10^{-5})\,T$

$\beta\times 10^3 = \dfrac{0.6650}{\rho}$

Ethylene glycol [$C_2H_4(OH)_2$]

T (K)	ρ (kg/m^3)	c_p (J/kg·K)	$\mu \times 10^2$ (kg/m·s)	$\nu \times 10^6$ (m^2/s)	$k \times 10^3$ (W/m·K)	$\alpha \times 10^{-7}$ (m^2/s)	Pr	$\beta \times 10^3$ (K^{-1})
273	2280	2280	5.90	52.3	304.3	1.18	443	0.556
280	2315	2315	4.09	36.4	298.9	1.15	317	0.577
290	2365	2365	2.51	22.5	291.3	1.10	205	0.605
300	2414	2414	1.64	14.8	283.7	1.06	140	0.631
310	2464	2464	1.07	9.69	276.1	1.02	95.0	0.655
320	2514	2514	0.781	7.13	268.5	0.974	73.2	0.677
330	2563	2563	0.576	5.29	261.0	0.935	56.6	0.696
340	2613	2613	0.428	3.96	253.4	0.896	44.2	0.712
350	2662	2662	0.336	3.13	245.9	0.860	36.4	0.727
360	2712	2712	0.268	2.51	238.4	0.825	30.4	0.739
370	2762	2762	0.218	2.06	230.9	0.789	26.1	0.747
380	2811	2811	0.182	1.73	223.4	0.756	22.9	0.754
390	2861	2861	0.152	1.46	215.9	0.727	20.1	0.762
400	2911	2911	0.129	1.25	208.4	0.691	18.1	0.758
410	2960	2960	0.112	1.09	200.9	0.661	16.5	0.757
420	3010	3010	0.097	0.952	193.5	0.631	15.1	0.752

$$\rho = 1082.22 - 1.3403\,T + (5.637\,85 \times 10^{-3})\,T^2 + (4.971\,35 \times 10^{-6})\,T^3$$

$$c_p = 889.59 + 5.278\,17\,T + (9.165\,33 \times 10^{-4})\,T^2 + (8.808\,59 \times 10^{-7})\,T^3$$

$$\log(\mu \times 10^2) = 21.5824 - 0.149\,00\,T + (3.406\,15 \times 10^{-4})\,T^2 - (2.713\,36 \times 10^{-7})\,T^3$$

$$k \times 10^3 = 526.92 - 0.883\,47\,T + (3.151\,90 \times 10^{-4})\,T^2 - (2.428\,73 \times 10^{-7})\,T^3$$

$$\beta \times 10^3 = \left(\frac{1}{\rho}\right)\left[-1.340\,31 + 0.011\,28\,T - (1.491\,41 \times 10^{-5})\,T^2\right]$$

Ethylene glycol 50%(V/V) 수용액

T (K)	ρ (kg/m^3)	c_p (J/kg·K)	$\mu\times 10^2$ (kg/m·s)	$\nu\times 10^6$ (m^2/s)	$k\times 10^3$ (W/m·K)	$\alpha\times 10^{-7}$ (m^2/s)	Pr	$\beta\times 10^3$ (K^{-1})
243	1089.0	3088	4.398	40.39	333	0.990	408	0.173
253	1086.9	3126	2.207	20.31	344	1.013	200	0.219
263	1084.2	3165	1.274	11.75	354	1.032	114	0.266
273	1081.1	3203	0.809	7.483	364	1.051	71.2	0.312
283	1077.5	3242	0.550	5.104	373	1.068	47.8	0.359
293	1073.4	3281	0.394	3.671	380	1.079	34.0	0.406
303	1068.8	3319	0.294	2.751	387	1.091	25.2	0.453
313	1063.7	3358	0.226	2.125	394	0.103	19.3	0.501
323	1058.1	3396	0.178	1.682	399	1.110	15.2	0.550
333	1052.0	3435	0.143	1.359	404	1.118	12.2	0.599
343	1045.5	3474	0.117	1.119	408	1.123	9.96	0.649
353	1038.5	3512	0.098	0.944	411	1.127	8.38	0.700
363	1031.0	3551	0.082	0.795	414	1.131	7.03	0.751
373	1023.0	3590	0.070	0.684	416	1.133	6.04	0.804
383	1014.5	3628	0.060	0.591	417	1.133	5.22	0.858

$$\rho = 984.39 + 1.064\,85\,T - (2.671\,92\times 10^{-3})\,T^2 + (2.524\,77\times 10^{-7})\,T^3$$

$$c_p = 2177.05 + 3.605\,00\,T + (7.771\,04\times 10^{-4})\,T^2 - (7.750\,96\times 10^{-7})\,T^3$$

$$\log(\mu\times 10^2) = 65.677 - 0.730\,37\,T + (3.091\,75\times 10^{-3})\,T^2 - (5.933\,26\times 10^{-6})\,T^3 + (4.305\,91\times 10^{-9})\,T^4$$

$$k\times 10^3 = -239.67 + 3.701\,72\,T - (6.142\,52\times 10^{-3})\,T^2 + (2.492\,88\times 10^{-6})\,T^3$$

$$\beta\times 10^3 = \left(\frac{1}{\rho}\right)\left[-1.064\,85 + (5.343\,84\times 10^{-3})\,T - (7.604\,31\times 10^{-7})\,T^2\right]$$

Gasoline

T (K)	ρ (kg/m^3)	c_p (J/kg·K)	$\mu \times 10^2$ (kg/m·s)	$\nu \times 10^6$ (m^2/s)	$k \times 10^3$ (W/m·K)	$\alpha \times 10^{-7}$ (m^2/s)	Pr	$\beta \times 10^3$ (K^{-1})
293	751	2060	529	70.4	116.4	7.52	9.36	0.782
313	735	2150	411	55.9	112.5	7.12	7.85	1.03
333	717	2240	328	45.7	108.5	6.76	6.77	1.23
353	699	2350	269	38.5	104.5	6.36	6.05	1.39
373	681	2460	225	33.0	100.5	6.00	5.51	1.52
393	660	2570	191	28.9	97.1	5.72	5.06	1.63
413	639	2680	165	25.8	93.6	5.47	4.72	1.72
433	617	2800	146	23.7	89.5	5.18	4.57	1.79
453	594	2920	126	21.2	84.8	4.89	4.34	1.85
473	570	3040	111	19.5	80.0	4.62	4.22	1.90

$$\rho = 898.4 - 0.245\,36\,T - (7.657\,34 \times 10^{-4})\,T^2 - (3.885\,00 \times 10^{-7})\,T^3$$

$$c_p = 2302 - 7.784\,56\,T + 0.030\,22\,T^2 - (2.209\,60 \times 10^{-5})\,T^3$$

$$\mu \times 10^6 = 7733 - 50.393\,T + 0.113\,39\,T^2 - (8.653\,85 \times 10^{-5})\,T^3$$

$$k \times 10^3 = 288.74 - 1.153\,24\,T + (2.622\,73 \times 10^{-3})\,T^2 - (2.362\,57 \times 10^{-6})\,T^3$$

$$\beta \times 10^3 = \left(\frac{1}{\rho}\right)\left[\,0.245\,36 + (1.531\,47 \times 10^{-3})\,T + (1.165\,50 \times 10^{-6})\,T^2\right]$$

Glycerin [($C_3H_5(OH)_3$]

T (K)	ρ (kg/m^3)	c_p (J/kg·K)	$\mu \times 10^2$ (kg/m·s)	$\nu \times 10^6$ (m^2/s)	$k \times 10^3$ (W/m·K)	$\alpha \times 10^{-7}$ (m^2/s)	Pr	$\beta \times 10^3$ (K^{-1})
293	1260	2350	148	1175	278	0.939	12.510	0.329
313	1250	2450	33.0	264	281	0.918	2880	0.427
333	1238	2560	10.2	82.3	284	0.896	920	0.528
353	1224	2670	3.5	28.6	287	0.878	325	0.632
373	1208	2790	1.3	10.8	289	0.858	125	0.739
393	1188	2900	0.52	4.38	291	0.845	51.8	0.852
413	1167	3010	0.18	1.54	294	0.837	18.4	0.970
423	1155	3065	0.14	1.21	296	0.836	14.5	1.032

$$\rho = 1124.6 + 1.337\,54\,T - (2.991\,36 \times 10^{-3})\,T^2$$

$$c_p = 896.95 - 4.525\,84\,T + (1.432\,24 \times 10^{-3})\,T^2$$

$$\log(\mu \times 10^2) = 32.1741 - 0.204\,48\,T + (4.601\,37 \times 10^{-4})\,T^2 - (3.818\,26 \times 10^{-7})\,T^3$$

$$k \times 10^3 = 229.67 + 0.188\,20\,T - (7.719\,75 \times 10^{-5})\,T^2$$

$$\beta \times 10^3 = \left(\frac{1}{\rho}\right)\left[\,-1.337\,54 + (5.982\,72 \times 10^{-3})\,T\,\right]$$

3. 포화 냉매액의 열특성

냉매제−12 (CCl_2F_2)

T (K)	ρ (kg/m^3)	c_p (J/kg·K)	$\mu\times 10^6$ (kg/m·s)	$\nu\times 10^8$ (m^2/s)	$k\times 10^3$ (W/m·K)	$\alpha\times 10^{-8}$ (m^2/s)	Pr	$\beta\times 10^3$ (K^{-1})
223	1544.3	863	453.8	29.39	95.9	7.20	4.08	1.64
233	1516.1	873	404.2	26.66	92.1	6.96	3.83	1.77
243	1487.2	884	360.2	24.22	88.3	6.72	3.61	1.91
253	1457.6	896	321.5	22.06	84.5	6.47	3.41	2.05
263	1427.1	911	287.5	20.15	80.8	6.21	3.24	2.20
273	1395.6	928	257.8	18.47	77.1	5.95	3.10	2.36
283	1362.8	948	231.8	17.01	73.5	5.69	2.99	2.53
293	1328.6	971	209.0	15.73	69.8	5.41	2.91	2.71
303	1292.5	998	189.1	14.63	66.3	5.14	2.85	2.91
313	1254.2	1030	171.6	13.68	62.7	4.85	2.82	3.12
323	1213.0	1071	156.3	12.89	59.2	4.56	2.83	3.35
333	1168.2	1123	142.7	12.22	55.7	4.25	2.88	3.61

$$\rho = 1728.1 + 0.867\,60\,T - (7.628\,87\times 10^{-3})\,T^2$$

$$c_p = 1727.2 - 7.919\,30\,T + 0.018\,25\,T^2$$

$$\mu\times 10^6 = 2389.4 - 12.671\,81\,T + 0.017\,82\,T^2$$

$$k\times 10^3 = 190.29 - 0.461\,93\,T + (1.735\,76\times 10^{-4})\,T^2$$

$$\beta\times 10^3 = \left(\frac{1}{\rho}\right)\left[-0.867\,60 + (1.525\,77\times 10^{-2})\,T\right]$$

냉매제−134a (CH_2FCF_3)

T (K)	ρ (kg/m³)	c_p (J/kg·K)	$\mu \times 10^6$ (kg/m·s)	$\nu \times 10^8$ (m²/s)	$k \times 10^3$ (W/m·K)	$\alpha \times 10^{-8}$ (m²/s)	Pr	$\beta \times 10^3$ (K⁻¹)
223	1443.1	1229	594.3	41.18	116.5	6.57	6.27	2.08
233	1414.8	1243	502.2	35.50	111.9	6.36	5.58	2.07
243	1385.9	1260	430.4	31.06	107.3	6.15	5.05	2.11
253	1356.2	1282	373.1	27.51	102.6	5.90	4.66	2.19
263	1325.6	1306	326.3	24.62	98.0	5.66	4.35	2.31
273	1293.7	1335	287.4	22.22	93.4	5.41	4.11	2.48
283	1260.2	1367	254.3	20.18	88.8	5.15	3.92	2.71
293	1224.9	1404	225.8	18.43	84.2	4.90	3.76	2.99
303	1187.2	1447	200.7	16.91	79.6	4.63	3.65	3.34
313	1146.5	1500	178.2	15.54	75.0	4.36	3.56	3.77
323	1102.0	1569	157.7	14.31	70.4	4.07	3.52	4.29
333	1052.4	1663	138.6	13.17	65.8	3.76	3.50	4.93
343	995.6	1806	120.3	12.08	61.2	3.40	3.55	5.73

$$\rho = 3287.84 - 17.852\,45\,T + 0.062\,308\,T^2 - (8.668\,41 \times 10^{-5})\,T^3$$

$$c_p = -6077.85 + 84.028\,33\,T - 0.326\,60\,T^2 + (4.329\,84 \times 10^{-4})\,T^3$$

$$\mu \times 10^6 = 9274.56 - 81.601\,22\,T + 0.249\,32\,T^2 - (2.601\,98 \times 10^{-4})\,T^3$$

$$k \times 10^3 = 223.81 - 0.505\,36\,T + (1.411\,71 \times 10^{-4})\,T^2 - (1.456\,88 \times 10^{-7})\,T^3$$

$$\beta \times 10^3 = \left(\frac{1}{\rho}\right)\left[\,17.852\,45 - 0.124\,62\,T + (2.600\,52 \times 10^{-4})\,T^2\right]$$

4. 공업적 열전달 유체(포화된 액체)의 열특성

Therminol 59

T (K)	ρ (kg/m^3)	c_p (J/kg·K)	$\mu \times 10^2$ (kg/m·s)	$\nu \times 10^6$ (m^2/s)	$k \times 10^3$ (W/m·K)	$\alpha \times 10^{-7}$ (m^2/s)	Pr	$\beta \times 10^3$ (K^{-1})
222	1026	1450	315	3070	125.7	0.845	36300	0.666
233	1018	1490	45.4	446	125.1	0.825	5410	0.676
255	1002	1560	4.49	44.8	123.8	0.792	566	0.698
277	986	1630	1.25	12.7	122.4	0.762	167	0.719
300	970	1700	0.556	5.73	120.9	0.733	78.2	0.742
322	953	1770	0.315	3.31	119.2	0.707	46.8	0.766
344	937	1850	0.205	2.19	117.4	0.677	32.3	0.790
366	921	1920	0.145	1.57	115.4	0.653	24.0	0.815
389	904	1990	0.108	1.19	113.4	0.630	18.9	0.843
411	888	2070	0.0838	0.944	111.2	0.605	15.6	0.869
433	871	2140	0.0671	0.770	108.8	0.584	13.2	0.898
455	853	2210	0.0551	0.646	106.3	0.564	11.5	0.929
477	836	2290	0.0461	0.551	103.7	0.542	10.2	0.960
500	818	2360	0.0392	0.479	101.0	0.523	9.16	0.995
522	800	2440	0.0338	0.423	98.1	0.503	8.41	1.03
544	781	2520	0.0295	0.378	95.1	0.483	7.83	1.07
562	765	2580	0.0266	0.348	92.6	0.469	7.42	1.10
577	751	2640	0.0245	0.326	90.3	0.455	7.17	1.13

$$\rho = 1165.09 - 0.579\,39\,T - (2.342\,64 \times 10^{-4})\,T^2$$

$$c_p = 784.12 + 2.900\,52\,T + (5.301\,78 \times 10^{-4})\,T^3$$

$$\log(\mu \times 10^2) = 249.725 - 3.602\,13\,T + 0.021\,60\,T^2 - (6.871\,46 \times 10^{-5})\,T^3 + (1.219\,42 \times 10^{-7})\,T^4 - (1.142\,94 \times 10^{-10})\,T^5 + (4.418\,09 \times 10^{-14})\,T^6$$

$$k \times 10^3 = -130.35 + (9.107\,12 \times 10^{-3})\,T - (1.358\,80 \times 10^{-4})\,T^2$$

$$\beta \times 10^3 = \left(\frac{1}{\rho}\right)\left[\,0.579\,39 + (4.685\,28 \times 10^{-4})\,T^2\,\right]$$

Therminol 66

T (K)	ρ (kg/m^3)	c_p (J/kg·K)	$\mu\times 10^2$ (kg/m·s)	$\nu\times 10^6$ (m^2/s)	$k\times 10^3$ (W/m·K)	$\alpha\times 10^{-7}$ (m^2/s)	Pr	$\beta\times 10^3$ (K^{-1})
266	1026	1470	416	4050	118.5	0.786	51500	0.594
277	1019	1510	69.4	681	118.1	0.768	8870	0.605
300	1003	1580	7.10	70.8	117.3	0.740	957	0.630
322	989	1660	1.86	18.8	116.3	0.708	266	0.653
344	974	1740	0.777	7.98	115.2	0.680	117	0.677
366	960	1810	0.419	4.36	113.9	0.656	66.5	0.702
389	944	1890	0.263	2.79	112.4	0.630	44.3	0.729
411	929	1970	0.181	1.95	110.8	0.605	32.2	0.756
433	914	2050	0.134	1.47	109.1	0.582	25.3	0.784
455	898	2130	0.130	1.15	107.2	0.560	20.5	0.813
477	882	2210	0.0825	0.935	105.1	0.539	17.3	0.844
500	866	2290	0.0679	0.784	102.9	0.519	15.1	0.877
522	849	2380	0.0572	0.674	100.6	0.498	13.5	0.911
544	832	2460	0.0491	0.590	98.0	0.479	12.3	0.946
562	814	2540	0.0429	0.527	95.4	0.461	11.4	0.981
589	796	2630	0.0379	0.476	92.6	0.442	10.8	1.03
611	777	2720	0.0340	0.438	89.6	0.424	10.3	1.07
622	767	2760	0.0323	0.421	88.0	0.416	10.1	1.09
644	747	2850	0.0294	0.394	84.8	0.398	9.90	1.14

$$\rho = 1164.28 - 0.439\,676\,T - (3.193\,00\times 10^{-4})\,T^2$$

$$c_p = 646.67 + 2.868\,96\,T + (8.570\,54\times 10^{-4})\,T^2$$

$$\log(\mu\times 10^2) = 308.86 - 3.848\,08\,T + 0.019\,98\,T^2 - (5.521\,77\times 10^{-5})\,T^3 + (8.532\,09\times 10^{-8})\,T^4$$

$$k\times 10^3 = 115.77 + 0.051\,39\,T - (1.544\,76\times 10^{-4})\,T^2$$

$$\beta\times 10^3 = \left(\frac{1}{\rho}\right)\left[\,0.439\,76 + (6.386\,00\times 10^{-4})\,T\,\right]$$

Dowtherm A

T (K)	ρ (kg/m^3)	c_p (J/kg·K)	$\mu \times 10^2$ (kg/m·s)	$\nu \times 10^6$ (m^2/s)	$k \times 10^3$ (W/m·K)	$\alpha \times 10^{-7}$ (m^2/s)	Pr	$\beta \times 10^3$ (K^{-1})
293	1060	1574	0.428	4.04	140.0	0.839	48.2	0.655
313	1044	1632	0.256	2.45	137.7	0.808	30.3	0.694
333	1028	1688	0.172	1.67	135.3	0.780	21.4	0.733
353	1012	1744	0.125	1.24	133.0	0.754	16.4	0.774
373	994.9	1800	0.0966	0.971	130.6	0.729	13.3	0.817
393	978.1	1855	0.0773	0.790	128.3	0.707	11.2	0.862
413	960.9	1909	0.0636	0.662	125.9	0.686	9.65	0.908
433	943.4	1964	0.0534	0.566	123.6	0.667	8.49	0.956
453	925.5	2020	0.0455	0.492	121.2	0.648	7.59	1.007
473	907.1	2076	0.0393	0.433	118.9	0.631	6.86	1.060
493	888.3	2132	0.0342	0.385	116.6	0.616	6.25	1.116
513	869.0	2190	0.0300	0.345	114.2	0.600	5.75	1.174
533	849.0	2249	0.0265	0.312	111.9	0.586	5.32	1.237
553	828.3	2309	0.0236	0.285	109.5	0.573	4.97	1.304
573	806.9	2371	0.0210	0.260	107.2	0.560	4.64	1.375
593	784.4	2434	0.0189	0.241	104.8	0.549	4.39	1.452
613	760.9	2487	0.0170	0.223	102.5	0.542	4.11	1.536
633	735.9	2531	0.0153	0.208	100.1	0.537	3.87	1.628
653	709.2	2582	0.0139	0.196	97.8	0.534	3.67	1.731
673	681.8	2652	0.0127	0.186	95.6	0.529	3.52	1.844

$$\rho = 1196.98 - 0.260\,90\,T - (7.404\,45 \times 10^{-4})\,T^2$$

$$c_p = 773.20 + 2.694\,82\,T + (1.425\,44 \times 10^{-4})\,T^2$$

$$\log(\mu \times 10^2) = 11.382\,30 - 0.086\,82\,T + (2.308\,85 \times 10^{-4})\,T^2 - (2.824\,10 \times 10^{-7})\,T^3 + (1.299\,78 \times 10^{-10})\,T^4$$

$$k \times 10^3 = 174.61 - 0.118\,39\,T + (1.267\,37 \times 10^{-6})\,T^2$$

$$\beta \times 10^3 = \left(\frac{1}{\rho}\right)\left[\,0.260\,90 + (1.480\,89 \times 10^{-3})\,T\,\right]$$

Syltherm 800

T (K)	ρ (kg/m^3)	c_p (J/kg·K)	$\mu \times 10^2$ (kg/m·s)	$\nu \times 10^6$ (m^2/s)	$k \times 10^3$ (W/m·K)	$\alpha \times 10^{-7}$ (m^2/s)	Pr	$\beta \times 10^3$ (K^{-1})
233	990.6	1506	5.11	51.6	146.3	0.981	526	0.793
253	971.7	1540	2.59	26.7	142.5	0.952	280	0.827
273	953.2	1574	1.53	16.1	138.8	0.925	174	0.861
293	935.0	1608	1.00	10.7	135.0	0.898	119	0.898
313	917.1	1643	0.700	7.63	131.2	0.871	87.6	0.935
333	899.3	1677	0.512	5.69	127.5	0.845	67.3	0.973
353	881.7	1711	0.386	4.38	123.7	0.820	53.4	1.013
373	864.1	1745	0.299	3.46	120.0	0.796	43.5	1.055
393	846.4	1779	0.236	2.79	116.2	0.772	36.1	1.098
413	828.5	1813	0.189	2.28	112.4	0.748	30.5	1.143
433	810.5	1847	0.154	1.90	108.7	0.726	26.2	1.191
453	792.1	1882	0.126	1.59	104.9	0.704	22.6	1.241
473	773.3	1916	0.105	1.36	101.2	0.683	19.9	1.295
523	724.2	2001	0.069	0.953	91.8	0.633	15.1	1.445
573	671.0	2086	0.047	0.700	82.4	0.589	11.9	1.627
623	612.3	2172	0.033	0.539	72.9	0.548	9.84	1.856
673	547.0	2257	0.025	0.457	63.5	0.514	8.89	2.160

$$\rho = 1143.89 - 0.575\,26\,T - (4.503\,74 \times 10^{-4})\,T^2$$

$$c_p = 1107.79 + 1.709\,18\,T - (2.295\,85 \times 10^{-6})\,T^2$$

$$\log(\mu \times 10^2) = 8.824\,59 - 0.065\,48\,T + (1.791\,80 \times 10^{-4})\,T^2 - (2.326\,11 \times 10^{-7})\,T^3 + (1.140\,55 \times 10^{-10})\,T^4$$

$$k \times 10^3 = 189.98 - 0.187\,43\,T - (7.200\,79 \times 10^{-7})\,T^2$$

$$\beta \times 10^3 = \left(\frac{1}{\rho}\right)\left[\,0.575\,26 + (9.007\,48 \times 10^{-4})\,T\,\right]$$

FC−72

T (K)	ρ (kg/m^3)	c_p (J/kg·K)	$\mu\times 10^2$ (kg/m·s)	$\nu\times 10^6$ (m^2/s)	$k\times 10^3$ (W/m·K)	$\alpha\times 10^{-7}$ (m^2/s)	Pr	$\beta\times 10^3$ (K^{-1})
210	1905	916	0.439	2.30	67	0.384	60.1	1.38
220	1879	931	0.312	1.66	66	0.377	44.2	1.40
230	1853	947	0.234	1.27	65	0.370	34.3	1.41
240	1827	962	0.183	1.00	64	0.364	27.6	1.43
250	1800	978	0.146	0.814	63	0.358	22.9	1.45
260	1774	994	0.120	0.676	61	0.346	19.4	1.47
270	1748	1009	0.0999	0.571	60	0.340	16.7	1.49
280	1722	1025	0.0844	0.490	59	0.334	14.6	1.51
290	1696	1040	0.0723	0.426	58	0.329	12.9	1.54
300	1670	1056	0.0626	0.375	57	0.323	11.6	1.56
310	1644	1071	0.0549	0.334	56	0.318	10.5	1.58
320	1618	1087	0.0485	0.300	55	0.313	9.62	1.60
330	1592	1102	0.0434	0.272	54	0.308	8.89	1.63

$$\rho = 2463.7 - 2.690\,81\,T + (1.498\,50\times 10^{-4})\,T^2$$

$$c_p = 584.75 + 1.589\,46\,T - (6.493\,51\times 10^{-5})\,T^2$$

$$\log(\mu\times 10^2) = 4.010\,18 - 0.029\,04\,T + (3.875\,96\times 10^{-5})\,T^2$$

$$k\times 10^3 = 97.495 - 0.164\,94\,T + (9.990\,01\times 10^{-5})\,T^2$$

$$\beta\times 10^3 = \left(\frac{1}{\rho}\right)\left[\,2.690\,81 - (2.997\,00\times 10^{-4})\,T\,\right]$$

HFE-7100

T (K)	ρ (kg/m³)	c_p (J/kg·K)	$\mu \times 10^2$ (kg/m·s)	$\nu \times 10^6$ (m²/s)	$k \times 10^3$ (W/m·K)	$\alpha \times 10^{-7}$ (m²/s)	Pr	$\beta \times 10^3$ (K⁻¹)
210	1719	1007	0.332	1.97	86	0.508	38.9	1.49
220	1694	1027	0.246	1.48	84	0.493	30.1	1.51
230	1668	1047	0.190	1.16	82	0.479	24.3	1.53
240	1642	1067	0.151	0.936	80	0.465	20.1	1.56
250	1617	1087	0.123	0.773	78	0.451	17.1	1.58
260	1591	1107	0.103	0.657	76	0.438	15.0	1.61
270	1566	1127	0.0863	0.559	74	0.425	13.1	1.63
280	1540	1147	0.0737	0.484	72	0.412	11.7	1.66
290	1514	1167	0.0637	0.425	70	0.400	10.6	1.69
300	1489	1187	0.0558	0.378	68	0.388	9.74	1.72
310	1463	1207	0.0490	0.337	67	0.382	8.83	1.75
320	1438	1227	0.0435	0.304	65	0.370	8.21	1.78
330	1412	1247	0.0390	0.277	63	0.359	7.72	1.81

$\rho = 2256.6 - 2.559\,34\,T$

$c_p = 587.0 + 2.0\,T$

$\log(\mu \times 10^2) = 3.376\,46 - 0.025\,37\,T + (3.303\,40 \times 10^{-5})\,T^2$

$k \times 10^3 = 138.51 - 0.286\,16\,T + 1.748\,25\,T^2$

$$\beta \times 10^3 = \frac{2.559\,34}{\rho}$$

5. 액체 금속의 열특성

수은(Hg, $T_{mp} = 234\ \mathrm{K}$)

T (K)	ρ (kg/m^3)	c_p (J/kg·K)	$\mu \times 10^3$ (kg/m·s)	$\nu \times 10^7$ (m^2/s)	k (W/m·K)	$\alpha \times 10^{-6}$ (m^2/s)	Pr	$\beta \times 10^3$ (K^{-1})
273	13595	140.4	1.687	1.241	8.178	4.285	0.0290	0.1808
283	13570	140.0	1.622	1.195	8.313	4.376	0.0273	0.1808
293	13546	139.6	1.556	1.149	8.447	4.467	0.0257	0.1807
303	13521	139.2	1.507	1.115	8.580	4.559	0.0245	0.1806
313	13497	138.9	1.457	1.079	8.712	4.647	0.0232	0.1806
323	13473	138.5	1.415	1.050	8.842	4.738	0.0222	0.1806
333	13448	138.2	1.372	1.020	8.971	4.827	0.0211	0.1806
343	13424	137.9	1.337	0.996	9.098	4.915	0.0203	0.1806
353	13400	137.6	1.301	0.971	9.225	5.003	0.0194	0.1806
363	13376	137.4	1.271	0.950	9.350	5.087	0.0187	0.1806
373	13351	137.1	1.241	0.930	9.475	5.176	0.0180	0.1807
413	13255	136.3	1.144	0.863	9.958	5.512	0.0157	0.1810
453	13160	135.7	1.070	0.813	10.42	5.835	0.0139	0.1815
493	13064	135.3	1.013	0.775	10.86	6.144	0.0126	0.1823
533	12969	135.2	0.965	0.744	11.28	6.433	0.0116	0.1833
573	12874	135.3	0.926	0.719	11.69	6.711	0.0107	0.1845

$\rho = 14\,293 - 2.682\,26\,T + 5.395\,70\,92 \times 10^{-4})\,T^2 - (3.166\,74 \times 10^{-7})\,T^3$

$c_p = 159.54 - 0.101\,08\,T + (1.231\,63 \times 10^{-4})\,T^2 - (3.601\,16 \times 10^{-8})\,T^3$

$\mu \times 10^3 = 5.478\,54 - 0.023\,72\,T + (4.352\,99 \times 10^{-5})\,T^2 - (2.794\,75 \times 10^{-8})\,T^3$

$k = 3.900\,03 + 0.017\,99\,T - (8.207\,01 \times 10^{-6})\,T^2 + (1.527\,34 \times 10^{-9})\,T^3$

$\beta \times 10^3 = \left(\frac{1}{\rho}\right)\left[\,2.682\,26 - (1.079\,14 \times 10^{-3})\,T + (9.500\,22 \times 10^{-7})\,T^2\right]$

T (K)	ρ (kg/m3)	c_p (J/kg·K)	$\mu\times 10^3$ (kg/m·s)	$\nu\times 10^7$ (m^2/s)	k (W/m·K)	$\alpha\times 10^{-6}$ (m^2/s)	Pr	$\beta\times 10^3$ (K-1)
납(Pb, $T_{mp}=600$ K)								
644	10541	159	2.396	2.273	16.1	9.61	0.024	0.115
728	10445	155	2.054	1.967	15.6	9.64	0.020	0.116
811	10349	155	1.741	1.682	15.4	9.60	0.018	0.117
894	10237	155	1.518	1.483	15.1	9.52	0.016	0.118
978	10141	155	1.369	1.350	14.9	9.48	0.014	0.119
칼륨(K, $T_{mp}=337$ K)								
422	807	795	0.372	4.610	45.0	70.1	0.0066	0.295
533	780	795	0.238	3.051	42.7	68.9	0.0044	0.305
700	742	754	0.179	2.412	39.4	70.4	0.0034	0.321
866	702	754	0.149	2.123	35.6	67.3	0.0032	0.339
978	674	754	0.134	1.988	33.0	64.9	0.0031	0.353
나트륨(Na, $T_{mp}=371$ K)								
366	929	1381	0.699	7.52	86.2	67.2	0.0112	0.264
478	902	1340	0.432	4.79	80.3	66.4	0.0072	0.272
644	860	1298	0.283	3.29	72.3	64.8	0.0051	0.285
811	820	1256	0.208	2.54	65.4	63.5	0.0040	0.299
978	779	1256	0.179	2.30	59.7	61.0	0.0038	0.315
나트륨 56% + 칼륨 44%($T_{mp}=262$ K)								
366	888	1130	0.580	6.53	25.6	25.5	0.026	0.272
478	862	1340	0.363	4.21	26.5	22.9	0.018	0.280
644	822	1298	0.235	2.86	27.5	25.8	0.011	0.294
811	782	1256	0.177	2.26	28.4	28.9	0.0078	0.309
978	740	1256	0.161	2.18	28.9	31.1	0.0070	0.327

6. 300 K에서의 여러 가지 액체의 열특성

액체	ρ (kg/m^3)	c_p (J/kg·K)	$\mu \times 10^5$ (kg/m·s)	$\nu \times 10^8$ (m^2/s)	$k \times 10^3$ (W/m·K)	$\alpha \times 10^{-8}$ (m^2/s)	Pr
acetone	782	2180	33.1	42.3	169	9.91	4.27
ammonia	600	4825	13.1	21.8	465	16.1	1.36
benzene	881	1730	58.0	65.8	144	9.45	6.97
bromine	3119	448	98.8	31.7	122	8.73	3.63
butyl alcohol	804	2410	248	308	154	7.95	38.8
calcium chloride	1180	3110	200	169	574	15.6	10.8
carbon tetrachloride	1581	864	88.0	55.7	103	7.54	7.38
ethyl alcohol	802	2457	105	131	168	8.53	15.4
ehtyl ether	715	2260	23.0	32.2	140	8.66	3.71
formic acid	1219	2200	157	129	180	6.71	19.2
kerosene	816	2028	135	165	115	6.94	23.8
methyl alcohol	785	2480	53.0	67.5	200	10.3	6.57
nitric acid	1512	1700	91.0	60.2	280	10.9	5.53
octane	703	2100	56.2	79.9	150	10.2	7.87
n-pentane	626	2330	22.6	36.1	110	7.54	4.79
toluene	860	1700	54.1	62.9	133	9.10	6.92
turpentine	863	1700	54.6	63.3	130	8.86	7.14

부록 E : 기체의 열특성

1. 대기압에서 기체의 열특성

공기

T (K)	ρ (kg/m^3)	c_p (J/kg·K)	$\mu \times 10^7$ (kg/m·s)	$\nu \times 10^6$ (m^2/s)	$k \times 10^3$ (W/m·K)	$\alpha \times 10^{-6}$ (m^2/s)	Pr
100	3.5562	1032	71.1	2.00	9.34	2.54	0.786
150	2.3364	1012	103.4	4.426	13.8	5.84	0.758
200	1.7458	1007	132.5	7.590	18.1	10.3	0.737
250	1.3947	1006	159.6	11.44	22.3	15.9	0.720
300	1.1614	1007	184.6	15.89	26.3	22.5	0.707
350	0.9950	1009	208.2	20.92	30.0	29.9	0.700
400	0.8711	1014	230.1	26.41	33.8	38.3	0.690
450	0.7740	1021	250.7	32.39	37.3	47.2	0.686
500	0.6964	1030	270.1	38.79	40.7	56.7	0.684
550	0.6329	1040	288.4	45.57	43.9	66.7	0.683
600	0.5804	1051	305.8	52.69	46.9	76.9	0.685
650	0.5356	1063	322.5	60.21	49.7	87.3	0.690
700	0.4975	1075	338.8	68.10	52.4	98.0	0.695
750	0.4643	1087	354.6	76.37	54.9	109	0.702
800	0.4354	1099	369.8	84.93	57.3	120	0.709
850	0.4097	1110	384.3	93.80	59.6	131	0.716
900	0.3868	1121	398.1	102.9	62.0	143	0.720
950	0.3666	1131	411.3	112.2	64.3	155	0.723
1000	0.3482	1141	424.4	121.9	66.7	168	0.726
1100	0.3166	1159	449.0	141.8	71.5	195	0.728
1200	0.2902	1175	473.0	162.9	76.3	224	0.728
1300	0.2679	1190	496.0	185.1	82	238	0.720
1400	0.2488	1207	527	212	91	303	0.699
1500	0.2322	1230	557	240	100	350	0.685
1600	0.2177	1258	584	268	106	390	0.688
1700	0.2049	1267	611	298	113	435	0.685
1800	0.1935	1286	637	329	120	482	0.683
1900	0.1833	1307	663	362	128	534	0.677
2000	0.1741	1337	689	396	137	589	0.672
2100	0.1658	1372	175	431	147	646	0.667
2200	0.1582	1417	740	468	160	714	0.655
2300	0.1513	1478	766	506	175	783	0.647
2400	0.1448	1558	792	647	196	869	0.630
2500	0.1389	1665	818	589	222	960	0.613

$$\log \rho = 2.551\,82 - 1.003\,31 \log T$$

$$c_p = 1083.21 - 0.714\,65\,T + (2.088\,32 \times 10^{-3})\,T^2 - (2.310\,29 \times 10^{-6})\,T^3$$
$$(1.352\,72 \times 10^{-9})\,T^4 - (4.127\,26 \times 10^{-13})\,T^5 + (5.275\,47 \times 10^{-17})\,T^6$$

$$\mu \times 10^7 = 4.122\,35 + 0.721\,11\,T - (4.281\,73 \times 10^{-4})\,T^2 + (5.864\,08 \times 10^{-8})\,T^3 + (1.257\,26 \times 10^{-10})\,T^4 - (6.687\,60 \times 10^{-14})\,T^5 + (1.051\,34 \times 10^{-17})\,T^6$$

$$k \times 10^3 = 0.813\,63 + 0.080\,83\,T + (6.137\,27 \times 10^{-5})\,T^2 - (2.106\,86 \times 10^{-7})\,T^3 + (2.060\,91 \times 10^{-10})\,T^4 - (8.427\,75 \times 10^{-14})\,T^5 + (1.272\,92 \times 10^{-17})\,T^6$$

암모니아(NH_3)

T (K)	ρ (kg/m^3)	c_p (J/kg·K)	$\mu \times 10^7$ (kg/m·s)	$\nu \times 10^6$ (m^2/s)	$k \times 10^3$ (W/m·K)	$\alpha \times 10^{-6}$ (m^2/s)	Pr
300	0.6894	2158	106	15.4	24.7	16.6	0.926
320	0.6448	2170	112	17.4	27.2	19.4	0.894
340	0.6059	2192	118	19.5	29.3	22.1	0.883
360	0.5716	2221	124	21.7	31.6	24.9	0.872
380	0.5410	2254	131	24.2	34.0	27.9	0.868
400	0.5136	2287	138	26.9	37.0	31.5	0.853
420	0.4888	2322	145	29.7	40.4	35.6	0.833
440	0.4664	2357	152	32.6	43.5	39.6	0.824
460	0.4460	2393	159	35.7	46.3	43.4	0.822
480	0.4273	2430	166	38.8	49.2	47.4	0.820
500	0.4101	2467	173	42.2	52.5	51.9	0.813
520	0.3942	2504	180	45.7	55.6	56.3	0.811
540	0.3795	2540	186	49.0	58.6	60.8	0.806
560	0.3708	2577	193	52.0	61.6	64.5	0.807
580	0.3533	2613	199	56.3	64.3	69.7	0.809

$$\log \rho = 2.331\,38 - 1.006\,95 \log T$$

$$c_p = 2666.4 - 5.176\,38\,T + 0.014\,55\,T^2 - (9.989\,84 \times 10^{-6})\,T^3$$

$$\mu \times 10^7 = 96.51 - 0.316\,68\,T + (1.494\,45 \times 10^{-3})\,T^2 - (1.110\,27 \times 10^{-6})\,T^3$$

$$k \times 10^3 = 44.80 - 0.286\,39\,T + (9.274\,01 \times 10^{-4})\,T^2 - (6.474\,76 \times 10^{-7})\,T^3$$

아르곤(Ar)

T (K)	ρ (kg/m^3)	c_p (J/kg·K)	$\mu \times 10^7$ (kg/m·s)	$\nu \times 10^6$ (m^2/s)	$k \times 10^3$ (W/m·K)	$\alpha \times 10^{-6}$ (m^2/s)	Pr
100	0.4916	550	83.0	16.9	6.60	24.4	0.693
150	0.3225	528	123.1	38.2	9.60	56.4	0.677
200	0.2409	524	159.9	66.4	12.6	99.8	0.665
250	0.1924	522	195.1	101	15.2	151	0.669
300	0.1602	521	227.1	142	17.7	212	0.670
350	0.1373	521	259.2	189	20.0	280	0.675
400	0.1201	521	289.1	241	22.2	355	0.679
450	0.1068	521	316.2	296	24.4	439	0.674
500	0.0961	521	341.6	356	26.6	531	0.670
550	0.0873	521	365.5	419	28.7	631	0.664
600	0.0801	521	389.1	486	30.7	736	0.660
700	0.0686	521	433.1	631	34.1	954	0.661
800	0.0600	520	474.4	791	37.4	1199	0.660
900	0.0534	520	513.8	962	40.6	1462	0.658
1000	0.0480	520	551.4	1149	43.6	1747	0.658
1200	0.0400	520	622.7	1557	48.9	2351	0.662

$$\log \rho = 1.700\,29 - 1.006\,80 \log T$$

$$\log c_p = 4.391\,49 - 1.897\,17 \log T + 0.714\,55 (\log T)^2 - 0.089\,48 (\log T)^3$$

$$\mu \times 10^7 = -4.281\,01 + 0.928\,98\,T - (5.762\,58 \times 10^{-4})\,T^2 + (2.032\,86 \times 10^{-7})\,T^3$$

$$k \times 10^3 = 0.303\,74 + 0.067\,05\,T - (3.385\,61 \times 10^{-5})\,T^2 + (1.010\,05 \times 10^{-8})\,T^3$$

이산화탄소(CO_2)

T (K)	ρ (kg/m^3)	c_p (J/kg·K)	$\mu\times 10^7$ (kg/m·s)	$\nu\times 10^6$ (m^2/s)	$k\times 10^3$ (W/m·K)	$\alpha\times 10^{-6}$ (m^2/s)	Pr
280	1.9022	830	140	7.36	15.20	9.63	0.765
300	1.7730	851	149	8.40	16.55	11.0	0.766
320	1.6609	872	158	9.39	18.05	12.5	0.754
340	1.5618	891	167	10.6	19.70	14.2	0.746
360	1.4743	908	176	11.7	21.2	15.8	0.741
380	1.3961	926	185	13.0	22.75	17.6	0.737
400	1.3275	942	194	14.3	24.3	19.5	0.737
450	1.1776	981	215	17.8	28.3	24.5	0.728
500	1.0594	1020	235	21.8	32.5	30.1	0.725
550	0.9625	1050	254	26.1	36.6	36.2	0.721
600	0.8826	1080	270	30.6	40.7	42.7	0.717
650	0.8143	1100	288	35.4	44.5	49.7	0.712
700	0.7564	1130	305	40.3	48.1	56.3	0.717
750	0.7057	1150	321	45.5	51.7	63.7	0.714
800	0.6614	1170	337	51.0	55.1	71.2	0.716

$$\log\rho = 2.738\,78 - 1.005\,35\log T$$

$$c_p = 438.38 + 1.782\,38\,T - (1.518\,21\times 10^{-3})\,T^2 + (5.420\,04\times 10^{-7})\,T^3$$

$$\mu\times 10^7 = -11.888\,65 + 0.611\,933\,T - (2.686\,68\times 10^{-4})\,T^2 + (6.443\,12\times 10^{-8})\,T^3$$

$$k\times 10^3 = -0.147\,61 + 0.031\,34\,T + (1.024\,56\times 10^{-4})\,T^2 - (6.927\,54\times 10^{-8})\,T^3$$

일산화탄소(CO)

T (K)	ρ (kg/m^3)	c_p (J/kg·K)	$\mu \times 10^7$ (kg/m·s)	$\nu \times 10^6$ (m^2/s)	$k \times 10^3$ (W/m·K)	$\alpha \times 10^{-6}$ (m^2/s)	Pr
200	1.6888	1045	127	7.52	17.0	9.63	0.781
220	1.5341	1044	137	8.93	19.0	11.9	0.753
240	1.4055	1043	147	10.5	20.6	14.1	0.744
260	1.2967	1043	157	12.1	22.1	16.3	0.741
280	1.2038	1042	166	13.8	23.6	18.8	0.733
300	1.1233	1043	175	15.6	25.0	21.3	0.730
320	1.0529	1043	184	17.5	26.3	23.9	0.730
340	0.9909	1044	193	19.5	27.8	26.9	0.725
360	0.9357	1045	202	21.6	29.1	29.8	0.725
380	0.8864	1047	210	23.7	30.5	32.9	0.729
400	0.8421	1049	218	25.9	31.8	36.0	0.719
450	0.7483	1055	237	31.7	35.0	44.3	0.714
500	0.67352	1065	254	37.7	38.1	53.1	0.710
550	0.61226	1076	271	44.3	41.1	62.4	0.710
600	0.56126	1088	286	51.0	44.0	72.1	0.707
650	0.51806	1101	301	58.1	47.0	82.4	0.705
700	0.48102	1114	315	65.5	50.0	93.3	0.702
750	0.44899	1127	329	73.3	52.8	104	0.702
800	0.42095	1140	343	81.5	55.5	116	0.705

$$\log \rho = 2.753195 - 1.00168 \log T$$

$$c_p = 1098.51 - 0.43638\,T + (9.56328 \times 10^{-4})\,T^2 - (4.31702 \times 10^{-7})\,T^3$$

$$\mu \times 10^7 = 12.43820 + 0.66417\,T - (4.36692 \times 10^{-4})\,T^2 + (1.55269 \times 10^{-7})\,T^3$$

$$k \times 10^3 = -1.11133 + 0.10419\,T - (6.56303 \times 10^{-5})\,T^2 + (2.98195 \times 10^{-8})\,T^3$$

헬륨(He)

T (K)	ρ (kg/m^3)	c_p (J/kg·K)	$\mu \times 10^7$ (kg/m·s)	$\nu \times 10^6$ (m^2/s)	$k \times 10^3$ (W/m·K)	$\alpha \times 10^{-6}$ (m^2/s)	Pr
100	0.4807	5193	97.7	22.4	72.0	31.7	0.705
150	0.3206	5193	127.4	39.7	94.5	56.8	0.700
200	0.2404	5193	153.5	63.9	115	92.1	0.693
250	0.1927	5193	175.8	91.2	134	134	0.681
300	0.1604	5193	197.7	123	151	181	0.680
350	0.1375	5193	219.3	159	166	233	0.686
400	0.1174	5193	239.9	204	184	302	0.677
450	0.1069	5193	259.7	243	201	362	0.671
500	0.09436	5193	278.8	295	218	445	0.664
550	0.08750	5193	297.3	340	235	517	0.657
600	0.07889	5193	315.3	400	250	610	0.655
650	0.07404	5193	332.9	450	264	687	0.655
700	0.06779	5193	350.0	516	278	790	0.654
750	0.06417	5193	366.8	572	291	873	0.654
800	0.06021	5193	383.2	636	304	972	0.654
850	0.05667	5193	399.4	705	317	1077	0.654
900	0.05352	5193	415.3	776	330	1187	0.654
950	0.05070	5193	430.9	850	342	1299	0.654
1000	0.04816	5193	446.3	927	354	1416	0.655
1100	0.04378	5193	476.3	1088	379	1667	0.653
1200	0.04013	5193	505.5	1260	405	1943	0.648
1300	0.03707	5193	534.0	1441	430	2234	0.645
1400	0.03441	5193	561.9	1633	455	2546	0.641
1500	0.03212	5193	589.1	1834	479	2872	0.639
1600	0.03011	5193	615.8	2045	502	3211	0.637
1700	0.02836	5193	642.0	2264	523	3551	0.637
1800	0.02682	5193	667.7	2490	543	3899	0.639
1900	0.02536	5193	692.9	2733	562	4268	0.640
2000	0.02412	5193	717.7	2976	579	4623	0.644

$\log \rho = 1.674\,99 - 0.997\,71 \log T$

$\mu \times 10^7 = 53.934 + 0.516\,28\,T - (1.533\,95 \times 10^{-4})\,T^2 + (3.092\,42 \times 10^{-8})\,T^3$

$k \times 10^3 = 37.147 + 0.403\,79\,T - (1.005\,16 \times 10^{-4})\,T^2 + (1.761\,37 \times 10^{-8})\,T^3$

수소(H_2)

T (K)	ρ (kg/m³)	c_p (J/kg·K)	$\mu\times 10^7$ (kg/m·s)	$\nu\times 10^6$ (m²/s)	$k\times 10^3$ (W/m·K)	$\alpha\times 10^{-6}$ (m²/s)	Pr
100	0.24255	11230	42.1	17.4	67.0	24.6	0.706
150	0.16156	12600	56.0	34.7	101	49.6	0.699
200	0.12115	13540	68.1	56.2	131	79.9	0.704
250	0.09681	14070	78.9	81.5	157	115	0.707
300	0.08078	14310	89.6	111	183	158	0.701
350	0.06924	14430	98.8	143	204	204	0.700
400	0.06059	14480	108.0	178	226	258	0.692
450	0.05386	14500	117.2	218	247	316	0.688
500	0.04848	14520	126.4	261	266	378	0.690
550	0.04407	14530	134.3	305	285	445	0.685
600	0.04040	14540	142.2	352	305	519	0.678
650	0.03729	14580	150.2	403	323	594	0.678
700	0.03463	14610	158.1	457	342	676	0.675
750	0.03232	14650	166.0	514	360	760	0.676
800	0.03030	14700	173.1	571	378	849	0.673
850	0.02629	14760	180.1	685	395	1018	0.673
900	0.02694	14830	187.2	695	412	1031	0.674
950	0.02552	14900	194.2	761	430	1131	0.673
1000	0.02424	14990	201.3	830	448	1233	0.674
1100	0.02204	15170	213.0	966	488	1460	0.662
1200	0.02020	15370	226.2	1120	528	1700	0.658
1300	0.01865	15590	238.5	1279	568	1955	0.655
1400	0.01732	15810	250.7	1447	610	2230	0.650
1500	0.01616	16020	262.2	1622	655	2530	0.641
1600	0.0152	16280	273.7	1801	697	2815	0.639
1700	0.0143	16580	284.9	1992	742	3130	0.637
1800	0.0135	16960	296.1	2193	786	3435	0.639
1900	0.0128	17490	307.2	2400	835	3730	0.643
2000	0.0121	18250	318.2	2630	878	3975	0.661

$$\log\rho = 1.384\,15 - 1.000\,25\log T$$

$$c_p = 7359 + 52.768T - 0.147\,76T^2 + (2.015\,58\times 10^{-4})T^3 - (1.416\,16\times 10^{-7})T^4 + (4.949\,95\times 10^{-11})T^5 - (6.785\,04\times 10^{-15})T^6$$

$$\mu\times 10^7 = 21.297 + 0.245\,80T - (8.319\,87\times 10^{-5})T^2 + (1.740\,24\times 10^{-8})T^3$$

$$k\times 10^3 = 27.535 + 0.542\,03T - (1.731\,10\times 10^{-4})T^2 + (5.851\,59\times 10^{-8})T^3$$

질소(N_2)

T (K)	ρ (kg/m^3)	c_p (J/kg·K)	$\mu \times 10^7$ (kg/m·s)	$\nu \times 10^6$ (m^2/s)	$k \times 10^3$ (W/m·K)	$\alpha \times 10^{-6}$ (m^2/s)	Pr
100	3.4388	1070	68.8	2.00	9.58	2.60	0.768
150	2.2594	1050	100.6	4.45	13.9	5.86	0.759
200	1.6883	1043	129.2	7.65	18.3	10.4	0.736
250	1.3488	1042	154.9	11.48	22.2	15.8	0.727
300	1.1233	1041	178.2	15.86	25.9	22.1	0.716
350	0.9625	1042	200.0	20.78	29.3	29.2	0.711
400	0.8425	1045	220.4	26.16	32.7	37.1	0.704
450	0.7485	1050	239.6	32.01	35.8	45.6	0.703
500	0.6739	1056	257.7	38.24	38.9	54.7	0.700
550	0.6124	1065	274.7	44.86	41.7	63.9	0.702
600	0.5615	1075	290.8	51.79	44.6	73.9	0.701
700	0.4812	1098	321.0	66.71	49.9	94.4	0.706
800	0.4211	1122	349.1	82.90	54.8	116	0.715
900	0.3743	1146	375.3	100.3	59.7	139	0.720
1000	0.3368	1167	399.9	118.7	64.7	165	0.721
1100	0.3062	1187	423.2	138.2	70.0	193	0.718
1200	0.2807	1204	445.3	158.6	75.8	224	0.707
1300	0.2591	1219	466.2	179.9	81.0	256	0.701

$\log \rho = 2.541\,17 - 1.004\,72 \log T$

$c_p = 1093.84 - 0.371\,67\,T + (7.415\,63 \times 10^{-4})\,T^2 - (2.949\,06 \times 10^{-7})\,T^3$

$\mu \times 10^7 = 8.823\,53 + 0.668\,75\,T - (3.997\,09 \times 10^{-4})\,T^2 + (1.027\,54 \times 10^{-7})\,T^3$

$k \times 10^3 = -0.021\,04 + 0.102\,18\,T - (6.021\,43 \times 10^{-5})\,T^2 + (2.285\,82 \times 10^{-8})\,T^3$

메탄(CH_4)

T (K)	ρ (kg/m^3)	c_p (J/kg·K)	$\mu\times 10^7$ (kg/m·s)	$\nu\times 10^6$ (m^2/s)	$k\times 10^3$ (W/m·K)	$\alpha\times 10^{-6}$ (m^2/s)	Pr
150	1.3051	2113	59.2	4.54	16.3	5.91	0.767
200	0.9709	2104	77.5	7.98	21.7	10.6	0.751
250	0.7743	2144	95.2	12.3	27.5	16.6	0.742
300	0.6443	2240	111.4	17.3	34.2	23.7	0.730
350	0.5519	2380	126.5	22.9	41.5	31.6	0.726
400	0.4826	2535	140.8	29.2	49.4	42.3	0.723
450	0.4288	2704	154.5	36.0	57.9	50.0	0.722
500	0.3860	2884	167.0	43.3	66.8	60.0	0.721

$\log\rho = 2.313\,65 - 1.010\,76\log T$

$c_p = 2632 - 6.299\,39\,T + 0.021\,28\,T^2 - (1.535\,35\times 10^{-5})\,T^3$

$\mu\times 10^7 = -4.269\,05 + 0.464\,82\,T - (2.959\,31\times 10^{-4})\,T^2 + (1.030\,30\times 10^{-7})\,T^3$

$k\times 10^3 = 5.340\,48 + 0.047\,99\,T + (1.772\,29\times 10^{-4})\,T^2 - (5.454\,55\times 10^{-8})\,T^3$

산소(O_2)

T (K)	ρ (kg/m^3)	c_p (J/kg·K)	$\mu\times 10^7$ (kg/m·s)	$\nu\times 10^6$ (m^2/s)	$k\times 10^3$ (W/m·K)	$\alpha\times 10^{-6}$ (m^2/s)	Pr
100	3.945	962	76.4	1.94	2.44	2.44	0.795
150	2.585	921	114.8	13.8	5.80	5.80	0.766
200	1.930	915	147.5	18.3	10.4	10.4	0.737
250	1.542	915	178.6	22.6	16.0	16.0	0.723
300	1.284	920	207.2	26.8	22.7	22.7	0.711
350	1.100	929	233.5	29.6	29.0	29.0	0.733
400	0.9620	942	258.2	33.0	36.4	36.4	0.737
450	0.8554	956	281.4	36.3	44.4	44.4	0.741
500	0.7698	972	303.3	41.2	55.1	55.1	0.716
550	0.6998	988	324.0	44.1	63.8	63.8	0.726
600	0.6414	1003	343.7	47.3	73.5	73.5	0.729
700	0.5498	1031	380.8	52.8	93.1	93.1	0.744
800	0.4810	1054	415.2	58.9	116	116	0.743
900	0.4275	1074	447.2	64.9	141	141	0.740
1000	0.3848	1090	477.0	71.0	169	169	0.732
1100	0.3498	1103	505.5	75.8	196	196	0.736
1200	0.3206	1115	532.5	81.9	229	229	0.725
1300	0.2960	1125	558.4	87.1	262	262	0.721

$\log\rho = 2.601\,48 - 1.005\,70\log T$

$c_p = 1068.85 - 1.591\,51\,T + (5.387\,58\times 10^{-3})\,T^2 - (7.085\,15\times 10^{-6})\,T^3$

$\mu\times 10^7 = -4.705\,98 + 0.795\,10\,T - (4.611\,61\times 10^{-4})\,T^2 + (1.371\,02\times 10^{-7})\,T^3$

$k\times 10^3 = 0.196\,74 + 0.096\,93\,T - (3.857\,19\times 10^{-5})\,T^2 + (1.195\,73\times 10^{-8})\,T^3$

2. 대기압에서 과열수증기의 열특성

T (K)	ρ (kg/m^3)	c_p (J/kg·K)	$\mu \times 10^7$ (kg/m·s)	$\nu \times 10^6$ (m^2/s)	$k \times 10^3$ (W/m·K)	$\alpha \times 10^{-6}$ (m^2/s)	Pr
373	0.5976	2038	121	20.25	24.5	20.1	1.08
380	0.5858	2027	124	21.17	25.0	21.1	1.00
400	0.5514	1999	132	23.94	26.6	24.1	0.993
450	0.4878	1974	153	31.37	31.0	32.2	0.974
500	0.4380	1981	173	39.50	35.8	41.3	0.956
550	0.3976	2000	193	48.54	40.9	51.4	0.944
600	0.3642	2025	214	58.76	46.3	62.8	0.936
650	0.3360	2054	234	69.64	52.1	75.5	0.922
700	0.3119	2084	254	81.44	58.1	89.4	0.911
750	0.2911	2117	275	94.47	64.4	105	0.900
800	0.2728	2151	295	108.1	70.8	121	0.893
850	0.2567	2185	311	121.2	77.4	138	0.878
900	0.2424	2218	336	138.6	84.1	156	0.889
950	0.2296	2253	356	155.1	91.0	176	0.881

$$\rho = 1.604\,78 - (4.159\,76 \times 10^{-3})\,T + (4.556\,90 \times 10^{-6})\,T^2 - (1.794\,53 \times 10^{-9})\,T^3$$

$$c_p = 4691.7 - 16.2790\,T + 0.034\,85\,T^2 - (3.161\,83 \times 10^{-5})\,T^3 + (1.066\,47 \times 10^{-8})\,T^4$$

$$\mu \times 10^7 = -50.120 + 0.506\,68\,T - (1.590\,761 \times 10^{-4})\,T^2 + (7.935\,64 \times 10^{-8})\,T^3$$

$$k \times 10^3 = 9.999\,47 - (6.985\,70 \times 10^{-3})\,T + (1.392\,11 \times 10^{-4})\,T^2 - (4.435\,12 \times 10^{-8})\,T^3$$

3. 포화수증기의 열특성

T (K)	ρ (kg/m^3)	c_p (J/kg·K)	$\mu \times 10^7$ (kg/m·s)	$\nu \times 10^6$ (m^2/s)	$k \times 10^3$ (W/m·K)	$\alpha \times 10^{-6}$ (m^2/s)	Pr
273	0.00485	1864	80.4	1658	17.6	1947	0.852
283	0.00940	1868	84.5	899	18.2	1037	0.867
293	0.01729	1874	88.5	512	18.8	580	0.882
303	0.03037	1883	92.6	305	19.4	339	0.899
313	0.05116	1894	96.6	189	20.1	207	0.910
323	0.08300	1907	100	120	20.9	132	0.912
333	0.13020	1924	105	80.6	21.6	86.2	0.935
343	0.19810	1944	109	55.0	22.3	57.9	0.950
353	0.29322	1969	113	38.5	23.1	40.0	0.963
363	0.42330	1999	117	27.6	23.9	28.2	0.979
373	0.59744	2034	121	20.3	24.8	20.4	0.992
383	0.82604	2075	124	15.0	25.8	15.1	0.997
393	1.1211	2124	128	11.4	26.7	11.2	1.02
403	1.4959	2180	132	8.82	27.8	8.52	1.04
413	1.9656	2245	135	6.87	28.8	6.53	1.05
423	2.5471	2320	139	5.46	30.0	5.08	1.07
433	3.2589	2406	142	4.36	31.3	3.99	1.09
443	4.1222	2504	146	3.54	32.6	3.16	1.12
453	5.1597	2615	149	2.89	34.1	2.53	1.14
463	6.3167	2741	153	2.42	35.7	2.06	1.17
473	7.8653	2883	156	1.98	37.5	1.65	1.20
493	11.625	3223	163	1.40	41.5	1.11	1.27
513	16.767	3656	171	1.02	46.5	0.759	1.34
533	23.742	4221	178	0.750	52.8	0.527	1.42
553	32.258	4996	187	0.580	60.9	0.378	1.53
573	46.253	6140	198	0.428	71.9	0.253	1.69
593	64.767	8050	214	0.330	87.8	0.168	1.96
613	92.764	11920	238	0.257	113	0.102	2.51
633	143.47	26970	282	0.197	150	0.039	5.04

$$\rho = -33.820\,56 + 0.279\,17\,T - (9.999\,09 \times 10^{-4})\,T^2 + (1.941\,68 \times 10^{-6})\,T^3 - (1.969\,66 \times 10^{-9})\,T^4 + (8.232\,22 \times 10^{-13})\,T^5$$

$$c_p = 59.307\,04 - 0.850\,90\,T + (5.311\,25 \times 10^{-3})\,T^2 - (1.744\,24 \times 10^{-5})\,T^3 + (3.177\,64 \times 10^{-8})\,T^4 - (3.043\,67 \times 10^{-11})\,T^5 + (1.198\,65 \times 10^{-14})\,T^6$$

$$\mu \times 10^7 = -2415.7 + 30.870\,97\,T - 0.153\,57\,T^2 + (3.821\,90 \times 10^{-4})\,T^3 - (4.697\,89 \times 10^{-7})\,T^4 + (2.280\,50 \times 10^{-10})\,T^5$$

$$k \times 10^3 = 2724.6 - 41.817\,72\,T + 0.265\,27\,T^2 - (8.863\,14 \times 10^{-4})\,T^3 + (1.648\,31 \times 10^{-6})\,T^4 - (1.619\,13 \times 10^{-9})\,T^5 + (6.578\,53 \times 10^{-13})\,T^6$$

4. 포화냉매 증기의 열특성

냉매 12(CCl_2F_2)

T (K)	ρ (kg/m³)	c_p (J/kg·K)	$\mu \times 10^6$ (kg/m·s)	$\nu \times 10^8$ (m²/s)	$k \times 10^3$ (W/m·K)	$\alpha \times 10^{-8}$ (m²/s)	Pr
223	2.6067	537	9.39	360	6.02	430	0.837
233	4.1184	554	9.95	242	6.52	286	0.846
243	6.2387	572	10.48	168.0	7.03	197	0.853
253	9.1199	590	10.99	120.5	7.53	140	0.861
263	12.935	611	11.48	88.75	8.04	102	0.870
273	17.880	633	11.99	67.06	8.57	75.7	0.886
283	24.190	658	12.52	51.76	9.13	57.4	0.902
293	32.144	687	13.08	40.69	9.72	44.0	0.925
303	42.088	721	13.70	32.55	10.34	34.1	0.955
313	54.437	762	14.38	26.42	11.01	26.5	0.997
323	69.832	812	15.15	21.70	11.73	20.7	1.05
333	89.047	880	16.01	17.98	12.52	16.0	1.12

$\rho = 992.07 - 15.844\,75\,T + 0.096\,23\,T^2 - (2.661\,44 \times 10^{-4})\,T^3 + (2.870\,72 \times 10^{-7})\,T^4$

$c_p = -3057.96 + 40.795\,43\,T - 0.158\,65\,T^2 + (2.151\,00 \times 10^{-4})\,T^3$

$\mu \times 10^6 = -44.055 + 0.543\,51\,T - (1.914\,16 \times 10^{-3})\,T^2 + (2.473\,45 \times 10^{-6})\,T^3$

$k \times 10^3 = -21.428 + 0.254\,41\,T - (8.546\,18 \times 10^{-4})\,T^2 + (1.191\,40 \times 10^{-6})\,T^3$

냉매 134a(CH_2FCF_3)

T (K)	ρ (kg/m³)	c_p (J/kg·K)	$\mu \times 10^6$ (kg/m·s)	$\nu \times 10^8$ (m²/s)	$k \times 10^3$ (W/m·K)	$\alpha \times 10^{-8}$ (m²/s)	Pr
223	1.6513	712	8.79	523	7.12	606	0.863
233	2.7705	740	9.20	332	8.19	400	0.830
243	4.4256	771	9.62	217	9.16	269	0.807
253	6.7824	805	10.05	148	10.07	184	0.804
263	10.037	842	10.49	104.5	10.93	129	0.810
273	14.420	883	10.94	75.87	11.79	92.6	0.819
283	20.210	930	11.42	56.51	12.66	67.4	0.838
293	27.755	982	11.92	42.95	13.57	49.8	0.862
303	37.495	1044	12.48	33.28	14.56	37.2	0.895
313	50.025	1120	13.10	26.19	15.64	27.9	0.939
323	66.181	1218	13.83	20.90	16.84	20.9	1.00
333	87.260	1354	14.71	16.86	18.19	15.4	1.10
343	115.34	1567	15.85	13.74	19.72	10.9	1.26

$$\rho = \left(\frac{-3.873\,25 + 0.020\,213\,T}{1 - 2.084\,94 \times 10^{-3}\,T} \right)^2$$

$c_p = 44886.3 - 676.907\,T + 3.859\,02\,T^2 - (9.730\,43 \times 10^{-3})\,T^3 + (9.211\,74 \times 10^{-6})\,T^4$

$\mu \times 10^6 = 134.455 - 2.039\,95\,T + 0.012\,04\,T^2 - (3.098\,66 \times 10^{-5})\,T^3 + (2.998\,59 \times 10^{-8})\,T^4$

$k \times 10^3 = -97.451\,82 + 1.049\,46\,T - (3.605\,80 \times 10^{-3})\,T^2 + (4.495\,92 \times 10^{-6})\,T^3$

5. 대기압에서 과열수증기의 열특성

z (m)	T (K)	P (kPa)	ρ (kg/m3)	$\mu \times 10^5$ (kg/m · s)	$k \times 10^3$ (W/m · K)
0	288.2	101.33	1.225	1.789	25.3
200	286.9	98.95	1.202	1.783	25.2
400	285.6	96.61	1.179	1.777	25.2
600	284.3	94.32	1.156	1.771	25.1
800	283.0	92.08	1.134	1.764	25.0
1000	281.7	89.88	1.112	1.758	24.9
1200	280.4	87.72	1.090	1.752	24.8
1400	279.1	85.60	1.069	1.745	24.7
1600	277.8	83.53	1.048	1.739	24.5
1800	276.5	81.49	1.027	1.732	24.4
2000	275.2	79.50	1.007	1.726	24.3
2200	273.9	77.55	0.987	1.720	24.2
2400	272.6	75.63	0.967	1.713	24.1
2600	271.3	73.76	0.947	1.707	24.0
2800	270.0	71.92	0.928	1.700	23.9
3000	268.7	70.12	0.909	1.694	23.8
3200	267.4	68.36	0.891	1.687	23.7
3400	266.1	66.63	0.872	1.681	23.6
3600	264.8	64.94	0.854	1.674	23.5
3800	263.5	63.28	0.837	1.668	23.4
4000	262.2	61.66	0.819	1.661	23.3
4200	260.9	60.07	0.802	1.655	23.2
4400	259.6	58.52	0.785	1.648	23.1
4600	258.3	57.00	0.769	1.642	23.0
4800	257.0	55.51	0.752	1.635	22.9
5000	255.7	54.05	0.736	1.628	22.8
6000	249.2	47.22	0.660	1.595	22.2
7000	242.7	41.11	0.590	1.561	21.7
8000	236.3	35.65	0.526	1.527	21.2
9000	229.8	30.80	0.467	1.493	20.6
10000	223.3	26.50	0.414	1.458	20.1
12000	216.7	19.40	0.312	1.422	19.5
14000	216.7	14.17	0.228	1.422	19.5
16000	216.7	10.53	0.166	1.422	19.5
18000	216.7	7.57	0.122	1.422	19.5

부록 F : 복사특성

1. 금속의 복사능

금 속	표면온도(K)	ϵ
Aluminum		
highly polished	480~870	0.038~0.06
bright foil	295	0.04
polished	373	0.095
heavy oxidized	310~810	0.28~0.31
Antimony, polished	310~530	0.28~0.31
Bismuth, bright	350	0.34
Brass		
highly polished	530~640	0.028~0.031
polished	370	0.09
dull	320~620	0.22
oxidized	480~810	0.60
Cadmium	298	0.02
Chromium, polished	310~1370	0.08~0.40
Copper		
highly polished	310	0.02
polished	310~530	0.04~0.05
scrapped, shiny	310	0.07
slightly polished	310	0.15
black oxidized	310	0.78
Gold		
highly polished	370~870	0.018~0.035
polished	400	0.018
Iron		
highly polished, electrolytic	310~530	0.05~0.07
polished	600~760	0.14~0.38
freshly rubbed with emery	310	0.24
wrought iron, polished	310~530	0.28
cast iron, freshly turned	310	0.44
pickled, then rusted red	293	0.61
cast iron, oxidized at 1100°F	480~870	0.64~0.78
cast iron, rough, strongly oxidized	310~530	0.95
Lead		
polished	310~530	0.06~0.08
rough unoxidized	310	0.43
oxidized at 1100°F	310	0.63
Magnesium, polished	310~530	0.07~0.13
Mercury, unoxidized	280~370	0.09~0.12

금 속	표면온도(K)	ϵ
Molybdenum		
polished	310~530	0.05~0.08
polished	810~1640	0.10~0.18
polished	3030	0.29
Monel		
polished	310	0.17
oxidized at 1100°F	810	0.45
Nickel		
electrolytic	310~530	0.04~0.06
pure, polished	500~650	0.07~0.087
electroplated on iron, not polished	293	0.11
oxidized at 1100°F	470~870	0.37~0.48
nickel oxide	920~1530	0.59~0.86
Platinum		
electrolytic	530~810	0.06~0.10
polished	500~900	0.054~0.104
Silver, polished	310~810	0.01~0.03
Stainless steel		
AISI 302 foil	300	0.05
AISI 310, smooth	1090	0.39
AISI 316, polished	480~1310	0.24~0.31
Steel		
polished	90~273	0.07~0.08
polished	273~420	0.08~0.14
mild steel, polished	530~920	0.27~0.31
sheet with skin due to rolling	295	0.66
rough oxide layer	295	0.81
Tantalum		
as supplied	1640~3030	0.2~0.3
foil	300	0.05
Tin		
polished	310	0.05
bright tinned iron	298	0.043~0.064
polished	300	0.03
clean	310~810	0.03~0.08
filament	300	0.032
filament	3590	0.39
Zinc		
polished	310~810	0.02~0.05
galvanized, fairly bright	310	0.23
gray oxidized	295	0.23~0.28

2. 비금속의 복사능

물 질	표면온도(K)	ϵ
Asbestos		
cloth	365	0.90
paper	310	0.93
board	310	0.96
Asphalt pavement	310	0.93
Brick		
white refractory	1370	0.29
fireclay	1260	0.75
rough red	310	0.93
Carbon, lampsoot	310	0.95
Ceramic, glazed earthenware	295	0.90
Clay, fired	340	0.91
Concrete, rough	310	0.94
Corundum, emery rough	370	0.86
Cotton cloth	293	0.77
Granite	295	0.45
Ice		
smooth	273	0.966
rough crystals	273	0.985
Magnesium oxide, refractory	420~760	0.69~0.55
Marble, white	310	0.95
Mica	310	0.75
Paint		
oil, all colors	373	0.92~0.96
red, lead	370	0.93
lacquer, flat black	310~370	0.96~0.98
Paper		
roofing	310	0.91
white	310	0.95
Plaster	310	0.91
Porcelain, glazed	295	0.92
Rubber	293	0.92
Sand	293	0.76
Sandstone	310~530	0.83~0.90
Silicon carbide	420~920	0.83~0.96
silk cloth	293	0.78
Slate	310	0.67~0.80
Snow	270	0.82
Soil		
black laam	293	0.66
plowed field	293	0.38
Soot, candle	370~530	0.95

물 질	표면온도(K)	ϵ
Water, deep	273~373	0.96
Wood		
sawdust	310	0.75
oak, planed	295	0.90
beech	340	0.94

3. 태양복사의 흡수도

물질(300K, 수신표면)	α_s
금속	
aluminum	
highly polished	0.10
polished	0.20
chromium, electroplated	0.40
copper	
highly polished	0.18
clean	0.25
tarnished	0.64
oxidized	0.70
gold, bright foil	0.29
iron	
ground with fine grit	0.36
blued	0.55
sandblasted	0.75
galvanized	0.38
magnesium, polished	0.19
nickel	
highly polished	0.15
polished	0.36
electrolytic	0.40
platinum, bright	0.31
silver	
highly polished	0.07
polished	0.13
commercial sheet	0.30
stainless steel, AISI 301, polished	0.37
tungsten, highly polished	0.37
비금속	
aluminum oxide	0.06~0.23
asphalt pavement	0.93
brick, red	0.75

물질(300K, 수신표면)	α_s
clay	0.39
concrete roofing tile	
uncolored	0.73
brown	0.91
black	0.91
felt, black	0.82
graphite	0.88
grass	0.75～0.80
gravel	0.29
leaves, green	0.71～0.79
magnesium oxide	0.15
marble, white	0.46
paint	
aluminum	0.55
oil, zinc white	0.30
oil, light green	0.50
oil, light gray	0.75
oil, black on galvanized iron	0.90
paper, white	0.28
slate, blue gray	0.88
snow, clean	0.2～0.35
soil, plowed field	0.75
soot, coal	0.95
titanium dioxide	0.12
zinc oxide	0.15
zinc sulfide	0.21
코팅	
black coatings	
anodize black	0.88
carbon black paint	0.96
ebanol C black	0.97
martin black velvet paint	0.91
3M black velvet paint	0.97
tedlar black plastic	0.94
velestat black plastic	0.96
white coatings	
barium sulfate with polyvinyl alcohol	0.06
catalac white paint	0.23
dow corning white paint DC-007	0.19
magnesium oxide white paint	0.09
potassium fluorotitanate white paint	0.15
tedlar white plastic	0.39
titanium oxide white paint	0.20

물질(300K, 수신표면)	α_s
zinc oxide with sodium silicate	0.15
conversion coatings	
black chrome	0.96
black copper	0.98
black irridite	0.62
black nickel	0.91
vapor-deposited coatings on glass surfaces	
aluminum	0.08
chromium	0.56
gold	0.19
nickel	0.38
silver	0.04
titanium	0.52
tungsten	0.60
plastic films with metal backing	
mylar film, 3-mil aluminum backing	0.17
tedlar film, 1-mil gold backing	0.26
teflon film, 2-mil aluminum backing	0.08
teflon film, 1-mil gold backing	0.22
teflon film, 2-mil silver backing	0.08

찾아보기

성능위주 설계를 위한
화재열전달 정가 24,000원

인 쇄 2016년 3월 2일 3판 1쇄
발 행 2016년 3월 10일 3판 1쇄
저 자 이동명
발행인 정우용
발행처 도서출판 동화기술
경기도 파주시 광인사길 201(문발동, 파주출판도시)
Tel (031)955-4211~6 donghwae@kornet.net
Fax (031)955-4217 www.donghwapub.co.kr
(등록) 1977년 12월 19일/9-16호

Printed in Korea
ISBN 978-89-425-9061-2